Deepen Your Mind

序

當前，第五代行動通訊 (5G) 技術已日臻成熟，內外各大主流電信業者均在積極準備 5G 網路的演進升級。促進 5G 產業發展已經成為國家戰略，加快推進 5G 技術商用，加速 5G 網路發展建設處理程序。

4G 改變生活，5G 改變社會。新的網路技術帶動了多場景服務的最佳化和網際網路技術的演進，也將引發網路技術的大變革。5G 不僅是行動通訊技術的升級換代，還是未來數位世界的驅動平台和物聯網發展的基礎設施，將對國民經濟的各方面帶來廣泛而深遠的影響。5G 和人工智慧、巨量資料、物聯網及雲端運算等的協作融合點燃了資訊化新時代的引擎，為消費網際網路向縱深發展注入後勁，為工業網際網路的興起提供新動能。

作為資訊社會通用基礎設施，當前國內 5G 產業建設及發展如火如荼。在 5G 產業上有些企業已經走到了世界列強，但並不表示在所有方面都處於領先地位，還應該加強自主創新能力。5G 技術仍在不斷的發展中。在網路建設方面，5G 帶來的新變化、新話題也需要不斷探索和實踐，儘快找出解決辦法。在此背景下，在工程技術應用領域，亟須加強針對 5G 網路技術、網路規劃和設計等方面的研究，為已經來臨的 5G 大規模建設做好技術支援。「九層之台，起於累土」，規劃建設是網路發展之本。為了抓住機遇，迎接挑戰，做好 5G 建設準備工作，作者編寫了相關圖書，為 5G 網路規劃建設提供參考和借鏡。

本書作者工作於華信諮詢設計研究院有限公司，長期追蹤行動通訊技術的發展和演進，一直從事行動通訊網路規劃設計工作。作者已經出版過有關 3G、4G 網路規劃、設計和最佳化的圖書，也見證了 5G 行動通訊標準誕生、萌芽、發展的歷程參與了 5G 試驗網的規劃設計，累積了 5G 技術和工程建設方面的豐富經驗。

本書作者依靠其在網路規劃和工程設計方面的深厚技術背景，系統地介紹了 5G 核心網路技術以及網路規劃設計的內容和方法，全面提供了從 5G 理論技術到建設實踐的方法和經驗。本書將有助工程設計人員更深入地了解 5G 網路，更進一步地進行 5G 網路規劃和工程建設。本書對將要進行的 5G 規模化商用網路部署有重要的參考價值和指導意義。

前言

行動通訊網路發展至今已經歷了四代：第一代採用的是類比技術；第二代實現了數位化語音通訊；第三代已經能夠實現基本的多媒體通訊；第四代是我們目前已經離不開的 4G（the 4th Generation）網路，其標誌著無線寬頻時代的到來。而本書所研究的正是第五代行動通訊網路技術（the 5th Generation），簡稱 5G。

4G 網路已經改變了我們的生活，使我們能夠足不出戶地買到漂亮的服裝和美味的食物；使我們能夠更方便地遠行、遊玩，不再擔心迷路。5G 行動通訊網路是 4G 網路的升級版，5G 網路的傳送速率將更快，單價將變得更低，成本也將更低，能夠承載更多裝置的連線。5G 網路將開啟一個全新的時代，它瞄準的不僅是人與人之間的連接，更包括了人與物、物與物的連接，將實現整個社會的全面互聯。

下一代行動通訊網（Next Generation Mobile Networks，NGMN）對 5G 的定義是：5G 是一個點對點的生態系統，它將打造一個全行動和全連接的社會。5G 主要包括生態、客戶和商業模式 3 個方面的內容。它發表始終如一的服務體驗，透過現有的和新的應用案例，以及可持續發展的商業模式，為客戶和合作夥伴創造價值。因此，與 4G 相比，5G 不僅是技術的升級，更是一種全新的生態和商業模式。3GPP 定義了 5G 的三大場景：增強型行動寬頻（Enhanced Mobile Broadband，eMBB），大規模機器類通訊（Massive Machine Type of Communication，mMTC）和超高可靠低延遲通訊（Ultra Reliable & Low Latency Communication，uRLLC）。

eMBB 的典型業務有 3D/ 超高畫質視訊等高流量行動寬頻業務；mMTC 的典型業務有大規模物聯網業務；uRLLC 要求 1ms 延遲，典型的業務有無人駕駛、工業自動化等需要低延遲、高可靠連接的業務。

為了滿足上述場景，5G 面臨高速率、點對點延遲、高可靠性、大規模連接、使用者體驗和效率的技術挑戰。

5G 行動通訊系統要滿足 2020 年的行動網際網路的需求、物聯網的需求，其中最關鍵的兩點是快速和低功耗。而要想實現快速和低功耗，最重要的是對 5G 網路關鍵技術的選擇。5G 行動通訊網路的實現需要足夠的技術支援，而 5G 網路無線技術是支援 5G 網路成功建構的基礎，只有其無線關鍵技術確保達到目標，才有可能實現整個社區 5G 網路的覆蓋。

隨著使用者和業務的發展和豐富，無線網路規劃和最佳化的要求越來越高，工作量也從最初的關注基地台功能到關注關鍵績效指標（Key Performance Indicator，KPI）、關鍵品質指標（Key Quality Indicator，KQI）演進。因此，對網路規劃和網路最佳化工程師的技能要求也在不斷提高，處理警報、路測、撥打測試、話統分析到使用者測量報告、感知資料分析都是網路規劃和網路最佳化的工作日常。隨著人工智慧（Artificial Intelligence，AI）的發展，網路規劃和網路最佳化工作也將逐步與巨量資料分析計算結合。

根據香農定律，對於一定的傳輸頻寬和訊號雜訊比，系統的最高傳輸速率已經確定，因此提升網路的訊號雜訊比，可以在有限的資源下提升系統吞吐量。

無線網路環境十分複雜，本書可對實際複雜場景提供簡單可重複的解決方法。本書透過實踐與理論相結合，梳理 5G 與 4G 網路技術及最佳化的差異點；解析相比 4G 網路，5G 網路是如何實現高頻寬、低延遲、廣連接的；講解這些差異給我們的網路規劃和最佳化帶來了哪些挑戰；分析實際案例，系統、全面地介紹了 5G 網路最佳化的方法。

目錄

第 1 篇　原理與技術篇

01 5G 技術基本原理

02 5G 與 4G 原理差異

03 無線傳播理論

04 天線基礎知識

第 2 篇 規劃與部署篇

05 5G 技術發展趨勢和規劃面臨的挑戰

06 5G 網路拓樸規劃

07 5G 規劃整體流程

08 5G 網路規劃原則

09 5G 網路規劃想法

10 5G 無線參數規劃

11 5G 模擬

12 某電信業者 5G 網路拓樸實戰

第 3 篇 最佳化與應用篇

13 5G 網路最佳化方法

14 5G 最佳化實戰案例

15 5G 應用介紹

A 縮寫字

B 參考文獻

第 1 篇
原理與技術篇

導讀

熟知 5G 的原理與技術是 5G 網路最佳化與實踐進階的基礎，為了讓讀者更容易瞭解 5G 技術的特點，本篇分別從 5G 技術基本原理、5G 與 4G 的原理差異、無線傳播理論以及天線基礎知識 4 個方面詳細介紹了 5G 新技術。

為了滿足 eMBB、mMTC、uRLLC 提出的業務要求，核心網路在全分離架構下，基於網路功能虛擬化的多連線邊緣計算應運而生。同樣為了滿足業務需求，本篇從調解方式、波形、幀結構、5G 物理通道和參考訊號設計、多天線傳輸和通道編碼多個方面詳細介紹了 5G 新空中介面特性。與此同時，本篇簡單介紹了非正交多址連線技術、濾波組多載體技術、多輸入多輸出（Multiple Input Multiple Output，MIMO）技術、超密度異質網路、多技術載體聚合等九大技術，可以讓讀者更深入地瞭解無線網路關鍵技術，在此也提到了作為 5G 關鍵技術之一的點對點的網路切片技術。

本篇接下來從頻段和頻寬、空中介面幀結構、物理通道和訊號、協定層、服務品質管制、功率控制以及排程等方面介紹了 4G/5G 的差異性，方便讀者瞭解 5G 新技術。

最後，本篇以無線傳播理論和天線基礎知識作為 5G 原理與技術的補充。

5G 技術基本原理

為了滿足 eMBB、mMTC、uRLLC 提出的業務要求，5G 網路核心網路從集中向分散式發展，從專用系統向虛擬系統發展，從閉源向開放原始碼發展。無線側部署大規模天線、更加靈活的時域頻域設定，以及點對點的網路切片技術。

1.1 核心網路關鍵技術

訊號在光纖中傳播的速率為 200km/ms，資料要在相距至少幾百公里的終端和核心網路之間來回傳送，這顯然是無法滿足 5G 毫秒級延遲的要求，同時大量的資料傳送給傳輸網帶來了挑戰。因此，核心網路使用者平面下沉是一個必然的選擇。全分離式架構（Control and User Plane Separation of EPC nodes，CUPS）是核心網路關鍵技術之一。全分離式架構如圖 1-1 所示。

在全分離式架構中，使用者平面服務閘道（Serving Gateway，SGW）和分組資料閘道（Packet Data Network Gateway，PGW）被分離為控制平面和使用者平面兩個部分。SGW 分離為控制平面服務閘道（Serving Gateway for Control Plane，SGW-C）和使用者平面服務閘道（Serving

Gateway for User Plane，SGW-U）。PGW 分為控制平面公用資料網（Public Data Network，PDN）閘道（即 Packet Data Network Gateway for Control Plane，PGW-C）和使用者平面公用資料網閘道（Packet Data Network Gateway for User Plane，PGW-U）。同樣，GPRS 業務支撐節點（Serving GPRS Support Node，SGSN）也被分為控制平面（Serving GPRS Support Node for Control Plane，SGSN-C）和使用者平面（Serving GPRS Support Node for User Plane，SGSN-U）。

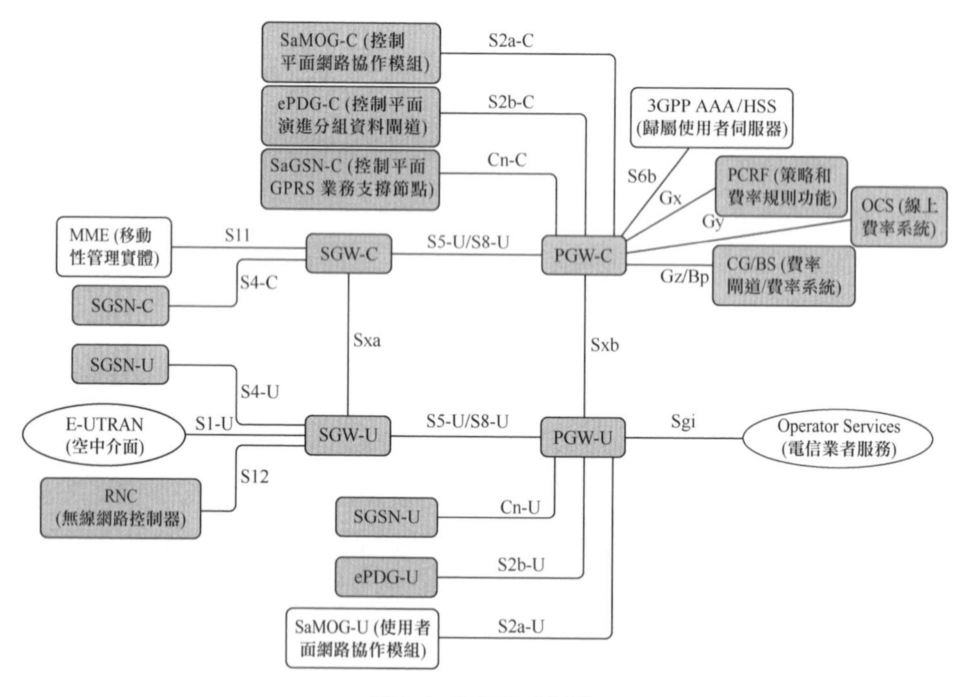

圖 1-1 全分離式架構

架設全分離式架構的目的是讓網路使用者平面功能擺脫「中心化」，使其既可靈活部署於核心網路，也可部署於連線網或接近連線網，這就是所謂的核心網路使用者平面下沉，同時也保留了控制平面功能的中心化。

伴隨著使用者平面 / 控制平面分離、核心網路下沉和分佈而來的是部署於連線網或接近連線網的分散式資料中心，並引入基於網路功能虛擬化（Network Functions Virtualization，NFV）的多連線邊緣計算（Multi-access Edge Computing，MEC）。

NFV 是網路功能虛擬化解耦傳統電信裝置的軟硬體，並將軟體功能執行於通用伺服器硬體上，以降低成本，縮短部署週期和觸發服務創新。

視訊最佳化
在邊緣部署無線分析應用，輔助TCP 壅塞控制和串流速率轉換
擴增實境
邊緣應用快速處理使用者位置和攝影機圖型，給用戶即時提供輔助資訊
企業分流
將使用者平面流量分流到企業網路
MEC 的七大應用場景 (ETSI 定義)
車聯網
MEC 分析車及路側感測器的資料，將危險等延遲敏感資訊發送給週邊車輛
物聯網
MEC 應用聚合、分析裝置產生的訊息並及時產生決策
視訊流分析
在邊緣對視訊分析處理，降低視訊擷取裝置的成本、減少發給核心網路的流量
輔助敏感計算
MEC 提供高性能計算，執行延遲敏感的資料處理，將結果回饋給終端裝置

圖 1-2 MEC 的七大應用場景

MEC 是歐洲電信標準協會（European Telecommunications Standards Institute，ETSI）提出的概念，即多連線邊緣計算，它是一種在比資料中心（Data Center，DC）更接近終端使用者的邊緣位置，提供使用者所需服務和雲端計算功能的網路架構，將應用、內容和核心網路部分業務

處理和資源排程的功能一同部署到接近終端使用者的網路邊緣，透過業務接近使用者側處理，以及應用、內容與網路的協作來提供給使用者可靠、極致的業務體驗。

ETSI 定義了 MEC 的七大應用場景：視訊最佳化、擴增實境、企業分流、車聯網、物聯網、視訊流分析和輔助敏感計算。MEC 的七大應用場景如圖 1-2 所示。

1.2 5G 新空中介面及無線關鍵技術

1.2.1 5G 新空中介面

eMBB、mMTC 和 uRLLC 是 5G 的三大類應用場景，各自具有非常廣泛的應用案例。而這些應用案例的需求是複雜甚至有時是相互矛盾的，因此，如果要全部予以滿足，5G 無線網路就將包含兩大部分：一是現有 4G 長期演進（Long Term Evolution，LTE）網路的後續演進；二是研發全新的 5G 無線連線技術──5G 新空中介面（New Radio，NR），並進行標準化。

5G 新空中介面的工作頻率的範圍極廣，分佈於 1GHz ～ 100GHz 頻段，既有低頻段也有高 / 超高頻段，從而就有了多種無線網路的部署模式。其中，5G 大型基地台將部署於較低的頻段以覆蓋更廣的地理區域；5G 微型基地台與 5G 特微型基地台則將被部署於覆蓋範圍有限的行動資料流量熱點區域以提供大 / 超大的系統容量。此外，為了使 5G 網路具有較好的服務品質及高可靠性能，「授權頻段」仍將是 5G 無線網路的主要方式，而用於非授權頻段內的資料傳輸則將僅作為授權頻段 5G 系統的補充以提高系統容量、增大資料傳輸速率。5G 在應用案例、工作頻段及網路部署的願景如圖 1-3 所示。

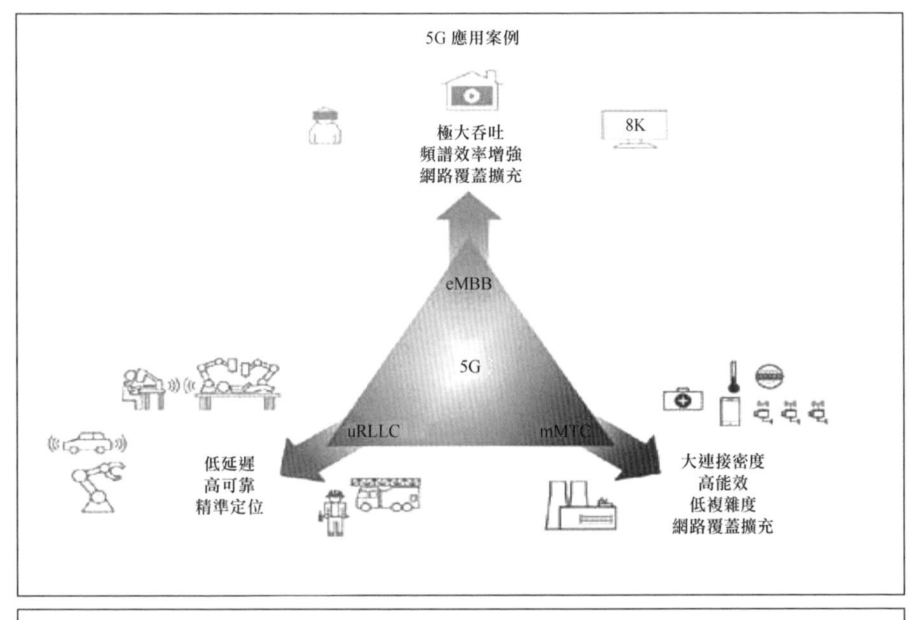

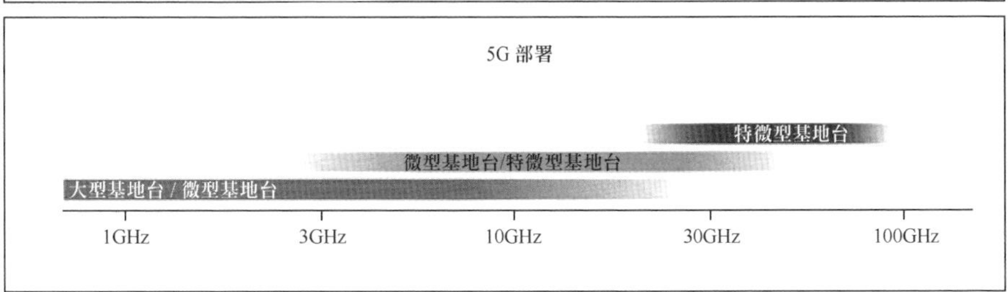

圖 1-3 5G 在應用案例、工作頻段及網路部署的願景

2016 年 4 月，第三代合作夥伴計畫（3rd Generation Partnership Project，3GPP）正式啟動 5G 新空中介面的標準化工作，目標是實現 5G 新空中介面在 2020 年的商用部署。與此前制定 3G 和 4G 國際標準不同的是，3GPP 對於 5G 國際標準的制定採取的是分階段的方式：第一階段於 2018 年 6 月凍結 3GPP Release 15，其中僅對部分 5G 新空中介面的功能進行標準化；第二階段於 2019 年凍結 3GPP Release 16，其中的 5G 新空中介面功能將可全部滿足國際電信聯盟無線電通訊組（International Telecommunication Union - Radio Communication Sector，ITU-R）所提出的國際行動通訊－2000[International Mobile Telecommunications 2000，

IMT-2020（5G）] 需求。此外，3GPP 的 5G 技術標準可能還將在 2020 年之後作進一步的後續演進，在 3GPP Release 17/18 等中增加 5G 系統新的特性及功能。

雖然 5G 新空中介面與 4G LTE 後向不相容，但是其未來的後續演進版本則需要與 5G 新空中介面的最初版本與舊版相容。此外，由於 5G 新空中介面必須支持範圍很廣的應用案例，而且其中還有很多的應用案例尚未得到明確定義，因此，確保 3GPP Release 15、3GPP Release 16 這兩版 5G 早期國際標準的前向相容就具有極為重要的意義。

物理層是任何一種無線通訊技術的核心。為了支撐許多應用案例的極高需求（垂直上看）與差異化很大的需求（水平上看）、大量的工作頻段及不同的無線連線網路部署模式，5G 新空中介面物理層的設計必須具備兩個特性：靈活性和可擴充性。因此，5G 新空中介面物理層的關鍵技術包括調解方式、波形、幀結構、多天線傳輸、通道綁定。

1. 調解方式

現有 4G LTE 具有二相相移鍵控（Quadrature Phase Shift Keying，QPSK）、16 正交幅相調解（16 Quadrature Amplitude Modulation，16QAM）、64 正交幅相調解（64 Quadrature Amplitude Modulation，64QAM）和 256 正交幅相調解（256 Quadrature Amplitude Modulation，256QAM）4 種調解方式。5G 新空中介面也支援這 4 種調解方式。此外，針對 mMTC 等類型的業務，3GPP 對 5G 新空中介面的上行調解新增了 π/2-BPSK（二進位相移鍵控），以進一步降低峰均功率比，並提高低資料率訊號的功放效率。而且，由於 5G 新空中介面可為範圍很廣的使用案例提供服務，就需要新增更高階的調解技術，如果固定的點到點回程已經採取比 256QAM 階數更高的調解技術，從而就需要在 5G 新空中介面標準中新增 1024QAM。另外，在 5G 新空中介面標準中，需要為不同類 / 等級的使用者終端分配不同的訊號調解方式。

2. 波形

3GPP 已經在 5G 新空中介面的上行與下行（直到 52.6GHz）方向均採取具有可擴充特性（在子載體間隔及循環前綴方面）的循環前綴——正交分頻重複使用（Cyclic Prefixed Orthogonal Frequency Division Multiplexing，CP-OFDM）技術，這樣，上行與下行就具有相同的波形，從而就可以簡化 5G 新空中介面的整體設計，尤其是無線回程以及裝置間直接通訊（Device to Device，D2D）的設計。此外，3GPP 的 5G 新空中介面在上行方向還可以透過採取離散傅立葉轉換（Discrete Fourier Transform，DFT）擴充的正交分頻重複使用（Orthogonal Frequency Division Multiplexing，OFDM）以單流傳輸（即不需要空間重複使用）來支援覆蓋有限的場景。除了 CP-OFDM 之外，諸如加窗、濾波等任何對 5G 新空中介面接收機透明的操作均可應用於發送端。

數值（Numerology）可擴充的 OFDM 可使能部署於各種（範圍很大）頻段上，採取不同模式所部屬 5G 網路的差異化較大，甚至很大的業務。其中，子載體間隔的可擴充性表現為數值是 15×2n kHz（n 為正整數，LTE 網路中 OFDM 的子載體間隔為 15kHz），即 30kHz、60kHz、90kHz 等。這一擴充因數 / 倍數可確保不同數值的槽及符號在時域對齊，這對分時重複使用（Time Division Multiplexing，TDM）網路的高效使能具有重要意義。與 5G 新空中介面 OFDM 數值相關的細節參照系統參數如圖 1-4 所示以及見表 1-1。其中，參數 "n" 的選擇取決於不同的因素，包括 5G 新空中介面網路部署選項類型、載體頻率、業務需求（延遲 / 可靠性 / 吞吐量）、硬體減損（振盪器相位雜訊）、行動性及實施複雜度。舉例來說，針對對延遲極為敏感的 uRLLC、小覆蓋區域以及更高的載體頻率，可以把子載體間隔調大；對更低載體頻率、網路覆蓋範圍大、窄頻終端以及增強型多媒體廣播 / 多播服務，可以把子載體間隔調小。此外，還可以透過重複使用兩種不同的數值（舉例來說，用於 uRLLC 的更寬子載體間隔以及用於 eMBB/mMTC 的更窄子載體間隔），以相同的載體來同時承載具有不同需求的不同業務。

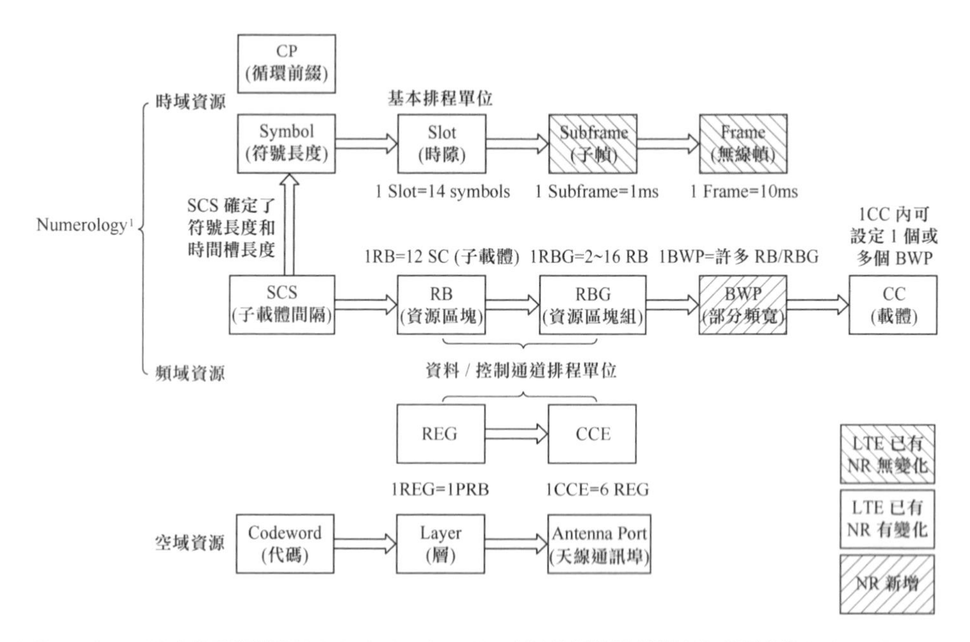

1. Numerology：NR 中指子載體間隔(Sub Carrier Spacing, SCS)，以及與之對應的符號長度、循環前綴(Cyclic Prefix, CP)長度等參數

圖 1-4 與 5G 新空中介面 OFDM 數值相關的細節參照系統參數

- 子載體間隔 VS 符號長度 / CP 長度 /Slot 長度。
- （資料部分）OFDM 符號長度：*T*_data = 1/SCS。
- CP 長度：*T*_cp = 144/2048×*T*_data。
- （資料 +CP）符號長度：*T*_symbol = T_data +T_cp。
- Slot 長度：*T*_slot = 1 / 2^（u）。

表 1-1 與 5G 新空中介面 OFDM 數值相關的細節參照系統參數

參數 / 數值（u）	0	1	2	3	4
子載體間隔 (kHz)：SCS=15×2^（u）	15	30	60	120	240
OFDM 符號長度 (μs)：T_data=1/SCS	66.67	33.333	16.67	8.33	4.17
CP 長度 (μs)：T_cp=144/2048×T_data	4.69	2.34	1.17	0.59	0.29

（資料 +CP）符號長度 (μs)：T_symbol=T_data+T_cp	71.35	35.68	17.84	8.92	4.46
Slot 長度 (ms)：T_slot=1/2^(u)	1	0.5	0.25	0.125	0.0625

OFDM 訊號的頻譜在傳輸頻寬之外衰減極慢，為了限制頻外輻射，LTE 的頻譜使用率約為 90%，即在 20MHz 的頻寬內，111 個物理資源區塊（Physical Resource Block，PRB）中得到有效利用（承載資料）的資源區塊高達 100 個 RB。對於 5G 新空中介面，3GPP 已經提出其頻譜使用率要達到高於 90% 的水準。對此，加窗、濾波都是在頻域內限制 OFDM 訊號的可行方式，需要注意的是，由於「頻譜限制（Spectrum Confinement）」可引發自干擾，「頻譜效率」與「頻譜限制」之間的關係並非線性的。

3. 幀結構

5G 新空中介面的幀結構既可在授權頻段也可在非授權頻段支持分頻雙工（Frequency Division Duplex，FDD）與分時雙工（Time Division Duplex，TDD），5G 新空中介面幀結構的設計需要遵循以下三大原則。

第一個原則：傳輸是自包含的。時間槽中的資料及波束中的資料可自主解碼而無須依賴其他的時間槽及波束。這就表示，一個特定時間槽及一個特定波束中的資料的解調需要有參考訊號的輔助。

第二個原則：傳輸要在時域與頻域得到良好的定義。這樣可以使在未來各種新興類型的傳輸與傳統的傳輸同時工作。5G 新空中介面的幀結構避免在跨全系統頻寬內映射控制通道。

第三個原則：避免跨槽以及跨不同傳輸方向的靜態或嚴格的時間關係。舉例來說，不宜使用預先定義的傳輸時間而宜採取非同步混合自動重傳請求〔Hybrid Automatic Repeat Request（常寫作 reQuest），HARQ〕。

SCS 建議應用如圖 1-5 所示，5G 新空中介面中的時間槽由 7 個或 14 個長度的 OFDM 符號組成。而且，時間槽所選擇的數值不同，時間槽的週期也隨之變化。這是由於 OFDM 的符號週期與其子載體間隔之間是反比例的關係。

- SCS 對覆蓋、延遲、行動性、相噪的影響：
  - —覆蓋：SCS 越小，符號長度 CP 越長，覆蓋越好。
  - —延遲：SCS 越大，符號長度 CP 越短，延遲越小。
  - —行動性：SCS 越大，多普勒頻移影響越小，性能越好。
  - —相噪：SCS 越大，相噪影響越小，性能越好。
- 不同頻段 SCS 應用建議 (eMBB 業務資料通道)：

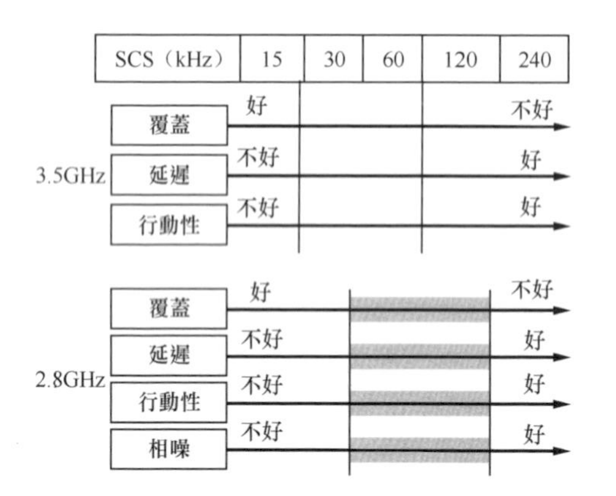

- 支援不同 SCS FDM 共存：
  - — eMBB 業務和 uRLLC 資料通道使用不同 SCS，FDM 共存

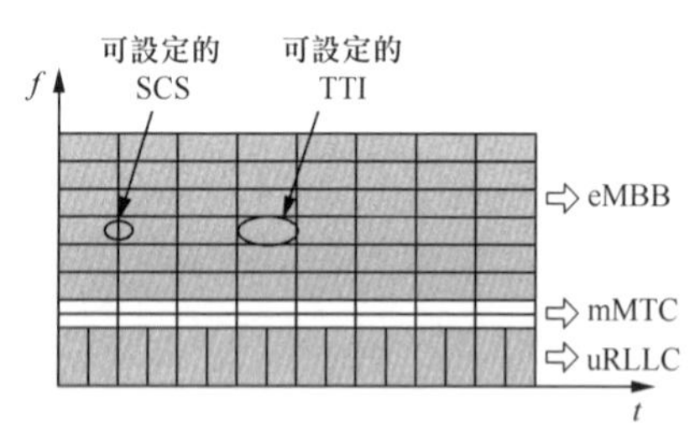

  - — 廣播通道 (PBCH) 和資料通道 (PDSCH/PUSCH) 使用不同 SCS，FDM 共存

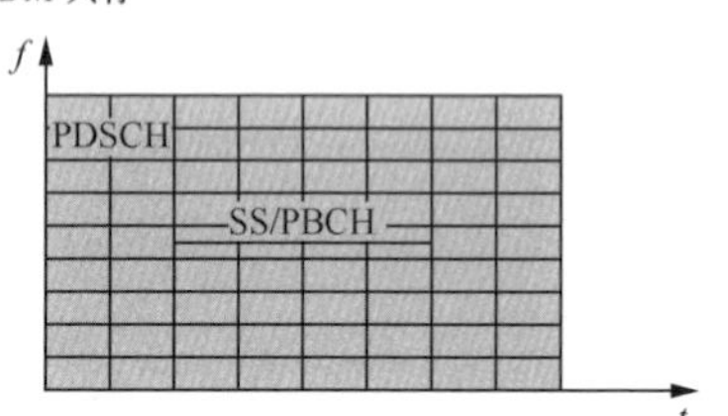

圖 1-5 SCS 建議應用

為了支持具有靈活起點及短於正常時間槽週期的傳輸，可以把一個時間槽劃分為許多個微時間槽。其中，一個微時間槽的長度可以與一個 OFDM 符號相當，從而可實現在任何時間點啟動。由此，微時間槽就可適用於各種應用場景，包括低延遲傳輸、非授權頻段內的傳輸、毫米波（Millimeter Waves，mm Waves）頻段內的傳輸。

在低延遲的應用場景（舉例來說，uRLLC）中，傳輸需要快速啟動而無須等待一個時間槽邊界的啟動，當在非授權頻段內傳輸資料時，最好在執行完階段前監聽（Listen Before Talk，LBT）後立刻啟動傳輸。此外，在毫米波頻段內傳輸資料，大量可用的頻譜資源表示由少數 OFDM 符號支援的負載對於很多資料封包而言足夠大，大的傳輸週期可以增強 5G 新空中介面網路的覆蓋，並減小負載，這是由於其可進行上行 / 下行切換（TDD 網路）、傳輸參考訊號以及控制資訊。

透過使能同時接收與傳輸，即在時域內疊加上行與下行，可針對 FDD 制式的 5G 新空中介面網路採取相同的幀結構，這種幀結構也同樣適用於 D2D 通訊，發起或排程傳輸的終端裝置可以採取下行時間槽的幀結構，回應傳輸的終端裝置可以採取上行時間槽的幀有結構。

5G 新空中介面的幀結構也能容許進行快速 HARQ，解碼是在下行資料的接收期間進行的，而且 HARQ 是在保護週期內由使用者終端在從下行接收轉為上行傳輸時發出的。

為了獲得低延遲的效果，一個時間槽或一組聚合的時間槽在其起始時就與控制訊號及參考訊號前置。

4. 5G 物理通道和參考訊號設計

為了提高網路的能效（能量利用效率），並保證與舊版相容，5G 新空中介面透過超精益的設計（Ultra-Lean Design）來最小化「永遠線上的傳輸」：與 LTE 中的相關設定相比，5G 新空中介面靈活的物理通道和訊號設計，一切皆可排程 / 可設定。

下行物理通道與訊號名稱主要有以下幾類。

- 同步訊號（Synchronization Signal，SS）用於時頻同步和社區搜索。
- 物理廣播通道（Physical Broadcast Channel，PBCH）用於承載系統廣播訊息。
- 物理下行控制通道（Physical Downlink Control Channel，PDCCH）用於上下行排程、功控等控制訊號的傳輸。

- 物理下行共用資料通道（Physical Downlink Shared Channel，PDSCH）用於承載下行使用者資料。
- 解調參考訊號（Demodulation Reference Signal，DMRS）用於下行資料解調、時頻同步等。
- 相位追蹤參考訊號（Phase Tracking-Reference Signal，PT-RS）用於相位雜訊追蹤和補償，同時，PT-RS 既可用於下行物理通道，也可用於上行物理通道。
- 通道狀態資訊參考訊號（Channel State Information-Reference Signal，CSI-RS）用於通道測量、波束管理、無線資源測量（Radio Resource Measurement，RRM）/ 無線鏈路測量（Radio Link Measurement，RLM）和精細化時頻追蹤等；同時，CSI-RS 既可用於下行物理通道，也可用於上行物理通道。

上行物理通道與訊號名稱主要有以下幾類。

- 物理隨機連線通道（Physical Random Access Channel，PRACH）用於使用者隨機連線請求資訊。
- 物理上行控制通道（Physical Uplink Control Channel，PUCCH）用於 HARQ 回饋、通道品質指示（Channel Quality Indication，CQI）回饋、排程請求指示等 L1/L2 控制訊號。
- 物理上行共用通道（Physical Uplink Shared Channel，PUSCH）用於承載上行使用者資料。

DMRS 用於上行資料解調、時頻同步等。

5G 物理通道和參考訊號設計如圖 1-6 所示。

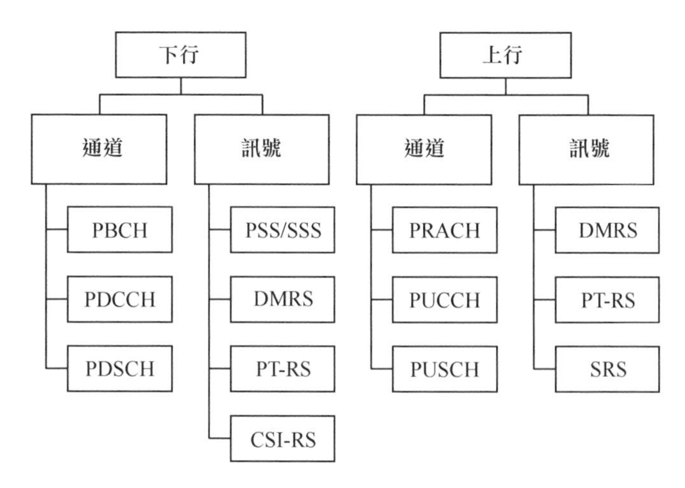

圖 1-6 5G 物理通道和參考訊號設計

5. 多天線傳輸

根據不同的工作頻段，5G 新空中介面將採取不同的天線解決方案與技術。對於較低的頻段，可以採用少量或中度數量的主動天線（最高約 32 副發射天線），並通常採用分頻雙工（FDD）的頻譜設定。在此種設定下，通道狀態資訊（Channel State Information，CSI）的獲取，需要在下行方向傳輸 CSI-RS，並需要在上行方向上報 CSI。此外，由於低頻段的可用頻寬有限，在 5G 新空中介面網路中，就需要透過多使用者 MIMO（MU-MIMO）以及更高階的空間重複使用（以相比於 LTE 更高精度的 CSI 報告）來提高頻譜效率。

對於較高的頻段，可以在指定空間內部署大量的天線，從而可增大波束賦型以及 MU-MIMO 的能力。此處假設採取分時雙工（TDD）的頻譜設定以及基於互易的執行模式。於是，透過上行通道測量可以明確通道估計的形式獲得高精度的 CSI。這種高精度的 CSI 可使 5G 新空中介面基地台採用複雜的預編碼演算法，從而可以增大對於多使用者干擾的抑制，但如果互易性不佳，就可能需要使用者終端對小區間干擾或校準資訊進行回饋。

對於更高頻段（處於毫米波範圍），目前對於 5G 新空中介面的研究一般採取類比的波束賦型，但該解決方案容易限制每個單波束在每個時間單位及無線鏈路之內的傳輸。該頻段的波長很小，從而就需要採用大量的天線單元來保證覆蓋效果。為了補償數值很大的路徑損耗，需要同時在發射端以及接收端部署波束賦型（對控制通道傳輸也是如此）。另外，還需要針對通道狀態資訊（CSI）的獲取研發一種新類型的波束管理流程，其中，5G 毫米波新空中介面基地台及時按順序掃描無線發射機波束，而且使用者終端需要透過維持一個適當的無線接收機波束以使能對於所選定發射機波束的接收。

為了支撐許多不同的使用案例，5G 新空中介面採取了高度靈活且統一的 CSI 框架，其中，與 LTE 相比，CSI 測量、CSI 上報以及實際的下行傳輸之間的耦合有所減少。可以把 CSI 框架看成一個工具箱，其中，針對通道及干擾測量的不同 CSI 上報設定及 CSI-RS 資源設定可以混合並匹配起來，以與天線部署及在用的傳輸機制相對應，而且其中不同波束的 CSI 報告可以得到動態觸發。此外，CSI 框架也支援多點傳輸及協調等更為先進的技術。同時，控制資訊與資料的傳輸遵循自包含原則，對傳輸（舉例來說，伴隨 DMRS 參考訊號）進行解碼所需的所有資訊均包含於傳輸自身之中。從而，隨著使用者終端在 5G 新空中介面網路中移動，網路就可以無縫地改變傳輸點或波束。

多天線的最大好處是可以形成多流輸入輸出，形成高效的 MASSIVE MIMO 功能。為了讓讀者更進一步地瞭解多流的形成過程，我們對各概念做了詳細說明，具體如下。

（1）代碼

一個傳輸區塊（Transport Block，TB）對應包含一個行動連線碼（Mobile Access Code，MAC）協定分組資料單元（Protocol Data Unit，PDU）的資料區塊，這個資料區塊在一個發送時間間隔（Transmission

Time Interval，TTI）內發送。一個代碼是對在一個 TTI 上發送的 TB 進行循環容錯碼驗證（Cyclic Redundancy Check，CRC）插入、碼區塊分割並為每個碼區塊插入 CRC、通道編碼、速率匹配之後得到的資料串流速度。

（2）TB 區塊

每個 TTI 最多有兩個，錯誤區塊率（Block Error Rate，BLER）、調解和編碼方案（Modulation and Coding Scheme，MCS）等都是基於 TB 區塊排程的。

（3）層

層就是通常說的流，代碼透過層映射，然後映射到各個流上，這有點像串列到平行的變換，因此層數越多，速率就會越高。

（4）Port

Port 就是通常說的邏輯通訊埠編號，每個通訊埠編號上有自己獨立的 DMRS 參考訊號，供使用者裝置（User Equipment，UE）解調出各個通訊埠上的訊號。

（5）波束

各流上的資料透過波束加權（Beam Forming，BF）後，映射到 64 根天線上發送，在權值的作用下（改變訊號的幅度和相位），各天線上的訊號將進行成形，集中打向 UE。

UE 每根物理天線上都能接收到所有波束上的訊號，UE 的天線數決定了排程的最大流數，因此，有多少個流，就有多少個波束打向這個 UE。多流形成過程如圖 1-7 所示。

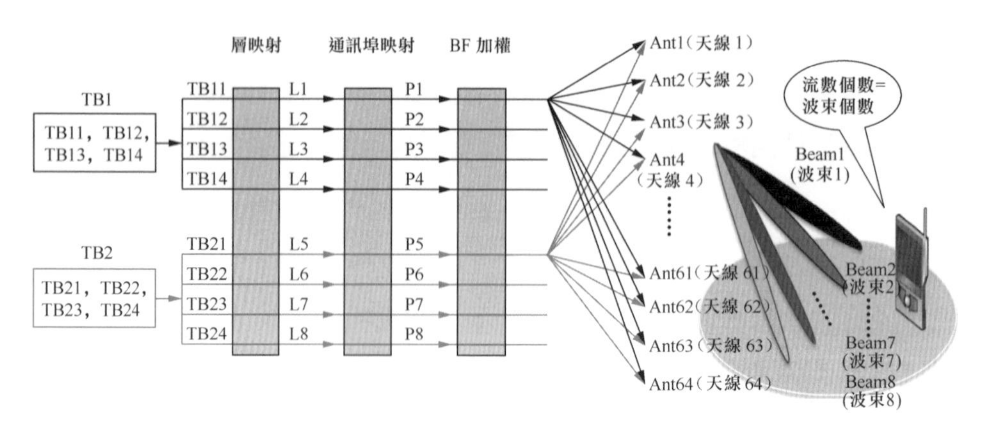

圖 1-7 多流形成過程

（6）通道編碼

5G 新空中介面的資料通道採取低密度同位（Low Density Parity Check，LDPC）編碼，控制通道採取極化編碼（Polar Code）。LDPC 編碼由其同位矩陣定義，每一行代表一個編碼位元（bit），每一列代表一個同位方程式。5G 新空中介面中的 LDPC 編碼採用準環循結構，其中的同位矩陣由更小的基矩陣定義，基矩陣的每個輸入代表一個 Z×Z 零矩陣或一個平移的 Z×Z 單位矩陣。

Polar 碼構造的核心是透過「通道極化」處理，在編碼側，採用編碼的方法使各個子通道呈現不同的可靠性，當碼長持續增加時，一部分通道將趨於容量接近於 1 的完美通道（無誤碼），另一部分通道趨於容量接近於 0 的純雜訊通道，選擇在容量接近於 1 的通道上直接傳輸資訊以逼近通道容量。

Polar 碼之所以被認為是 5G uRLLC 和 mMTC 使用案例有希望的競爭者，主要是因為它透過簡單的刪除和程式縮短機制提供了優異的性能，程式率和程式長度各不相同，由於沒有位元錯誤率，極低編碼可以支持 99.999% 的可靠性，這對於 5G 應用的超高可靠性要求是必需的，使用簡單的編碼和低複雜度的基於連續刪除（Successive Cancellation，SC）

的解碼演算法，降低 Polar 碼中的終端功耗。因此，對於需要超低功耗的物聯網應用而言，對電池使用壽命的要求比較高，對於等效位元錯誤率，Polar 碼比其他碼具有更低的訊號雜訊比要求，可提供更高的編碼增益和更高的頻譜效率，多路徑、靈活性和多功能性（對於多終端場景）等特點，使 Polar 碼成為 5G 標準控制通道功能的主要編碼。

LDPC 編碼是一種線性分組碼，它是一種驗證矩陣密度非常低的分組碼，核心思想是用一個稀疏的向量空間把資訊分散到整個代碼中。普通的分組碼驗證矩陣密度大，在採用最大似然法在解碼器中解碼時，錯誤訊息會在局部的驗證節點之間反覆疊代並被加強，造成解碼性能下降。

反之，LDPC 編碼的驗證矩陣非常稀疏，錯誤訊息會在解碼器的疊代中被分散到整個解碼器中，正確解碼的可能性會被對應提高。簡單地說，普通的分組碼的缺點是錯誤集中並被擴散，而 LDPC 編碼的優點是錯誤分散並被校正。

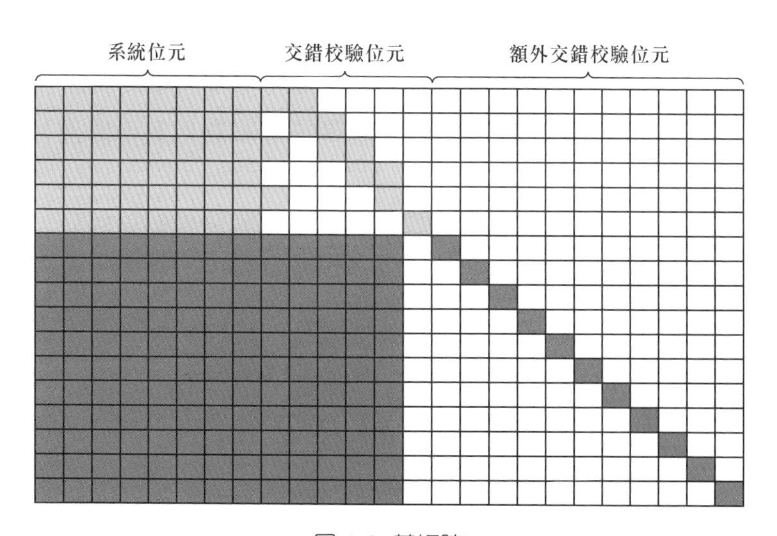

圖 1-8 基矩陣

與其他無線技術中所採用的 LDPC 編碼不同的是，考慮到用於 5G 新空中介面的 LDPC 編碼採取的是速率相容結構，基矩陣由系統位元、同位檢查位元、額外同位檢查位元組成。基矩陣如圖 1-8 所示，圖 1-8 中左上角部分（基矩陣）可進行高速率編碼，編串流速率為 2/3 或 8/9，還可以透過擴充基矩陣並加入圖 1-8 中左下角部分標示的行與列來生成額外的同位檢查位元，從而就可以用更低的編串流速率來傳輸。由於用於更高編串流速率的同位矩陣更小，相關的解碼延遲以及複雜度就得到降低，加之由準環循結構可達到高平行度，所以可獲得非常高的峰值吞吐與低延遲。此外，5G 新空中介面的同位矩陣可以擴充至相比 LTE 的 Turbo 碼更低的編串流速率，LDPC 編碼可以在低編碼的情況下率先獲得更高的編碼增益，從而適用於需要高可靠性的那些 5G 應用案例。

極化碼將被用於 5G 新空中介面的層 1 及層 2 控制訊號，但非常短的訊息除外。極化碼於 2008 年提出，是一種較新的編碼方式，也是以合適的解碼（針對多種通道）複雜度達到香農極限的第一批編碼技術。

透過把極化碼編碼器與外部編碼器串聯起來，並追蹤解碼器此前解碼位元（表單）的最可能的數值，可以用更短的區塊長度（舉例來說，層 1 及層 2 控制訊號長度的典型數值）獲得良好的性能。此外，如果上述表單的尺寸更大，校正性能就會更好，但解碼器的實現複雜度會更大、成本會更高。

1.2.2 無線關鍵技術

1. 關鍵技術一：非正交多址連線技術

在非正交多址連線技術（Non-Orthogonal Multiple Access，NOMA）mMTC 上採用，NOMA 不同於傳統的正交傳輸，在發送端採用非正交發送，主動引入干擾資訊，在接收端透過串列干擾刪除技術實現正確解調。與正交傳輸相比，接收機的複雜度有所提升，但可以獲得更高的頻譜效率。非正交傳輸的基本思想是利用複雜的接收機設計來獲得更高的頻譜效率，隨著晶片處理能力的增強，將使非正交傳輸技術在實際系統中的應用成為可能。NOMA 的思想是，重拾 3G 時代的非正交多使用者重複使用原理，並將之融合於現在的 4G OFDM 技術之中。

從 2G、3G 到 4G，多使用者重複使用技術無非在時域、頻域、碼域上做文章，而 NOMA 在 OFDM 的基礎上增加了一個維度——功率域。新增這個功率域的目的是，利用每個使用者不同的路徑損耗來實現多使用者重複使用。非正交多址連線技術比較見表 1-2（包含與 3G/4G 連線技術的比較）。

表 1-2 非正交多址連線技術比較

	3G	3.9G/4G	5G
重複使用方式	非正交重複使用	正交重複使用	基於 SIC 的非正交重複使用
訊號波束形式	單載體	正交分頻重複使用 (或 DFT-s-OFDM)	正交分頻重複使用 (或 DFT-s-OFDM)
鏈路轉換方式	快速 TPC	自我調整調解編碼	自我調整調解編碼 + 功率分配
圖示	F 功率控制下的非正交重複使用	F 多使用者正交重複使用	F 疊加與功率分配

在 NOMA 中的關鍵技術有串列干擾刪除（Successive Interference Cancellation，SIC）和功率重複使用。

2. 關鍵技術二：串列干擾刪除

在發送端，類似於分碼多址連線（Code Division Multiple Access，CDMA）系統，引入干擾資訊可以獲得更高的頻譜效率，但是同樣也會遇到多址干擾（Multiple Access Interference，MAI）的問題。關於消除多址干擾的問題，在研究 3G 的過程中已經獲得了很多成果，SIC 也是其中之一。NOMA 在接收端採用 SIC 接收機來實現多使用者檢測。SIC 技術的基本思想是採用逐級消除干擾策略，在接收訊號中對使用者一個一個判決，進行幅度恢復後，將該使用者訊號產生的多址干擾從接收訊號中減去，並對剩下的使用者再次進行判決，如此環循操作，直到消除所有的多址干擾。串列干擾刪除（SIC）技術如圖 1-9 所示。

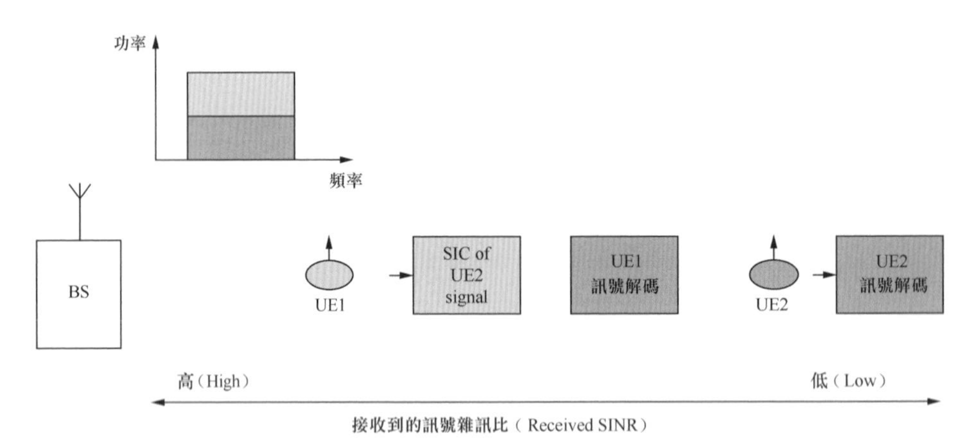

圖 1-9 串列干擾刪除（SIC）技術

3. 關鍵技術三：功率重複使用

SIC 在接收端消除 MAI，需要在接收訊號中對使用者進行判決來排出消除干擾使用者的先後順序，而判決的依據就是使用者訊號功率大小。基地台在發送端會對不同的使用者分配不同的訊號功率來獲取系統最大的性能增益，同時達到區分使用者的目的，這就是功率重複使用技術。發送端採用功率重複使用技術。不同於其他的多址方案，NOMA 第一次採用了功率重複使用技術。功率重複使用技術在其他幾種傳統的多址方案中沒有被充分利用，其不同於簡單的功率控制，而是由基地台遵循相關的演算法來進行功率分配。在發送端對不同的使用者分配不同的發射功率，從而提高系統的吞吐量。另外，NOMA 在功率域疊加了多個使用者，在接收端，SIC 接收機可以根據不同的功率區分不同的使用者，也可以透過通道編碼來進行區分，舉例來說，Turbo 碼和 LDPC 編碼的通道編碼。這樣，NOMA 能夠充分利用功率域，而功率域在 4G 系統中沒有被充分利用。與 OFDM 相比，NOMA 具有更好的性能增益。

NOMA 可以利用不同的路徑損耗差異來對多路發射訊號進行疊加，從而提高訊號增益。它能夠讓同一社區覆蓋範圍的所有行動裝置都能獲得最大的可連線頻寬，以解決由於大規模連接帶來的網路挑戰。

NOMA 的另一個優點是，無須知道每個通道的 CSI，從而有望在高速移動場景下獲得更好的性能，並能組建更好的行動節點回程鏈路。

4. 關鍵技術四：濾波組多載體技術

在 OFDM 系統中，各個子載體在時域相互正交，它們的頻譜相互重疊，因而具有較高的頻譜使用率。OFDM 技術一般應用在無線系統的資料傳輸中，在 OFDM 系統中，由於無線通道的多徑效應，從而使符號間產生干擾。為了消除符號間干擾（Inter Symbol Interference，ISI），在符號間插入保護間隔。插入保護間隔的一般方法是符號間置零，即發送第一個符號後停留一段時間（不發送任何資訊），接下來再發送第二個符號。在 OFDM 系統中，這樣雖然減弱或消除了符號間干擾，由於破壞了子載體間的正交性，從而導致了子載體之間的干擾（Inter Carrier Interference，ICI）。因此，這種方法在 OFDM 系統中不能採用。在 OFDM 系統中，為了既可以消除 ISI，又可以消除 ICI，通常保護間隔是由循環前綴（Cycle Prefix，CP）來充當。CP 是系統負擔，不傳輸有效資料，從而降低了頻譜效率。

而濾波組多載體技術（Filter Bank Multi Carrier，FBMC）利用一組不交疊的帶限子載體實現多載體傳輸，FBMC 對於頻偏引起的載體間干擾非常小，不需要 CP，較大地提高了頻率效率。正交分頻多址（Orthogonal Frequency Division Multiple Access，OFDMA）和 FBMC 實現結果比較如圖 1-10 所示。

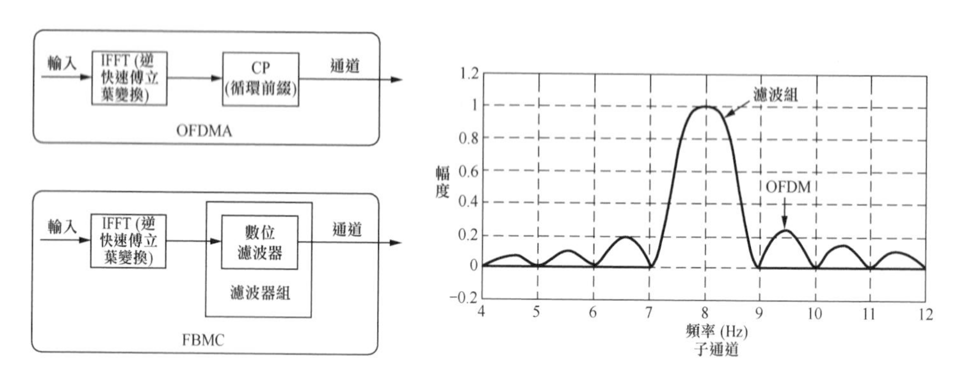

圖 1-10 OFDMA 和 FBMC 實現結果比較

5. 關鍵技術五：毫米波

毫米波（mmWaves）的頻率為 30GHz ～ 300GHz，波長為 1mm ～ 10mm。

由於足夠大的可用頻寬，較高的天線增益，毫米波技術可以支援超高速的傳輸速率，且波束窄，靈活可控，可以連接大量裝置。毫米波支援大連接如圖 1-11 所示。

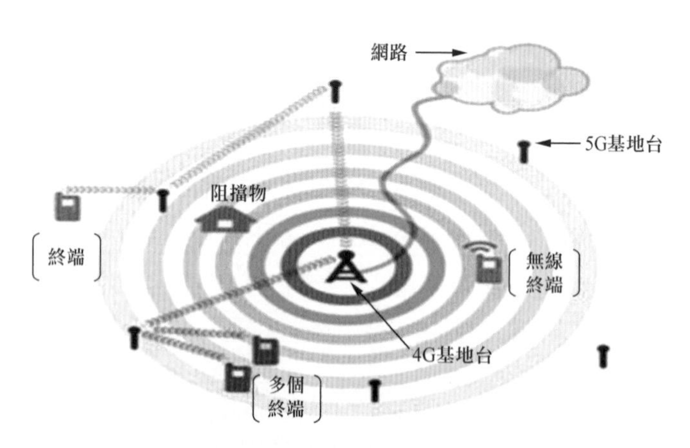

圖 1-11 毫米波支援大連接

圖 1-11 中的左側終端處於 4G 社區覆蓋邊緣，訊號較差，且有建築物（舉例來說，房子）阻擋，此時，就可以透過毫米波傳輸，繞過阻擋的建築物，實現高速傳輸。

同樣，圖 1-11 中下方多個終端同樣可以使用毫米波實現與 4G 社區的連接，且不會產生干擾。當然，由於圖 1-11 中的右側無線終端距離 4G 社區較近，可以直接和 4G 社區連接。

高頻段（毫米波）在 5G 時代的多種無線連線技術中有以下兩種應用場景。

（1）毫米波微型基地台：增強高速環境下行動通訊的使用體驗

傳統多種無線連線技術疊加型網路如圖 1-12 所示。在傳統的多種無線連線技術疊加型網路中，大型基地台與微型基地台均工作於低頻段，這就帶來了頻繁切換的問題，使用者體驗較差。為了解決這一問題，在未來的疊加型網路中，大型基地台工作於低頻段並作為行動通訊的控制平面，毫米波微型基地台工作於高頻段並作為行動通訊的使用者資料平面。

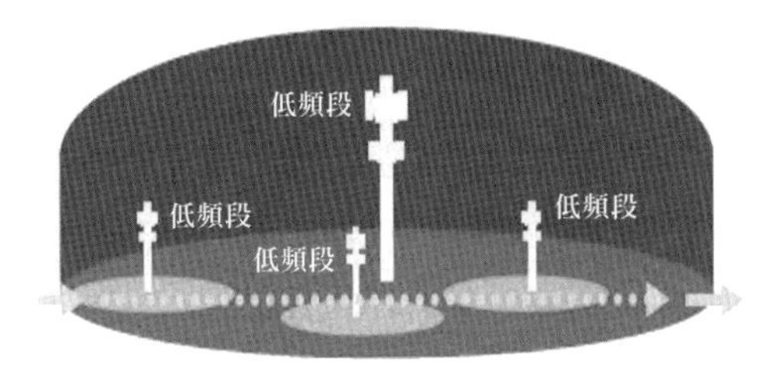

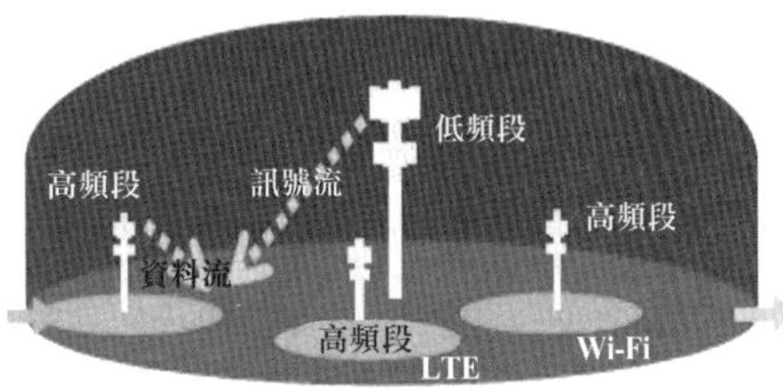

圖 1-12 傳統多種無線連線技術疊加型網路

（2）基於毫米波的行動通訊回程

基於毫米波的行動通訊回程如圖 1-13 所示。在採用毫米波通道作為行動通訊的回程後，疊加型網路的網路拓樸具有很大的靈活性，因為在 5G 時代，小 / 微型基地台的數目將非常龐大，基於毫米波的行動通訊回程技術可以隨時隨地根據資料流量增長的需求部署新的微型基地台，並可以在空閒時段或輕流量時段靈活、即時地關閉某些微型基地台，從而可以收到節能降耗之效。

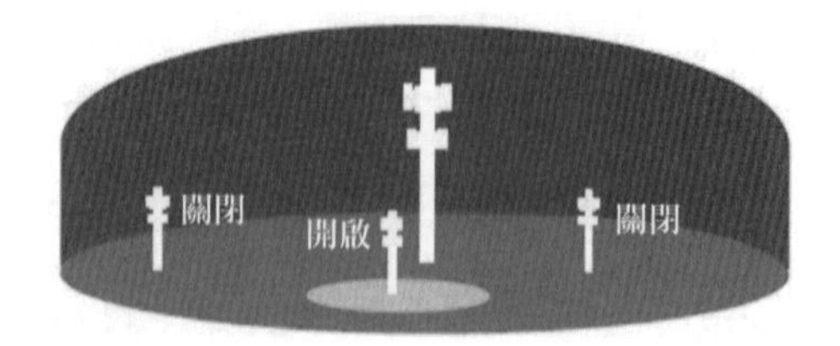

圖 1-13 基於毫米波的行動通訊回程

6. 關鍵技術六：大規模 MIMO 技術（3D /Massive MIMO）

大規模 MIMO 技術已經被廣泛應用於 Wi-Fi、LTE 等場景。從理論上看，天線越多，頻譜效率和傳輸的可靠性就越高。

具體而言，當前 LTE 基地台的多天線只在水平方向排列，只能形成水平方向的波束，並且當天線數目較多時，水平排列會使天線總尺寸過大，從而導致安裝困難。而 5G 的天線設計參考了相控陣雷達的想法，其目標是更大地提升系統的空間自由度。基於這一思想的大規模天線系統（Large Scale Antenna System，LSAS）技術，透過在水平和垂直方向同時放置天線，增加了垂直方向的波束維度，並提高了不同使用者間的隔離。大規模 MIMO 技術如圖 1-14 所示。

(a) 傳統 MIMO 天線陣列排佈

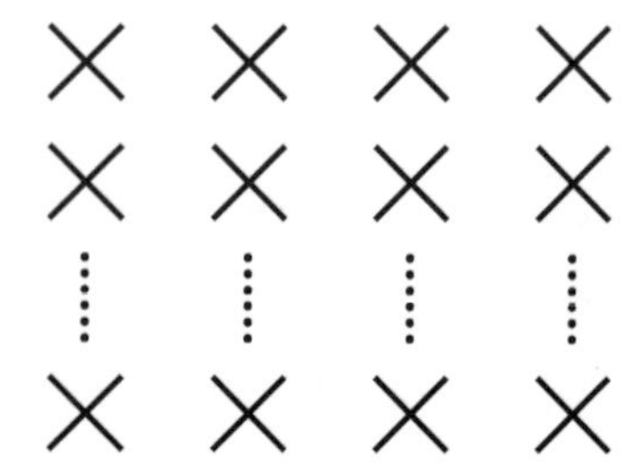

(b) 5G 中基於 Massive MIMO 的天線陣列排佈

圖 1-14 大規模 MIMO 技術

主動天線技術的引入還將更進一步地提升天線性能，降低天線耦合造成功耗損失，使 LSAS 技術的商用化成為可能。

LSAS 可以動態地調整水平和垂直方向的波束，因此可以形成針對使用者的特定波束，並利用不同的波束方向區分使用者。基於 LSAS 的 3D 波束成形可以提供更細的空域粒度，提高單使用者 MIMO 和多使用者 MIMO 的性能。基於 LSAS 的 3D 波束如圖 1-15 所示。

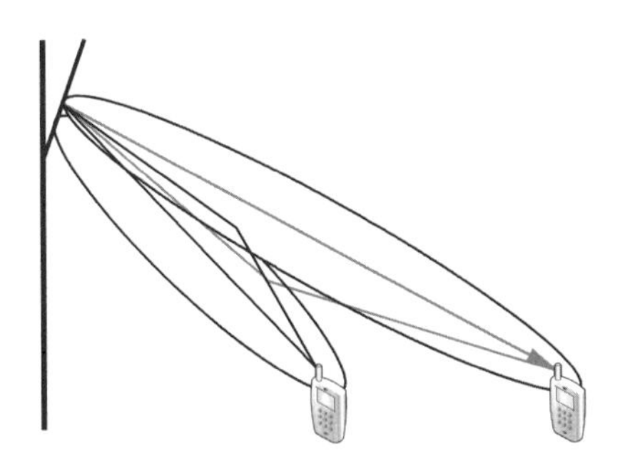

圖 1-15 基於 LSAS 的 3D 波束

同時，LSAS 技術的使用為提升系統容量帶來了新的想法。LSAS 技術提升系統容量如圖 1-16 所示，可以通過半靜態地調整垂直方向波束，在垂直方向上透過垂直社區分裂區分不同的社區，實現更大的資源重複使用。

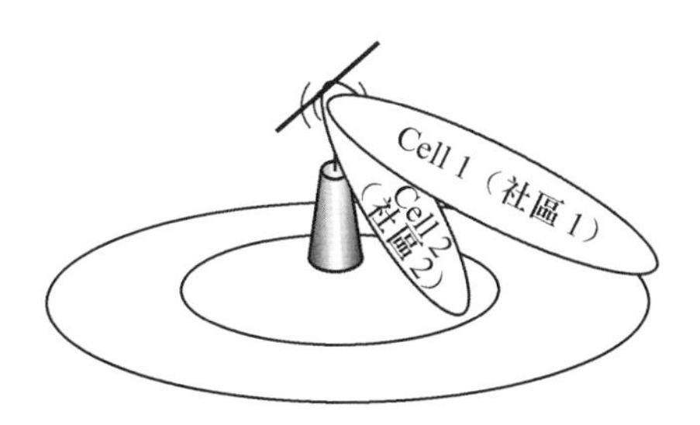

圖 1-16 LSAS 技術提升系統容量

大規模 MIMO 技術可以由一些並不昂貴的低功耗的天線元件來實現，為實現在高頻段上進行行動通訊提供了廣闊前景，它可以成倍地提升無線頻譜效率，增強網路覆蓋和系統容量，幫助電信業者最大限度地利用已有站址和頻譜資源。

我們以一個 20cm2 的天線物理平面為例，這些天線以半波長的間距排列在一個個方格中，如果工作頻段為 3.5GHz，就可部署 16 副天線；如果工作頻段為 10GHz，就可部署 169 副天線。天線物理平面與天線單元間距範例如圖 1-17 所示。

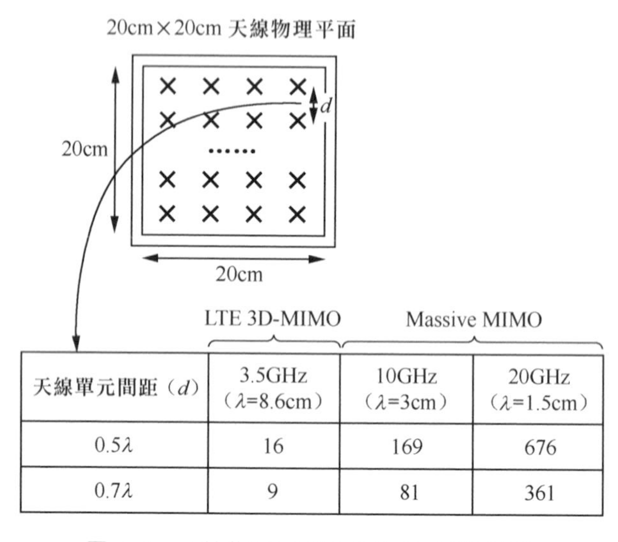

天線單元間距（d）	3.5GHz（λ=8.6cm）	10GHz（λ=3cm）	20GHz（λ=1.5cm）
0.5λ	16	169	676
0.7λ	9	81	361

圖 1-17 天線物理平面與天線單元間距範例

3D-MIMO 技術在原有的 MIMO 基礎上增加了垂直維度，使波束在空間上三維賦型，可避免相互之間干擾，配合大規模 MIMO，可實現多方向波束賦型。

7. 關鍵技術七：認知無線電技術

認知無線電技術（Cognitive Radio Spectrum Sensing Techniques，CRSST）最大的特點就是能夠動態地選擇無線通道。認知無線電技術如圖 1-18 所示，在不產生干擾的前提下，手機透過不斷感知頻率，選擇並使用可用的無線頻譜。

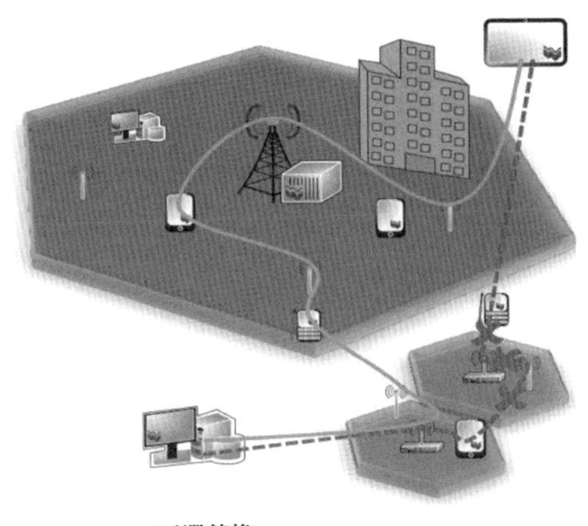

圖 1-18 認知無線電技術

8. 關鍵技術八：超密度異質網路

超密度異質網路（Ultra-Dense Heterogeneous Networks，UD-HetNets）是指，在巨蜂巢網路層中佈放大量微蜂巢（Microcell）、特微蜂巢（Picocell）、毫特微蜂巢（Femtocell）等存取點，滿足資料容量增長要求。

為應對未來持續增長的資料業務需求，採用更加密集的社區部署將成為 5G 提升網路整體性能的一種方法。透過在網路中引入更多的低功率節點可以實現熱點增強、消除盲點、改善網路覆蓋、提高系統容量的目的。但是，隨著社區密度的增加，整個網路的拓撲也會變得更複雜，會帶來更加嚴重的干擾問題。因此，超密度異質網路（UD-HetNets）技術的主要困難就是要進行有效的干擾管理，提高網路的抗干擾性能，特別是提高社區邊緣使用者的性能。

UHN 技術增強了網路的靈活性，可以針對使用者的臨時性需求和季節性需求快速部署新社區。在這個技術背景下，未來網路架構將形成「大型蜂巢 + 長期微蜂巢 + 臨時微蜂巢」的網路架構。「大型蜂巢 + 長期微蜂巢＋臨時微蜂巢」的網路架構如圖 1-19 所示。這一結構將大大降低網路性能對於網路前期規劃的依賴，為 5G 時代實現更加靈活自我調整的網路提供保障。

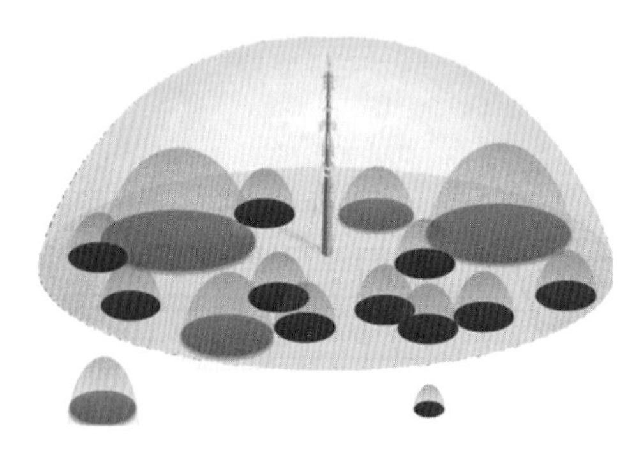

圖 1-19 「大型蜂巢＋長期微蜂巢＋臨時微蜂巢」的網路架構

在 5G 時代，更多的是物——物連接連線網路，HetNets（異質網路）的密度將大大增加。

與此同時，社區密度的增加也會帶來網路容量和無線資源使用率的大幅提升。模擬表明，當大型社區使用者數為 200 時，如果將微蜂巢的滲透率提高到 20%，就可能帶來理論上 1000 倍的社區容量提升。同時，這一性能的提升會隨著使用者數量的增加而更加明顯。考慮到 5G 主要的服務區域是城市中心等人員密度較大的區域，這一技術將給 5G 的發展帶來巨大潛力。

當然，密集社區所帶來的小區間干擾也將成為 5G 面臨的重要技術難題，目前，在這一領域的研究中，除了傳統的基於時域、頻域、功率域的干擾協調機制之外，3GPP Rel-11 提出了進一步增強社區干擾協調技術（Enhanced Inter-Cell Interference Cancellation，eICIC），包括社區參考訊號（Cell Reference Signal，CRS）抵消技術、網路側的社區檢測、干擾消除技術等。這些 eICIC 技術均在不同的自由度上，透過排程使相互干擾的訊號互相正交，從而消除干擾。除此之外，還有一些新技術的引入也為干擾管理提供了新的手段，舉例來說，認知技術、干擾消除、干擾對齊技術等。隨著相關技術難題被逐一解決，在 5G 中，UHN 技術將得到更加廣泛的應用。社區容量模擬結果如圖 1-20 所示。

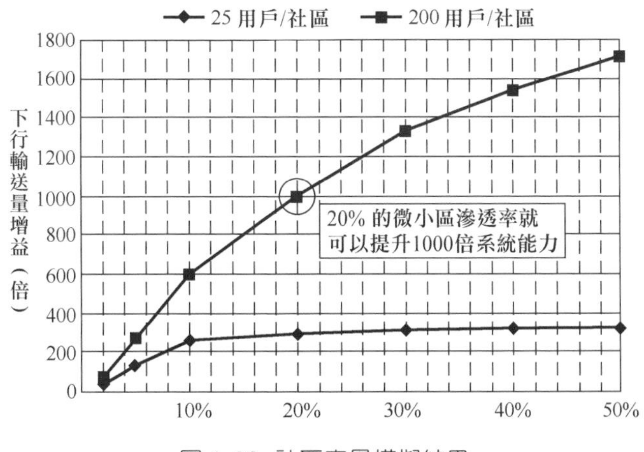

圖 1-20 社區容量模擬結果

9. 關鍵技術九：多技術載體聚合

3GPP R12 已經提到了多技術載體聚合（Multi-Technology Carrier Aggregation，MTCA）技術標準。未來的網路是一個融合的網路，MTCA 技術不僅要實現 LTE 內載體間的聚合，還要擴充到與 3G、5G、Wi-Fi 等網路的融合。

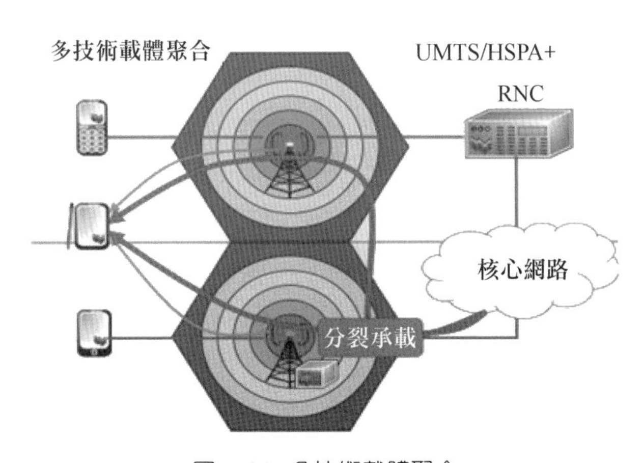

圖 1-21 多技術載體聚合

多技術載體聚合如圖 1-21 所示，MTCA 技術與 HetNets 一起，將為實現萬物之間的無縫連接提供支撐。

1.2.3 無線傳播基本原理

在規劃和建設一個行動通訊網時，從頻段的確定、頻率分配、無線電波的覆蓋範圍、計算通訊機率及系統間的電磁干擾，到最終確定無線裝置的參數，都必須依靠對電波傳播特性的研究、了解和據此進行的場強預測。它是進行系統工程設計與研究頻譜有效利用、電磁相容性等課題所必須了解和掌握的基本理論。

眾所皆知，無線電波可以透過多種方式從發射天線傳播到接收天線。無線電波傳播的方式有直達波或自由空間波、地波或表面波、對流層反射波、電離層波。

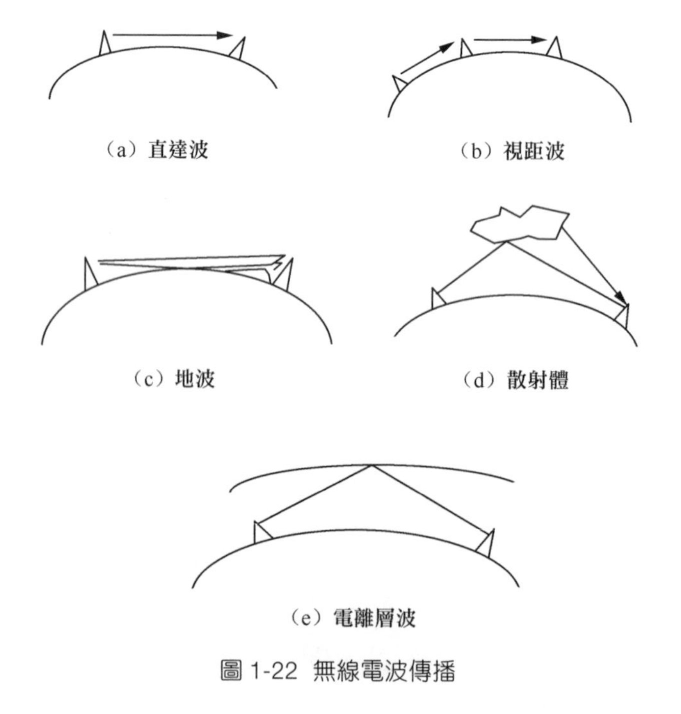

圖 1-22 無線電波傳播

就電波傳播而言，發射機同接收機間最簡單的方式是直達波或自由空間波，即俗稱的第一種方式。自由空間波指的是該區域是各向同性（沿各個軸特性一樣）且同類（均勻結構）的波。自由空間波的其他名字有直達波或視距波。無線電波傳播中的直達波如圖 1-22（a）所示，直達波沿直線傳播，直達波或自由空間波可用於衛星和外部空間通訊。另外，這個定義也可用於陸地上視距傳播（兩個微波塔之間）。無線電波傳播中的視距波如圖 1-22（b）所示。

第二種方式是地波或表面波。地波傳播可看作三種情況（即直達波、反射波和表面波）的綜合。表面波沿地球表面傳播。從發射天線發出的一些能量直接到達接收機；有些能量經從地球表面反射後到達接收機；有些透過表面波到達接收機。表面波在地表面上傳播，由於地面不是理想的，有些能量被地面吸收。當能量進入地面，它建立地面電流。無線電波傳播中的地波如圖 1-22（c）所示。

第三種方式即對流層反射波，對流層反射波產生於對流層，對流層是異類媒體，由於天氣情況而隨時間變化，它的反射係數隨高度增加而減少，這種緩慢變化的反射係數使電波彎曲。無線電波傳播中的散射體如圖 1-22（d）所示。對流層方式應用於波長小於 10m（即頻率大於 30MHz）的無線通訊中。

第四種方式是電離層波。當電波波長小於 1m（頻率大於 300MHz）時，電離層是反射體。從電離層反射的電波可能有一個或多個跳躍。無線電波傳播中的電離層波如圖 1-22（e）所示。這種傳播用於長距離通訊。除了反射，由於折射率的不均勻，電離層可產生電波散射。另外，電離層中的流星也能散射頻波。同對流層一樣，電離層也具有連續波動的特性，在這種波動上是隨機的快速波動。蜂巢系統的無線傳播利用了第二種電波傳播方式。

在設計蜂巢系統時研究傳播有兩個原因：第一，它對於計算覆蓋不同社區的場強提供必要的工具，因為在大多數情況下覆蓋區域從幾百公尺到幾十公里，地波傳播可以在這種情況下應用；第二，它可計算鄰通道和同通道干擾。

預測場強有三種方法：第一，純理論方法，這種方法適用於分離的物體，舉例來說，山和其他固體物體，但這種預測忽略了地球的不規則性；第二，基於在各種環境的測量，包括不規則地形及人為障礙，尤其是在行動通訊中普遍存在的較高的頻率和較低的行動天線；第三，結合上述兩種方法的改進模型，基於測量和使用折射定律考慮山和其他障礙物的影響。

1.2.4 5G 天線的特點

5G 協定在上行 DMRS 導頻、上行預編碼、下行廣播掃描、下行 DMRS 導頻、下行 CSI-RS 導頻等方面進行了大幅最佳化設計，可顯著提升 5G 協定下的多天線性能。各類技術方案見表 1-3。

表 1-3 各類技術方案

領域	技術方案	核心價值	關鍵演算法
上行	SU-MIMO	最佳化單使用者接收合併性能，提升社區覆蓋、上行單使用者的容量和體驗	MRC、IRC、Turbo Receiver、UL Precoding（上行預編碼）
上行	MU-MIMO	最佳化多使用者聯合接收性能，提升社區容量和使用者體驗	配對演算法〔排程、功控、AMC、Rank（流數）自我調整〕、IRC 接收合併、UL Precoding
下行	波束掃描	下行廣播和控制通道波束掃描，提升下行廣播和控制通道覆蓋	掃描波束設計、掃描波束場景化自我調整調整

領域	技術方案	核心價值	關鍵演算法
下行	SU-BF	最佳化單使用者接收訊號品質，提升控制通道覆蓋、下行單使用者容量和體驗	權值計算、SRS（通道探測參考訊號）權值和 PMI 權值自我調整、功控、AMC、Rank 自我調整
下行	MU-BF	最佳化多使用者聯合發送性能，提升社區容量和使用者體驗	配對演算法（排程、功控、AMC、Rank 自我調整）、多使用者權值迫零

LTE 與 NR PBCH 波束比較如圖 1-23 所示，在 4G 網路中使用單一寬波束，無掃描機制使覆蓋能力受限；而 5G NR 波束掃描機制在窄波束輪詢掃描的前提下，n 個廣播波束組合不同覆蓋範圍，其最大增益相同，覆蓋能力提升，可以較好地兼顧覆蓋深度與覆蓋範圍。

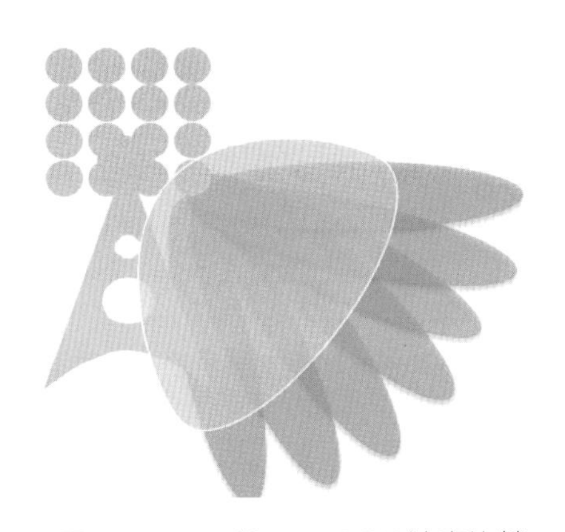

圖 1-23 LTE 與 NR PBCH 波束比較

以 64TR 3.5GHz 預設場景為例，在時間槽配比 7：3 下支援發送 7 個同步訊號模組（Synchronization Signal Block，SSB）窄波束，波束索引號（Beam Index，Beam ID）從 0 ～ 6 逆時鐘排列，SSB 整體外包絡由 7 個窄載體疊加得到。5G SSB 波束如圖 1-24 所示。

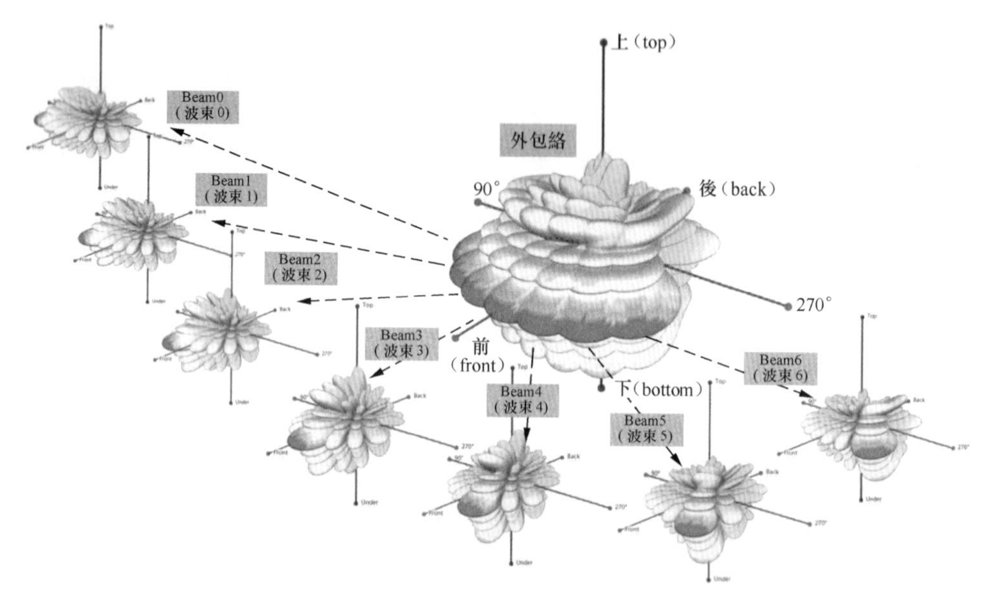

圖 1-24 5G SSB 波束

5G 透過波束掃描可提供高達 9dB 廣播通道覆蓋增益以及更靈活的場景化波束設計，可以更進一步地控制波束覆蓋到需要的位置。靈活波束示意如圖 1-25 所示。

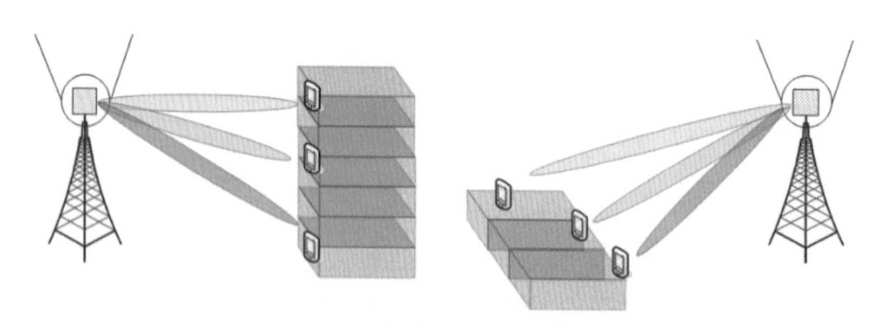

圖 1-25 靈活波束示意

5G 波束場景見表 1-4，當前廣播波束場景化的一些設定參考表 1-4，可以根據實際場景進行選擇，相較於 4G 天線，5G 具備更多的靈活性。

表 1-4 5G 波束場景

序號	覆蓋場景 ID	覆蓋場景	場景介紹	水平 3dB 波寬	垂直 3dB 波寬	傾角可調範圍	方位角可調範圍
1	DEFAULT	預設場景	典型 3 扇區網路拓樸，普通預設場景，適用於廣場場景	105°	6°	-2° ～ 9°	0°
2	SCENARIO_1	廣場場景	非標準 3 扇區網路拓樸，適用於水平覆蓋，水平覆蓋比場景 SCENARIO_2 大，舉例來說，廣場場景和高大建築，近點覆蓋比場景 SCENARIO_2 略差	110°	6°	-2° ～ 9°	0°
3	SCENARIO_2	干擾場景	非標準 3 扇區網路拓樸，當鄰區存在強干擾時，可以收縮社區的水平覆蓋範圍，減少鄰區干擾的影響，由於垂直覆蓋角度小，適用於低層覆蓋	90°	6°	-2° ～ 9°	-10° ～ 10°
4	SCENARIO_3	干擾場景	非標準 3 扇區網路拓樸，當鄰區存在強干擾時，可以收縮社區的水平覆蓋範圍，減少鄰區干擾的影響，由於垂直覆蓋角度小，適用於低層覆蓋	65°	6°	-2° ～ 9°	-54T：-22° ～ 22° -32T16H2V：-22° ～ 22° -32T8H4V：在本場景不支持調整方向
5	SCENARIO_4	樓宇場景	低層樓宇，熱點覆蓋	45°	6°	-2° ～ 9°	-32° ～ 32°
6	SCENARIO_5	樓宇場景	低層樓宇，熱點覆蓋	25°	6°	-2° ～ 9°	-42° ～ 42°
7	SCENARIO_6	中層覆蓋廣場場景	非標準 3 扇區網路拓樸，水平覆蓋最大，且帶中層覆蓋的場景	110°	12°	0° ～ 6°	0°
8	SCENARIO_7	中層覆蓋廣場場景	非標準 3 扇區網路拓樸，當鄰區存在強干擾源時，可以收縮社區的水平覆蓋範圍，減少鄰區干擾的影響，由於垂直覆蓋角度相對於 SCENARIO_1 ～ SCENARIO_5 變大，適用於中層覆蓋	90°	12°	0° ～ 6°	-10° ～ 10°

序號	覆蓋場景 ID	覆蓋場景	場景介紹	水平 3dB 波寬	垂直 3dB 波寬	傾角可調範圍	方位角可調範圍
9	SCENARIO_8	中層覆蓋廣場場景	非標準 3 扇區網路拓樸，當鄰區存在強干擾源時，可以收縮社區的水平覆蓋範圍，減少鄰區干擾的影響，由於垂直覆蓋角度相對於 SCENARIO_1 ～ SCENARIO_5 變大，適用於中層覆蓋	65°	12°	0° ～ 6°	−22° ～ 22°
10	SCENARIO_9	中層樓宇場景	中層樓宇，熱點覆蓋	45°	12°	0° ～ 6°	−32° ～ 32°
11	SCENARIO_10	中層樓宇場景	中層樓宇，熱點覆蓋	25°	12°	0° ～ 6°	−42° ～ 42°
12	SCENARIO_11	中層樓宇場景	中層樓宇，熱點覆蓋	15°	12°	0° ～ 6°	−47° ～ 47°
13	SCENARIO_12	廣場 + 高層樓宇場景	非標準 3 扇區網路拓樸，水平覆蓋最大，且帶中層覆蓋的場景，當需要廣播通道表現新到資料的覆蓋情況時，建議使用該場景	110°	25°	6°	0°
14	SCENARIO_13	高層覆蓋廣場場景	非標準 3 扇區網路拓樸，當鄰區存在強干擾源時，可以收縮社區的水平覆蓋範圍，減少鄰區干擾的影響，由於垂直覆蓋角度最大，適用於高層覆蓋	65°	25°	6°	64T：−22° ～ 22° 32T16H2V：−22° ～ 22° 32T8H4V：在本場景不支持調整方向
15	SCENARIO_14	高層樓宇場景	高層樓宇，熱點覆蓋	45°	25°	6°	−32° ～ 32°
16	SCENARIO_15	高層樓宇場景	高層樓宇，熱點覆蓋	25°	25°	6°	−42° ～ 42°
17	SCENARIO_16	高層樓宇場景	高層樓宇，熱點覆蓋	15°	25°	6°	−47° ～ 47°

註：使用者級波束管理，不同廠商實現的原理存在差異性

5G NR 協定支援基於 CSI-RS 的參考訊號接收功率（Reference Signal Receiving Power，RSRP）測量，使基於 CSI-RS 的使用者級波束管理機制與基於通道探測參考訊號（Sounding Reference Signal，SRS）的波束管理互補。

基於 SRS 的波束管理：在 gNB（generation NobeB，5G 基地台）透過 SRS 測量獲得使用者的最佳窄波束，適用於 SRS 訊號品質較好的近點使用者。基於 SRS 的波束管理如圖 1-26 所示。

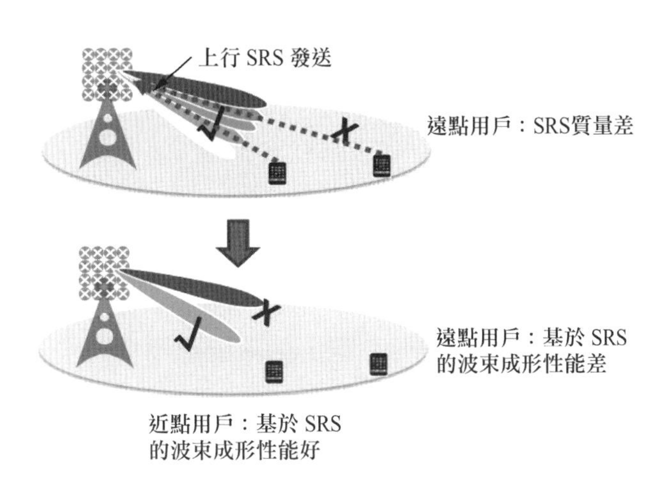

圖 1-26 基於 SRS 的波束管理

基於 CSI-RS 的波束管理：適用於 SRS 訊號品質較好的近點使用者，上行 SRS 發送透過 UE 基於 CSI-RS 的測量上報，gNB 獲得使用者的最佳窄波束，適合 SRS 訊號品質較差的遠點使用者。基於 CSI-RS 的波束管理如圖 1-27 所示。

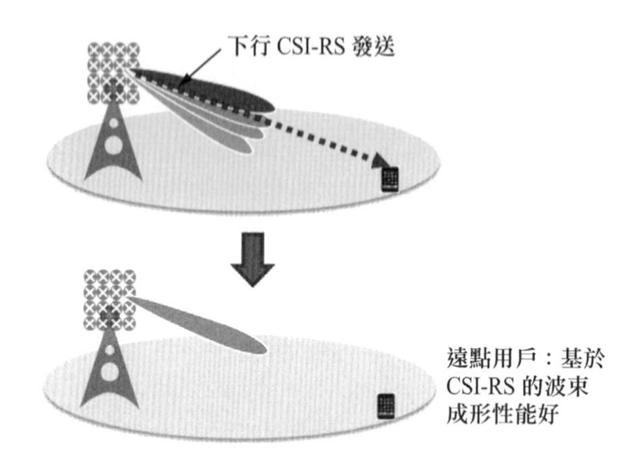

圖 1-27 基於 CSI-RS 的波束管理

1.3 點對點網路切片技術

網路切片是指電信業者為了滿足不同的商業應用場景需求，量身打造多個點對點的虛擬子網路。

與 2G/3G/4G 的手機應用不同，5G 針對萬物連接，將應對不同的應用場景。不同的應用場景對網路的行動性、安全性、延遲、可靠性等，甚至是費率方式的需求是不同的。因此，5G 網路需要能為不同的場景切出對應的虛擬子網路。

不同的場景下的虛擬子網路如圖 1-28 所示，圖 1-28 中展示了網路被切成多個虛擬子網路——高畫質視訊切片網路、手機切片網路、巨量物聯網切片網路和任務關鍵型物聯網切片網路。

其中，由於高畫質視訊切片網路要求巨量視訊內容快取、分發和使用者就近存取，所以核心網路使用者平面功能下沉到了邊緣雲。

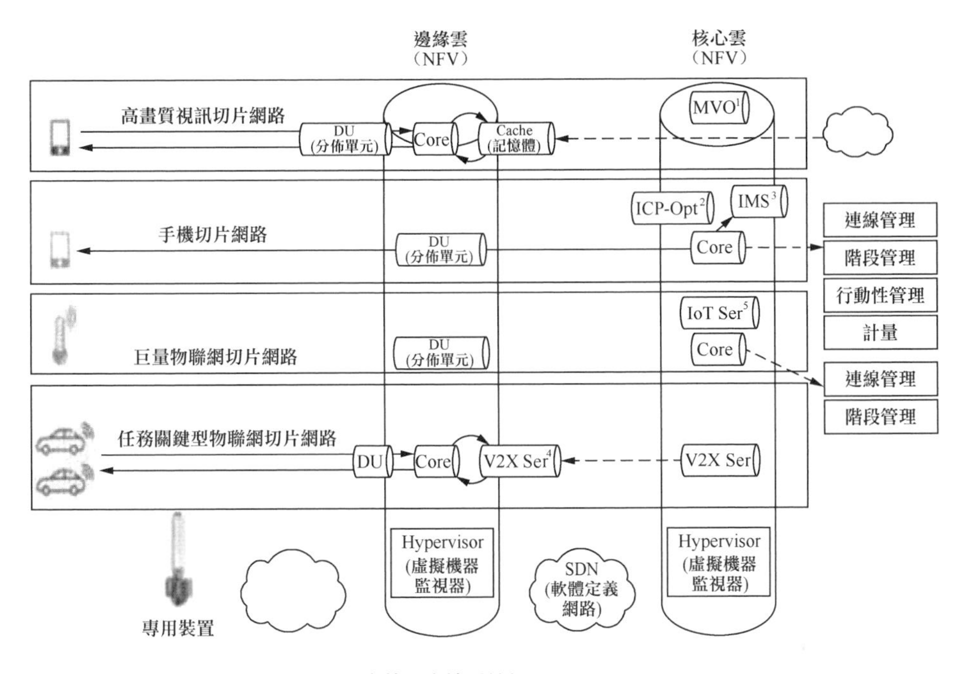

1. MVO(Multi-Vendor OSS,多提供商營運支撐系統)
2. ICP-Opt(Integrated Communications Platform Operation Tape,整合通訊平台執行程式帶)
3. IMS(IP Multimedia Subsystem,IP多媒體子系統)
4. V2X Ser(車聯網伺服器)
5. IoT Ser(物聯網伺服器)

圖 1-28 不同的場景下的虛擬子網路

同樣,由於任務關鍵型物聯網對延遲要求較高,舉例來說,車聯網,為了降低物理距離帶來的延遲,核心網路也下沉到了邊緣雲,並在邊緣設定車聯網應用伺服器。

1.3.1 5G 網路切片系統架構

5G 網路切片系統分為切片基礎設施、切片實例管理和切片業務營運。其中,切片基礎設施提供切片網路(基本業務類型)、執行切片實例部署和保障;切片實例管理提供切片實例的全生命週期管理,包括切片範本設計、切片實例創建、監控、最佳化、釋放等;切片業務營運提供切片商品設計、上線、租戶簽約、費率、切片成員管理等。5G 網路切片系統架構如圖 1-29 所示，點對點（Entity to Entity，E2E）切片管理系統如圖 1-30 所示。

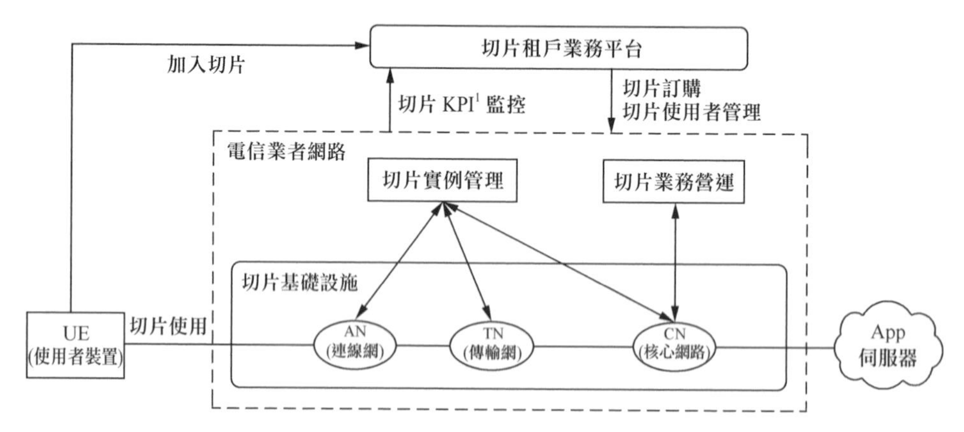

1. 關鍵績效指標（Key Performance Indicater，KPI）

圖 1-29 5G 網路切片系統架構

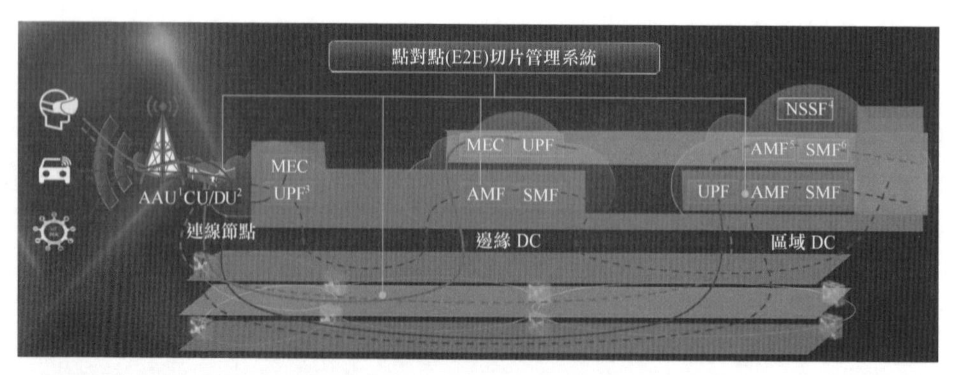

1. 主動天線處理單元（Active Antenna Unit，AAU）
2. 集中單元（Centralized Unit，CU）/分佈單元（Distributed Unit，DU）
3. 使用者平面功能（User Plane Function，UPF）
4. 網路切片選擇功能（Network Slice Selection Function，NSSF）
5. 連線和行動性管理功能網路裝置（Access and Mobility Management Function，AMF）
6. 階段管理網路裝置（Session Manager Function，SMF）

圖 1-30 點對點（E2E）切片管理系統

1.3.2 終端感知切片

終端感知切片：5G 終端預置 / 獲取切片標識，並與具體 App 連結，應用階段建立時，上傳切片標識，5GC（5G 核心網路）根據使用者簽約切片資訊，選擇對應切片建立階段。

1.3.3 無線切片實現

無線切片實現：共用式無線切片，使用者階段根據切片標識，選擇設定參數封包進行設定，實現不同空中介面特性；獨佔式無線切片透過劃分不同頻段，組成物理隔離切片。

5G 無線側實現頻譜資源分享、按優先順序排程實現頻寬差異化，其主要特徵：每個 TTI（典型值是 0.5ms）進行 RB（資源區塊）（典型值是 260kHz）粒度的資源設定。優先順序較高的切片使用者容易達到所需速率，關鍵在於頻譜軟切片和動態頻譜隔離。

頻譜分割，資源預留，技術上可以實現針對切片級的 RB（資源區塊）粒度頻譜預留。

（1）無線空中介面通道複雜、多天線（MIMO）的流數因素、頻選的干擾因素等使頻譜的 xMHz 並不能直接轉為 xMbit/s，因此保留資源並不是產業客戶的初衷。

（2）為不同切片保留頻譜會導致電信業者頻譜碎片化，頻譜使用率下降，不符合電信業者的利益。目前，第一階段按照資源排程優先順序；第二階段隨選驅動，透過資源預留和頻譜隔離實現。

5G 無線側的重點在於空中介面資源管理的切片能力增強，分為切片管理增強和切片網路裝置增強。其中，切片管理增強包含切片參數線上設定、切片服務等級協定（Service Level Agreement，SLA）性能測量和切片警報分析管理；切片網路裝置增強包含無線側切片感知、核心網路切片選擇、切片資源動態分配和切片行動性管理。5G 無線側透過線上設定，分配空中介面資源，實現無線切片終端連線控制。

無線切片參數的具體設定如下。

- 切片標識：無線側支援的切片標識。
- 切片優先順序：不同的切片標識具有不同的優先順序，用於切片級資源先佔判定。
- 切片最大使用者數：設定每個切片最大的連線使用者數，設定切片最大使用者接納控制的目的主要是防止優先順序較高的切片佔用過多無線資源的一種資源平衡的方法。
- 切片上 / 下行保障服務品質（Quality of Service，QoS）：設定切片上 / 下行保障的頻寬、延遲等參數。
- 切片上 / 下行最大吞吐量：設定切片上 / 下行資源最大佔用閾值。

無線側切片資源排程機制如圖 1-31 所示，下行資料到達基地台後，IP 封包按優先順序、按使用者和業務分類進入不同切片等待佇列，優先順序由切片當前總速率、當前延遲、待發送資料量和使用者優先順序等多種因素決定。

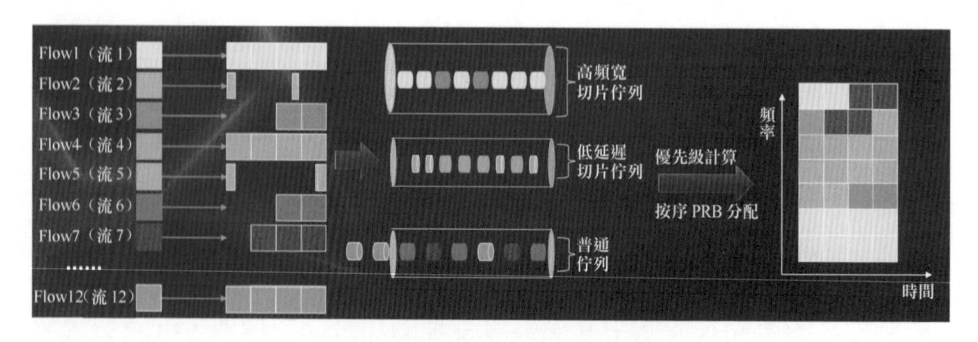

圖 1-31 無線側切片資源排程機制

1.3.4 承載切片實現

5G 承載軟體定義網路（Software-Defined Networking，SDN）化，虛擬為多張虛擬網路，區分轉發性能需求，根據場景 QoS、延遲等需求，在對應虛擬網路上建立針對業務的連接隧道，組成業務需求（Business Need，BN）切片。承載支援不同程度的通道隔離，傳統各種業務混合使用，基於 IP 封包交換，彼此可以有優先順序，敏感業務易受突發壅塞影響，物理時間槽級隔離可以嚴格按頻寬分配、隔離不同硬管道可以有不同的重複使用比、擴充策略，硬通道內不同的使用者仍可以使用優先順序表現差異。切片創建過程如圖 1-32 所示。

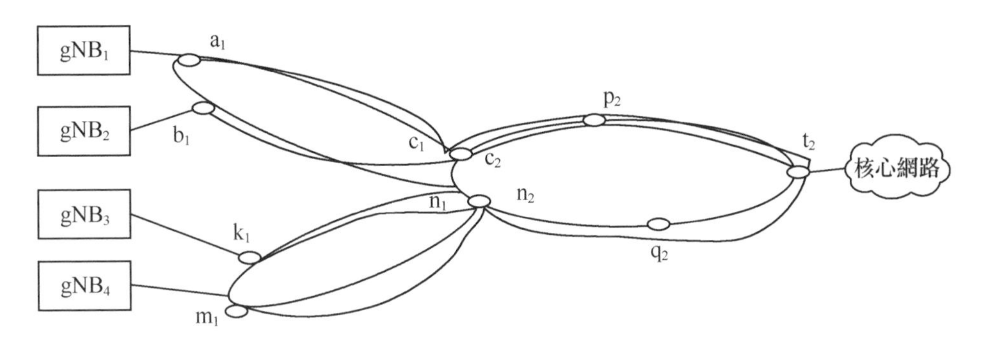

圖 1-32 切片創建過程

FlexE 只是介面類別型，Tunnel 是點對點的，舉例來說，在圖 1-32 中，a_1 到 t_2；連線環這段可以基於 FlexE 子介面創建，即 a_1—c_1；匯聚環這段可以基於 FlexE 子介面創建，即 c_2—p_2—t_2；不同 Tunnel 可以獨佔也可以共用 FlexE 子介面，不同 VPN（E2E 角度下傳輸的切片）可以共用也可以獨佔 Tunnel。

統一的彈性承載網路靈活支撐 CN/ 無線存取點（Radio Access Node，RAN）側切片實現。彈性承載網路如圖 1-33 所示。

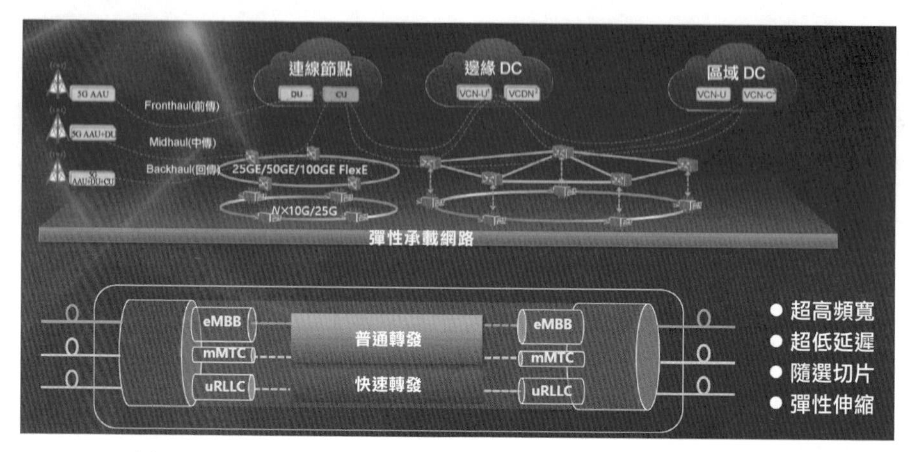

1. VCN-U：虛擬網路主控台使用者單元
2. VCDN：虛擬內容分發網路
3. VCN-C：虛擬網路主控台控制單元

圖 1-33 彈性承載網路

IP RAN 一網多用，實現 5G 業務和政企專線的統一承載，安全性要求高的業務採用硬切片，舉例來說，特殊專線，其他對延遲不敏感的業務採用軟切片。IP RAN 一網多用如圖 1-34 所示。

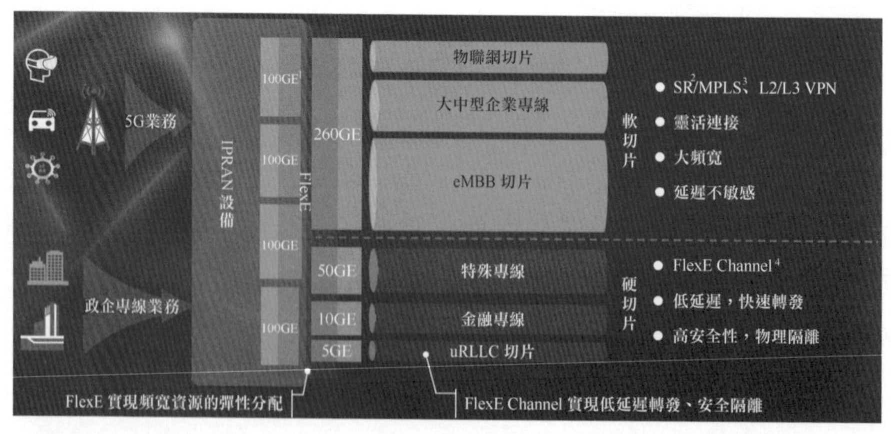

1. GE：GB
2. SR：分段路由
3. MPLS：多協定標籤交換
4. FlexE Channel：靈活乙太通道

圖 1-34 IP RAN 一網多用

1.3.5 核心網路切片實現

要想實現核心網路切片，隨選部署在多級 DC 的 5GC 網路功能，組成 CN 切片：UPF 根據場景延遲需求可以靈活下沉部署；控制平面 NFs 可跨切片共用，支援隨選訂製的 NF/ 微服務組合。

eMBB 切片支持基本切片，支持 4G/5G 使用者連線，支持全面的業務能力（舉例來說，負責線上費率、增強 QoS 頻寬管理、智慧運行維護和業務報表等）。

固網無線連線（Fixed Wireless Access，FWA）切片支援 5G 使用者連線，支援簡化的業務能力（舉例來說，簡化費率、簡化 QoS 等）和大頻寬轉發能力。

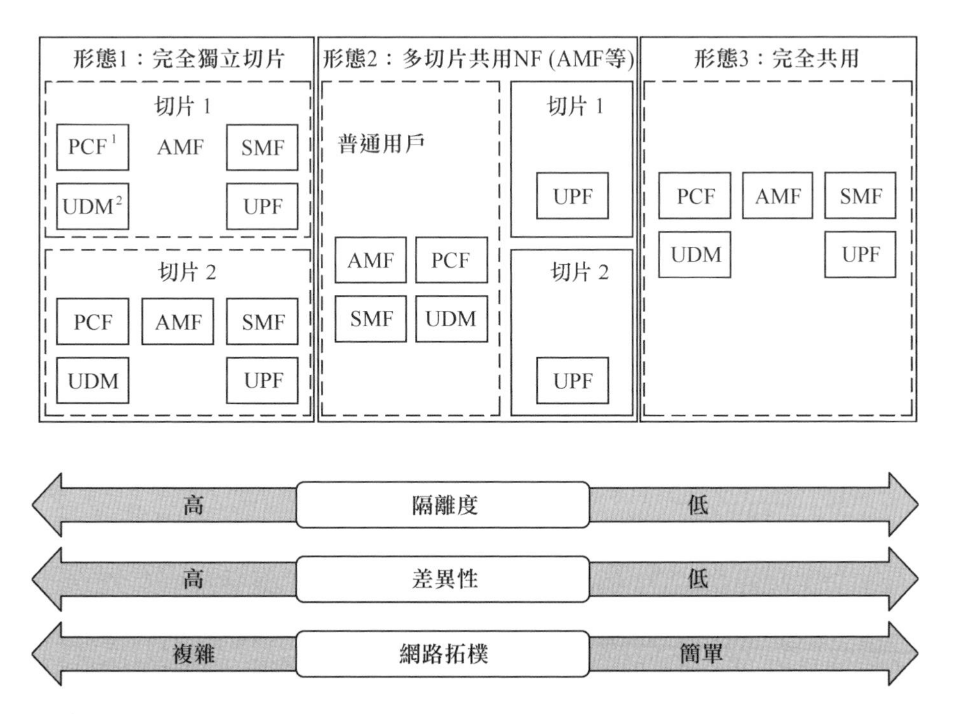

1. 策略控制功能網路裝置（Policy Control Function，PCF）
2. 統一資料管理（Unified Data Management，UDM）

圖 1-35 靈活的 NF 共用形態

靈活的 NF 共用形態如圖 1-35 所示，很多切片使用者只需要獨立的使用者平面即可，不同切片的 UPF 的部署位置不同、隔離度不同和規格不同。eMBB 場景的差異性有限，潛在切片數量大，以「形態 3：完全共用」為主。uRLLC 場景 CP/UP（控制平面 / 使用者平面）的差異化與獨立進化機率較高，對隔離的要求較高，以「形態 1：完全獨立切片」和「形態 2：多切片共用 NF（AMF）等」為主。巨量物聯網（Massive Internet of Things，mIoT）場景 CP/UP 的差異化與獨立進化機率高而且潛在切片數量大，以「形態 2：多切片共用 NF（AMF）等」為主。

基於 SDN 架構的統一排程如圖 1-36 所示，此架構可以實現轉發面虛擬化和資源統一排程，基於層次化的多實例控制器可以實現物理網路和切片網路的 E2E 統一控制和管理。

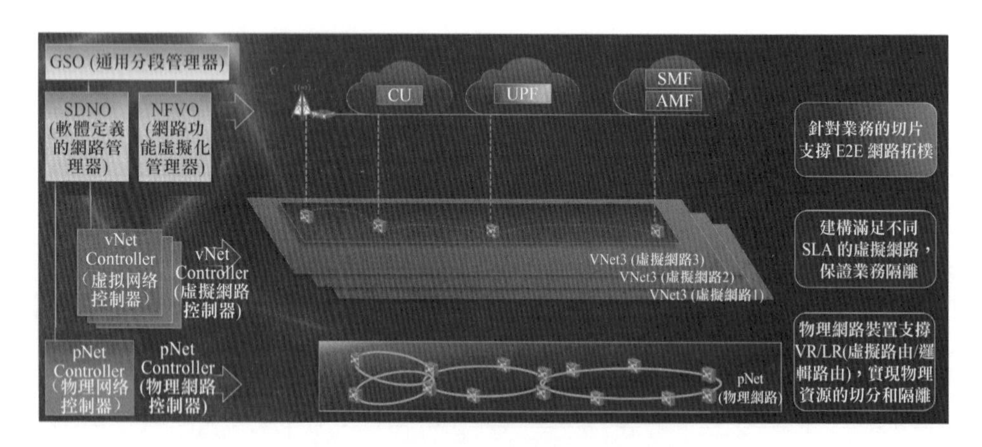

圖 1-36 基於 SDN 架構的統一排程

5G 與 4G 原理差異

與 4G 相比，5G 為了支撐 eMBB、uRLLC 和 mMTC 三大應用場景，在頻段和頻寬、空中介面幀結構、物理通道和訊號、協定層、QoS 管理、功率控制以及排程等方面，4G 與 5G 均存在差異。

1. 頻段和頻寬

5G 支持全頻譜連線如圖 2-1 所示，相較於 4G 僅支持低頻，5G 支持全頻譜可連線，並且支持不同載體頻寬。低於 6GHz 的頻段，即 Sub 6G 頻段（包含 C-Band，即 C 波段），用於覆蓋和容量。高於 6GHz 的頻段，即 Above6G 頻段，用於容量和回傳。高低頻協作網路拓樸，完美融合覆蓋、容量與回傳，實現價值建網。更高的頻段表示更高的路損，對於精準網路規劃提出了更高的要求。採用射線追蹤傳播模型，模擬射線的直射、反射和折射等多路徑，可以得到更精準的模擬結果。

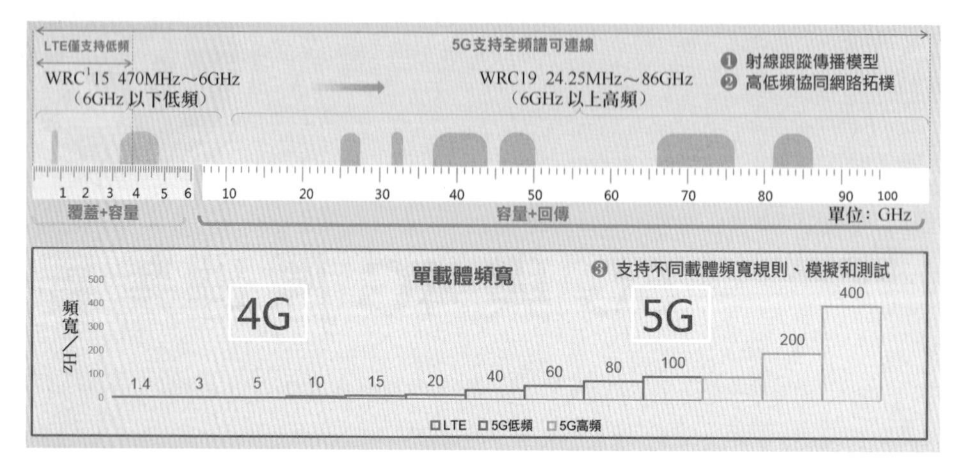

1. 世界無線電通訊大會（World Radio Communication，WRC）

圖 2-1 5G 支持全頻譜連線

2. 空中介面幀結構

5G 的時域和頻域設定更加靈活，空域增加「流」最佳化。5G 採用和 4G 相同的 OFDMA，空中介面資源的主要描述維度大致相同，頻域上新增部分頻寬（Band Width Part，BWP），BWP 為網路側設定給 UE 的一段連續頻寬資源，其應用場景包括：支援小頻寬終端、支援不同的 Numerology FDM（參數集）等。5G 支持一系列 Numerology FDM（主要是 SCS 子載體間隔不同），適應不同業務需求和通道特徵，C-Band 建議子載體間隔 30kHz，28GHz 建議 120kHz。資料通道頻域上基本排程單位是 PRB 或資源區塊組（Resource Block Group，RBG），控制通道基本排程單位為控制通道單元（Control Channel Element，CCE）。在 5G 中，最大支持 2 代碼，增強了 DMRS 天線通訊埠數，最大可支援 12 通訊埠。5G 空中介面幀結構如圖 2-2 所示。

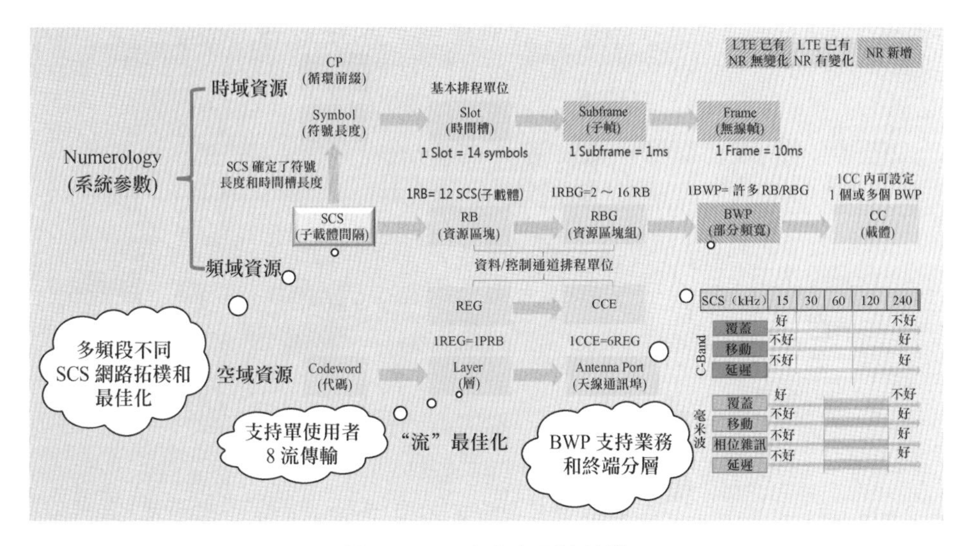

圖 2-2 5G 空中介面幀結構

3. 物理通道和訊號

與 4G 相比，5G 的下行物理通道去掉了物理 HARQ 指示通道（Physical HARQ Indicator Channel，PHICH）和物理控制格式指示通道（Physical Control Format Indicator Channel，PCFICH），參考訊號去掉了 CRS，新增 PT-RS，增強了 DMRS 和 CSI-RS 作用。物理通道分為公共通道、控制通道和資料通道：公共通道包括同步訊號（SS）、物理廣播通道（PBCH）和物理隨機連線通道（PRACH）；控制通道包括物理下行控制通道（PDCCH）和物理上行控制通道（PUCCH）；資料通道包括物理下行共用通道（PDSCH）和物理上行共用通道（PUSCH）。公共通道、控制通道和參考訊號最終都是為傳輸和接收資料通道來服務的。靈活的物理通道和訊號設計可以實現一切皆排程和可設定。5G 物理通道和訊號如圖 2-3 所示。

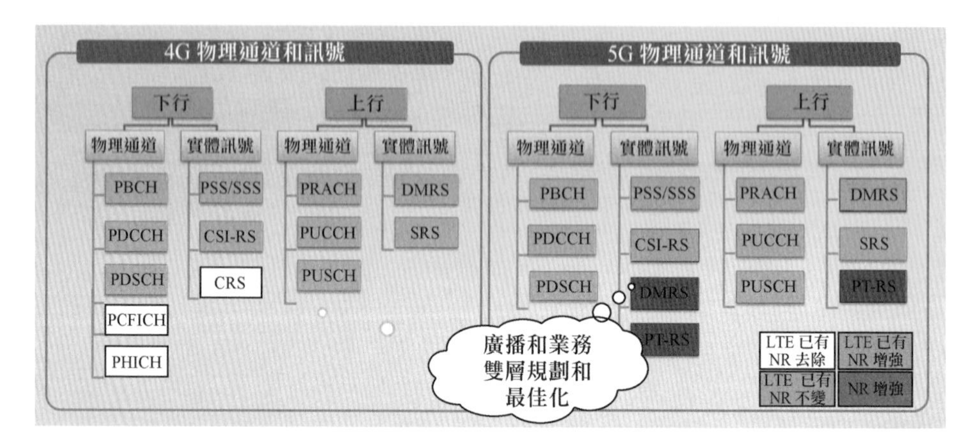

圖 2-3 5G 物理通道和訊號

4. 協定層

5G 新增業務資料轉換協定（Service Data Adaptation Protocol，SDAP）子層專用於 QoS 管理，具備兩個作用：第一，根據設定，將各 QoS Flow 映射到無線承載上；第二，對上行和下行 PDU 的 SDAP 中打上服務品質流標識（QoS Flow ID，QFI）。CU/DU 分離部署更靈活，支援協定層高層和底層切分，對網路規劃網路最佳化的影響待評估。5G 協定層如圖 2-4 所示。

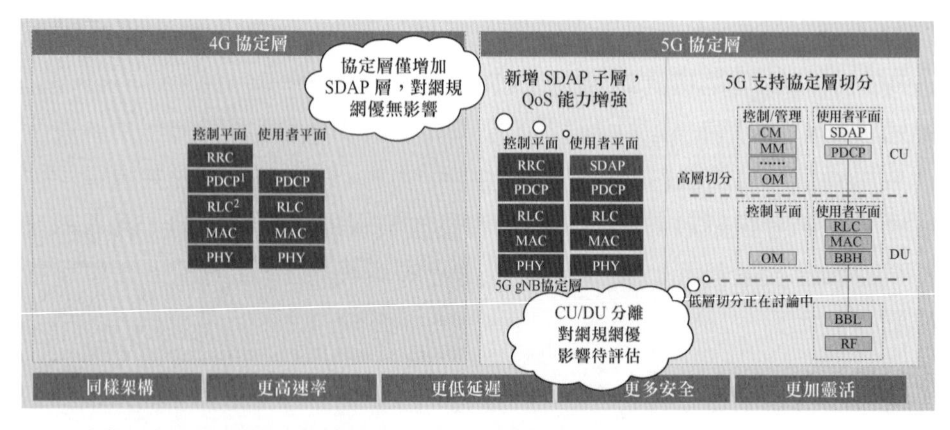

1. PDCP（Packet Data Convergence Protocol，分組資料匯聚層協定）

2. RLC（Radio Link Control，無線鏈路控制）

圖 2-4 5G 協定層

5. QoS 管理

QoS 管理分為兩個階段：第一階段，在無線承載建立時，基於 QoS 特徵，為每個無線承載設定不同的 PDCP/RLC/MAC 參數；第二階段，在無線承載建立之後，上下行動態排程來保證 QoS 的特徵及各承載速率的要求，同時兼顧系統容量最大化。SA 協定架構 5G 核心網路下的 QoS 模型是基於 QoS Flow 的，業務保障更靈活。5G QoS 管理如圖 2-5 所示。

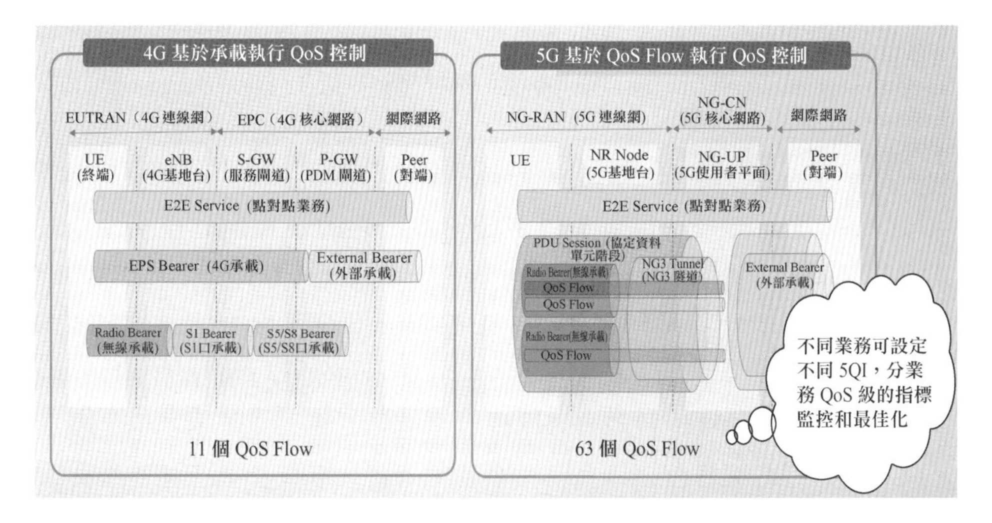

圖 2-5 5G QoS 管理

6. 功率控制

4G PDSCH 使用固定的功率分配，5G PDSCH 支援 CC 內功率匯聚，功控增益更為明顯，其他通道無明顯差異。由於 5G 取消了 CRS，基準功率指的是單通道每個資源元素（Resource Element，RE）上的功率（頻率上一個子載體及時域上一個符號稱為一個 RE）。5G 功率控制如圖 2-6 所示。

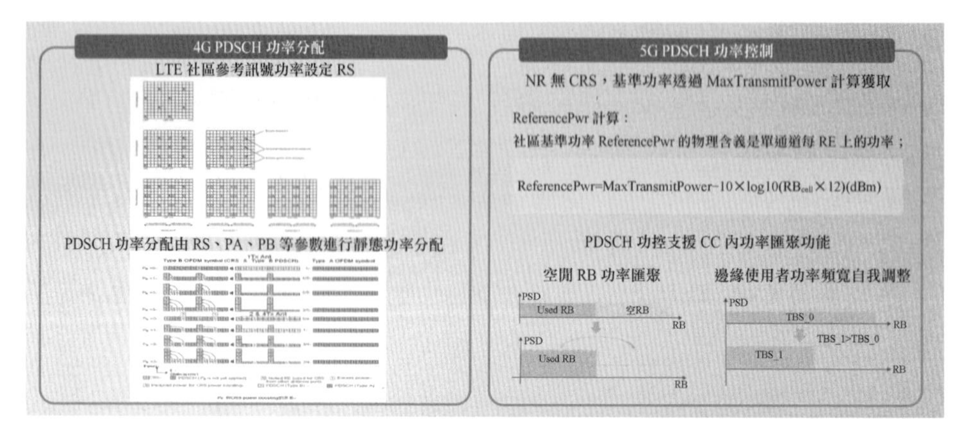

圖 2-6 5G 功率控制

7. 排程

4G 上行排程僅支援採用基於單載體變換擴充的波長區分重複使用波形（Discrete Fourier Transform Spread Orthogonal Frequency Division Multiplexing，DFT-S-OFDM），5G 支援 DFT-S-OFDM 和基於循環前綴的正交分頻重複使用（Cyclic Prefixed Orthogonal Frequency Division Multiplexing，CP-OFDM）兩種波形自我調整，資源排程更靈活，其他排程演算法無明顯差異。

無線傳播理論

3.1 頻段劃分簡介

無線電波分佈在 3Hz ～ 3000GHz，在這個區域內劃分為 12 個頻段，在不同頻段內的頻率具有不同的傳播特性。

無線電波的頻率越低，繞射能力較強，傳播損耗越小，覆蓋距離較遠，但是頻率資源緊張，系統容量有限。

無線電波的頻率越高，頻率資源豐富，系統容量較大，但是繞射能力較弱，傳播損耗較大，覆蓋距離較近，技術難度大，並且系統成本高。

頻段劃分見表 3-1。

表 3-1 頻段劃分

頻段範圍	頻段名稱（全稱）
3Hz ～ 30Hz	極低頻（Extremely Low Frequency，ELF）
30Hz ～ 300Hz	超低頻（Super Low Frequency，SLF）
300Hz ～ 3000Hz	話頻（Voice Frequency，VF）
3kHz ～ 30kHz	甚低頻（Very-Low Frequency，VLF）
30kHz ～ 300kHz	低頻（Low Frequency，LF）

頻段範圍	頻段名稱（全稱）
300kHz ～ 3000kHz	中頻（Medium Frequency，MF）
3MHz ～ 30MHz	高頻（High Frequency，HF）
30MHz ～ 300MHz	甚高頻（Very High Frequency，VHF）
300MHz ～ 3000MHz	特高頻（Ultra High Frequency，UHF）
3GHz ～ 30GHz	超高頻（Super High Frequency，SHF）
30GHz ～ 300GHz	極高頻（Extremely High Frequency，EHF）
300GHz ～ 3000GHz	至高頻（Top High Frequency，THF）

3GPP 針對 5G 頻段範圍的定義是在 TS 38.104「NR；基地台無線發射與接收」規範中，確定了 5G NR 基地台的最低射頻特性和最低性能要求。5G NR 包含了部分 LTE 頻段，也新增了一些頻段（n50、n51、n70 及以上），可以從 TS 38.101-1 和 TS 38.101-2 獲得 5G 頻段資訊。目前，全球最有可能優先部署的 5G 頻段為 n77、n78、n79、n257、n258 和 n260，就是 3.3GHz ～ 4.2GHz、4.4GHz ～ 5.0GHz 和毫米波頻段 26GHz/28GHz/39GHz。

根據 2017 年 12 月發佈的 V15.0.0 版 TS 38.104 規範，5G NR 的頻率範圍分別定義為不同的頻率範圍（Frequency Range，FR）：FR1 與 FR2。其中，頻率範圍 FR1 即通常所講的 5G Sub 6GHz（6GHz 以下）頻段；頻率範圍 FR2 則是 5G 毫米波頻段。5G 主要頻率範圍見表 3-2。

表 3-2 5G 主要頻率範圍

頻率範圍名稱	對應具體頻率範圍
FR1	450MHz ～ 6000MHz
FR2	24250MHz ～ 52600MHz

眾所皆知，TDD 和 FDD 是行動通訊系統中的兩大雙工制式。在 4G 中，針對 TDD 與 FDD 分別劃分了不同的頻段，在 5G NR 中也同樣為 TDD 與 FDD 劃分了不同的頻段，同時還引入了新的補充下行鏈路

（Supplemental Downlink，SDL）與輔助上行（Supplementary Uplink，SUL）頻段。

5G NR 的頻段號以 "n" 開頭，與 LTE 的頻段號以 "B" 開頭不同。3GPP 指定的 5G NR 頻段 FR1 劃分見表 3-3。

表 3-3 3GPP 指定的 5G NR 頻段 FR1 劃分

NR 頻段	上行鏈路（UL）頻段 BS 接收 / UE 發送	下行鏈路（DL）頻段 BS 發送 / UE 接收	雙工模式
n1	1920MHz ～ 1980MHz	2110MHz ～ 2170MHz	FDD
n2	1850MHz ～ 1910MHz	1930MHz ～ 1990MHz	FDD
n3	1710MHz ～ 1785MHz	1805MHz ～ 1880MHz	FDD
n5	824MHz ～ 849MHz	869MHz ～ 894MHz	FDD
n7	2500MHz ～ 2570MHz	2620MHz ～ 2690MHz	FDD
n8	880MHz ～ 915MHz	925 MHz ～ 960 MHz	FDD
n12	699MHz ～ 716MHz	729MHz ～ 746MHz	FDD
n20	832MHz ～ 862MHz	791MHz ～ 821MHz	FDD
n25	1850MHz ～ 1915MHz	1930MHz ～ 1995MHz	FDD
n28	703MHz ～ 748MHz	758MHz ～ 803MHz	FDD
n34	2010MHz ～ 2025MHz	2010MHz ～ 2025MHz	TDD
n38	2570MHz ～ 2620MHz	2570MHz ～ 2620MHz	TDD
n39	1880MHz ～ 1920MHz	1880MHz ～ 1920MHz	TDD
n40	2300MHz ～ 2400 MHz	2300MHz ～ 2400MHz	TDD
n41	2496MHz ～ 2690MHz	2496MHz ～ 2690MHz	TDD
n51	1427MHz ～ 1432MHz	1427MHz ～ 1432MHz	TDD
n66	1710MHz ～ 1780MHz	2110MHz ～ 2200MHz	FDD
n70	1695MHz ～ 1710MHz	1995MHz ～ 2020MHz	FDD
n71	663MHz ～ 698MHz	617MHz ～ 652MHz	FDD
n75	N/A	1432MHz ～ 1517MHz	補充下行
n76	N/A	1427MHz ～ 1432MHz	補充下行

NR 頻段	上行鏈路（UL）頻段	下行鏈路（DL）頻段	雙工模式
	BS 接收 / UE 發送	BS 發送 / UE 接收	
n77	3300MHz ～ 4200MHz	3300MHz ～ 4200MHz	TDD
n78	3300MHz ～ 3800MHz	3300MHz ～ 3800MHz	TDD
n79	4400MHz ～ 5000MHz	4400MHz ～ 5000MHz	TDD
n80	1710MHz ～ 1785MHz	N/A	補充上行
n81	880MHz ～ 915MHz	N/A	補充上行
n82	832MHz ～ 862MHz	N/A	補充上行
n83	703MHz ～ 748MHz	N/A	補充上行
n84	1920MHz ～ 1980MHz	N/A	補充上行
n86	1710MHz ～ 1780MHz	N/A	補充上行

3GPP 指定的 5G NR 頻段 FR2 劃分見表 3-4。

表 3-4 3GPP 指定的 5G NR 頻段 FR2 劃分

NR 頻段	上行鏈路（UL）和下行鏈路（DL）頻段	雙工模式
n257	26500MHz ～ 29500MHz	TDD
n258	24250MHz ～ 27500MHz	TDD
n260	37000MHz ～ 40000MHz	TDD
n261	27500MHz ～ 28350MHz	TDD

需要說明的是，在表 3-3、表 3-4 中，5G NR 包含了部分 LTE 頻段，也新增了一些頻段（n50、n51、n70 及以上）。

3.2 快衰落與慢衰落

在一個典型的蜂巢行動通訊環境中，由於接收機與發射機之間的直達路徑被建築物或其他物體所阻礙，所以，在蜂巢基地台與行動裝置之間的通訊不是透過直達路徑，而是透過許多其他的路徑完成的。在行動通訊的頻段中，從發射機到接收機的電磁波的主要傳播模式是散射，即從建築物平面反射或從人工、自然物體折射。多徑傳播示意如圖 3-1 所示。

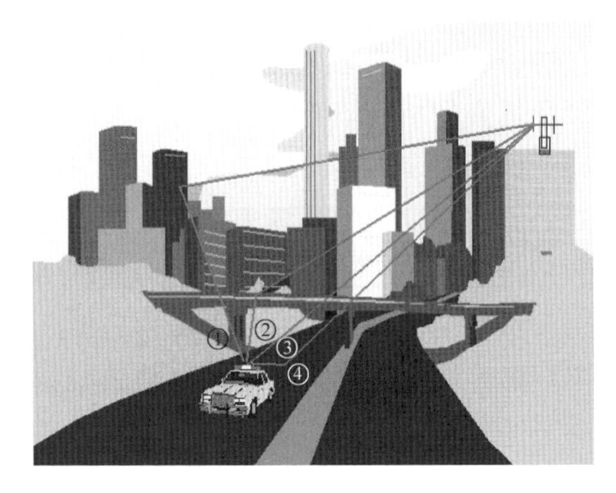

圖 3-1 多徑傳播示意

所有的訊號分量合成產生一個複駐波，它的訊號強度根據各分量的相對變化增大或減小。其合成場強在移動幾個車身長的距離中會有 20dB ～ 30dB 的衰落，其最大值和最小值發生的位置大約相差 1/4 波長。大量傳播路徑的存在就產生了所謂的多徑現象，其合成波的幅度和相位隨行動裝置的運動產生很大的變化，通常把這種現象稱為多徑衰落或快衰落。在性質上，多徑衰落屬於一種快速變化。此外，這種傳播特點還產生了時間色散的現象。深衰落點在空間上的分佈是在近似相隔半個波長處，如果此時手機天線處於這個深衰落點（當汽車中的手機使用者由於紅燈而駐留在這個深衰落點，我們稱為紅燈問題），則其訊號品質將變差。

研究表明，如果行動單元收到的各個波長區分量的振幅、相位和角度是隨機的，那麼合成訊號的方位角和幅度的機率密度函數分別如下。

$$0 \leqslant \theta \leqslant 2\pi \qquad \text{式（3-1）}$$

$$r \geqslant 0 \qquad \text{式（3-2）}$$

其中，r 為標準差。

式（3-1）和式（3-2）分別表明方位角 θ 在 $0^\circ \sim 2^\circ$ 是均勻分佈的，而電場強度機率密度函數是服從瑞利分佈的，故多徑衰落也稱瑞利衰落。對這種快衰落，基地台採取的措施就是採用時間分集、頻率分集和空間分集（極化分集）的辦法：時間分集主要靠符號交織、檢錯和校正編碼等方法，不同編碼所具備的抗衰落特性不一樣；頻率分集理論的基礎是相關頻寬，即當兩個頻率相隔一定間隔後，就認為它們的空間衰落特性是不相關的；空間分集主要採用主分集天線接收的辦法來解決，基地台接收機對主分集通道接收到的訊號分別透過最大似然序列估值等化器均衡後進行分集合併。這種主分集接收的效果由主分集天線接收的不相關性所保證，所謂不相關性是指主集天線接收到的訊號與分集天線接收到的訊號不具有同時衰減的特性，或採用極化分集的辦法保證主分集天線接收到的訊號不具有相同的衰減特性。而對於行動裝置（舉例來說，手機）而言，因為只有一根天線，因而不具有這種空間分集功能。基地台接收機對一定時間範圍（時間窗）內不同延遲訊號的均衡能力也是一種空間分集的形式。在 CDMA 通訊中，當處於軟切換時，行動裝置與多個基地台同時聯繫，從中選取最好的訊號送給交換機，這同樣是一種空間分集的形式。

大量研究結果表明，行動裝置接收的訊號除了瞬時值出現快速瑞利衰落之外，其場強中值隨著地區位置改變出現較慢的變化，這種變化稱為慢衰落，它是由陰影效應引起的，所以也稱作陰影衰落。電波傳播路徑上遇有高大建築物、樹林、地形起伏等障礙物的阻擋，就會產生電磁場的陰影。當行動裝置透過不同障礙物阻擋造成電磁場出現陰影時，就會使接收場強中值發生變化。這種變化的大小取決於障礙物的狀況和工作頻率，變化速率不僅和障礙物有關，而且與車速有關。

研究這種慢衰落的規律，發現其中值變動服從對數正態分佈。另外，氣象條件隨時間變化、大氣介電常數的垂直梯度發生慢變化，致使電波的折射係數隨之變化，結果造成同一地點的場強中值隨時間發生慢變化。

統計結果表明，場強中值變化也服從對數正態分佈。該分佈的標準差為 rt。由於場強中值變動在較大範圍內隨地點和時間的分佈均服從對數正態分佈，所以它們的合成分佈仍服從對數正態分佈。在陸地行動通訊中，通常場強中值隨時間的變動遠小於隨地點的變動，因此可以忽略慢衰落的影響，r = rL。但是在定點通訊中，需要考慮慢衰落。快衰落與慢衰落如圖 3-2 所示。

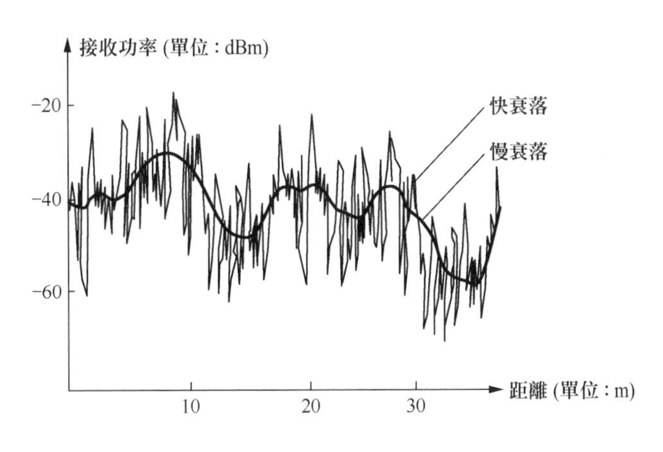

圖 3-2 快衰落與慢衰落

整體來說，在蜂巢環境中有兩種影響：第一種是多路徑，由於從建築物表面或其他物體反射、散射而產生的短期衰落，通常移動距離為幾十公尺；第二種是直接可見路徑產生的主要接收訊號強度的緩慢變化，即長期場強變化。也就是說，通道工作於符合瑞利分佈的快衰落並疊加有訊號幅度以滿足對數正態分佈的慢衰落。

3.3 鏈路預算

鏈路預算是網路規劃的基本步驟之一，具體的步驟包括：透過輸入覆蓋要求、品質要求、頻譜資訊、傳播模型等資訊創建鏈路預算；透過鏈路預算資訊計算出社區半徑從而得到單站覆蓋面；根據需要覆蓋的區域面積得到覆蓋估算的站點數；同時根據業務模型和規劃使用者數進行容量估算，透過單社區容量和網路容量得到容量需要的站點數；最後在覆蓋得到的站點數和容量需要的站點數比較中取最大值，從而得到需要的網站規模。

鏈路預算是網路覆蓋評估的重要步驟，5G 網路當前主要以覆蓋評估為主。鏈路預算流程如圖 3-3 所示。

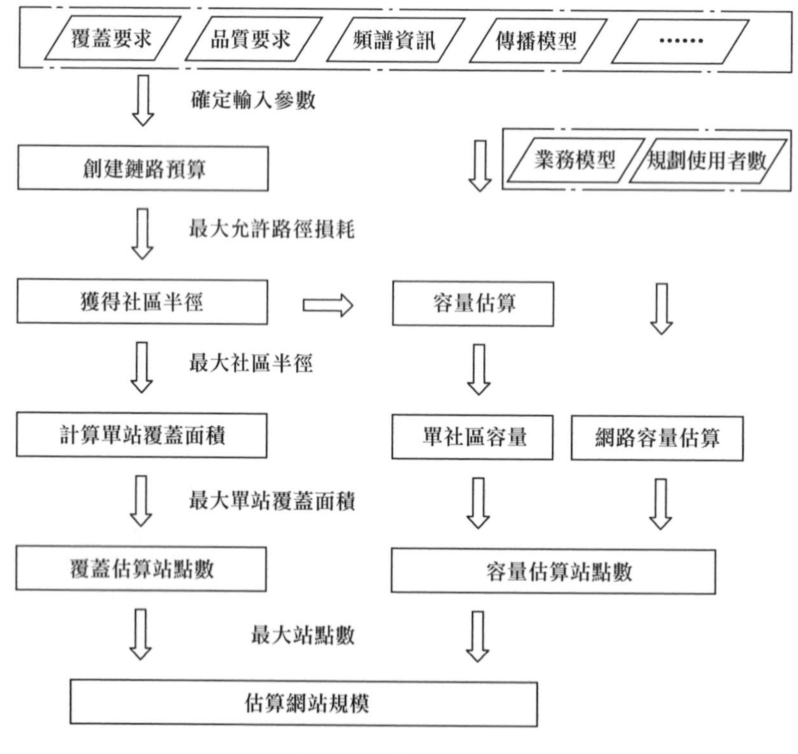

圖 3-3 鏈路預算流程

在鏈路預算中，有以下兩大因素。

第一，確定性因素。一旦確定了產品形態及場景，對應的參數也就確定了，舉例來說，功率、天線增益、雜訊係數、解調門限、穿透損耗和人體損耗等。

第二，不確定性因素。鏈路預算還需要考慮一些不確定性因素，舉例來說，慢衰落餘量、雨雪等天氣影響和干擾餘量（Interference Margin，IM），這些因素不是隨時或隨地都會發生，需要當作鏈路餘量考慮。

路徑損耗（dB）＝基地台發射功率（dBm）－10×log10（子載體數）＋基地台天線增益（dBi）－基地台饋線損耗（dB）－穿透損耗（dB）－植被損耗（dB）– 人體遮擋損耗（dB）– 干擾餘量（dB）– 雨/冰雪餘量（dB）－慢衰落餘量（dB）– 人體損耗（dB）+UE 天線增益（dB）– 熱雜訊功率（dBm）–UE 雜訊係數（dB）– 解調門限 SINR（dB）。鏈路預算的各項參數如圖 3-4 所示。

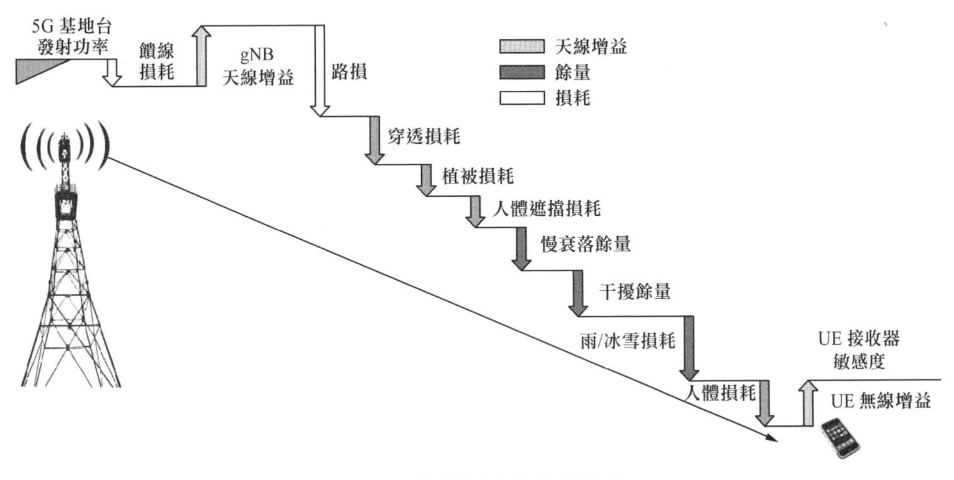

圖 3-4 鏈路預算的各項參數

其中，關於鏈路預算影響因素，5G 和 4G 在 C-Band 上無差別，在毫米波頻段需要額外考慮人體遮擋損耗、樹木損耗、雨衰、冰雪損耗的影響。

干擾餘量：為了克服鄰區及其他外界干擾導致的底噪抬升而預留的餘量，其設定值等於底噪抬升。

雨 / 冰雪餘量：為了克服機率性較大的降雨、降雪、裹冰等導致訊號衰減而預留的餘量。

慢衰落餘量：訊號場強中值隨著距離變化會呈現慢速變化（遵從對數正態分佈），與傳播障礙物遮擋、季節更替、天氣變化相關，慢衰落餘量是指為了保證長時間統計中達到一定電位覆蓋機率而預留的餘量。

以下行邊緣速率為 100Mbit/s，上行邊緣速率為 5Mbit/s 為例。

MAPL（最大路損，dB）$=T_{\text{X-gNB}}$（基地台發射功率，單一 RE 的最大發射功率，dBm）$-Lc$（基地台饋線損耗，dB）$+Gain_{Antenna}$（基地台天線增益，dBi）– 損耗（人體遮擋損耗 + 穿透損耗 + 植被損耗，dB）– 餘量（慢衰落餘量 + 干擾餘量 + 雨 / 冰雪餘量，dB）+UE 天線增益（dB）– 熱雜訊功率 –UE 雜訊係數 – 解調門限 SINR（dB）

即，

$$MAPL= T_{\text{X-gNB}}-Lc+Gain_{Antenna}-\text{損耗}-\text{餘量}-R_{\text{x-ue}}$$

如果要獲得最大路損，則需要基地台發射功率最大，手機的接收電位最小。

3.4 鏈路預算範例

5G 鏈路預算以下行邊緣速率為 100Mbit/s、上行邊緣速率為 5Mbit/s 為例來說明。

1. 功率

基地台側：42.8dB。

（1）$T_{\text{X-gNB}}$（基地台發射功率）：17.8dBm（200W，單一 RE 的最大發射功率，也即 10×log10（200×1000/273/12）≈ 17.8。

（2）Lc（基地台饋線損耗）：0，AAU 形態，無外接天線，不需要考慮饋線損耗的影響，當前電信 64T64R AAU 饋線損耗設定值為 0dB。

（3）$Gain_{Antenna}$（基地台天線增益）：25dBi（3.5GHz 64T64R 設定，單極化天線增益規格為 25dBi，單通道天線增益為 10dBi，其中，15dBi 為 BF 增益，表現在解調門限裡，不在天線增益裡表現）。

空中介面側：–44dB。

2. 損耗

損耗 = 穿透損耗 + 植被損耗 + 人體遮擋損耗 =23dB，實際再考慮 4dB 無線空中介面損耗（Over The Air，OTA），因此整體損耗為 27dB。

（1）C-Band 3.5GHz 穿透損耗
以下內容來自 3GPP 38.901。

基於 High loss（高損耗）公式計算 3.5GHz 穿透損耗如下。

5-10×log｛0.7×10^ [-(23+0.3×3.5)/10] + 0.3×10^ [-(5+4×3.5)/10]｝=26.85dB

不同損耗模型的相關參數見表 3-5，不同材料的穿透損耗參數見表 3-6。

表 3-5 不同損耗模型的相關參數

	外牆穿透路損（Path Loss through external wall，PL_{tw}）（dB）	室內損耗 (Indoor loss，PL_{in})(dB)	標準差 (Standard deviation: σ_p) in(dB)
Low-loss model（低損耗模型）	$5\text{-}10\log_{10}\left(0.3\times10^{\frac{-L_{\text{glass}}}{10}}+0.7\times10^{\frac{-L_{\text{concrete}}}{10}}\right)$	$0.5d_{\text{2D-in}}$	4.4
High-loss model（高損耗模型）	$5\text{-}10\log_{10}\left(0.7\times10^{\frac{-L_{\text{IRR glass}}}{10}}+0.3\times10^{\frac{-L_{\text{concrete}}}{10}}\right)$	$0.5d_{\text{2D-in}}$	6.5

表 3-6 不同材料的穿透損耗參數

材料（Material）	穿透損耗（Penetration loss）（dB）
標準多層玻璃（Standard multi-pane glass）	$L_{glass} = 2 + 0.2f$
IRR 玻璃（IRR glass，紅外反射案例）	$L_{IIRglass} = 23 + 0.3f$
混凝土牆（concrete）	$L_{concrete} = 5 + 4f$

以下內容來自 R-REP-P.2346。

- 10cm 與 20cm 厚混凝土板（concrete slab）：16 ～ 20dB。
- 1cm 鍍膜玻璃（0° 入射角）：25dB。
- 外牆 + 單向透視鍍膜玻璃：29dB。
- 外牆 + 一堵內牆：44 dB。
- 外牆 + 兩堵內牆：58dB。
- 外牆 + 電梯：47dB。

實測各項材質穿透損耗結果（僅供參考）見表 3-7。

表 3-7 實測各項材質穿透損耗結果

類別	材料類型	3.5GHz 傳播損耗（dB）
辦公樓外牆	35cm 厚混凝土牆	28
	2 層節能玻璃帶金屬框架	26
內牆	12cm 石膏板牆	12
磚	152mm，2 層	24
	228mm，3 層	28
玻璃	2 層節能玻璃帶金屬框架	26
	3 層節能玻璃帶金屬框架	34
	2 層玻璃	12

（2）植被損耗

3.5GHz 樹衰的建議值：若目的地區域植被茂密，且考慮視距（Line of Sight，LOS）場景，Sub 6G 鏈路預算建議考慮樹衰，舉例來說，12dB（穿過多棵樹）。植被損耗與植被類型、植被厚度、訊號的頻率、訊號路徑的俯仰角有關，可根據實際情況做調整。3.5GHz 頻段植被損耗見表 3-8，植被損耗測試場景如圖 3-5 所示。

表 3-8 3.5GHz 頻段植被損耗

植被損耗（dB）	3.5GHz
1 棵樟樹	8.46
1 棵柳樹	7.49
2 棵樹	11.14
3 ～ 4 棵樹	19.59

圖 3-5 植被損耗測試場景

（3）人體遮擋損耗

在無線通訊系統的研究和規劃設計中，需要考慮電波穿透人體的穿透損耗。特別是在無線室內分佈系統、物聯網中的短距離通訊系統、體域網通訊裝置等的研究和設計中，需要考慮電波穿透人體的損耗效應。透過實驗來探究人體穿透損耗在鏈路預算中的經驗值，在電波的直射路徑上設定一個人，在設定遮擋物後，測量各個頻點上的接收功率，透過接收功率值和發射功率值計算出人體的穿透損耗。人體遮擋損耗測試場景如圖 3-6 所示。

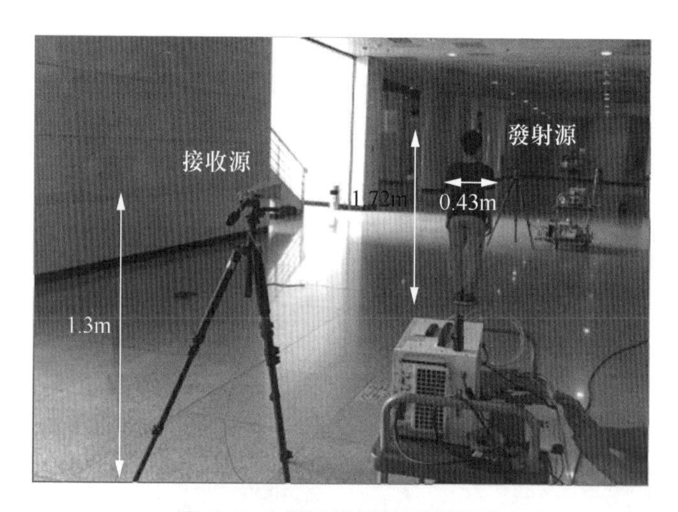

圖 3-6 人體遮擋損耗測試場景

對於無線寬頻到戶（Wireless To The x，WTTx）場景，鏈路預算中無須考慮人體的損耗；eMBB 場景參考以下測試結果，高頻人體的損耗受人體與接收端、訊號傳播方向的相對位置、收發端高度差等因素相關，人體的遮擋比例越大，其損耗越嚴重。透過實驗得出 3.5GHz 人體的穿透損耗約為 3dB，28GHz 人體的穿透損耗約為 8dB。

3. 餘量

余量 = 慢衰落餘量 + 干擾餘量 + 雨 / 冰雪餘量 = 9+8+0 = 17（dB）

（1）慢衰落餘量（陰影衰落餘量）

慢衰落餘量包括從室外到室內（Outdoor-to-Indoor，O2I）和室外到室外（Outdoor-to-Outdoor，O2O）產生的衰落。

3GPP38.901 慢衰落標準差見表 3-9。

表 3-9 3GPP38.901 慢衰落標準差

場景	視距 / 非視距	慢衰落標準差（dB）
農村大型基地台（Rural Macrocell，RMa）	視距	4
	非視距	8
城區大型基地台（Urban Macrocell，UMa）	視距	4
	非視距	6
城區微型基地台（Urban Microcell，UMi）	視距	4
	非視距	7.82
室內辦公熱點（Indoor-Office）	視距	3
	非視距	8.03

慢衰落餘量典型值見表 3-10，表 3-10 列出在區域覆蓋機率為 95% 的條件下，UMa LOS/ 非視距（Non Line of Sight，NLOS）的慢衰落餘量典型值。

表 3-10 慢衰落餘量典型值

場景	區域覆蓋機率	邊緣覆蓋機率	慢衰落標準差	慢衰落餘量
LOS	95%	85.10%	4	4.16
NLOS	95%	82.50%	6	5.60

考慮 95% 的區域覆蓋率，典型場景的陰影衰落餘量見表 3-11。

表 3-11 考慮 95% 的區域覆蓋率，典型場景的陰影衰落餘量

場景	密集城區	城區	郊區	農村	視距
O2I	9	8	7	6	5
O2O	8	7	6	5	4

（2）干擾餘量（IM）

上行干擾餘量為 3dB，下行干擾餘量為 8dB，干擾餘量的負荷越大，鄰區佔用的機率越高。

鏈路預算是單一社區與單一 UE 之間的關係。實際上，網路是由很多網站共同組成的，網路中存在干擾。因此，鏈路預算需要針對干擾預留一定的餘量，即干擾餘量。下行干擾如圖 3-7 所示，上行干擾如圖 3-8 所示。

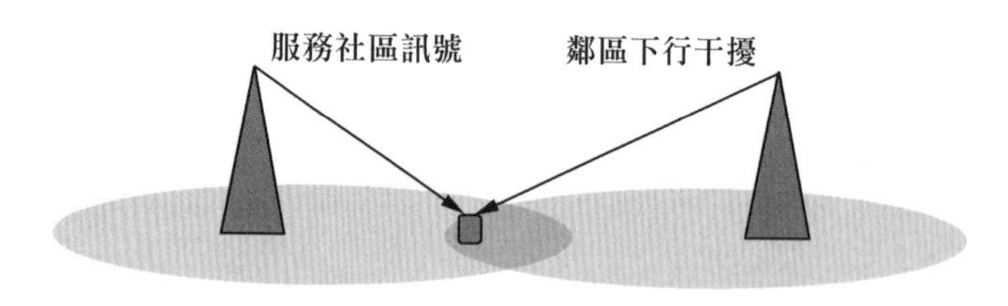

圖 3-7 下行干擾

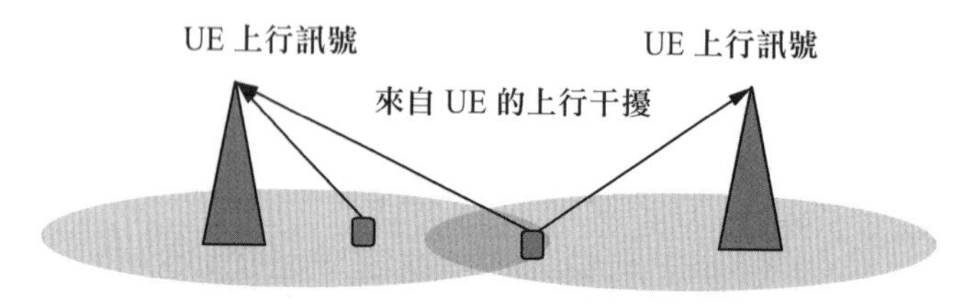

圖 3-8 上行干擾

基於 SINR 計算原理，可以推導出干擾餘量（IM）的計算公式。

基礎輸入：$SINR = \frac{S}{I+N}$ $I = \frac{S}{SINR} - N$

干擾餘量：$IM = \frac{I+N}{N}$

一般情況下，在同一場景中，站間距越小，干擾餘量越大；網路負荷越大，干擾餘量越大。

假設 3.5GHz 64TR 連續網路拓樸和 28GHz 非連續網路拓樸，干擾餘量經驗值見表 3-12。

表 3-12 假設 3.5GHz 64TR 連續網路拓樸和 28GHz 非連續網路拓樸，干擾餘量經驗值

頻點（GHz）	3.5				28			
場景	O2O		O2I		O2O		O2I	
	UL	DL	UL	DL	UL	DL	UL	DL
密集型城市（Dense Urban）	2	17	2	7	0.5	1	0.5	1
城市（Urban）	2	15	2	6	0.5	1	0.5	1
郊區（Suburban）	2	13	2	4	0.5	1	0.5	1
農村（Rural）	1	10	1	2	0.5	1	0.5	1

（3）雨 / 冰雪餘量

當前，雨 / 冰雪餘量按照 0 來計算。

降雨是一種自然現象，電波是現代通訊中最重要的媒體之一，雨衰是指電波進入雨層中引起的衰減，包括雨滴吸收引起的衰減和雨滴散射引起的衰減。雨滴吸收引起的衰減是由於雨滴具有媒體損耗引起的，雨滴散射引起的衰減是由於電波碰到雨滴時被雨滴反射而再反射引起的。這種二次發射的電波方向與射波方向無關，而是向四面八方發射的，這就是所謂的二次散射。由於二次散射在原來的方向上射入的電波就被衰減了，雨衰的大小與雨滴直徑與波長的比值具有可比性關係，所以雨滴的半徑與降雨的機率有關。

對電磁波來說，雨水會使其衰減，稱作「雨衰」，但是不同頻率的電磁波對雨水的穿透率不同。由於雷電的干擾，手機的無線頻率跳躍性增強，這容易誘發雷擊和燒機等事故。一般來說，公共聚居地都裝有避雷裝置，人們處在這種環境中會相對安全，雷電僅會干擾手機訊號，最多是損壞晶片，對人體不會造成致命傷害。而一旦處於空曠地帶，人和手機就成為地面明顯的凸起物，手機極有可能成為雷雨雲選擇的放電物件。一定要加強有關避雷的意識，尤其是電源、訊號系統的防雷擊意識，儘量避免在打雷時撥打或接聽手機，在雷雨中穿行無障礙物地區時，最好關掉手機電源。

雨衰與雨滴的直徑、訊號的波長相關，而訊號的波長是由其頻率決定的，雨滴的直徑與降雨的機率密切相關，所以雨衰與訊號的頻率及降雨機率有關。同時，雨衰是一個累積的過程，與訊號在降雨區域中的傳播路徑長度相關，還與要求達到的保證速率的機率相關。

5G WTTx 場景對雨衰的估算與微波一致，都是參考 ITU-R 建議書的計算方法。但在微波傳輸中的餘量要求比較嚴格，其對應的是規劃區域 0.01% 的時間鏈路中斷的機率，在 5G WTTx 場景中，應根據不同客戶對速率的要求進行計算，並預留相對應的電位餘量。

雨衰餘量在鏈路設計中經常會用到，若電波通訊地區的降雨相對較少，舉例來說，在沙漠地區，透過鏈路餘量就可以改善雨衰現象；而在降雨頻率相對較高的區域，透過鏈路餘量的方式完全無法予以改善，因此，應當在此基礎上結合其他方式，透過衛星地面接收站將下行線路雨衰值測量出來，利用接收衛星通訊訊號的變化量，以此調節衰耗裝置，保證雨衰值得到有效補償。

下面是衛星電視接收機拋物線天線（俗稱「鍋蓋」）抗雨衰的方法。

① 將拋物線天線的仰交與方位角、低雜訊下變頻器（Low Noise Block，LNB）（即高頻頭）的極化角都應精調到最佳位置，可用尋星儀、場強儀等器材來顯示拋物線天線的偵錯精度。

② 採用優質的 LNB。優質的 LNB 在收視弱訊號或遇到天氣狀況不佳時，就能顯示其優點；品質差的 LNB 收不到訊號。在更換 LNB 的實際過程中，也足以證明這個情況。

③ 物線天線應稍大些，加大擷取訊號的面積，訊號的損耗對應也會小一些。

④ 將拋物線天線儘量裝在防雨處，或在拋物線天線上安裝個雨篷，這個措施對防止雨衰是非常有用的。

4. 接收靈敏度

終端側：手機接收靈敏度 =−118.42dB。

（1）UE 天線增益：0dBi。

（2）熱雜訊功率 = 熱雜訊（kT）（dBm/Hz）+10×lg（子載體 ×1000）+ 雜訊係數（dB）= −122.23。

（3）UE 雜訊係數（dBm）：7dBm。

（4）解調門限（SINR）：3.81dB。

5. 社區半徑計算

MAPL= 基地台側－空中介面側－終端側

= (17.85+25)−(27+8+9)−(−118.42) = 117.27(dB)。

L_0=32.4+20lg$d$+20lg$f$ =117.27(dB)，由此可得出社區半徑。

3.5 多普勒效應

在無線通訊系統中，多普勒效應引起頻率變化的關係可以透過下面的計算式子列出。

（1）基地台為頻率源 f，行動裝置接收到的頻率 f' 如下。

$$f' = f(1 \pm v/c)$$

其中，v 為行動裝置的移動速率，c 為空中訊號傳播速率（一般設為 3×108m/s）；當行動裝置向基地台方向移動時取 "+"，遠離基地台時取 "−"。

（2）行動裝置為頻率源 f，基地台接收到的頻率 f' 如下。

$$f' = f/(1 \pm u/c)$$

其中，u 為行動裝置的移動速率，c 為空中訊號傳播速率（一般設為 3×10^8m/s），當行動裝置向基地台方向移動時取 "−"，遠離基地台時取 "+"。

下面分幾種特殊情況進行討論。

情況一，當行動裝置向基地台方向移動，速度為 v 時，多普勒效應示意（a）如圖 3-9 所示。

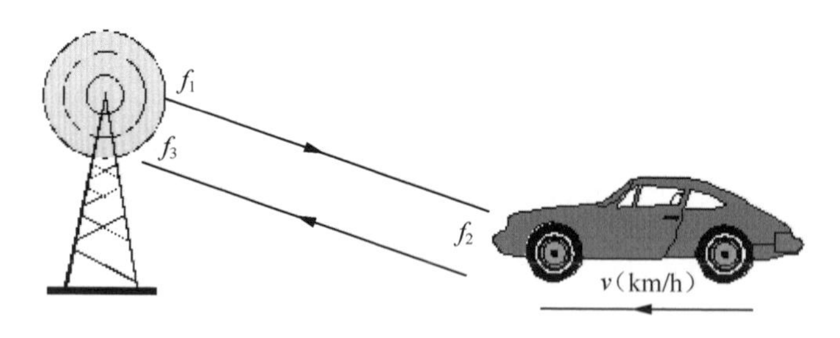

圖 3-9 多普勒效應示意（a）

假設基地台的訊號頻率為 f_1，由於多普勒效應行動裝置收到的訊號頻率為 f_2；行動裝置以 f_2 向基地台發射訊號，由於多普勒效應基地台收到的頻率為 f_3，此時 f_1、f_2、f_3 之間的關係如下。

$$f_2=f_1(1+v/c)$$

$$f_3=f_2/(1-v/c)$$

$$f_3=f_1(1+v/c)/(1-v/c)=f_1(c+v)/(c-v)$$

相對頻率變化如下。

$$(f_3-f_1)/f_1=2v/(c-v)$$

情況二，當行動裝置遠離基地台方向移動，速度為 v 時，多普勒效應示意（b）如圖 3-10 所示。

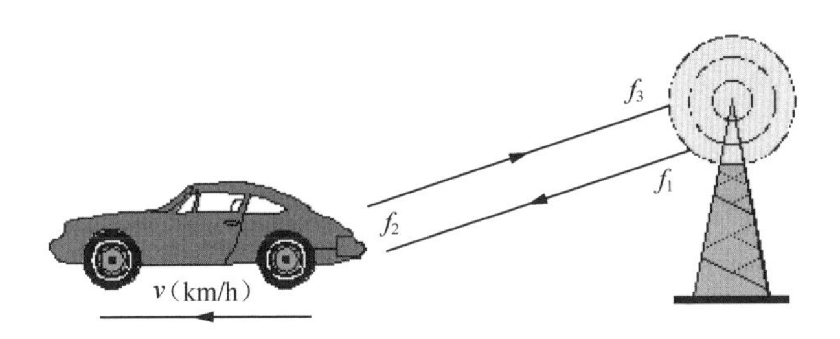

圖 3-10　多普勒效應示意（b）

假設基地台的訊號頻率為 f_1，由於多普勒效應行動裝置收到的訊號頻率為 f_2；行動裝置以 f_2 向基地台發射訊號，由於多普勒效應基地台收到的頻率為 f_3，此時 f_1、f_2、f_3 之間的關係如下。

$$f_2 = f_1(1-v/c)$$

$$f_3 = f_2/(1+v/c)$$

$$f_3 = f_1(1-v/c)/(1+v/c) = f_1(c-v)/(c+v)$$

相對頻率變化如下。

$$(f_3-f_1)\,/\,f_1 = -2v/(c+v)$$

由於行動裝置的移動速率相對於訊號的傳播速度 c 是較小的，所以以上兩種情況的相對頻率的變化是差不多的，只是方向相反，情況一是頻率增加，情況二是頻率減小。

相對頻率與行動裝置速率的關係如圖 3-11 所示。

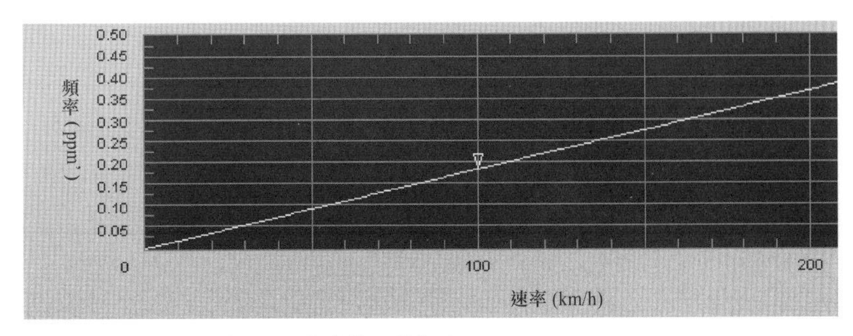

1. ppm是百萬分之的意思，是比率的一種表示

圖 3-11　相對頻率與行動裝置速率的關係

從圖 3-11 中可以看出，當終端的速率為 100 km/h 時，相對頻率變化為 0.19ppm。

（3）行動裝置在兩個基地台間運動，速度為 v。

在 5G 行動通訊系統中，行動裝置獲取到相鄰社區通道監測的資訊，控制行動裝置調整其頻率來對相鄰社區的電位進行監測，這可能會出現由於多普勒頻率變化使行動裝置不能正確收到鄰近社區訊號的情況。多普勒效應示意（c）如圖 3-12 所示，以圖 3-12 為例，行動裝置監測 5G 基地台 1 的電位，行動裝置收到的訊號 f_2 可能會出現在兩個行動裝置調整頻率中間，使行動裝置無法正確監測到 5G 基地台 1 的訊號電位。多普勒效應引起的頻率變化在訊號上將引起基地台接收到訊號頻率變為 $f_1(c-v)/(c+v)$，而以 f_1 的取樣時鐘來接收資料。引起接收資料錯誤也可能是影響切換的因素。

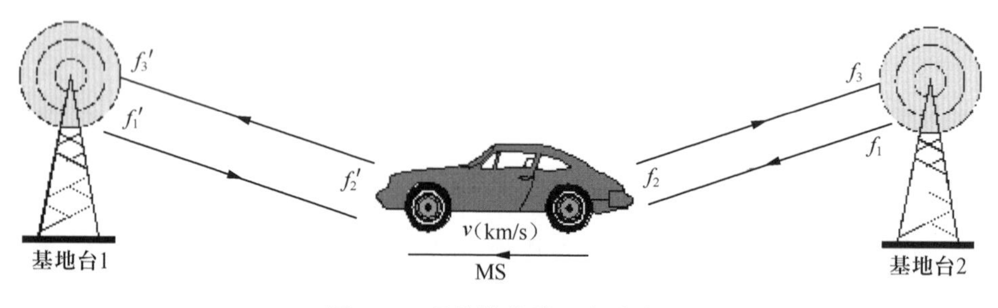

圖 3-12 多普勒效應示意（c）

多普勒頻偏增大帶來接收機解調性能惡化，3.5GHz 相對 1.8GHz 的頻偏增大一倍，對糾偏演算法的性能要求更高。

為應對多普勒頻偏，5G 採用上行糾偏 + 下行預糾偏技術。4G/5G 導頻比較如圖 3-13 所示。

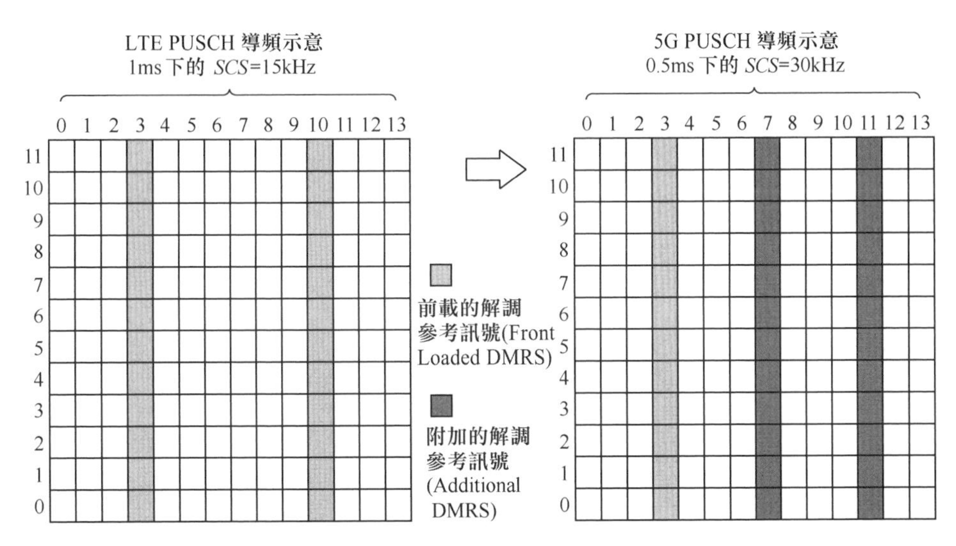

圖 3-13 4G/5G 導頻比較

上行：5G 基於附加 DMRS 的頻偏估計和校正，可以解決高速頻偏問題。

下行：下行預糾偏演算法，基地台根據使用者在兩個社區的上行頻偏量，對兩個相鄰社區下行資料分別進行一定程度的預糾偏，從而減少小區間使用者的頻偏量，降低終端接收偏移量，提升終端糾偏能力，進而提升下行速率和使用者體驗。

3.6 鏈路預算小結

5G 網路建設初期，因為 5G 的使用者較少，所以暫時無法確定 5G 的相關業務模型，暫時也無法進行容量規劃。鏈路預算小結見表 3-13，可以看到當前 4G 和 5G 鏈路預算的差異，從而讓讀者更輕鬆地掌握 5G 鏈路預算中的變化點。

表 3-13 鏈路預算小結

鏈路影響因素	LTE 鏈路預算	5G NR 鏈路預算
饋線損耗	射頻拉遠單元（Radio Remote Unit，RRU）形態，天線外接存在饋線損耗	AAU 形態無外接天線饋線損耗 RRU 形態，天線外接存在饋線損耗
基地台天線增益	單一物理天線僅連結單一 TRX，單一 TRX 天線增益即為物理天線增益	MM 天線陣列，陣列連結多個 TRX（發射接收單元），單一 TRX 對應多個物理天線 整體天線增益 = 單 TRX 天線增益 +BF Gain • 鏈路預算裡面的天線增益僅為單一 TRX 代表的天線增益 • BF Gain 表現在解調門限中
傳播模型	適用 Cost231-Hata1	3GPP 協定推薦的模型：36.873 UMa/RMa 38.901UMi
穿透損耗	相對較小	更高頻段，更高穿損
干擾餘量	相對較大	MM 波束天然帶有干擾避讓效果，干擾較小
人的遮擋損耗	N/A	終端位置較低、人流量較大的場景，需要考慮，尤其是 mmWave
雨衰	N/A	對於 mmWave，在降雨豐富、頻繁的區域，需要考慮雨衰
樹衰	N/A	植被茂密的區域和 LOS 場景，需要考慮樹衰
註 1. Cost231-Hata 模型是 EURO-COST 組成的 COST 工作委員會開發的 Hata 模型的擴充版本		

天線基礎知識

4.1 天線的作用

天線是電磁波訊號與電訊號的轉換媒介：天線輻射和接收無線電波是無線通訊系統與外界空中介面傳播的轉換媒介；在電磁波訊號發射時，天線系統把高頻電流轉為電磁波，以便在空中介面中傳播；在電磁波訊號接收時，天線系統把空中介面傳播的電磁波轉為高頻電流。

4.1.1 天線陣子

當導線上有交變電流流動時，就可以發生電磁波輻射，輻射能力與導線長度和形狀有關。舉例來說，當導線長度遠小於波長 λ 時，輻射很微弱；導線長度增大到可與波長相比擬時，導線上的電流大大增加，因而能形成較強輻射。通常將上述能產生顯著輻射的直導線稱為陣子。天線陣子示意如圖 4-1 所示。

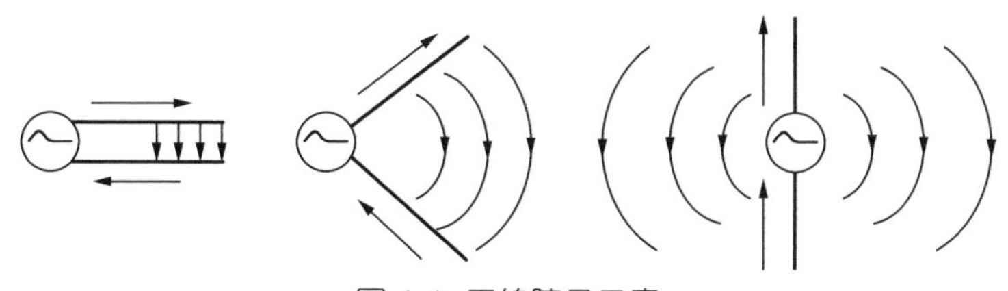

圖 4-1 天線陣子示意

經研究發現，當導線的長度 L 等於目標接收訊號波長的一半時（即 $L=\lambda/2$），該導線上感應到的無線電剛好處於諧振狀態（共振了），此時無線電的輻射效率是最高的。因為導線的長度剛好是波長的一半，所以叫半波陣子，半波陣子具有效率高、成本低、加工簡單等優點，所以半波陣子就成為無線通訊裡基地台天線的基本組成單元。

基地台天線的基本單元是半波陣子，相同規格的天線使用的半波陣子的個數和排列方式是相同的，而不同頻段的半波陣子的長度是不同的，同樣規格的天線，頻段越高長度越小。

在半波陣子高效的基礎上，為了使無線訊號更加集中和可控，就要把無線電訊號朝要求的方向匯聚，這樣在目標方向上就會得到更強的訊號，不需要方向上的無線訊號就會變弱。為了衡量方向性，或匯聚程度，或訊號變強的程度，這裡引入幾個概念：「各向同性」、方向圖、天線增益。

「各向同性」是指無線電訊號朝各個方向的輻射都是相同的，此時的輻射圖是一個球面。「各向同性」示意如圖 4-2 所示。「各向同性」只是一個概念，而在現實中，不存在絕對「各向同性」的輻射源。

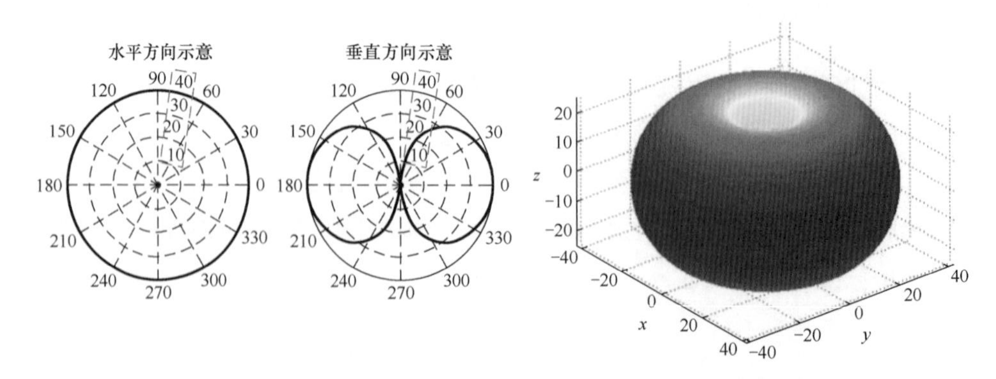

圖 4-2「各向同性」示意

朝向性示意如圖 4-3 所示，結合天線反射板形成單天線陣子，就組成了天線的基本單元。

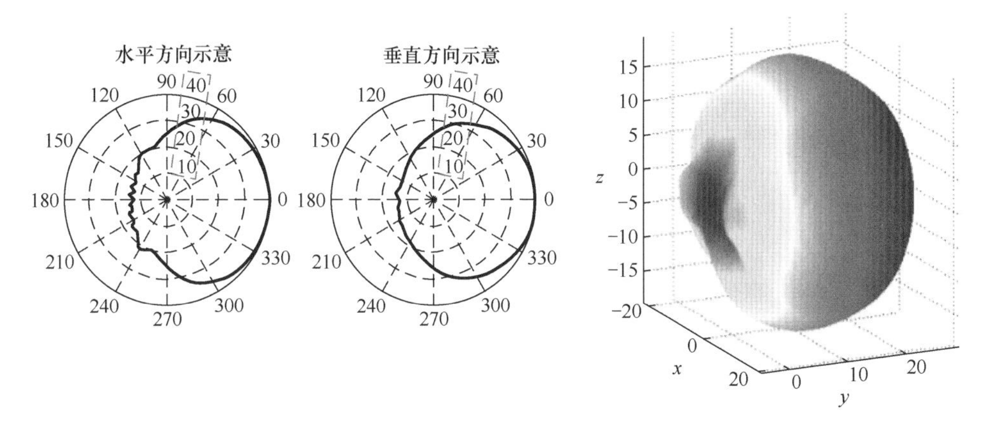

圖 4-3 朝向性示意

天線輻射出去的能量在各個方向上的大小都不同，從最大輻射方向往兩邊能量越來越小，兩邊能量下降一半（即 3dB）的點之間的夾角叫「半功率角」或「波瓣寬度」。半功率角示意如圖 4-4 所示。

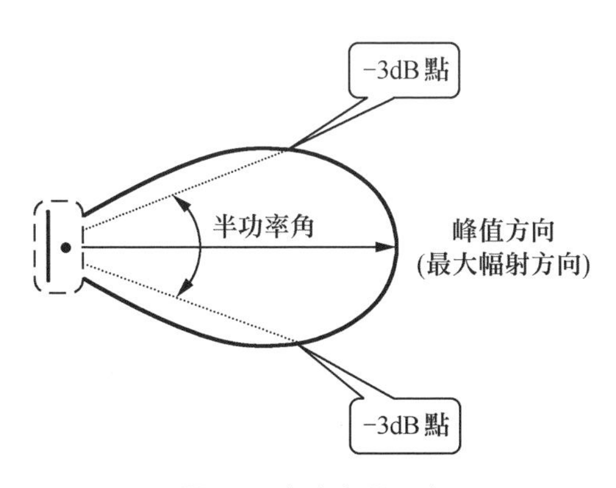

圖 4-4 半功率角示意

為了增強能量匯聚，可以把多個半波陣子組成一個直線陣列，每個陣子輻射出去的能量相互疊加，能量就越來越匯聚了。這裡引入「天線增益」用來衡量能量朝某個特定方向匯聚帶來的目標點訊號強度提升，單位有 dBi 和 dBd 兩種。其中，dBi 是和「各向同性」的球面波相比的增益（i 即 isotropy，中文翻譯為各向同性，無向性）；dBd 是和半波陣子相比的增益（d 即 dipole，中文翻譯為雙極子，振子）。天線的增益並不是把訊號放大，而是把訊號朝某個方向匯聚，目標點的能量變大了，其他點的能量就會變小，就像燈泡加個反光罩讓光線都往前面匯聚一樣，前面亮了，後面就暗了。天線增益示意如圖 4-5 所示，該圖展示了從單一半波陣子到 4 個陣子的垂直面方向，可見陣子數量越多，能量越匯聚，方向圖越窄，天線增益越大。

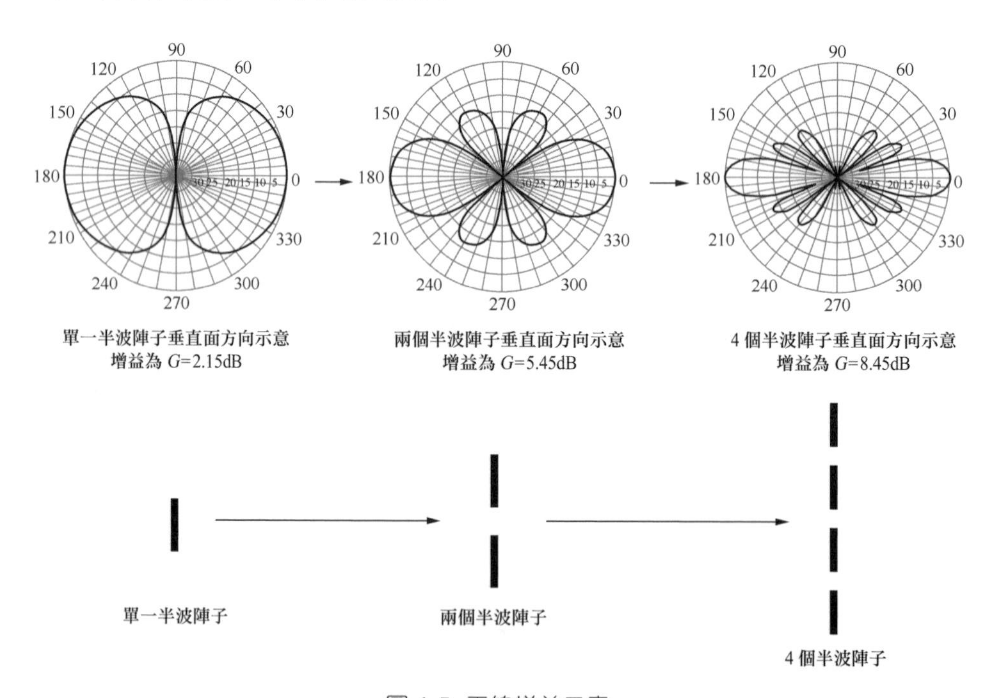

圖 4-5 天線增益示意

能量匯聚後天線的方向圖「主瓣」與「旁波瓣」如圖 4-6 所示。在圖 4-6 中，有一個主輻射方向，主輻射方向的形狀像花瓣，也叫「主瓣」，其他位置會有一些洩漏的能量，叫「副瓣」或「旁波瓣」；兩個瓣之間有一個凹陷點叫「零點」。

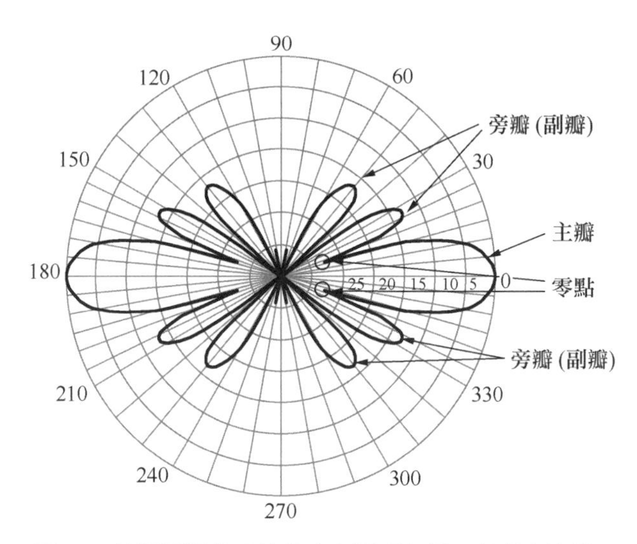

圖 4-6 能量匯聚後天線的方向圖「主瓣」與「旁波瓣」

4.1.2 天線陣列

天線陣列可以進一步匯聚天線陣子的能量，天線陣列與天線陣子在空間中同一點處所產生的場強的平方之比（即功率之比）稱為天線增益，在輸入功率相等的條件下，N 元陣列在最大輻射方向上的天線增益為 Ga（dB）=10 $\log_{10}$ N。

5G 中常用的陣列有兩種類型：線陣陣列與平面陳列。線陣陣列如圖 4-7 所示，平面陣列如圖 4-8 所示。

線陣陣列即陣子分佈在一條直線上，可以支援水平維度波束調整，以 3.5GHz 的頻點為例，波長 = 光速 / 頻率 =3×108/（3.5×109）（m）=85.7mm，即陣子物理距離 43mm 對應約 0.5 個波長（即半個波長）。

平面陣列即陣子成矩形分佈，支援水平、垂直維度波束調整，5G 使用的 64T64R AAU 水平方向有 16 個通道、垂直方向有 4 個通道，支持水平及垂直維度波束成形。

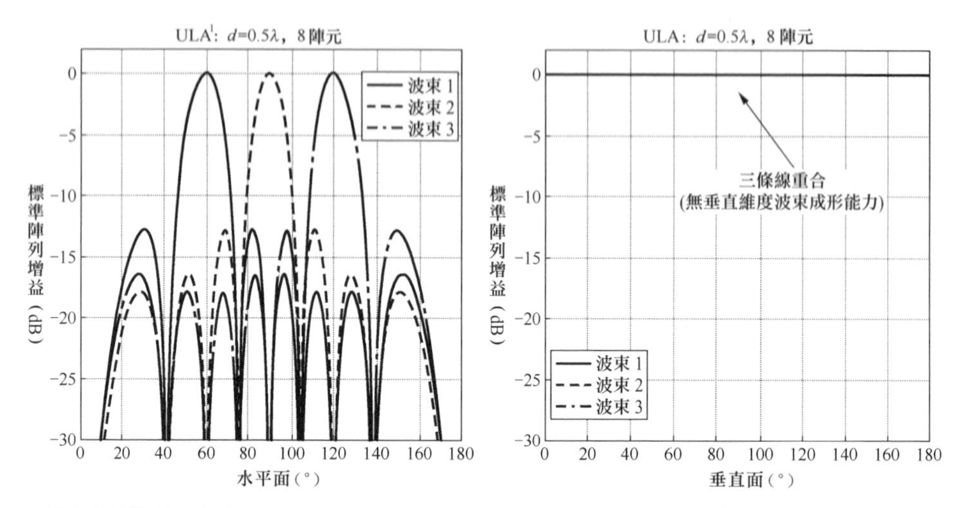

1. 均勻直線陣列天線（Uniform Linear Array，ULA）

圖 4-7 線陣陣列

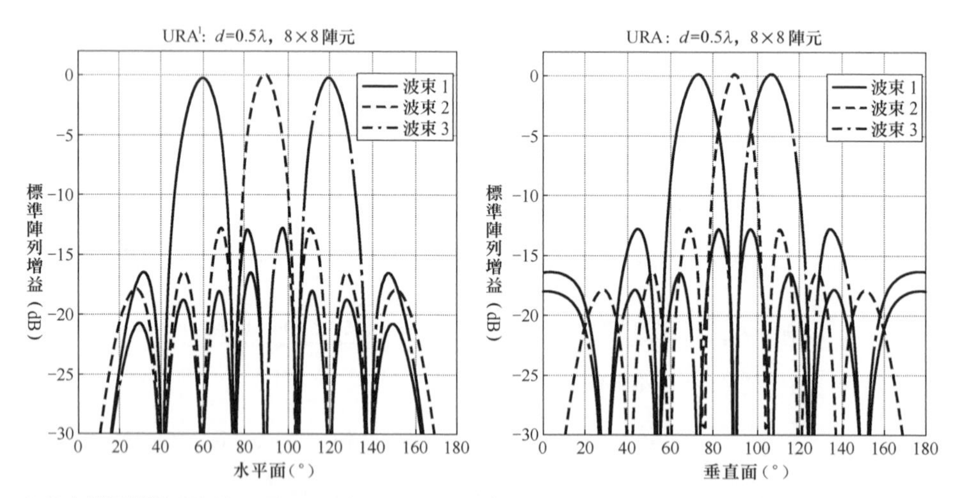

1. 均勻矩形陣列（Uniform Rectangular Array，URA）

圖 4-8 平面陣列

64TRX 天線陣列支援 3.5GHz，±45° 雙極化，每極化方向 32TRX，每個 TRX 包含垂直面 3 個陣子，TRX 水平間距約為 0.5 個波長，垂直間距約為 1.5 個波長。垂直驅動：64TRX 為 1 驅 3，透過 1 個 TRX 通道驅動垂直面 3 個陣子，電傾角透過數字域調整 TRX 權值實現，垂直面的賦型也透過數字域調整 TRX 權值從而實現水平驅動：水平通常為 1 驅 1 結構，水平 1 個 TRX 通道驅動 1 個陣子。64TRX 天線陣列如圖 4-9 所示。

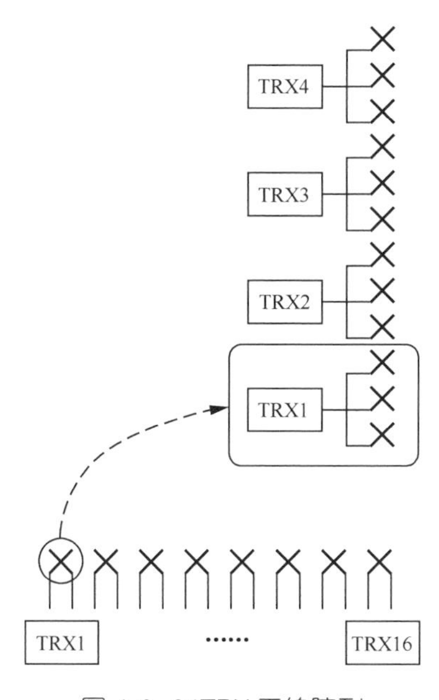

圖 4-9　64TRX 天線陣列

由於 5G 的頻段遠比 2G/3G/4G 要高，所以引入 Massive MIMO 天線陣列是必然的選項之一。

因為當發射端的發射功率固定時，接收端的接收功率與波長的平方、發射天線增益和接收天線增益成正比，與發射天線和接收天線之間距離的平方成反比。在毫米波段，無線電波的波長是毫米數量級的，所以又稱為毫米波。而 2G/3G/4G 使用的無線電波是分米波或釐米波。由於接收功率與波長的平方成正比，所以與釐米波或分米波相比，毫米波的訊號衰減非常嚴重，接收天線接收到的訊號功率顯著減少。那該怎麼辦呢？我們不可能隨意增加發射功率，因為國家對天線功率有上限限制；我們不可能改變發射天線和接收天線之間的距離，因為行動使用者隨時可能改變位置；我們也不可能無限提高發射天線和接收天線的增益，因為這受制於材料和物理規律。唯一可行的解決方案是，增加發射天線和接收天線的數量，即設計一個多天線陣列。

在高頻場景下，穿過建築物的穿透損耗也會大大增加。這些因素都會大大增加訊號覆蓋的難度。尤其對室內覆蓋來說，用室外大型基地台覆蓋室內使用者變得越來越不可行。而使用 Massive MIMO，我們能夠生成高增益、可調節的成形波束，從而明顯改善訊號覆蓋，並且由於其波束非常窄，從而減少對週邊的干擾。

4.1.3 MIMO 多天線增益原理

在傳統時域、頻域之外，利用多天線空域提升系統性能，在發送端和接收端同時採用多天線陣列技術，即組成 MIMO 系統。多天線陣列透過利用空間維度資源，在不增加發射功率和頻寬的前提下，成倍地提高無線通訊系統的傳輸容量，容量提升程度與天線數目成比例關係。

MIMO 通道容量增大來自多天線陣列帶來的自由度增加，MIMO 的本質是線性方程組：一個發端訊號對應一個未知數，一個收端訊號對應一個方程式；當未知數個數不大於方程式個數且線性變換關係可逆時，則未知數可求解。可求解的未知數個數代表 MIMO 的自由度，自由度的增加帶來 MIMO 通道容量的增加。MIMO 示意如圖 4-10 所示。

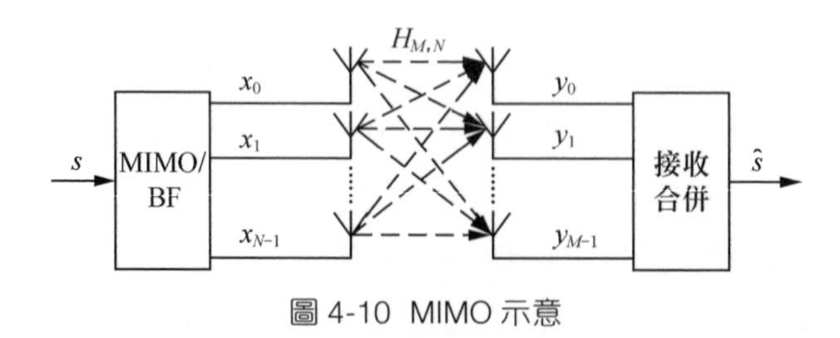

圖 4-10 MIMO 示意

在圖 4-10 中，s 為資料來源，x 為發射天線數，y 為接收天線數，為接收到的資料。

陣列增益表現在以下幾個方面。

1. 提升平均訊號雜訊比

不同天線的雜訊不相關，合併後雜訊功率保持不變；不同天線的訊號相關，合併後訊號功率成倍提高；多天線合併處理能提高訊號平均訊號雜訊比（Signal to Noise Ratio，SNR），天線越多，同向疊加後訊號的強度越高。提升平均訊號雜訊比示意如圖 4-11 所示。

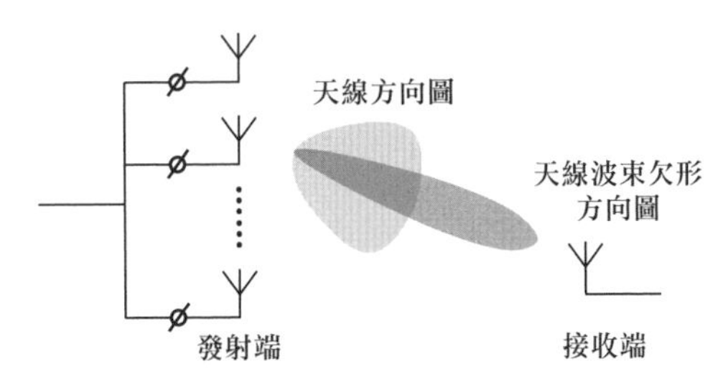

圖 4-11 提升平均訊號雜訊比示意

2. 干擾抑制增益

利用多天線干擾抵消演算法，提高訊號干擾雜訊比（Signal to Interference Noise Ratio，SINR）可以為系統帶來干擾場景下的增益，由於天線越多，波束越窄，可形成的零點越多，所以干擾抑制能力更好。干擾抑制增益示意如圖 4-12 所示。

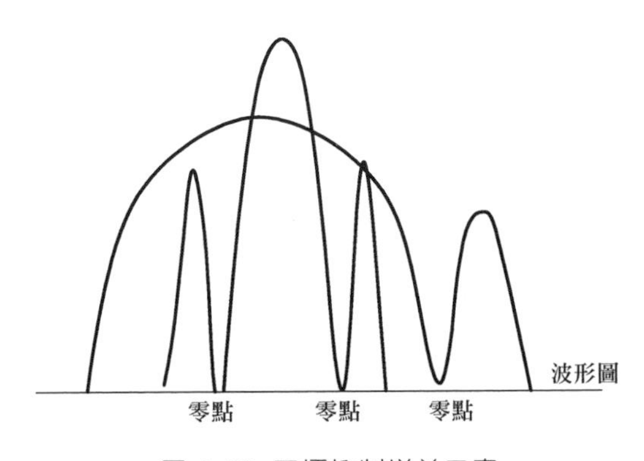

圖 4-12 干擾抑制增益示意

3. 空間分集增益

減小訊號雜訊比相對波動，無線通道衰落特性導致接收訊號 SINR 波動。由於不同天線訊號同時深衰的機率較低，不同天線的訊號合併可顯著降低深衰機率。

4. 空間重複使用增益

提升傳輸流數、容量，多天線提供更多的空域自由度，因而可支援更多的流數發送，獲得容量增益。天線越多、波束越窄，波束之間的相關性越低，可以空分重複使用的流數更多。空間重複使用增益如圖 4-13 所示。

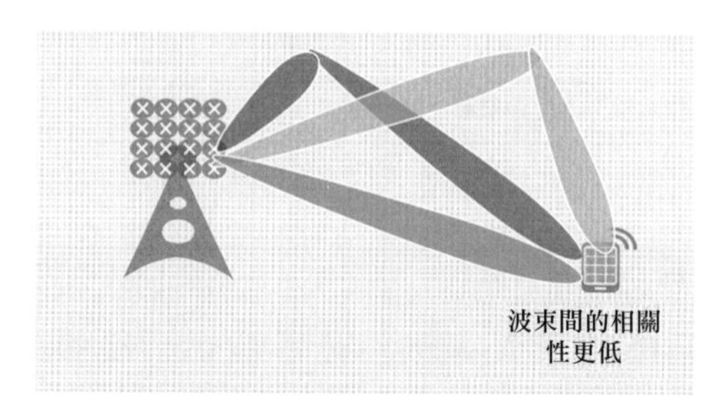

圖 4-13 空間重複使用增益

4.1.4 天線的下傾

為了把天線的主瓣對準社區的主覆蓋區域，需要給天線設定一定的下傾，如果不設定下傾，訊號是平著發射出去，朝水平面以上發射的訊號就浪費了，而且由於隨著使用者越來越多，社區建得越來越密集，訊號平著發射打得較遠，造成越區覆蓋，訊號會產生互相干擾，網內干擾加劇、網路性能惡化，所以要把主瓣往下壓一些，控制一下訊號發射的範圍。那應該設多大的下傾角呢？經過分析，比較好的方式是讓天線主瓣上的 3dB 點對準社區邊緣。天線的下傾示意如圖 4-14 所示。

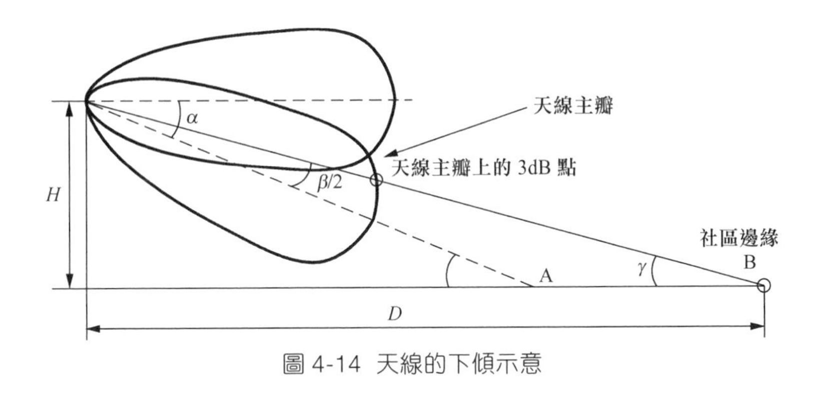

圖 4-14 天線的下傾示意

在圖 4-14 中，D 是社區半徑，H 是天線高度，α 是天線下傾角，β 是天線的垂直半功率角。

其中，$\alpha=\gamma+\beta/2$，$\tan\gamma=H/D$，即 $\gamma=\arctan(H/D)$
天線下傾角 $\alpha=\arctan(H/D)+\beta/2$。

市區社區半徑一般只有幾百公尺，天線掛高為 20m ～ 30m，天線垂直波瓣寬度為 12° ～ 14°，下傾角可以設定到 8° ～ 12°。以社區半徑 600m、天線掛高 25m、天線波瓣寬度 13° 為例，下傾角 $\alpha=\arctan(25/600)+(13/2)°=2.4°+6.5°\approx 9°$。

郊區社區半徑一般為 1km ～ 2km，天線掛高為 30m ～ 50m，天線垂直波瓣寬度為 7° ～ 8°，下傾角可以設定到 4° ～ 8°。以社區半徑 1500m、天線掛高 45m、天線波瓣寬度 7° 為例，下傾角 $\alpha=\arctan(45/1500)+(7/2)°=1.7°+3.5°\approx 5°$。

農村社區半徑一般有數公里，天線掛高在 50m 左右，天線垂直波瓣寬度為 6° ～ 8°，下傾角可以設定到 2° ～ 4°。以社區半徑 5000m、天線掛高 50m、天線波瓣寬度 6° 為例，下傾角 $\alpha=\arctan(50/5000)+(6/2)°=0.6°+3°=3.6°$。

孤站或廣覆蓋的網站為了獲得最大的覆蓋半徑，甚至可以不設定下傾角（即下傾角為 0°），讓主瓣沿水平方向打出去。

我們知道天線下傾角與社區半徑 D、天線掛高 H、天線垂直波瓣寬度 β 這 3 個參數有關，在新建網路中規劃下傾角會考慮這些因素。下傾角不容易出錯，雖然存量和搬遷網站經常對局部地區修修補補，但是經常忘記調整下傾角，時而遇到下傾角設定不合理的情況，舉例來說，經常會遇到以下情況。

- 在存量網路中新建網站時，該新建網站週邊社區的覆蓋半徑 D 發生了變化，但忘記調整下傾角。
- 部分網站天線掛高 H 發生了變化，但忘記調整下傾角。
- 對存量網路更換天線後（搬遷），天線的垂直波瓣寬度發生變化，但忘記調整下傾角。

在實際網路中，不僅需要設定一定的下傾角，還要求下傾角可以在一定的範圍之內調整，而且也需要在存量網路的最佳化和維護過程中不斷調整下傾角以保持其處於最佳狀態。

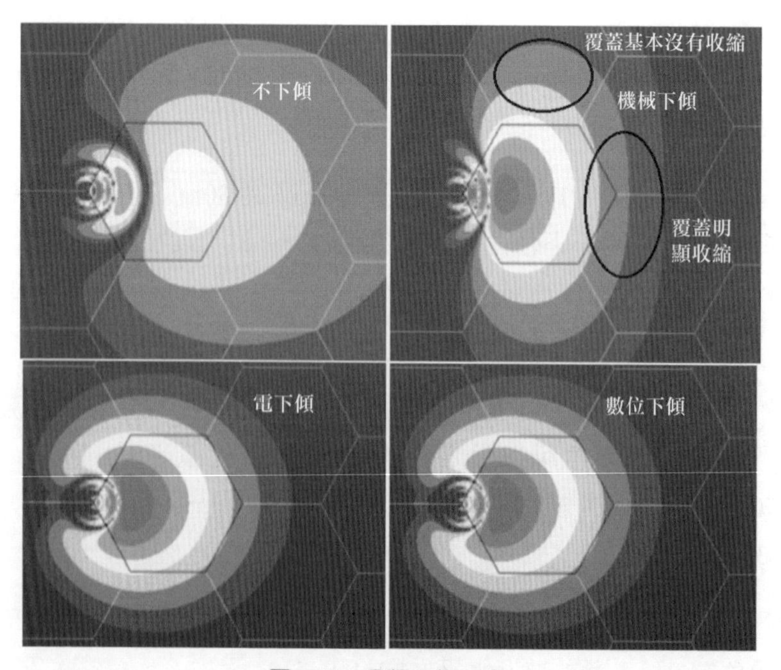

圖 4-15 各類下傾示意

整體來說，下傾的實現方法有機械下傾（Mechanical Tilt，MT）、電下傾和數位下傾 3 種。3 種下傾應用場景不同，達到的效果也有所區別，數位下傾與電下傾的效果是一樣的，但是數位下傾可以精細化到某一類通道的波束，如果只對 SSB 進行數位下傾，那麼業務通道的覆蓋是沒有變化的，各類下傾示意如圖 4-15 所示。

機械下傾就是透過機械的方式實現下傾，天線透過兩個臂裝到抱桿上，一個是固定的，另一個是可以調整的，透過調整伸縮臂的臂長就可以調整機械下傾角了。只有定向天線可以實現機械下傾，全向天線不能實現機械下傾。機械下傾示意如圖 4-16 所示。

圖 4-16 機械下傾示意

電下傾（Electronic Tilt，ET）分為固定電下傾和可調電下傾，如果具有遠端控制單元（Remote Control Unit，RCU），則可以實現遠端後台調整。電下傾示意如圖 4-17 所示。

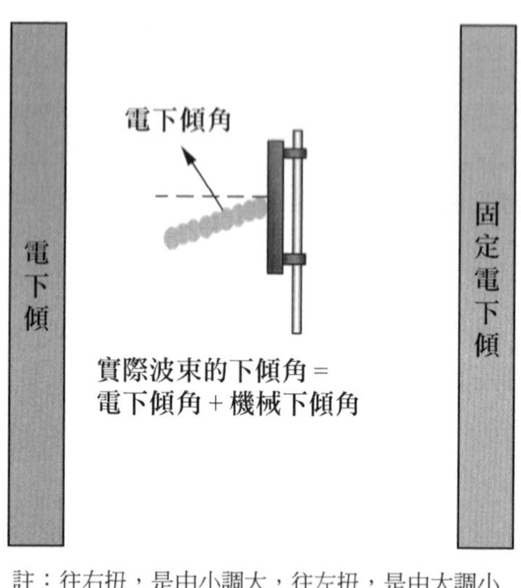

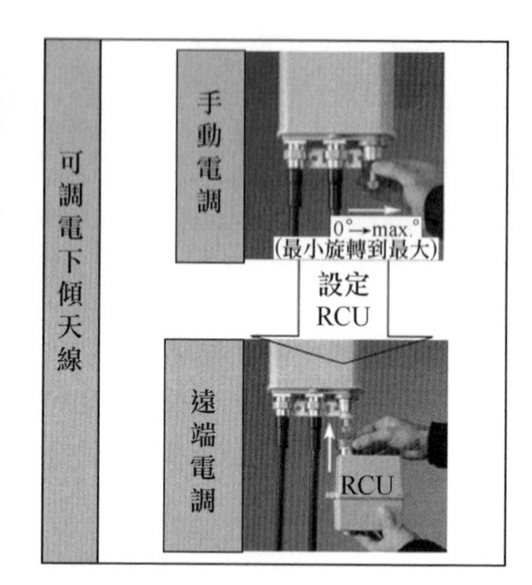

註：往右扭，是由小調大，往左扭，是由大調小

圖 4-17 電下傾

3 種下傾各有各的好處，很多局點都是一起使用的，下面我們複習一下幾種下傾方式的優缺點。

(1) 機械下傾支持所有的定向天線，雖然不需要額外的物料成本，但是天線在各個方向的下傾不均勻，下傾角較大時覆蓋會明顯變形。該下傾方式需要技術人員上網站後才能調整下傾角。

(2) 固定電下傾需要天線預置下傾角，電下傾的度數在出廠時就固定了，並不能調整，可以與機械下傾一起使用，可改善下傾角較大時的覆蓋變形問題。舉例來說，遇到需要下傾 10° 的情況，如果全部採用機械下傾的話，覆蓋變形比較嚴重，可以採用「(6° 固定電下傾) + (4° 機械下傾)」實現，這種方式覆蓋基本不變形。另外，機械下傾時覆蓋嚴重變形對應的下傾角度與垂直波瓣寬度有關，當設定同樣的機械下傾角時，天線的垂直波瓣寬度越窄，覆蓋變形越嚴重。

(3) 手動可調電下傾設定不同的下傾角時覆蓋不變形，而且與機械下傾相比，下傾角的精度更高（電下傾直接讀取天線下傾刻度尺的度數即可，機械下傾需要技術人員用傾角儀測量，測量結果受人為的影響較大），但是當下傾角較大時，天線性能有所下降，所以一般電下傾的可調範圍只有 8° ～ 14°，超出的部分需要與機械下傾配合。這種下傾方式也需要技術人員上網站調整，天線的價格比不帶電下傾的貴一些。

(4) 遠端可調電下傾與手動可調電下傾的區別就是可以不用技術人員上網站，透過控制中心的控制命令來調整下傾角，可以節省人工成本，但需要在天線饋電線系統上做一些配套工程，這種方式的費用較高。

(5) 數位下傾完全透過後台設定使用，目前的使用物件僅針對 5G 32T32R 以及 64T64R 的天線，根據使用的場景類型不同，可調整的範圍也有所區別。這種方式的優點是減少技術人員上網站的次數，成本較低。

4.2 天線的演進

天線的演進是伴隨著整個天線饋電線系統的演進逐步變化的，從最初的「大型基地台 +BBU（基頻單元）+RFU（射頻單元）+ 天線」逐步演進為第二種「BBU（基頻單元）+ 分散式 RRU（射頻拉遠單元）+ 天線」，到目前主流的「BBU（基頻單元）+AAU（主動無線處理單元）」的組合。天線的演進如圖 4-18 所示。

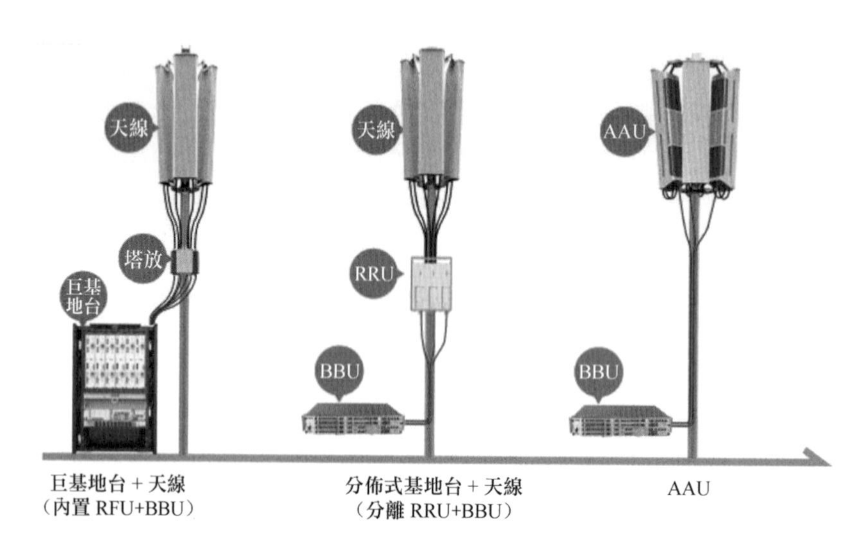

圖 4-18 天線的演進

當前常見的網站天線饋電線系統是第 2 種「BBU（基頻單元）+ 分散式 RRU（射頻拉遠單元）+ 天線」。RRU+ 被動天線如圖 4-19 所示，實現電磁波訊號到電訊號的轉換。

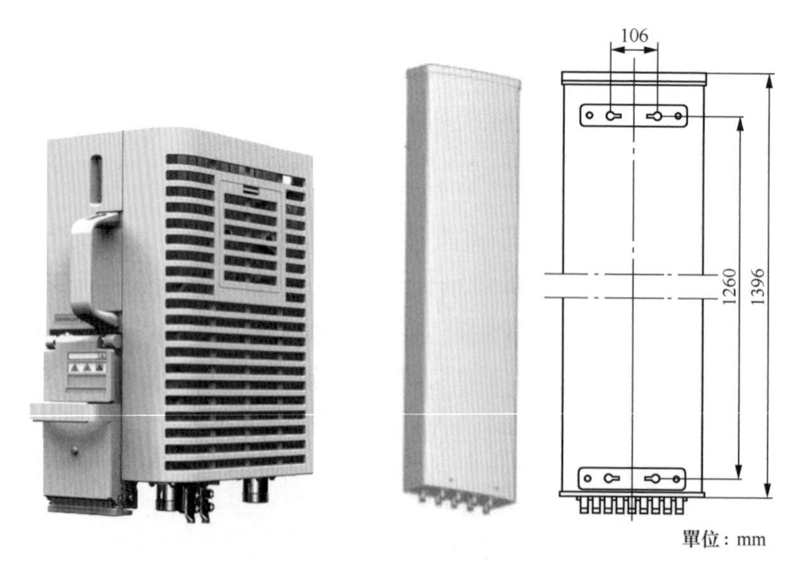

圖 4-19 RRU+ 被動天線

5G 網站採用 AAU 實現電磁波訊號到電訊號的轉換。主動天線系統整合了中射頻處理模組及天線單元，可以實現水平面和垂直面波束成形，提供更多自由度以提升系統的覆蓋和容量。5G AAU 實物如圖 4-20 所示。

5G 天線佈放的方式主要有以下 4 個優點。

(1) 無饋線損耗，如果還是使用饋線，3.5GHz 頻段 7/8 饋線的百公尺損耗高達 8.7dB，即使不算插損和跳線損耗，在 3.5GHz 頻段上也是沒辦法實現的。
(2) 節省網站空間，塔上不需要安裝塔放或 RRU，減少塔上的空間需求，節省了成本；如果使用多頻段 AAU，可以把多頻段的天線整合在一起，對現有網站空間佔用更少，也減少了鐵塔承重。
(3) 部署時間減少 30%，提高安裝維護人員的效率。
(4) 易演進，後續進行 BBU 集中部署維護的時候，網站上可以不需要機房，能有效控制網站的租金等相關成本。

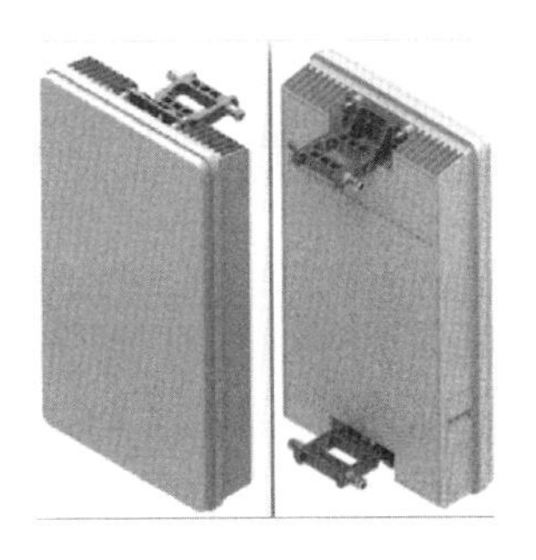

圖 4-20 5G AAU 實物

4.3 美化天線

無線通訊系統中使用的天線不是都像前文描述類似板子的樣子，實際上，各種美化的天線隨時隨地都可能出現在我們的生活中。各類美化天線（a）如圖 4-21 所示，各類美化天線（b）如圖 4-22 所示。

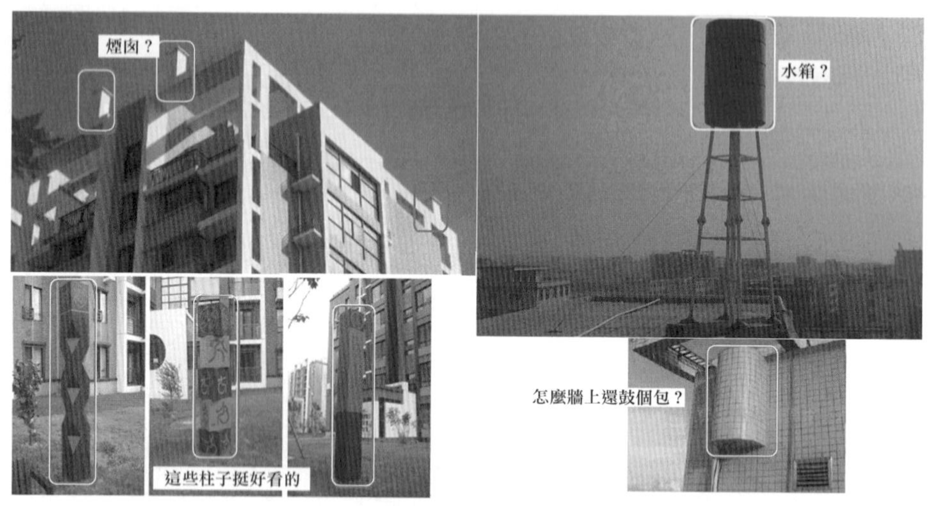

圖 4-21 各類美化天線（a）

圖 4-22 各類美化天線（b）

美化天線的目的是美化環境，或裝置經過偽裝後避免居民接觸。在風景如畫的景區裡突兀地立著一個鐵塔和幾面板狀天線會與周圍的環境不和諧，此時美化基地台就成了首選。

任何事物都有兩面性，美化天線一方面美化了環境，另一方面如果使用不當也會對網路覆蓋造成嚴重的影響。美化罩的存在不僅會對訊號造成一些衰減，導致訊號的覆蓋變弱，還會改變天線的方向，導致網內干擾加劇，所以在選擇美化天線時，一定要選擇對天線性能影響較小的美化罩。

4.4 天線知識小結

天線的作用就是收發無線電訊號，但並不是所有能收發無線電訊號的裝置都可以叫天線，在無線通訊系統中，我們一般將由半波陣子組成的陣列叫作天線。

在不同的網路結構中，為了達到不同的訊號輻射效果、獲取不同的方向性和天線增益，半波陣子的排列方式有所差異，由此衍生了不同增益的全向天線和定向天線，定向天線也有不同的形狀。

為了有效地控制網路中每個扇區的覆蓋方向，減少覆蓋交疊和網內干擾，需要設定不同的下傾角，而根據下傾角的調整方式衍生出了機械下傾、電下傾和數位下傾等。

為了減少人們對電磁輻射的抗拒帶來的建站困難或降低天線對週邊環境造成的視覺影響，此時出現了各種各樣的美化天線。

天線伴隨著無線通訊的演進也在不停地演進著，無線通訊應用場景的多樣性也帶來了天線形態的多樣性。天線在無線通訊系統裡承擔著關鍵角色，天線的很多特性都是與無線通訊網路緊密相連的，天線的很多指標和特性要與無線通訊網路結合到一起才能有更深刻的瞭解。

第 2 篇
規劃與部署篇

導讀

5G 網路規劃是 5G 商用無線網路的前提，也是非常重要的環節，同時與 4G 網路相比，5G 網路存在頻段、空中介面、業務等諸多差異，如何做好 5G 網路規劃與部署是本篇的重點內容。本篇從 5G 網路拓樸規劃、規劃原則、規劃想法、無線參數規劃、5G 模擬以及某電信業者 5G 網路拓樸實戰出發，為讀者詳細說明了 5G 網路規劃與部署的想法與原則。

首先，作為規劃者，5G 規劃需要優先考慮的是網路拓樸方式，是 NSA 網路拓樸還是 SA 網路拓樸，要結合部署策略、業務發展以及網路演進階段考慮，5G 規劃總流程按照網路的規模估算、規劃模擬、RF 參數規劃、社區參數規劃來進行。

其次，5G 網路是多形態網路，它由新的增強型無線連線技術、可靈活部署的網路功能以及點對點的網路編排等功能來共同驅動，採用嵌入式的和可擴充式的規劃方案，整體的規劃想法按照隨選建設、體驗牽引、平滑演進、精準規劃來進行。無線參數規劃是 5G 網路規劃的具體實施階段。隨後，本篇重點介紹 5G 的頻率範圍、NR 頻段、幀結構與頻寬、保護頻寬、NR 頻點、UE 的發射功率等基礎參數，並以某電信業者為例進行具體的規劃值描述，再透過模擬結果衡量方案的可行性，從中選擇最合理的系統組態和參數設定。

最後，基於本篇的規劃與部署原則，以某電信業者 5G 網路拓樸實戰為例，為讀者詳細介紹了 5G 網路拓樸策略的實現、電信 / 聯通共建共用網路拓樸策略研究和 BBU 集中設定規則。

5G 技術發展趨勢和規劃面臨的挑戰

行動通訊產業生態的變化使未來行動通訊不再是僅追求更高速率、更大頻寬、更強能力的空中介面技術，而是以使用者為中心的智慧彈性網路。未來，人們之間的通訊速率可以在任何時間、任何地點實現 1Gbit/s 的峰值速率，這個資料甚至能達到 50Gbit/s（下行）。此外，使用者還能獲得更高的行動資料容量（1000 倍）、更長的電池使用壽命、更低功耗的裝置（10 倍以上）、更多的終端連接裝置（100 倍）、更低的延遲（小於 1ms）以及在 500km/h 高速行駛的火車上獲得類似於靜止場景時的通訊體驗。5G 網路將是一個完整的無線通訊系統，因此，也有人將 5G 網路稱為真正的無線世界或世界級無接線。

與 4G 網路規劃相比，5G 網路規劃有 3 個不同點。5G 網路規劃與 4G 的 3 個不同點如圖 5-1 所示。

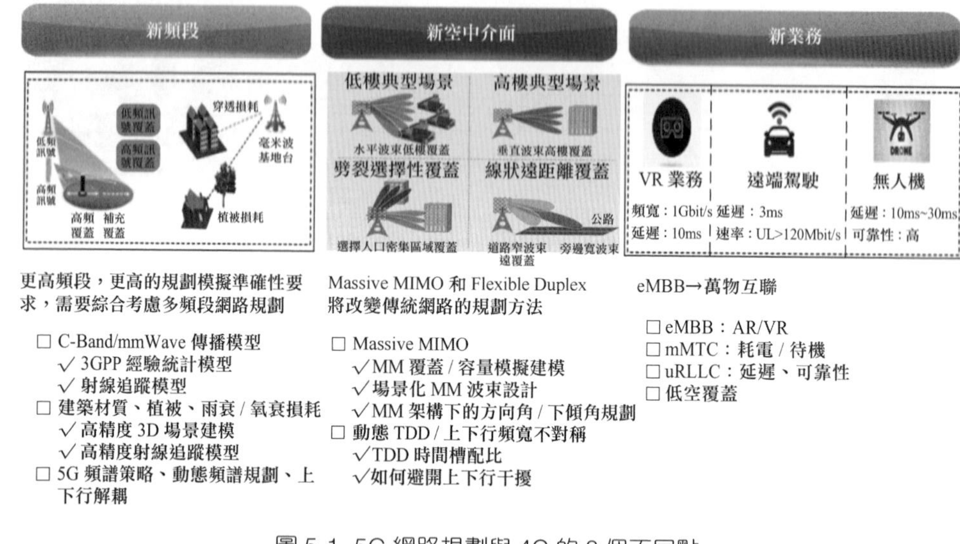

圖 5-1 5G 網路規劃與 4G 的 3 個不同點

1. 新頻段

5G 屬於高頻段，注重波束規劃能力，更多地在於利用 3D 立體模擬進行覆蓋預測，而 4G 主要為利用 2D 模擬進行覆蓋預測。

5G 利用射線追蹤模型（又稱 Rayce 模型），4G 主要為 Cost-Hata 傳播模型。

在進行鏈路預算時，與 4G 相比，5G 的頻段更高，穿透損耗更大，需要進行傳模校正，與此同時，5G 也需要考慮人體的遮擋損耗、雨衰和樹衰。

2. 新空中介面

與 4G 相比，5G 新增了 Pattern（模式）規劃內容，新增了 Rank 規劃。

3. 新業務

與 4G 相比，5G 新增了較多的業務，不同的業務需要制訂不同的標準。

5G 建設初期的應用場景主要分為 eMBB、mMTC 和 uRLLC，建網初期主要聚焦 eMBB 業務，包括高畫質視訊、虛擬實境（Virtual Reality，VR）、上網和寬頻，不同的業務，標準也不同，並且與國家和地區的具體方針政策相關。

由於 3GPP R15 主要聚焦政策 eMBB 場景，所以我們先分析 eMBB 業務。5G 和 4G 網路規劃的關鍵差異見表 5-1。

表 5-1 5G 和 4G 網路規劃的關鍵差異

規劃內容	4G	5G	關鍵差異影響說明
頻段	2.6GHz 頻段及以下	高頻段：C-Band、毫米波	傳播模型很大差異，損耗更大，需校準
RF（方向角、下傾角）& 波束	廣播波束為寬波束，MM 有 200 + Pattern（覆蓋模式）組合（Pattern & 下傾）	• 廣播波束支持窄波束，MM 有更多 Pattern 組合（Pattern & 數位下傾 & 水平 & 垂直波束）； • RANK	• 窄波束，需精細化的 3D 場景建模和規劃，避免覆蓋漏洞； • RANK 的模擬和規劃
鄰區	系統內：ANR 系統間：CSFB 無須精準規劃 L → U 鄰區	系統內：ANR R15 Phase2 定義 NSA：必須設定 L → NR 鄰區	• NSA：必須規劃 LTE → NR 鄰區，異系統場景依賴 LTE； • X2 需 LTE/NR 共網管才支持自建立
錨點評估 & 規劃	不涉及	NSA 網路拓樸需要進行錨點評估與規劃	新增部分
PCI（物理社區標識）	模 3& 模 30	模 3& 模 30& 模 4	基本類似，模 4 從模擬結果看影響較小
PRACH	根據社區半徑計算 NCS（環循移位），規劃 Preamble 格式和根序列	根據社區半徑計算 NCS，規劃 Preamble format 和根序列	類似
追蹤區號碼（TAC）		• NSA：不需要規劃 TAC • SA：同 LTE	類似

- 網路規劃流程：基本一致，5G 網路規劃繼承了 3G/4G 的優秀經驗。
- 網路規劃關鍵技術：與 4G 相比，5G 在傳模校準、Pattern 規劃（含 Rank）、NSA 鄰區 1×2 規劃，引入了新的要求，挑戰更大，規劃複雜度提升。
- 哪些可以簡化：
  - 5G 傳模校準，正在分析基於存量 4G 的 MR 做 5G 傳模校準，目標是免去 5G 傳模校正。
  - RF 和波束、鄰區、PCI、PRACH、TAC 等初始規劃工作必不可少，可以透過工具提高規劃的效率，不能做到免規劃。

5G 網路拓樸規劃

5G 網路拓樸架構分為非獨立網路拓樸（Non-Stand Alone，NSA）和獨立網路拓樸（Stand Alone，SA）。NSA 網路拓樸是利舊現有 4G 核心網路，最大化 4G 頻譜價值，5G 基地台與 4G 協作為終端提供 5G 服務；SA 網路拓樸需要 5G 基地台與 5G 核心網路同時部署，5G 終端獨立於 4G 系統進行工作。NSA 與 SA 兩種網路拓樸架構如圖 6-1 所示。

NSA 標準比 SA 標準確認的時間早半年，NSA 的產業成熟較早，點對點商用部署具備 1 年以上的先發優勢，有利於搶奪首批高端使用者。

NSA 利用雙連接，峰值速率提升了 50%，語音建立的延遲比 SA 少 1s ～ 2s，4G/5G 切換無中斷。

初期 NSA 網路拓樸是應對 eMBB 場景的需求，但不支持 5G 網路切片，未來隨著網路的發展需求，NSA 可平滑演進到 SA。

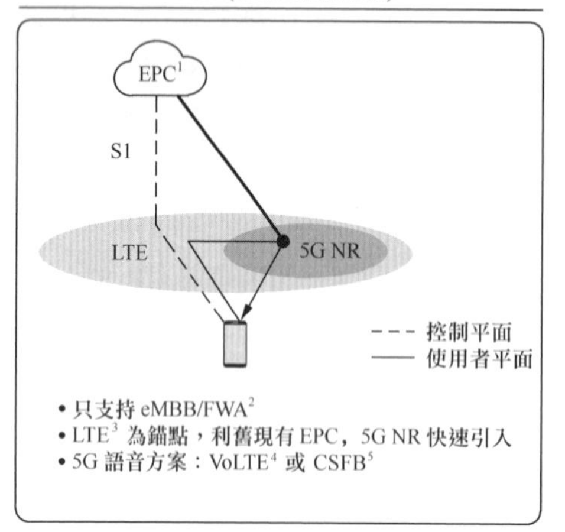

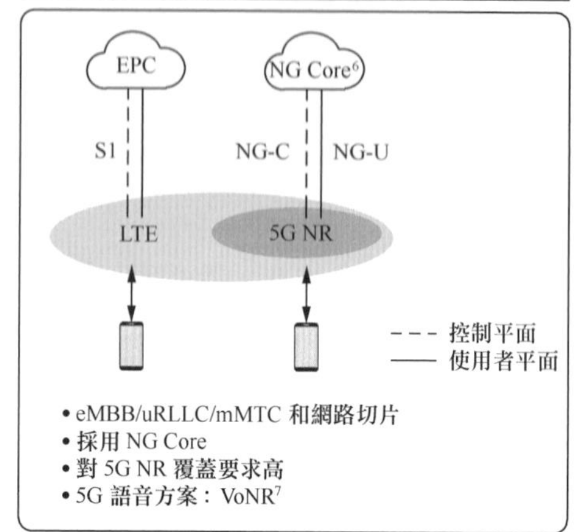

1. EPC（Evolved Packet Core，全IP的分組核心網路）（4G核心網路）
2. FWA（Fixed Wireless Access，固定無線連線）
3. LTE (Long Term Evolution，長期演進)
4. VoLTE (Voice over Long Term Evolution，長期演進語音承載)（4G語音解決方案）
5. CSFB（Circuit Switched Fallback，電路域回落）（語音回落到前一代行動通訊）
6. NG Core（Next Generation Core，下一代核心網路）
7. VoNR（Voice over New Radio，新空中介面語音）（5G語音解決方案）

圖 6-1 NSA 與 SA 兩種網路拓樸架構

6.1 NSA 網路拓樸

與 CA 載體聚合相似，NSA 網路拓樸的訊號面全部為 LTE 承載，新增 NR 無線裝置，增加到核心網路，在核心網路進行相關元件升級即可完成部署。NSA 網路拓樸架構如圖 6-2 所示。

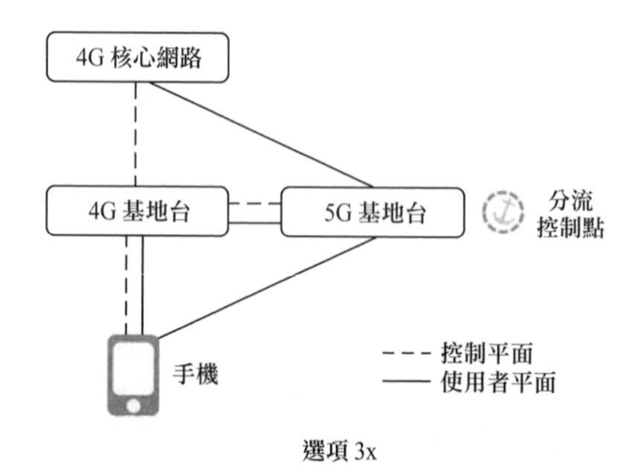

圖 6-2 NSA 網路拓樸架構

首先，我們先介紹幾個專業術語。

1. 雙連接

顧名思義，雙連接是指手機同時能與 4G 和 5G 進行通訊，可以同時下載資料。一般情況下，雙連接會有一個主連接和從連接。我們可以把雙連接想像成我們日常使用的耳機，兩路數據可以透過左右耳機同時傳送。

2. 控制平面錨點

雙連接中負責控制平面的基地台是控制平面錨點。不妨繼續以耳機為例來說明，控制平面就像耳機中的控制按鈕，有控制按鈕那一側既可以控制播放，也可以發送資料。

3. 分流量控制制點

使用者的資料需要分到雙連接的兩條路徑上獨立傳送，但是在哪裡分流呢？這個分流的位置就叫分流量控制制點。

5G 非獨立網路拓樸的諸多選項都是由下面的 3 個問題的答案排列組合而成的。

(1) 基地台連接 4G 核心網路還是 5G 核心網路？
(2) 控制訊號使用 4G 基地台還是 5G 基地台？
(3) 資料分流點在 4G 基地台還是 5G 基地台？

典型的 3x 結構的 NSA 網路拓樸，對這 3 個問題進行了完美的解答。

連接的核心網路是 4G 核心網路，控制平面訊號使用 4G 網路，資料分流點在 5G 基地台上。這種策略完美地發揮了低成本部署、高性能執行的優點。

(1) 4G 核心網路不需要做較大的改造，僅需要局部升級即可。

（2）控制平面訊號流量消耗不大，4G 基地台基本不受任何影響，也不需要改造。

（3）5G 基地台能力較強，可充分發揮高流量分流、速度快的優勢。

6.2 SA 網路拓樸

SA 網路拓樸架構很簡單，即 5G 基地台連接 5G 核心網路，這是 5G 網路架構的基本形態，可以支持 5G 的所有應用。SA 網路拓樸架構如圖 6-3 所示。

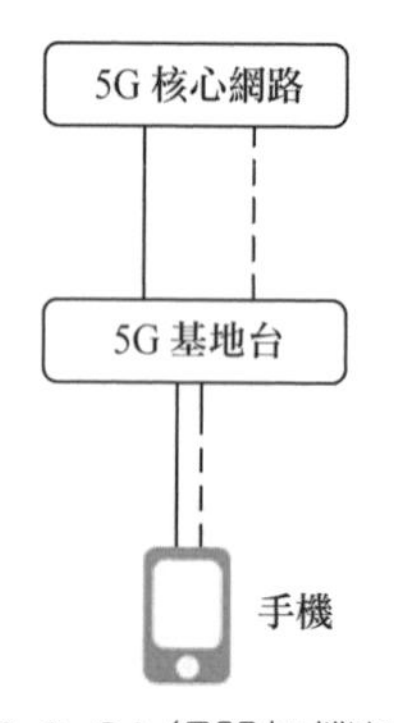

圖 6-3 SA 網路拓樸架構

SA 網路拓樸的優勢如下所述。

（1）在 SA 網路拓樸中，直接引入 5G 基地台和 5G 核心網路，不依賴現有的 4G 網路，其演進路徑最短。

（2）全新的 5G 基地台和 5G 核心網路能夠支持 5G 網路引入的所有新功能和新業務。

SA 網路拓樸的劣勢如下所述。

（1）5G 頻點相對 LTE 較高，初期部署難以實現連續覆蓋，存在大量的 5G 與 4G 系統間的切換，使用者體驗較差。

（2）初期部署成本相對較高，無法有效利用現有的 4G 基地台資源。

雖然 SA 網路拓樸的架構簡單，但是要建這樣一張 5G 網，需要新建大量的基地台和核心網路，以及大量的配套裝置。5G 網路裝置如圖 6-4 所示。

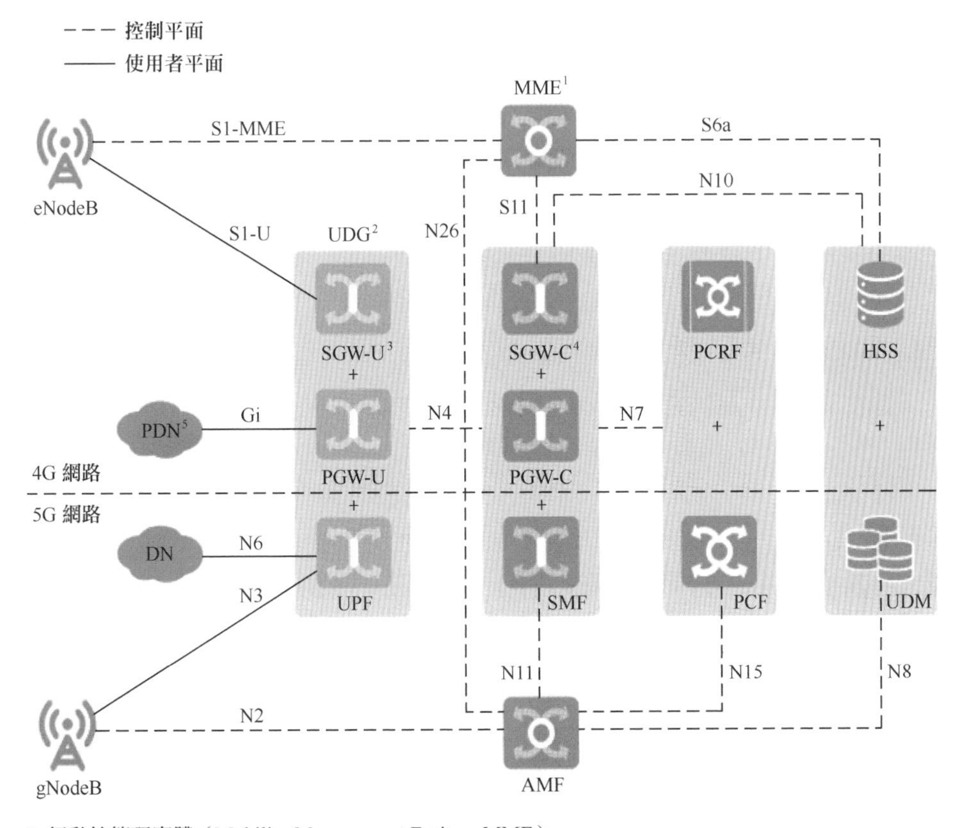

1. 行動性管理實體（Mobility Management Entity，MME）
2. 統一分散式閘道（Unified Distributed Gateway，UDG）
3. 使用者平面服務閘道（Serving Gateway for User Plane，SGW-U）
4. 控制平面服務閘道（Serving Gateway for Control Plane，SGW-C）
5. 公用資料網（Public Data Network，PDN）

圖 6-4 5G 網路裝置

在 4G/5G 網路互動操作中，使用者可以透過 4G 網路或 5G 網路連線，在 4G 網路和 5G 網路之間任意切換，保證使用者業務的連續性。

1. 需要支援 4 個網路裝置的原生融合部署

（1）SMF 和控制平面分組資料網閘道網路裝置（PGW-C）合設，為了簡化網路拓撲，最佳化轉發路徑，一般建議控制平面服務閘道（SGW-C）融到 SMF 中，SMF 對應統一網路控制器（Unified Network Controller，UNC）產品，用 SMF +PGW-C+SGW-C 來表示。

（2）UPF 和使用者平面分組資料網閘道網路裝置（PGW-U）合設，為了簡化網路拓撲，最佳化轉發路徑，一般建議使用者平面服務閘道（SGW-U）融到 UPF 中，UPF 對應統一分散式閘道（UDG）產品，用 UPF+PGW-U+SGW-U 表示。

（3）UDM 和歸屬使用者伺服器（Home Subscriber Server，HSS）合設，對應 UDM 產品，用 UDM+HSS 表示。

（4）PCF 與策略和費率規則功能網路裝置（Policy and Charging Rules Function，PCRF）合設，對應 PCF 產品，用 PCF+PCRF 表示。

2. 互動操作中的行動性管理實體（MME）網路裝置

（1）可以是核心網路解決方案邊緣雲（Cloud Edge）中的支持互動操作的 MME。

（2）可以是傳統先進的電信計算架構（Advanced Telecom Computing Architecture，ATCA）平台支援互動操作的 MME。

（3）AMF 與 MME 合設，即 UNC 部署時選擇 MME 內建，AMF 具備 AMF 的邏輯網路裝置功能，同時具備 MME 的邏輯網路裝置功能。

3. 終端和無線基地台

（1）4G 測試使用者裝置（Test User Equipment，TUE）、5G TUE、海思等終端需要支援互動操作的終端才能用於測試。

（2）4G LTE 基地台和 5G NR 基地台都需要支援互動操作的版本 。

6.3 初期網路部署策略

初期大部分電信業者優先部署 NSA 網路，在具體的部署中，需要注意以下 7 個方面的因素。

1. 部署速度

（1）標準：由於 NSA 標準的凍結時間比 SA 早半年，所以 NSA 有利於網路首發。

NSA 標準於 2017 年第二季已經凍結，SA 標準比 NSA 標準凍結晚半年（2018 年第一季）。

（2）產業鏈：NSA 產業鏈較 SA 成熟。

在市場中，海思、英特爾、聯發科首款晶片支援 NSA/SA 雙模（2019 年第一季），高通首推 NSA（2018 年第四季），其 SA 路標待定。

（3）部署速度：相較於 SA，NSA 能夠提前 1 年以上部署網路，構築 5G 的先發優勢。

NSA 建網能夠實現 5G 網路的快速部署和發佈。若選擇 NSA 進行建網，由於其標準凍結早，利舊 4G 核心網路（僅需要升級軟體），所以可快速開通 5G。但 5G 核心網路產品化不等於商用已成熟，需要相關企業完善實現的具體方案，以及介面之間、週邊配套的對接調測（4G 核心網路從標準凍結到商用建網用時 18 個月，5G 核心網路技術要跨越 NFV、服務化、C/U 分離架構，預計在 2021 年完成建網）。採用 NSA 建網可搶先 5G 商用部署，各電信業者可以根據業務需求及 5G 切片功能的成熟度，再適時引入 SA 架構。

2. 網路體驗

NSA 可利用雙連接方式，使峰值速率提升，構築 5G 初期品牌優勢，有利於搶奪首批 5G 高端使用者。5G 時代，網路制式相同，各電信業者

5G 新分配頻寬拉齊，各電信業者之間的差異化無法表現。4G/5G 雙連接可提供更高的峰值速率，使電信業者品牌宣傳更有競爭力。5G 新頻 C-Band100M 單使用者理論的峰值速率為 1.52Gbit/s，NSA 可利用雙連接方式，使峰值速率提升 38% 左右。

以中國電信為例，峰值速率的計算方式如下。

峰值速度 $=V_{\text{layers}} \times Q_{\text{m}} \times f \times R_{\text{max}} \times N_{\text{RE}} \times (1\text{-}OH) \times 1024^{-3}$ (參考：3GPP 38.306)

即 $1.52\ (\text{Gbit/s}) = 4 \times 8 \times 1 \times (948/1024) \times (273 \times 12 \div 28 \times \frac{7}{10} \times 1000) \times (1\text{-}24/168) \times 1024^{-3}$

其中，V_{layers}：MIMO 層數，4 發 4 收（4 Transmit 4 Receive，4T4R）取 4。
Q_{m}：調解階數，256QAM 取 8。
f：規模因數，協定推薦取 1、0.8、0.75、0.4。
R_{max}：編碼效率，最大編碼效率取 948/1024。

N_{RE}：每秒可用符號數，$N_{\text{RE}} = 273 \times 12 \times 28 \times \frac{7}{10} \times 1000$，100M 頻寬 RB 數為 273，每 RB 子載體數為 12，每毫秒符號數為 28，7:3 上下行時間槽配比，下行 RE 數為 7/10，1000 為毫秒與秒換算。

OH：協定規定在 FR1 時，DL 設定值為（24/168，12 個 PDCCH，12 個 DMRS-PDSCH）0.14；UL 設定值為 0.08；在 FR2 時，DL 設定值為 0.18；UL 設定值為 0.10。

eNB 分流又可以透過 256QAM、4T4R 以及雙載體 CA 等方式進一步增加 LTE 下行吞吐量。

3. 支持虛擬 4T4R

隨著容量和使用者體驗訴求的進一步提高，LTE 系統中開始大量應用 4T4R。虛擬 4T4R 特性是在不改變硬體形態的情況下，利用分散式天線形態，透過軟體特性獲得增益價值。

在主動室分部署中可靈活網路拓樸，舉例來說，把兩個 2T2R 扇區裝置可虛擬成為一個 4T4R 扇區裝置（也就是 4T4R 扇區的 4 個 CRS 通訊埠分別承載在兩個 2T2R 扇區裝置），一個或多個 4T4R 扇區裝置可組合成一個 4T4R 邏輯社區。虛擬 4T4R 示意如圖 6-5 所示。

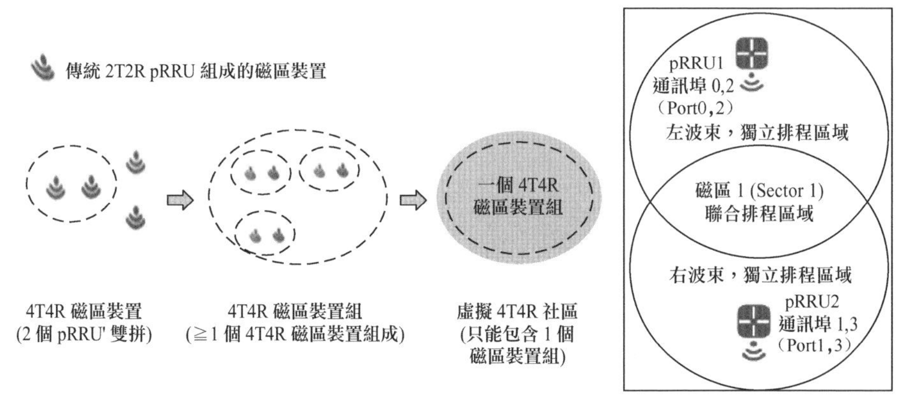

圖 6-5　虛擬 4T4R 示意

透過 CRS 通訊埠左右佈放，使用者在每個波束可以獲取獨立排程機會，資源得到重複利用，容量提升。在左右波束的交疊區域（門限控制），仍然採用聯合排程。如果是 4×4MIMO 終端，則可以在交疊區域獲得 4×4MIMO 價值，從而提升該區域 4R 使用者的下行速率，理論最大增益為 100%。

4. 256QAM

256QAM 調解方式是對正交相移鍵控（Quadrature Phase Shift Keying，QPSK）、16QAM 和 64QAM 的補充，用於提升無線條件較好時 UE 的取樣率，256QAM 中每個符號能夠承載 8 個 bit 資訊，相對於 64QAM，256QAM 支援更大的 TBS 傳輸。

當終端能力為 CAT11 ～ CAT14 時，可支援 256QAM，CAT 是指終端的 UE-Category 設定。

註：如果 UECapabilityInformation 訊息中欄位 dl（ul）-256QAM-r12 的設定值為 supported，說明 UE 支持 256QAM。

判斷使用者是否能使用 256QAM 的流程如圖 6-6 所示。

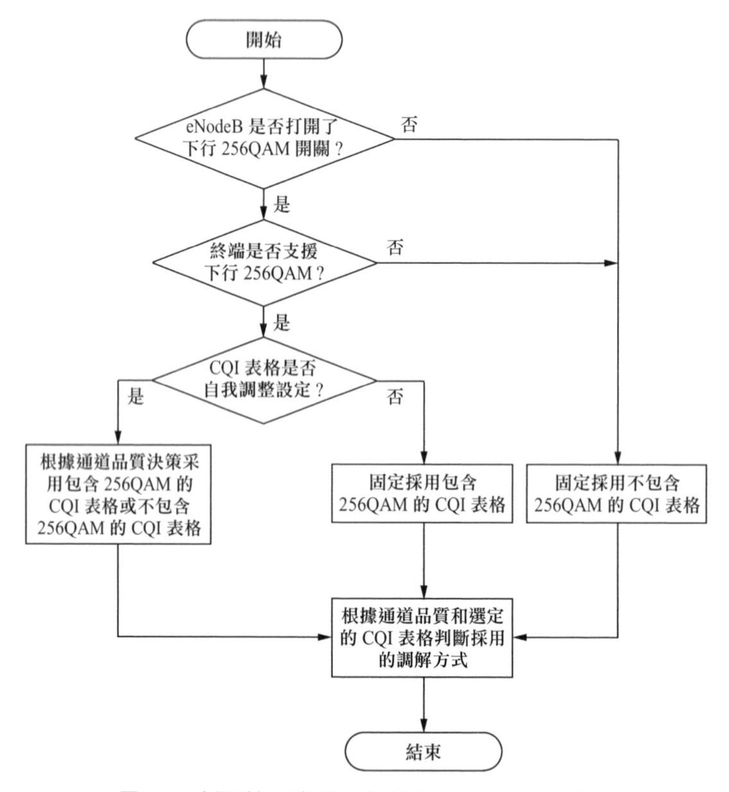

圖 6-6 判斷使用者是否能使用 256QAM 的流程

256QAM 主要提升近點使用者的頻譜效率及吞吐量，增益受無線通道品質、射頻發送誤差向量幅度（Error Vector Magnitude，EVM）和終端接收 EVM 的影響，其頻譜效率的增益範圍為 0 ～ 30%。

5. 載體聚合

載體聚合（Carrier Aggregation，CA）是將兩個或更多的載體單元（Component Carrier，CC）聚合在一起，以支援更大的傳輸頻寬。每個載體單元可以對應一個獨立的社區，某局點現網可以利用 1.8GHz 的 15M（1860MHz ～ 1875MHz） 和 2.1GHz 的 20M（2110MHz ～ 2130MHz）頻寬，設定了載體聚合的 UE 能夠同時與多個載體進行收發資料的操作，因此能夠提高 UE 的吞吐量。

6. 語音體驗

5G 初期，一般未部署 VoNR 業務，在 SA 架構下，語音切換至 LTE 使用 VoLTE，引入 1s ～ 2s 額外的建立延遲。在 NSA 架構下，直接在錨點站上發起 VoLTE 或 CSFB，與 4G 使用者感知無差異。

7. 切換性能

在 NSA 架構下，不需要 4G/5G 跨制式切換，其業務連續性較好，5G 基地台的切換不會影響 4G 的控制平面和使用者平面，無中斷延遲。若 4G 的訊號覆蓋好，則切換的成功率較高。在 SA 架構下，需要頻繁地執行 4G/5G 的跨制式切換，切換延遲較長（百毫秒量級），切換成功率較低，降低了網路性能 KPI。

6.4 業務發展和網路演進

網路平滑演進：SA 為 5G 的目標網路架構，而 NSA 可平滑演進到 SA。

（1）基地台側：LTE 基地台僅需軟體升級，就可支援 NSA 網路架構和雙連接。

（2）核心網路：在 NSA 架構下，4G 核心網路僅需軟體升級即可支援 5G 核心網路，建議首先升級 4G 核心網路為雲端化核心網路，未來軟體升級為 5G 核心網路。

（3）業務：NSA 雖不支持 5G 切片，預計在 2022 年前，不會有商用切片相關的業務需求。

5G 切片標準於 2019 年 12 月（R16）凍結，且其商業模式和需求不清晰，預計於 2022 年後規模商用。

NSA 可完全滿足 5G eMBB 業務，同時具備基本 uRLLC 業務的能力，mMTC 暫無標準化，其需求可依靠 4G NB/eMTC 進行支持。未來，NSA 網路平滑演進到 SA 後，可支援 eMBB/uRLLC/mMTC 全業務。

在語音方面，NSA 和 SA 架構均有成熟方案。在 NSA 架構下，所有 4G 存量語音方案可以繼承，不涉及 5G 空中介面的改動且語音無損。在 SA 架構下，語音可以切換到 VoLTE，或進一步回落到 2G/3G。

NSA 和 SA 網路二者其他方面的區別如下所述。

（1）在 NSA 網路拓樸下，上行一路 4G，一路 5G，5G 單發是否對性能有影響？

上行：在 NSA 網路拓樸下，4G 上行發送佔比不足 3%，主要包括切換、終端測量報告等極不頻繁的控制平面訊息。因此，NSA 終端的上行通道（天線）97% 的時間可全部用於 5G NR 上行資料的發送，故 NSA 與 SA 的上行性能沒有差異。

下行：NSA 下行 4G/5G 雙發，終端速率體驗超越 SA。

（2）在 NSA 網路拓樸下，5G logo（標識）如何顯示？

在 5G 標準已明確在 NSA 架構下，4G 基地台會廣播是否具備 NSA 能力，5G 標準對終端 5G logo 的顯示不做強制約束，5G logo 在錨點站的顯示最終由電信業者與終端廠商的協商來確定。

5G 規劃整體流程

5G 規劃整體流程分為資訊搜集、網路規模估算、規劃模擬、RF 參數規劃、無線參數規劃。5G 規劃整體流程如圖 7-1 所示。

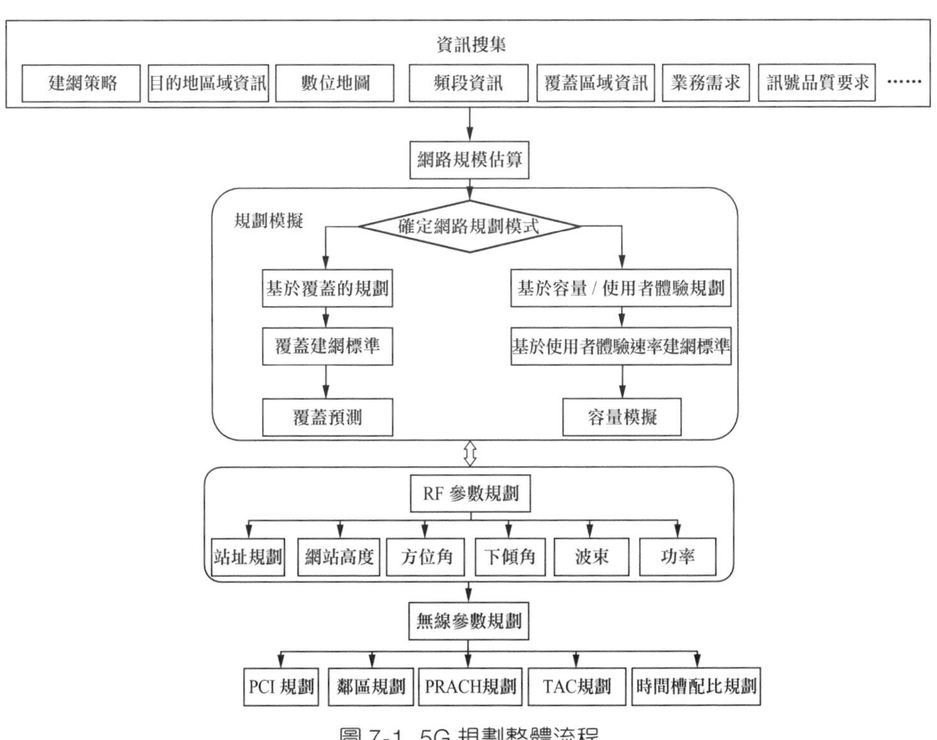

圖 7-1 5G 規劃整體流程

資訊搜集在網路規劃的初始階段進行，主要用於網路規模估算、網路規劃模擬以及社區參數規劃的輸入，包括建網策略、目的地區域資訊、數位地圖、頻段資訊、覆蓋區域資訊、業務需求、訊號品質要求等資訊，同時還涉及 4G 的話統資訊和路測資料、測量報告（Measure Report，MR）資料、傳播模型校正等。這些資訊可以作為網路規劃的輸入或可以作為網路規劃的參考。

1. 建網策略

（1）電信業者期望的網站規模：這與投資相關。
（2）覆蓋區域：需要確認是連續網路拓樸、熱點覆蓋還是街道覆蓋。
（3）共站建設：共站比例為多少，與哪個制式、哪個頻段共站建設。
（4）上下行解耦：是否採用上下行解耦，是同站解耦還是異站解耦，解耦下要求的速率達到多少等。
（5）室內外覆蓋：是否要求室內淺層 / 深度覆蓋等。
（6）網路拓樸方式：是 NSA 網路拓樸還是 SA 網路拓樸。

2. 目的地區域資訊

（1）區域劃分。由於無線傳播環境及人口密度的差異，規劃之前首先要對目標覆蓋區域進行分類。目標覆蓋區域的劃分一般會結合無線傳播環境和當地的實際環境對場景進行劃分，在進行網路規劃前，需要對目標覆蓋區域進行歸類，不同場景的建網標準、傳播模型、穿透損耗以及估算中的單使用者話務量在設定值方面都會有所差異。

（2）使用者分佈。需要搜集現網使用者的分佈資訊以及人口覆蓋比例，也可以透過建築物面積以及建築物樓層數分佈來大概判斷使用者的分佈情況。使用者的分佈主要關注目標覆蓋區域室內外使用者數（室外使用者數 / 建築物不同樓層的使用者數之和）、使用者分類以及使用者行為等。

① 使用者數。結合目標覆蓋區域的使用者總數、業務滲透率可以計算出該區域支援某種業務所需的容量要求。如果該區域的社區可提供的容量小於該區域整體容量要求，則為容量受限，需要採取擴充策略，舉例來說，採用載入頻、加站等手段。

② 使用者分類。目標覆蓋區域的使用者分類，可以從是不是 VIP（貴賓）使用者等分類，如果是 VIP 使用者，則需要重點保障，甚至採用載入頻、加站保障。

③ 使用者行為。目標覆蓋區域使用者的行為主要是指與一些話務模型相關的資料。舉例來說，語音業務單使用者平均話務量與資料業務單使用者平均吞吐量。

人口覆蓋比例主要是指目標覆蓋區域中需要具體覆蓋哪些區域。舉例來說，一個城市的人口覆蓋比例要求達到 75%，建網初期可以在人口集中的區域優先部署 5G，而在人口稀疏的區域則不作為當前考慮範圍。

3. 數位地圖

5G 模擬使用的地圖分為以下兩種。

（1）一種是包含向量圖層（Vector）、建築物高度（Building Height）、地物圖層（Clutter）、地物高度（Clutter Height）的 3D 數位地圖。

（2）另一種是包含建築物高度、地物圖層、地物高度的 2D 數位地圖。

其中，（1）中的地圖可用射線追蹤模型模擬；（2）中的地圖可用經驗模型模擬。這兩種地圖的精度要求為 2m 或 5m。

4. 網站工程參數

網站工程參數包含網站名稱、扇區名稱、網站經緯度、站高、方位角、下傾角、天線增益、功率設定、PCI、頻點、饋線損耗等。

5. 話統資訊和路測資料

現網的話統資訊搜集包括以下內容，舉例來説，使用者數、使用者分佈、根據追蹤區（Tracking Area，TA）大小判斷距離基地台遠近、網路負載、物理資源區塊（Physical Resource Block，PRB）使用率、區域話務量、社區平均速率、使用者體驗速率、可用於判斷使用者分佈的 MR 等。該類資訊可用於將來的容量模擬。另外，還可以搜集現網的上行底噪，以及使用者上報的 CQI 等，用於判斷現網的干擾水準，以便評估 5G 的干擾水準。

6. 傳播模型校正

傳模模型校正使用的資料的具體建議如下所述。

如果有試驗網站，建議優先使用試驗網站測試的資料。如果不可行，建議次選連續波（Continuous Wave，CW）測試資料。

如果以上都不可行，建議獲取現網的準確工程參數和對應的路測資料（建議優先用 LTE 的路測資料）。

網路規模估算是在專案前期，對未來的網路進行初步規劃的目的是列出網路網站的規模測算、社區覆蓋半徑。

5G 網路詳細規劃階段是在 5G 網路估算的基礎上，結合網站勘測，確定指導工程建設的各項網路規劃相關社區工程參數，並透過模擬驗證社區參數設定及規劃效果，包括無線頻率（Radio Frequency，RF）參數規劃和無線參數規劃兩個部分。

RF 參數規劃的目的是透過規劃模擬確定站址、站高、方向角、下傾角、功率等工程參數，特別是對於 5G，額外增加 SSB 場景化波束的設定。

無線參數規劃是在 RF 參數規劃之後，無線參數規劃包括以下內容：鄰區規劃、物理社區標識（PCI）規劃、物理隨機連線通道（PRACH）

根序列規劃、位置區規劃。PCI 規劃主要用來確定每個社區的物理社區 ID。PRACH 根序列規劃主要是基於社區覆蓋範圍、前導格式（Preamble Format）為 NR 社區分配一個根序列（Zadoff Chu，ZC）索引。位置區規劃主要對追蹤區進行規劃。鄰區規劃主要為每個社區設定對應的同頻鄰區、異頻鄰區、異系統鄰區，確保系統正常切換。特別對於 TDD 制式，額外增加了時間槽配比規劃。

5G 網路規劃原則

由於並不是所有的應用都需要相同的網路性能，所以 5G 將放棄完全統一的網路規劃，使用嵌入式和可擴充式的規劃方案，透過多種商業模式和合作模式提供給使用者更加廣泛的應用。利用虛擬化的可程式化網路，電信業者可以為網路設計模組化的功能，從而實現網路的隨選部署。5G 網路是一種多形態網路，它由新的增強型無線連線技術、可靈活部署的網路功能以及點對點的網路編排等功能來共同驅動。

8.1 5G 的規劃原則

考慮到以上技術和發展趨勢，5G 系統應該根據以下原則進行規劃。

1. 頻譜優勢

利用更高的頻段和未授權頻段，整合剩餘的低頻段。由於不同頻譜的特性不同，需要使用多頻譜最佳化，同時也引出分離的概念。舉例來說，控制平面和使用者平面的路徑分離和上下行鏈路的分離。這表示系統需要支援同時將使用者連接至多個存取點。

2. 經濟的密集化部署

為了實現密集化部署，需要引入一些新的部署模式。舉例來說，第三方使用者部署以及多電信業者部署、共用部署等方式。系統可以處理無計畫的部署、無秩序的部署，並在這些部署下使系統能夠獲得最佳性能，同時網路也可以自最佳化負荷均衡以及干擾。

3. 協調和去干擾

使用多入多出技術（Multiple-Input Multiple-Output，MIMO）和協作多點發送 / 接收（Coordinated Multipoint Transmission/Reception，CoMP）技術來改善系統中的訊號干擾比（Signal-to-Interference Ratio，SIR），同時提高服務品質（QoS）和整體頻譜使用率。引入非正交多工技術，利用先進的接收機來減小干擾。

4. 支援動態的無線拓撲

裝置應透過拓撲結構進行連接，從而最小化耗電量和訊號流量，網路不應限制裝置的可見性和可達性。如果智慧型手機斷電，可穿戴裝置則可以直接連接至網路。在某些情況下，可利用裝置到裝置（D2D）的通訊以減輕網路負荷。因此無線拓撲應該根據環境和上下文而動態變化。

5. 創建公共的可組合核心網路

系統設計將拋棄之前 4G 網路完全統一設計的理念，在 5G 網路中，網路裝置的某些功能將被剝離出來，控制平面 / 使用者平面功能能夠透過開放的介面完全分離以支援功能的靈活使用率及可擴充性。

6. 靈活的功能

利有相同的基礎設施創建網路切片以支持多種使用者場景。也就是說，可利用網路功能虛擬化（NFV）和 SDN，實現網路 / 裝置功能和無線連線技術（Radio Access Technology，RAT）設定的訂製化。為了增強網路的堅固性，狀態資訊應從功能和節點中分離出來，這樣才能更容易地重定位並還原上下文。

7. 支持新價值的創建

巨量資料分析和上下文感知是最佳化網路使用率的基礎，同時也能為終端使用者提供加值業務。在設計網路時，應注意重要資料的擷取、儲存和處理。另外，需充分利用網路的多種性能以促進一切皆服務（Everything as a Service，XaaS）的實現。

8. 安全和隱私

安全性不僅是 5G 網路必須考慮的問題，而且必須成為系統設計的重要部分，特別是使用者位置和身份等資訊必須受到嚴格的保護。

9. 簡化的操作和管理

擴充的網路性能和靈活的功能分配並不表示需要增加操作和管理的複雜度。繁雜的操作和管理可儘量充分利用自動化技術來完成。明確定義的開放性介面可以解決多廠商之間的互通性和互通問題。另外，網路還將嵌入監控功能而不需要電信業者使用專門的監控工具。

8.2 5G 架構規劃

5G 系統由基礎設施資源層、業務實現層、業務應用層組成，具體描述如下。

1. 基礎設施資源層

這是固定與行動融合網路的物理資源，由連線節點、雲節點（用於處理或儲存資源）、5G 裝置、網路節點和相關鏈路組成。透過虛擬化原則，這些資源對於 5G 系統的更高層次和網路編排實體而言是可見的。

2. 業務實現層

在融合網路中，所有的功能應以模組化的形式進行建構並輸入資源庫。由軟體模組實現的功能以及網路特定部分的設定參數可從資源庫下載至所需的位置。根據要求，這些功能透過相關的應用程式介面（Application Programming Interface，API）由網路編排實體進行呼叫。

3. 業務應用層

該層部署了利用 5G 網路實現的具體應用和業務。

這 3 層透過網路編排實體相互連結，因此在架構中有著非常重要的作用。網路編排實體能夠管理虛擬化的點對點網路以及傳統的營運支撐系統（Operation Support System，OSS）和自我組織網路（Self Organizing Network，SON）。該實體作為存取點可將使用者實例和業務模式轉化為實際的業務和網路切片，並為指定的應用場景定義對應的網路切片，連結相關的模組化網路功能，分配一定的性能設定參數並將其映射至基礎設施資源層。與此同時，網路編排實體還能管理這些功能的擴充和地理分佈。在確定的商業模式中，第三方移動虛擬網路電信業者（Mobile Virtual Network Operator，MVNO）與相關垂直產業還能利用該實體的某些性能，透過 API 和 XaaS 創建和管理自己的網路切片。

如何設計 5G 架構規劃以適應不同應用需求的場景（舉例來說，高頻寬、低延遲、切換、NFV、CU/DU 分離等），5G 網路架構具有一定的差異性。

8.3 網路切片規劃

網路切片也叫「5G 切片」，支持具體的通訊業務，能夠透過具體的方法來操作業務的控制平面和使用者平面。一般來說 5G 切片由大量的 5G 網路功能和具體的 RAT 集組成。網路功能和 RAT 集如何組合由具體的使用場景或商業模式而定。由此可知，5G 切片可以跨越不同的網路域。它包括執行在雲節點上的軟體模組，支援功能位置靈活化的傳輸網路設定，專用的無線設定或具體的 RAT，以及 5G 裝置的設定。但並非所有的切片都包括相同的功能，一些現在看起來必不可少的行動網路功能可能不會出現在這些切片中。

5G 切片為使用者實例提供了必要的業務處理功能，省去了其他不必要的功能。5G 切片背後的靈活性是擴充現有業務和創建新業務的關鍵。允許第三方實體透過適當的 API 來控制切片的某些方面，以提供訂製化業務。舉例來說，智慧型手機應用的 5G 切片可以透過設定成熟的分散式功能來實現。對 5G 切片所支持的汽車使用場景而言，其安全性、可靠性和延遲是非常關鍵的。所有的關鍵功能可在雲邊緣節點中實例化，包括對延遲要求嚴格的垂直化應用。為了在雲節點中載入垂直化應用，系統必須定義開放的介面。為了支持大量的機械類裝置（舉例來說，感測器），5G 切片還將設定一些基本的控制平面功能，從而省去行動性功能，針對這類裝置的連線還可以適當設定一些基於競爭的資源。

在考慮到網路所不支援的切片的情況下，5G 網路還應該包括對應的功能以確保在任何環境下對網路點對點業務的控制和安全性操作。

8.4 基於應用場景的功能分佈規劃

5G 系統與之前網路「一刀切」的方式不同，5G 網路可以透過將 5G 網路功能與適當 5G RAT 相結合的方式，為具體的應用量身訂製最合適的網路。

雖然使用 NFV 的通用可程式化硬體可以實現所有的網路處理功能，但在這種方式下，使用者平面功能需要使用專用的硬體才可以在降低成本的同時達到一定的性能目標。最近在虛擬化技術方面的研究中，我們發現控制平面功能的實現可以不使用專門的硬體。

5G 網路的獨特之處在於，它能夠訂製網路功能以及這些功能在網路的實現位置。因此對於控制平面和使用者平面，無論在邏輯上還是物理上，都需要盡可能地實現分離。足夠的分離度使獨立擴充變得更加靈活，使以裝置為中心的方式更易實現。在以裝置為中心的方式下，控制平面可由大型社區處理，使用者平面由微型社區處理。與此同時，透過將某些功能放置在最接近無線介面的位置以降低延遲；透過直接在微型基地台中放置必要功能，能實現本地資料的底層分流。因此當專用核心網路的概念將要過時的時候，5G 網路的功能不再與硬體綁定，而是在最適合的位置靈活地實例化。

如果要在 5G 網路中完成最佳化工作，則上下文感知功能就必不可少。無論裝置處於什麼狀態，網路都需要檢測業務行為。因此網路應能靈活地使用最佳的功能並將這些功能置於最佳的位置。上下文感知是點對點管理和網路編排實體不可分割的一部分，還應與跨越整網的測量功能和資料獲取功能配合使用。巨量資料統計分析則是提高控制精確度必不可少的組成部分。

8.5 5G 系統元件

1. 5G RAT 簇

作為 5G 系統的一部分，5G RAT（無線連線技術）簇由一個或多個標準化的 5G RAT 組成，5GRAT 簇與 5G 系統的其他部分共同支援下一代行動通訊網（NGMN）的需求，提供給使用者更加完整的網路覆蓋。

2. 5G RAT

5G RAT 是 5G RAT 簇之間的無線介面。

3. 5G 網路功能

5G 網路功能（5G Function，5GF）主要支持 5G 網路內使用者之間的通訊。它是一種典型的虛擬化功能，但一些功能仍需 5G 基礎設施透過專門的硬體來實現。5GF 由具體的 RAT 功能和與存取無關的功能組成，包含支援固定連線的功能、必選功能和可選功能。其中，必選功能是所有使用者實例所需要的公共功能，舉例來說，鑑權和身份管理等。可選功能並不適用於所有的應用場景，舉例來說，行動性，具體的可選功能可根據業務類型和應用場景有所不同。

4. 5G 基礎設施

5G 基礎設施（5G Infrastructure，5GI）是基於 5G 網路的硬體和軟體，包括傳輸網路、運算資源、儲存單元、RF 單元和電纜。5G RAT 和 5GF 可透過 5GI 實現。

5. 5G 點對點管理和網路編排實體

5G 點對點管理和網路編排實體（5G end-to-end Management and Orchestration Entity，5G MOE）創建並管理著 5G 切片。它將使用者實

例和商業模式翻譯成具體的業務和 5G 切片，確定相關的 5GF、5G RAT 和性能設定，並將其映射至 5GI。它還管理著 5GF 的容量、地理分佈、OSS 和 SON。

6. 5G 網路

5G 網路（5G Network，5GN）由 5GF、5G RAT、相關 5GI（包括中繼裝置）和支持與 5G 裝置進行通訊的 5G MOE 組成。

7. 5G 裝置

5G 裝置是用於連接至 5G 網路以獲得通訊業務的所有裝置。

8. 5G 系統

5G 系統是由 5G 網路和 5G 裝置組成的通訊系統。

9. 5G 切片

5G 切片（5G Slice，5GSL）由 1 組 5GF 與在 5G 系統中建立起來的相關裝置功能組成，以支持特定的通訊業務和使用者類型。

5G 網路規劃想法

9.1 整體想法和策略

1. 規劃想法

（1）做好業務預判，明確規劃目標

當前，5G 新興業務較多，舉例來說，車聯網、VR/ 擴增實境（Augmented Reality，AR）、無人機業務等，不同業務場景是連續覆蓋還是熱點覆蓋？建網的標準應該如何制訂才能滿足相關的業務需求？

（2）做好制式協作，保護建網投資

基於現網建設 5G，往往面臨一張網規劃，多制式協作的問題。在新建 5G 時，需要考慮如何在保證現網品質的情況下，進行現網改造？如何使建網價值最大化、投資最省？

（3）做好場景匹配，確保儘快精準落地

場景化規劃後，需要考慮如何快速並且按照規劃方案精準落地，以節省時間成本。

2. 規劃策略

（1）隨選建設

結合本地網的實際情況，根據不同的需求，開展對應的業務，建立對應的建網標準。

（2）體驗牽引

針對特定的業務，需要明確使用者的體驗目標，從而制訂對應的標準，以保證業務需求。

（3）平滑演進

4G/5G 同步演進。

（4）精準規劃

主要考慮如何保證規劃方案的前後一致性，即實際落地方案怎麼與規劃方案相匹配。

3. 規劃方案

（1）區域選擇：瞄準價值，合理投資

① 口碑場景：主要根據 2G/3G/4G 網路的相關經驗，以及後期 5G 的推廣方案，進行名稱單制部署。

② 三高使用者：主要基於營運支撐系統的資料欄（Operation Support System，簡稱為 O 域）和業務的資料欄（Business Support System，簡稱為 B 域）資料進行定位。同 4G 結合網際網路企業越過電信業者數據和 MR 可以判斷高流量和高價值終端類似，5G 可以借助 B 域資料，對高套餐、高價值、VIP 使用者進行地理化呈現。

③ 垂直產業：根據實際情況，每個省份會有所差別。例如，杭州開展 VR、上海開展無人機、河北開展智慧教育，具體開展哪塊業務，各電信業者應隨選建設。

（2）建網標準：先行一步，適度領先

在 5G 建網初期，主要是 eMBB 業務。舉例來說，監控、直播、高畫質視訊、VR 等。目前，統一的建網下行速率為 100Mbit/s，上行速率為 3Mbit/s ～ 5Mbit/s。建網標準主要從以下幾個方面進行考慮。

① 業務體驗：業務目標適當領先業務需求。

② 產業發展：考慮該產業是否具有推廣性。

③ 品牌競爭：要考慮同產業其他電信業者的相關情況。

（3）協作規劃：降低全營運成本（Total Cost Operating，TCO）、最佳化性能

① 利舊站址：中國移動——純 5G 新建，中國聯通——下行載體（Downlink Carrier，DC）雙連接，中國電信——補充的上行鏈路（SUL），應以現有存量站址為基礎，基於現有網站資源，利用 5G 技術進行網路規劃。

② 錨點規劃：終端支援的錨點頻段有哪些？錨點網路是否具有連續性？錨點網路品質如何？連線性能如何？是單錨點規劃還是多錨點規劃？

③ 天線饋電線融合：現有的天線饋電線是新增，還是整合？每新增一個天線饋電線鐵塔會收租賃費，既要考慮融合的可行性，也要保證網路品質。

（4）精準規劃：場景化 3D 規劃快速準確地落地

5G 有 3D 模擬立體規劃、範例尋優、精確站址規劃（Accurate Site Planning，ASP）、網站規劃等，同步孵化六大應用場景：高鐵、無人機、高速場景（杭州機場高速）、住宅區（巨微立體協作，4G/5G 立體方案）、地鐵、場館。

9.2 業務需求分析

基於業務需求分析的精準價值規劃，以體驗為中心，4G/5G 融合規劃、隨選建設，建構最佳 TCO 和競爭力領先的 5G 網路。5G 各類業務對速率和延遲的要求如圖 9-1 所示。

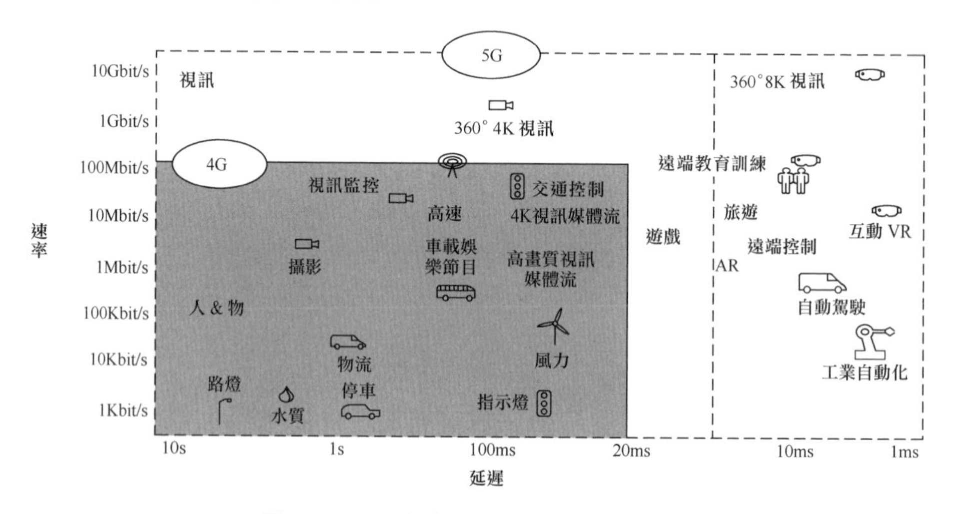

圖 9-1 5G 各類業務對速率和延遲的要求

5G 分場景需求分析全景示意如圖 9-2 所示。

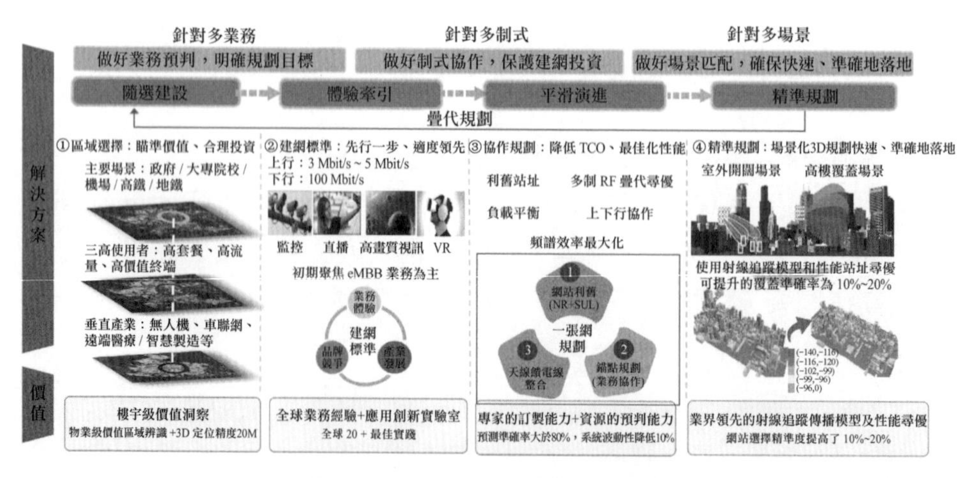

圖 9-2 5G 分場景需求分析全景示意

9.3 覆蓋場景分析

對於目標網，無法判斷熱點區域、高價值使用者區域，需要對資料進行地理化呈現，從而判斷出高價值區域。透過建立巨量資料平台，獲取 O 域資料和 B 域資料進行分析利用。初期建網 5G 區域的選擇主要聚焦於八大場景、三高使用者、垂直產業。5G eMBB 場景具體應用如圖 9-3 所示。

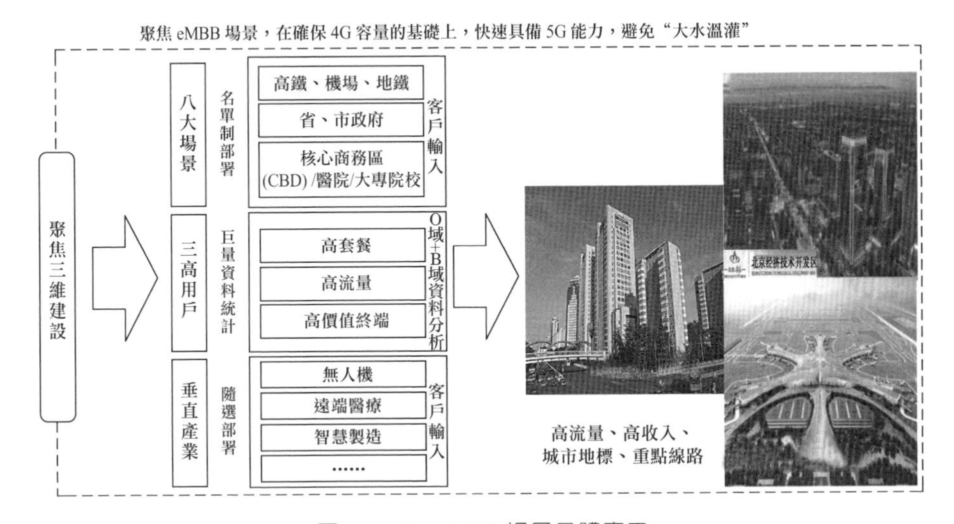

圖 9-3 5G eMBB 場景具體應用

1. O 域

維護側資料主要包括核心網路的資料（使用者平面、訊號面）和無線資料（MR）。對普通 KPI，舉例來說，斷線率、接通率等，透過相關演算法，可使其轉化為上層容易應用的關鍵品質指標（KQI）。

透過 O 域資料，可以對容量等資料進行對應的資料分析，並借助相關平台進行地理化呈現。

2. B 域

市場類資料包括使用者套餐資料，將客戶側的 B 域資料打通，從而進行呈現。

3. 巨量資料平台

使用者體驗感知管理平台可以整合各種底層資料（使用者平面和訊號面、核心網路和無線側等），然後將這些資料透過一些演算法，將既有的 KPI 改為 KQI。

5G 建設初期，投資有限，往往需要進行精準建站，透過 "O+B" 域資料分析，可以獲取價值區域邊界線，從而解決建站的區域問題。

9.4 規劃指標確定

在 5G 建網初期，主要圍繞 eMBB 業務，視訊主要為 1 路 4K 或 1 路 8K 視訊。對於 4K 視訊，下行 50Mbit/s 的資料速率即可滿足基本業務需求；對於 8K 視訊，下行的資料速率需要達到 100Mbit/s；而對於上產業務，現在較多的主要為 1080P 現場直播，上行的資料速率為 5Mbit/s 即可滿足。

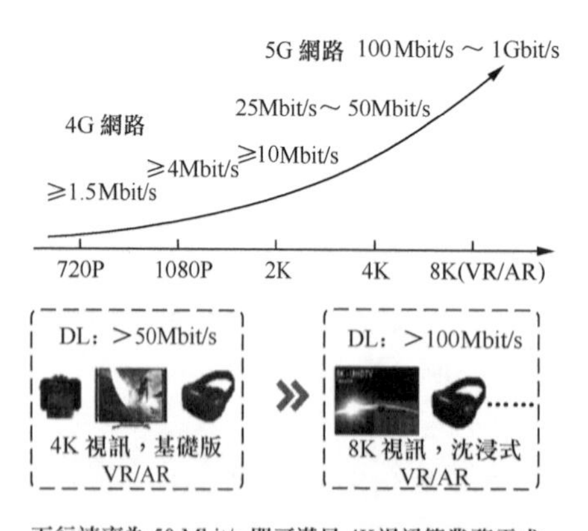

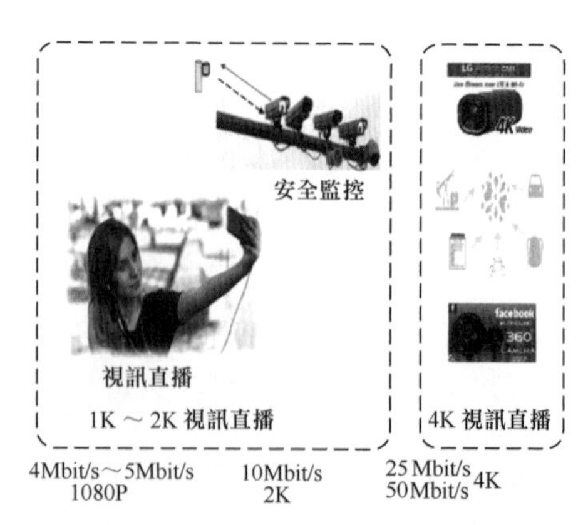

圖 9-4 5G 規劃業務速率需求

因此對於建網標準，下行邊緣速率達到 100Mbit/s、上行邊緣速率達到 5Mbit/s 即可。對於精品線路，需要下行平均速率為 1Gbit/s，上行平均速率為 50Mbit/s，下行邊緣速率為 100Mbit/s，上行邊緣速率為 20Mbit/s。5G 規劃業務速率需求如圖 9-4 所示。

速率標準的制訂要考慮以下內容。

（1）業務體驗。
（2）與 4G、其他電信業者的競爭。
（3）因地制宜，利舊網站；大型基地台和 4G 共站。
（4）協定規範：協定規定為 50Mbit/s。

目前的模擬平台在進行速率模擬時進行了對應的 Rank（流數）規劃，模擬平台對應的 Rank 策略如下所述。

（1）根據通道品質和 Rank 之間的映射表，獲得不同 SINR 值下的 Rank 值。舉例來説，對於 SINR 值比較高的區域，獲得的 Rank 值較小，大部分為 1；對於 SINR 值比較低的區域，獲得的 Rank 值則較大。

（2）根據 Rank 和速率之間的解調性能曲線，獲得對應的速率。5G 通道品質、Rank 及速率關係如圖 9-5 所示。

基於現有測試終端，CSI SINR、CSI RSRP、SSB RSRP 這 3 個指標聯合規劃。

下行 100Mbit/s：CSI SINR 為 2dB（考慮干擾餘量為 3dB、人體損耗為 3dB、OTA 為 4dB，50% 負載）。

上行 5Mbit/s：CSI RSRP 為 108.2dBm（原理：NR 為 TDD 制式，上下行路損基本對稱，基於下行測得的 CSI RSRP 為透過折算可獲得上行速率）。

SSB RSRP：–114dBm，確保使用者駐留。

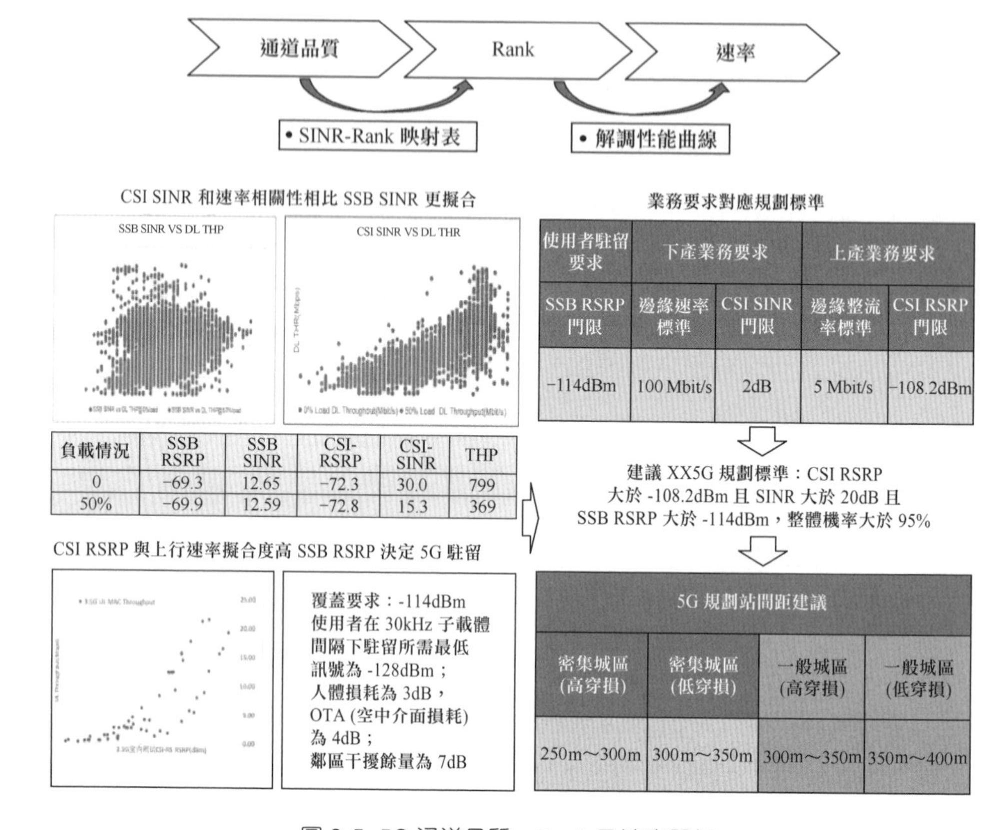

圖 9-5 5G 通道品質、Rank 及速率關係

9.5 站址選擇及天線佈線空間融合

1. 站址選擇

基於拓撲結構站址尋優及 5G 新技術，充分利舊網站資源，保護投資。基於拓撲結構站址尋優及 5G 新技術的站址選擇原理如圖 9-6 所示。

(1) 拓撲結構尋優

從下傾角、可解決光柵數、共站最小夾角、對打最小夾角、站間距、站高、選站粒度度、可選站址數量 8 個維度確定可利舊站址。

(2) 下傾角

如果沿用 4G 下傾角，可能存在較大干擾，相較於 4G，5G 需要更大的下傾角，建議重新規劃，下壓下傾角，有助提高 Rank。

(3) 共站最小夾角

如果共站最小夾角較大，則重疊覆蓋的可能性較大，存在較大的干擾問題，需要儘量避免這種情況。

(4) 站間距

根據所定的建網標準進行鏈路預算，可確定站間距，從而選擇符號合要求的網站。

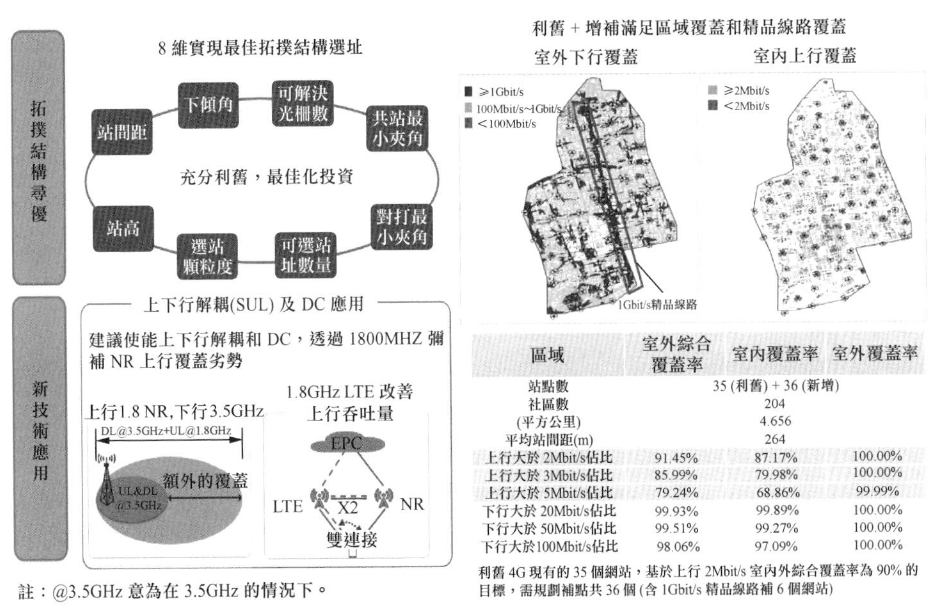

區域	室外綜合覆蓋率	室內覆蓋率	室外覆蓋率
站點數		35 (利舊) + 36 (新增)	
社區數		204	
(平方公里)		4.656	
平均站間距(m)		264	
上行大於 2Mbit/s佔比	91.45%	87.17%	100.00%
上行大於 3Mbit/s佔比	85.99%	79.98%	100.00%
上行大於 5Mbit/s佔比	79.24%	68.86%	99.99%
下行大於 20Mbit/s佔比	99.93%	99.89%	100.00%
下行大於 50Mbit/s佔比	99.51%	99.27%	100.00%
下行大於100Mbit/s佔比	98.06%	97.09%	100.00%

利舊 4G 現有的 35 個網站，基於上行 2Mbit/s 室內外綜合覆蓋率為 90% 的目標，需規劃補點共 36 個 (含 1Gbit/s 精品線路補 6 個網站)

圖 9-6 基於拓撲結構站址尋優及 5G 新技術的站址選擇原理

除去利舊的 4G 站址，新建 5G 基地台，補充上行載體（Supplementary Uplink Carrier，SUL）和雙連接（Dual Connectivity，DC）可直接充分利用 4G 網站。

2. 天線佈線空間融合

基於具體的實際場景，合理制訂 CDMA<E 天線饋電線融合原則，透過疊代 RF 參數規劃最小化對原網性能的影響，確保 5G 平滑部署。5G 天線饋電線融合原理如圖 9-7 所示。

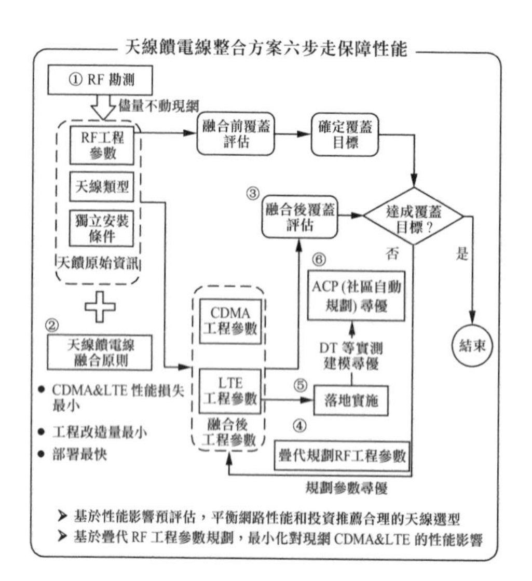

圖 9-7 5G 天線饋電線融合原理

（1）RF 勘測

實際勘測摸排，根據場景制訂對應策略，直接利用現有天線佈線或是新增天線佈線，或進行天線饋電線融合。

（2）天線饋電線融合原則

確定天線饋電線融合原則：CDMA+L800MHz/L1.8GHz+L2.1GHz 融合。

（3）融合後覆蓋評估

根據融合後的工程參數，預估覆蓋效果。

(4) 疊代規劃 RF 工程參數

規劃階段尋優。

(5) 落地實施

根據 DT 資料，進行 RF 尋優。

(6) ACP(社區自動規劃)尋優

首先最佳化工程參數，然後再預估覆蓋效果。

9.6 頻率規劃

以中國電信為例，在 LTE 方面，當前現有的 800MHz 頻段用作語音業務的加強型深度覆蓋，1.8GHz&2.1GHz 則作為 4G 資料業務的主力承載夯實用戶的感知體驗。C-Band 構築 5G 領先優勢，中國電信採用的是 3.4GHz ～ 3.5GHz，頻段號為 n78。5G 頻率規劃分析如圖 9-8 所示。5G 協定標準頻譜定義如圖 9-9 所示。

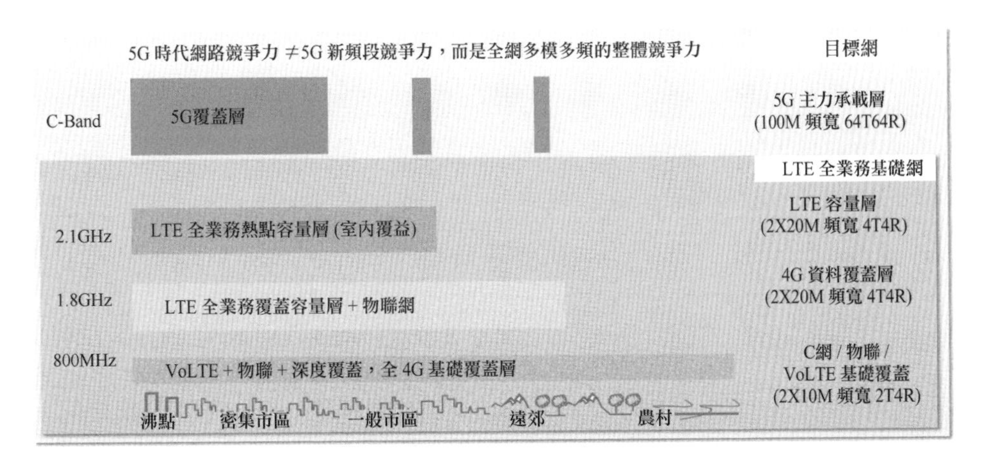

圖 9-8 5G 頻率規劃分析

3GPP R15 新定義 5G NR 頻譜

NR 波段	頻率範圍	雙工模式
n75	1432MHz～1517MHz	SDL
n76	1427MHz～1432MHz	SDL
n77	3.3GHz～4.2GHz	TDD
n78	3.3GHz～3.8GHz	TDD
n79	4.5GHz～5.0GHz	TDD
n80	1710GHz～1785GHz	SUL
n81	880MHz～915MHz	SUL
n82	832MHz～862MHz	SUL
n83	703MHz～748MHz	SUL
n84	1920MHz～1980MHz	SUL
n257	26.5MHz～29.5MHz	TDD
n258	24.5MHz～27.5MHz	TDD
n260	37MHz～40MHz	TDD

5G NR 重用存量頻譜

NR 波段	頻率範圍 (上行鏈路)	頻率範圍 (下行鏈路)	雙工模式
n1	1920MHz～1980MHz	2110MHz～2170MHz	FDD
n2	1850MHz～1910MHz	1930MHz～1990MHz	FDD
n3	1710MHz～1785MHz	1805MHz～1880MHz	FDD
n5	824MHz～849MHz	869MHz～894MHz	FDD
n7	2500MHz～2570MHz	2520MHz～2690MHz	FDD
n8	880MHz～915MHz	925MHz～960MHz	FDD
n20	832MHz～862MHz	791MHz～821MHz	FDD
n28	703MHz～748MHz	758MHz～803MHz	FDD
n38	2570MHz～2620MHz	2570MHz～2620MHz	TDD
n41	2496MHz～2690MHz	2496MHz～2690MHz	TDD
n50	1432MHz～1517MHz	1432MHz～1517MHz	TDD
n51	1427MHz～1432MHz	1427MHz～1432MHz	TDD
n66	1710MHz～1780MHz	2110MHz～2200MHz	FDD
n70	1695MHz～1710MHz	1995MHz～2020MHz	FDD
n71	663MHz～698MHz	617MHz～652MHz	FDD
n74	1427MHz～1470MHz	1475MHz～1518MHz	FDD

Sub 6GHz 單載體頻寬：5MHz、10MHz、15MHz、……、100MHz
毫米波單載頻寬：50MHz、100MHz、200MHz、400MHz

圖 9-9 5G 協定標準頻譜定義

5G 無線參數規劃

10.1 基礎參數規劃

本節將重點介紹 5G 的頻率範圍、NR 頻段、幀結構與頻寬、保護頻寬、NR 頻點、UE 的發射功率等基礎參數，並以某電信業者為例進行具體論述。

在 5G 的 NR 中，3GPP 主要指定了兩個頻點範圍：一個是 Sub 6GHz；另一個是毫米波（mm Waves）。對於不同的頻點範圍，系統的頻寬和子載體間隔有所不同，本節將基於 3GPP 38.101-1 和 38.101-2、38211、38817 介紹 NR 的頻率範圍、NR 頻段、幀結構與頻寬、保護頻寬、NR 的頻點號計算、UE 的發射功率。

10.1.1 頻率範圍

3GPP 38.101-2 為 NR 主要定義了兩個頻率範圍：FR1 和 FR2。其中，FR1 通常稱為 Sub 6GHz；FR2 通常稱為毫米波。5G 頻率範圍見表 10-1，NR FR1 頻段劃分見表 10-2，NR FR2 頻段劃分見表 10-3。

表 10-1 5G 頻率範圍

頻率名稱	頻率範圍
FR1	450MHz ～ 6000MHz
FR2	24250MHz ～ 52600MHz

需要說明的是，TDD 表示分時雙工，FDD 表示分頻雙工，SDL 只能用於下行傳輸，SUL 只能用於上行傳輸。

表 10-2 NR FRI 頻段劃分

工作頻段	下行 基地台收 終端發		上行 基地台發 終端收		雙工模式
	下行低頻 ～ 下行高頻	頻寬（MHz）	上行低頻 ～ 上行高頻	頻寬（MHz）	
n1	1920MHz ～ 1980MHz	60	2110MHz ～ 2170MHz	60	FDD
n2	1850MHz ～ 1910MHz	60	1930MHz ～ 1990MHz	60	FDD
n3	1710MHz ～ 1785MHz	75	1805MHz ～ 1880MHz	75	FDD
n5	824MHz ～ 849MHz	25	869MHz ～ 894MHz	25	FDD
n7	2500MHz ～ 2570MHz	70	2620MHz ～ 2690MHz	70	FDD
n8	880MHz ～ 915MHz	35	925MHz ～ 960MHz	35	FDD
n20	832MHz ～ 862MHz	30	791MHz ～ 821MHz	30	FDD
n28	703MHz ～ 748MHz	45	758MHz ～ 803MHz	45	FDD
n38	2570MHz ～ 2620MHz	50	2570MHz ～ 2620MHz	50	TDD
n41	2496MHz ～ 2690MHz	194	2496MHz ～ 2690MHz	194	TDD
n50	1432MHz ～ 1517MHz	85	1432MHz ～ 1517MHz	85	TDD
n51	1427MHz ～ 1432MHz	5	1427MHz ～ 1432MHz	5	TDD
n66	1710MHz ～ 1780MHz	70	2110MHz ～ 2200MHz	90	FDD
n70	1695MHz ～ 1710MHz	15	1995MHz ～ 2020MHz	25	FDD
n71	663MHz ～ 698MHz	35	617MHz ～ 652MHz	35	FDD
n74	1427MHz ～ 1470MHz	43	1475MHz ～ 1518MHz	43	FDD

工作頻段	下行		上行		雙工模式
	基地台收		基地台發		
	終端發		終端收		
	下行低頻 ～ 下行高頻	頻寬（MHz）	上行低頻 ～ 上行高頻	頻寬（MHz）	
n75	N/A		1432MHz ～ 1517MHz	85	SDL
n76	N/A		1427MHz ～ 1432MHz	5	SDL
n78	3300MHz ～ 3800MHz	500	3300MHz ～ 3800MHz	500	TDD
n77	3300MHz ～ 4200MHz	900	3300MHz ～ 4200MHz	900	TDD
n79	4400MHz ～ 5000MHz	600	4400MHz ～ 5000MHz	600	TDD
n80	1710MHz ～ 1785MHz	75	N/A	SUL	
n81	880MHz ～ 915MHz	35	N/A	SUL	
n82	832MHz ～ 862MHz	30	N/A	SUL	
n83	703MHz ～ 748MHz	45	N/A	SUL	
n84	1920MHz ～ 1980MHz	60	N/A	SUL	

表 10-3 NR FR2 頻段劃分

工作頻段	上行頻段		下行頻段		雙工模式
	基地台收		基地台發		
	終端發		終端收		
	上行低頻～上行高頻	頻寬（MHz）	下行低頻～下行高頻	頻寬（MHz）	
n257	26500MHz ～ 29500MHz	3000	26500MHz ～ 29500MHz	3000	TDD
n258	24250MHz ～ 27500MHz	3250	24250MHz ～ 27500MHz	3250	TDD
n260	37000MHz ～ 40000MHz	3000	37000MHz ～ 40000MHz	3000	TDD

10.1.2 幀結構與頻寬

根據協定 38211 的描述，NR 支持的子載體頻寬見表 10-4。

表 10-4 根據協定 38211 的描述，NR 支持的子載體頻寬

子載體設定參數 μ	子載體間隔（SCS）（kHz）	循環前綴（Cyclic Prefix）
0	15	正常
1	30	正常
2	60	正常，額外
3	120	正常
4	240	正常
5	480	正常

在設定時，普通 CP 和擴充 CP 的符號、時間槽、子幀的關係：普通 CP 無論子載體頻寬怎麼變，一個時間槽中固定 14 個符號，但是一個無線幀和一個子幀中的時間槽個數會發生變化。普通循環前綴每個時間槽的 OFDM 符號數見表 10-5，擴充循環前綴每個時間槽的 OFDM 符號數見表 10-6。

表 10-5 普通循環前綴每個時間槽的 OFDM 符號數

子載體設定	每時間槽符號數	每幀時間槽數	每子幀時間槽數
0	14	10	1
1	14	20	2
2	14	40	4
3	14	80	8
4	14	160	16
5	14	320	32

表 10-6 擴充循環前綴每個時間槽的 OFDM 符號數

子載體設定參數 μ	每時間槽符號數	每幀時間槽數	每子幀時間槽數
2	12	40	4

LTE 中子幀有上下行之分，NR 中變成符號級，在一個時間槽中，D 表示下行符號，U 表示上行符號，X 表示靈活的符號。NR 時間槽格式見表 10-7。

表 10-7 NR 時間槽格式

格式	單一時間槽中的符號（symbol number in a slot）													
	0	1	2	3	4	5	6	7	8	9	10	11	12	13
0	D	D	D	D	D	D	D	D	D	D	D	D	D	D
1	U	U	U	U	U	U	U	U	U	U	U	U	U	U
2	X	X	X	X	X	X	X	X	X	X	X	X	X	X
3	D	D	D	D	D	D	D	D	D	D	D	D	D	X
4	D	D	D	D	D	D	D	D	D	D	D	D	X	X
5	D	D	D	D	D	D	D	D	D	D	D	X	X	X
6	D	D	D	D	D	D	D	D	D	D	X	X	X	X
7	D	D	D	D	D	D	D	D	D	X	X	X	X	X
8	X	X	X	X	X	X	X	X	X	X	X	X	X	U
9	X	X	X	X	X	X	X	X	X	X	X	X	U	U
10	X	U	U	U	U	U	U	U	U	U	U	U	U	U
11	X	X	U	U	U	U	U	U	U	U	U	U	U	U
12	X	X	X	U	U	U	U	U	U	U	U	U	U	U
13	X	X	X	X	U	U	U	U	U	U	U	U	U	U
14	X	X	X	X	X	U	U	U	U	U	U	U	U	U
15	X	X	X	X	X	X	U	U	U	U	U	U	U	U
16	D	X	X	X	X	X	X	X	X	X	X	X	X	X
17	D	D	X	X	X	X	X	X	X	X	X	X	X	X
18	D	D	D	X	X	X	X	X	X	X	X	X	X	X
19	D	X	X	X	X	X	X	X	X	X	X	X	X	U
20	D	D	X	X	X	X	X	X	X	X	X	X	X	U
21	D	D	D	X	X	X	X	X	X	X	X	X	X	U
22	D	X	X	X	X	X	X	X	X	X	X	X	U	U
23	D	D	X	X	X	X	X	X	X	X	X	X	U	U
24	D	D	D	X	X	X	X	X	X	X	X	X	U	U
25	D	X	X	X	X	X	X	X	X	X	X	U	U	U
26	D	D	X	X	X	X	X	X	X	X	X	U	U	U
27	D	D	D	X	X	X	X	X	X	X	X	U	U	U
28	D	D	D	D	D	D	D	D	D	D	D	D	X	U
29	D	D	D	D	D	D	D	D	D	D	D	X	X	U
30	D	D	D	D	D	D	D	D	D	D	X	X	X	U

格式	單一時間槽中的符號（symbol number in a slot）													
31	D	D	D	D	D	D	D	D	D	D	D	X	U	U
32	D	D	D	D	D	D	D	D	D	D	X	X	U	U
33	D	D	D	D	D	D	D	D	D	X	X	X	U	U
34	D	X	U	U	U	U	U	U	U	U	U	U	U	U
35	D	D	X	U	U	U	U	U	U	U	U	U	U	U
36	D	D	D	X	U	U	U	U	U	U	U	U	U	U
37	D	X	X	U	U	U	U	U	U	U	U	U	U	U
38	D	D	X	X	U	U	U	U	U	U	U	U	U	U
39	D	D	D	X	X	U	U	U	U	U	U	U	U	U
40	D	X	X	X	U	U	U	U	U	U	U	U	U	U
41	D	D	X	X	X	U	U	U	U	U	U	U	U	U
42	D	D	D	X	X	X	U	U	U	U	U	U	U	U
43	D	D	D	D	D	D	D	D	D	X	X	X	X	U
44	D	D	D	D	D	D	X	X	X	X	X	X	U	U
45	D	D	D	D	D	D	X	X	U	U	U	U	U	U
46	D	D	D	D	D	D	X	D	D	D	D	D	D	X
47	D	D	D	D	D	X	X	D	D	D	D	D	X	X
48	D	D	X	X	X	X	X	D	D	X	X	X	X	X
49	D	X	X	X	X	X	X	D	X	X	X	X	X	X
50	X	U	U	U	U	U	U	X	U	U	U	U	U	U
51	X	X	U	U	U	U	U	X	X	U	U	U	U	U
52	X	X	X	U	U	U	U	X	X	X	U	U	U	U
53	X	X	X	X	U	U	U	X	X	X	X	U	U	U
54	D	D	D	D	D	X	U	D	D	D	D	D	X	U
55	D	D	X	U	U	U	U	D	D	X	U	U	U	U
56	D	X	U	U	U	U	U	D	X	U	U	U	U	U
57	D	D	D	D	X	X	U	D	D	D	D	X	X	U
58	D	D	X	X	U	U	U	D	D	X	X	U	U	U
59	D	X	X	U	U	U	U	D	X	X	U	U	U	U
60	D	X	X	X	X	X	U	D	X	X	X	X	X	U
61	D	D	X	X	X	X	U	D	D	X	X	X	X	U
62～255	保留（Reserved）													

根據協定 38.101-1/2，頻譜頻寬的相關描述如下。

NR 中 FR1 的頻點頻寬最大為 100MHz，子載體支持 15kHz、30kHz、60kHz；NR FR2 的頻點頻寬最大為 400MHz，子載體支持 60kHz 和 120kHz，每種頻寬設定下的最大 RB 個數不同。最大傳輸頻寬設定見表 10-8，最小傳輸頻寬設定見表 10-9。

表 10-8 最大傳輸頻寬設定

SCS（kHz）	5MHz	10MHz	15MHz	20MHz	25MHz	30MHz	40MHz	50MHz	60MHz	80MHz	100MHz
	RB 數	RB 數	RB 數	RB 數	RB 數	RB 數	RB 數	RB 數	RB 數	RB 數	RB 數
15	25	52	79	106	133	待確認	216	270	N/A	N/A	N/A
30	11	24	38	51	65	待確認	106	133	162	217	273
60	N/A	11	18	24	31	待確認	51	65	79	107	135

表 10-9 最小傳輸頻寬設定

SCS（kHz）	50MHz	100MHz	200MHz	400MHz
	RB 數	RB 數	RB 數	RB 數
60	66	132	264	N/A
120	32	66	132	264

需要注意的是，並不是所有 FR1 的頻段最大都能支持 100M 頻寬，每個頻段支持的頻寬和子載體頻寬也有關係。NR FR1 各頻段支持的頻寬見表 10-10，NR FR2 各頻段支持的頻寬見表 10-11。

表 10-10 NR FR1 各頻段支持的頻寬

NR Band	SCS (kHz)	UE 通道頻寬										
		5 MHz	102 MHz	152 MHz	202 MHz	252 MHz	30 MHz	40 MHz	50 MHz	60 MHz	80 MHz	100 MHz
n1	15	是	是	是	是							
	30		是	是	是							
	60		是	是	是							
n2	15	是	是	是	是							
	30		是	是	是							
	60		是	是	是							

NR Band	SCS (kHz)	UE 通道頻寬										
		5 MHz	102 MHz	152 MHz	202 MHz	252 MHz	30 MHz	40 MHz	50 MHz	60 MHz	80 MHz	100 MHz
n3	15	是	是	是	是	是	是					
	30		是	是	是	是	是					
	60		是	是	是	是	是					
n5	15	是	是	是	是							
	30		是	是	是							
	60											
n7	15	是	是	是	是							
	30		是	是	是							
	60		是	是	是							
n8	15	是	是	是	是							
	30		是	是	是							
	60											
n20	15	是	是	是	是							
	30		是	是	是							
	60											
n28	15	是	是	是	是							
	30		是	是	是							
	60											
n38	15	是	是	是	是							
	30		是	是	是							
	60		是	是	是							
n41	15		是	是	是			是	是			
	30		是	是	是			是	是	是	是	是
	60		是	是	是			是	是	是	是	是
n50	15	是	是	是	是			是	是			
	30		是	是	是			是	是	是	是	
	60		是	是	是							
n51	15	是										
	30											
	60											
n66	15	是	是	是	是							
	30		是	是	是			是				
	60		是	是	是			是				

NR Band	SCS（kHz)	UE 通道頻寬										
		5 MHz	102 MHz	152 MHz	202 MHz	252 MHz	30 MHz	40 MHz	50 MHz	60 MHz	80 MHz	100 MHz
n70	15	是	是	是	是	是						
	30		是	是	是	是						
	60		是	是	是	是						
n71	15	是	是	是	是							
	30		是	是	是							
	60											
n74	15	是	是	是	是							
	30		是	是	是							
	60		是	是	是							
n75	15	是	是	是	是							
	30		是	是	是							
	60		是	是	是							
n76	15	是										
	30											
	60											
n77	15		是		是			是	是			
	30		是		是			是	是	是	是	是
	60		是		是			是	是	是	是	是
n78	15		是		是			是	是			
	30		是		是			是	是	是	是	是
	60		是		是			是	是	是	是	是
n79	15							是	是			
	30							是	是	是	是	是
	60							是	是	是	是	是
n80	15	是	是	是	是	是	是					
	30		是	是	是	是	是					
	60		是	是	是	是	是					
n81	15	是	是	是	是							
	30		是	是	是							
	60											
n82	15	是	是	是	是							
	30		是	是	是							
	60											

NR Band	SCS (kHz)	UE 通道頻寬										
		5 MHz	102 MHz	152 MHz	202 MHz	252 MHz	30 MHz	40 MHz	50 MHz	60 MHz	80 MHz	100 MHz
n83	15	是	是	是	是							
	30		是	是	是							
	60											
n84	15	是	是	是	是							
	30		是	是	是							
	60		是	是	是							

表 10-11 NR FR2 各頻段支持的頻寬

NR Band	SCS（kHz）	UE 通道頻寬			
		50MHz	100MHz	200MHz	400MHz
n257	60	是	是	是	是
	120	是	是	是	是
n258	60	是	是	是	是
	120	是	是	是	是
n260	60	是	是	是	是
	120	是	是	是	是

10.1.3 保護頻寬

保護頻寬（Guardband）的計算公式如下。

保護頻寬 =$[CHBW\times 1000(\text{kHz})-RB_{\text{value}}\times \text{SCS}\times 12]/2-\text{SCS}/2$　式（10-1）

其中，$CHBW$ 為 NR 的總頻寬（Channel Bandwidth）；RB_{value} 為頻寬內的 RB 數；SCS 為子載體頻寬。

以 5MHz 頻寬、子載體 15kHz 為例計算保護頻寬。

保護頻寬 =$[CHBW\times 1000(\text{kHz})-RB_{\text{value}}\times SCS\times 12]/2-SCS/2$

$=(5\times 1000-25\times 15\times 12)/2-15/2=242.5$（kHz）

不同的頻率範圍對應的保護頻寬不同。FR1 最小保護頻寬見表 10-12，FR2 最小保護頻寬見表 10-13。

表 10-12 FR1 最小保護頻寬

SCS（kHz）	5MHz	10MHz	15MHz	20MHz	25MHz	40MHz	50MHz	60MHz	80MHz	100MHz
15	242.5kHz	312.5kHz	382.5kHz	452.5kHz	522.5kHz	552.5kHz	692.5kHz	N/A	N/A	N/A
30	505kHz	665kHz	645kHz	805kHz	785kHz	905kHz	1045kHz	825kHz	925kHz	845kHz
60	N/A	1010kHz	990kHz	1330kHz	1310kHz	1610kHz	1570kHz	1530kHz	1450kHz	1370kHz

表 10-13 FR2 最小保護頻寬

SCS（kHz）	50MHz	100MHz	200MHz	400MHz
60kHz	1210kHz	2450kHz	4930kHz	N/A
120kHz	1900kHz	2420kHz	4900kHz	9860kHz

10.1.4 NR 的頻點號與頻率

關於 NR 的頻點號與頻率的關係，協定 38101 中有以下敘述。

The RF reference frequency in the uplink and downlink is designated by the NR Absolute Radio Frequency Channel Number（NR-ARFCN）in the range [0...2016666] on the global frequency raster. The relation between the NR-ARFCN and the RF reference frequency FREF in MHz for the downlink and uplink is given by the following equation，where FREF-Offs and NRef-Offs are given in table 5.4.2.1-1 and NREF is the NR-ARFCN.

上述內容的中文釋義如下。

上行鏈路和下行鏈路中的 RF 參考頻率位置由 NR 絕對通道號（NR-ARFCN）指定，其設定值範圍為 0 ～ 2016666。NR-ARFCN 與下行鏈路和上行鏈路的 RF 參考頻率 FREF（以 MHz 為單位）之間的關係由以下公式列出。其中，FREF-Offs 和 NRef-Offs 在「表 5.4.2.1-1」中列出，NREF 為 NR- ARFCN。

NR-ARFCN 參數見表 10-14。

表 10-14 NR-ARFCN 參數

頻率範圍	ΔF_{Global}	*FREF-Offs*（MHz）	*NREF-Offs*	*NREF* 範圍
0MHz ～ 3000MHz	5kHz	0	0	0 ～ 599999
3000MHz ～ 24250MHz	15kHz	3000	600000	600000 ～ 2016666
24250MHz ～ 100000MHz	60kHz	24250	2016667	2016667 ～ 3279167

FREF = *FREF-Offs* + Δ*Fraster* (*NREF* – *NREF-Offs*)。

NREF：即絕對通道號（NR- ARFCN）。

FREF：實際的 RF 頻率。

FREF-Offs：具體值參考表 10-14。

NREF-Offs：具體值參考表 10-14。

FREF = *FREF-Offs* + Δ*Fraster*（*NREF* – *NREF-Offs*）　　式（10-2）

其中，*NREF* 為 NR 的頻點；*FREF* 為 NR 的頻率；FREF-*Offs* 為頻率偏置；*NREF-Offs* 為頻點偏置。

以 N1 頻段 1920MHz 為例，根據 38.101-1 中的表 5.4.2.3-1，1920MHz 所對應的頻點號為 384000，步進值（Step size）為 20，光柵為 100，可以得出以下結論。

"1920MHz+100kHz" 的頻點號為 384020；1922MHz 的頻點號為 384400；1921MHz 的頻點號為 384200；1920MHz 的頻點號為 384000；"1920MHz+100kHz" 的頻點號為 384020。

FR1 可適用的 NR-ARFCN 見表 10-15，FR2 可適用的 NR-ARFCN 見表 10-16。

表 10-15 FR1 可適用的 NR-ARFCN

NR1 工作頻段	ΔFraster（中心頻率間隔）（kHz）	上行頻點範圍（起始頻點 – < 步進值 >– 終止頻點）	下行頻點範圍（起始頻點 – < 步進值 >– 終止頻點）
n1	100kHz	384000 – <20> – 396000	422000 – <20> – 434000
n2	100kHz	370000 – <20> – 382000	386000 – <20> – 398000
n3	100kHz	342000 – <20> – 357000	361000 – <20> – 376000
n5	100kHz	164800 – <20> – 169800	173800 – <20> – 178800
n7	15kHz	500001 – <3> – 513999	524001 – <3> – 537999
n8	100kHz	176000 – <20> – 183000	185000 – <20> – 192000
n20	100kHz	166400 – <20> – 172400	158200 – <20> – 164200
n28	100kHz	140600 – <20> – 149600	151600 – <20> – 160600
n38	15kHz	514002 – <3> – 523998	514002 – <3> – 523998
n41	15kHz	499200 – <3> – 537999	499200 – <3> – 537999
n50	100kHz	286400 – <20> – 303400	286400 – <20> – 303400
n51	100kHz	285400 – <20> – 286400	285400 – <20> – 286400
n66	100kHz	342000 – <20> – 356000	422000 – <20> – 440000
n70	100kHz	339000 – <20> – 342000	399000 – <20> – 404000
n71	100kHz	132600 – <20> – 139600	123400 – <20> – 130400
n74	100kHz	285400 – <20> – 294000	295000 – <20> – 303600
n75	100kHz	N/A	286400 – <20> – 303400
n76	100kHz	N/A	285400 – <20> – 286400
n77	15kHz	620000 – <1> – 680000	620000 – <1> – 680000
n78	15kHz	620000 – <1> – 653333	620000 – <1> – 653333
n79	15kHz	693333 – <1> – 733333	693333 – <1> – 733333
n80	100kHz	342000 – <20> – 357000	N/A
n81	100kHz	176000 – <20> – 183000	N/A
n82	100kHz	166400 – <20> – 172400	N/A
n83	100kHz	140600 – <20> –149600	N/A
n84	100kHz	384000 – <20> – 396000	N/A

表 10-16 FR2 可適用的 NR-ARFCN

NR 工作頻段	ΔFraster（中心頻率間隔）（kHz）	上行和下行（起始頻點 – < 步進值 >– 終止頻點）
n257	60	2054167 – <1> – 2104166
n258	60	2016667 – <1> – 2070833
n260	60	2229167 – <1> – 2279166

10.1.5 SSB 頻點設定

電信業者除了頻點號、頻寬、子幀配比，還需要設定同步訊號區塊（Synchronization Signal Block，SSB）頻點。不同廠商對 SSB 頻點設定的實現方式不同，原則上 SSB 的頻域位置儘量設定在社區中心頻點附近，以縮短頻點的搜索時間。

1. 中心頻點計算過程

社區中心頻點（簡稱「社區頻點」）用於確定 NR DU 社區的中心頻域位置，選擇社區中心頻點時要儘量接近可用頻帶的中心，由於中心頻點必須落在協定規定的光柵上〔需要滿足式（10-3）〕，所以不能直接選擇 3450M 作為社區的中心頻點。因此最終計算出來的中心頻點可能和物理頻帶的中心有偏差。

NR-ARFCN 實際頻點計算方法見表 10-17。協定 TS38.104 5.4.2 中 NR-ARFCN 和實際頻點計算見式（10-3），*FREF* 即實際 RF 頻率，*NREF* 即 NR-ARFCN 絕對頻點號。

$$FREF = FREF\text{-}Offs + \Delta F_{Global}(NREF - NREF\text{-}Offs) \qquad \text{式（10-3）}$$

表 10-17 NR-ARFCN 實際頻點計算方法

頻率範圍 (MHz)	ΔG_{lobal}(kHz)	FREF-Offs(MHz)	NREF-Offs	頻點範圍
0 ～ 3000	5	0	0	0 ～ 599999
3000 ～ 24250	15	3000	600000	6000000 ～ 2016666
24250 ～ 100000	60	24250.08	2016667	2016667 ～ 3279165

用頻帶中心 RF 頻率計算（以 3400MHz ～ 3500MHz 為例）：頻帶中心 RF 頻率 *FREF* =（3400+3500）/ 2 = 3450MHz，社區中心頻點 =（3450−3000）/ 0.015+600000=630000。

為了方便檢索，NR 社區頻點要求見表 10-18，表 10-18 列出了常用頻帶和子載體間隔下社區頻點的要求。

表 10-18 NR 社區頻點要求

頻帶	子載體間隔	可用頻點
n41	30kHz	社區頻點必須是 6 的整數倍
n77	30kHz	社區頻點必須是偶數
n78	30kHz	社區頻點必須是偶數
n79	30kHz	社區頻點必須是偶數
n257	120kHz	社區頻點必須是奇數
n258	120kHz	社區頻點必須是奇數
n260	120kHz	社區頻點必須是奇數

2. SSB 頻點

以某裝置廠商為例，SSB 頻點的實現方式有以下兩種。

- 實現方式一：SSB 絕對頻點 =630000−12=629988，該種方式適用於 NSA 網路。
- 實現方式二：全球同步訊號（Global Synchronization Channel Number，GSCN）全域描述頻點，SSB 頻點為 7811，該種方式適用於 NSA 網路和 SA 網路。

（1）實現方式一

實現方式一即 SSB 絕對頻點的實現方式。產品在實現時，規定如果頻頻內可用的 RB 數為偶數，則 SSB 的頻點和社區中心頻點相同；如果 RB 數為奇數，則 SSB 的頻點號比中心頻點號少（$6\times SCS$）/ ΔF_{Global}，具體原因如下所述。

首先，TS38.331 在 FrequencyInfoDL 中定義了 SSB 頻點 *absoluteFrequencySSB*。協定規定節選示意如圖 10-1 所示。

absoluteFrequencySSB
Frequency of the SSB to be used for this serving cell. The frequency provided in this field identifies the position of resource element RE=#0 (subcarrier #0) of resource block RB#10 of the SS block. The cell-defining SSB of the PCell is always on the sync raster. Frequencies are considered to be on the sync raster if they are also identifiable with a GSCN value (see 38.101). If the field is absent, the SSB related parameters should be absent, e.g. ssb-PositionsInBurst, ssb-periodicityServingCell and subcarrierSpacing in ServingCellConfigCommon IE. If the field is absent, the UE obtains timing reference from the SpCell. This is only supported in case the Scell is in the same frequency band as the SpCell.

圖 10-1 協定規定節選示意

該協定規定，RRC 訊號中攜帶的 *absoluteFrequencySSB* 是 SSB 的 RB#10 的 RE#0（10 號 RB 的 0 號子載體，前述號碼都是從 0 開始計數）。

由於 SSB 要處在可用頻帶的中間，以可用 RB 數 217 為例，SSB 頻點和社區中心頻點關係如圖 10-2 所示。社區中心的 RB 是 RB#108，而 SSB 的 RB#10 和它對齊（SSB 的 RB 數固定為 20 個），這樣 SSB 就處在頻帶的中間位置了。

繼續考慮 RB#108（即 SSB 的 RB#10），它是由 12 個子載體組成。社區中心頻點顯然就是 RB#108 正中間的子載體，即 SCS6。根據上述協定規定，SSB 的頻點是 SCS0。因此 SSB 的頻點比社區中心頻點小了 6 個子載體（即 $6\times SCS$），換算成頻點號，即（$6\times SCS$）/ ΔF_{Global}，如果 SCS 為 30kHz，則差值為 12。

根據以上原則，273RB 為奇數，其計算過程為：頻點 = 630000−12 = 629988。

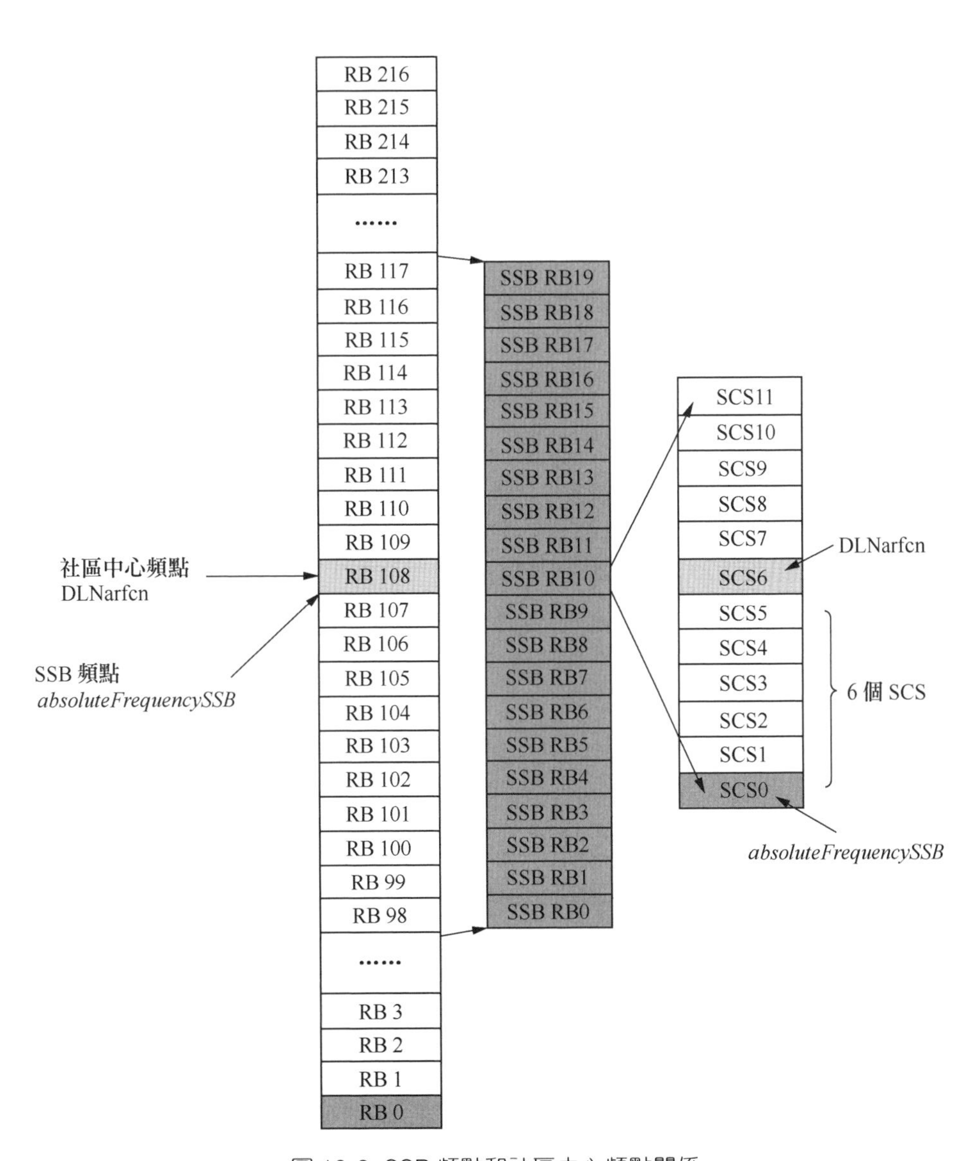

圖 10-2 SSB 頻點和社區中心頻點關係

（2）實現方式二

實現方式二即 GSCN 全域頻點的實現方式，SSB 的頻域位置儘量設定在社區中心頻點附近，以縮短頻點的搜索時間。

以中心頻率 3450MHz、頻寬 273RB 為例，首先，根據協定，SSB 頻率範圍 = 中心頻點 1（或 +1）=3449MHz（或 3451MHz）。SSB 頻域位置可選範圍見表 10-19。

表 10-19 SSB 頻域位置可選範圍

頻帶	SSB 頻域位置可選範圍
n41	社區下行中心頻率 −0.72MHz，社區下行中心頻率 +0.72MHz
n77	社區下行中心頻率 −1MHz，社區下行中心頻率 +1MHz
n78	社區下行中心頻率 −1MHz，社區下行中心頻率 +1MHz
n79	社區下行中心頻率 −1MHz，社區下行中心頻率 +1MHz
n257	社區下行中心頻率 −10MHz，社區下行中心頻率 +10MHz
n258	社區下行中心頻率 −10MHz，社區下行中心頻率 +10MHz
n260	社區下行中心頻率 −10MHz，社區下行中心頻率 +10MHz

$3449=3000+N\times1.44$，由此可知，$N=311.8056$，四捨五入後，$N=312$。

$3451=3000+N\times1.44$，由此可知，$N=313.1944$，四捨五入後，$N=313$。

然後，計算哪個值距離中心頻點較近。

當 $N=312$ 時，中心頻點 $=3000+312\times1.44=3449.28$（距離中心頻點 3450 較近）。

當 $N=313$ 時，中心頻點 $=3000+313\times1.44=3450.72$（距離中心頻點 3450 較遠）。

所以選擇 N=312。

$GSCN=7499+312=7811$。

其中，1.44MHz 為 C-Band SSB 的同步光柵（Synchronization Raster）。

NR 同步光柵（Synchronization Raster）定義如圖 10-3 所示。

- Synchronization Raster 定義
  - UE 在開機時需要搜索 SS/PBCH block；在 UE 不知道頻點的情況下，需要按照一定的步進值盲檢 UE 支持頻段內的所有頻點，由於 NR 中社區頻寬非常寬，按照 channel raster 去盲檢，會導致 UE 連線速度非常慢，為此專門定義了 Synchronization Raster：分別為 Sub3000MHz、3000MHz～24250MHz 和毫米波，3 個頻率範圍下的 SSB 頻率位置與 GSCN 號計算方式有所不同，具體計算方法如下。

頻率範圍	SS block frequency position SS_{REF}	*GSCN*	*GSCN* 的範圍
0～3000MHz	N×1200kHz+M×50kHz 1≤N≤2499,M∈{1.3.5.3}（Note）	3N+(M−3)/2	2～7498
3000MHz ～ 24250MHz	3000MHz+N×1.44MHz N=0:14756	7499+N	7499～22255
24250MHz～100000MHz	24250MHz+N×17.28 MHz 0≤N≤14756	22256+N	22256～26639
註：子載體間隔工作頻寬預設數值為 3			

圖 10-3 NR 同步光柵（Synchronization Raster）定義

5G 側選擇 GSCN 後，就不能選擇 SSB 絕對頻點，但 4G 側只能選擇 SSB 絕對頻點，需要透過 GSCN 計算絕對頻點。

SSB 絕對頻點 =（3449.28−3000）/15×1000+600000=629952

需要注意的是，SSB 絕對頻點隻適合 NSA 網路，如果是 SA 網路或 SA&NSA 網路，則只能設定為 GSCN，在此，從演進的角度考慮，我們建議採用 GSCN 的方式。

10.2 社區參數規劃

10.2.1 社區參數規劃流程

在 LTE 錨點規劃完成後需要進行 NR 社區規劃，主要包括 PCI 規劃、PRACH 根序列規劃、鄰區規劃、X2 規則等。每一個參數規劃都有其原則和規範，一般可以透過相關原則規範生成的規劃工具或平台，自動計算並輸出規劃結果。

社區規劃整體流程如圖 10-4 所示。

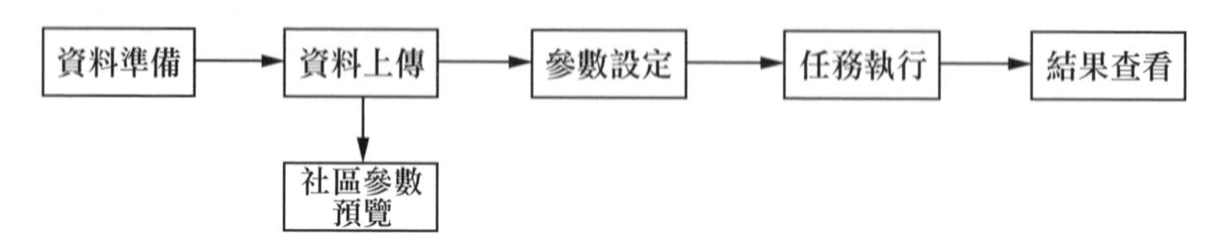

圖 10-4 社區規劃整體流程

社區參數規劃相關平台執行各步驟說明見表 10-20。

表 10-20 社區參數規劃相關平台執行各步驟說明

步驟	說明
資料準備	包括 5G 工程參數、多邊形、鄰區關係表、LTE 工程參數、LTE 設定檔
資料上傳	將擷取好的資料來源根據場景需要進行上傳
社區參數預覽	上傳的資料可以在預覽介面進行預覽
參數設定	根據規劃專案和場景進行工程參數設定
任務執行	基於工程參數、鄰區關係進行社區參數規劃
結果查看	由於規劃工具的局限性，輸出的結果並不是可以實際提交給客戶的最佳結果，所以這個時候需要工人對輸出結果進行修正，確定最終呈現給客戶的結果

10.2.2 MNC 和 MCC 規劃

行動國家程式（Mobile Country Code，MCC）由 3 位數字組成，用於標識一個國家，中國的 MCC 為 460。行動網路程式（Mobile Network Code，MNC）由 2 ～ 3 位數字組成，中國電信的 LTE 網路 MNC 為 11。MCC 和 MNC 合在一起唯一標識一個行動網路提供者。為了 4G/5G 網路互動操作便利，4G 網路和 5G 網路採用相同的公共陸地行動網路（Public Land Mobile Network，PLMN）。

10.2.3 切片標識

切片標識單一網路切片選擇輔助資訊（Single Network Slice Selection Assistance Information，S-NSSAI）包括切片 / 業務類型（Slice/Service Type，SST）與切片區分符（Slice Differentiator，SD）兩個部分。切片標識如圖 10-5 所示。

SST	SD	
8bits	6bits	18bits
切片類型編號	**區域標記**	**區域內自行編號**

圖 10-5 切片標識

其中，在 eMBB 場景下，*SST*=1。
在 uRLLC 場景下，*SST*=2。
在 mIoT 場景下，*SST*=3。

SD 取前 6 位元用於區分區域，其中，浙江省的 SD 固定為 11（二進位為 001011）。

10.2.4 全球 gNB 標識

全球 gNB 標識（Global gNB ID）由 3 個部分組成：Global eNB ID = MCC+MNC+ gNB ID。其中，gNB ID 為 24bits，對應 NR 社區辨識碼（NR Cell Identity，NCI）前 24bits，採用 6 位元十六進位編碼，X1X2X3X4X5X6。

X1X2 由集團統一規劃，保持與 gNB ID 的編號一致。浙江電信 X1X2 號段主用號段為 4B-59、E6、E7，共 17 個數值，當使用主用號段時，X7 的十六進位第一位編號為 0，浙江電信 X1X2 號段重複使用四川電信的主用號段，浙江電信重複使用號段為 9B-A5、E9-EB，共計 13 個數值；

當採用重複使用其他省號段時，X7 的十六進位第一位編號為 1，浙江電信與聯通共用的號段統一採用 A0 號段，需要注意如下所述的情況。

（1）預留號段為應急基地台、臨時基地台、試驗網站使用，正常入網站點禁止使用。

（2）所有網站編號應該從所分配的號段中從低號碼往高號碼連續編號，不區別室內外網站；搬遷後的網站使用搬遷前的網站號碼；禁止跳號段使用 gNB ID。

（3）與聯通共建共用 gNB ID 為電信聯通共用號段，入網前務必與聯通公司進行核心對。

10.2.5 NCGI

NR 社區全球辨識碼（NR Cell Global Identifier，NCGI）由 3 個部分組成：MCC + MNC + NCI 。

NR 社區辨識碼（NR Cell Identity，NCI）為 36bits，採用 9 位十六進位編碼，即 X1X2 X3X4X5X6X7X8X9。其中，X1X2X3X4X5X6 為該社區對應的 gNB ID。

X7X8X9 為該社區在 gNB 內的標識（正常稱為 Cell ID），共 12bits，組成 3 位元十六進位數。其中，X7 用於區分頻段和 gNB ID 跨省重複使用的基地台，X8X9 用於頻段下的載扇標識。

中國電信 5G 初期商用的基地台 Cell ID 編碼規則如圖 10-6 所示。

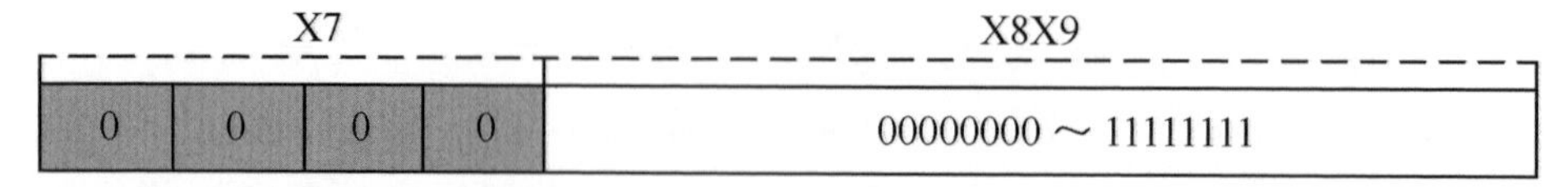

註：X7=0 代表 3400MHz～3500MHz 頻段，X7=1～F 欄位預留備用

圖 10-6 中國電信 5G 初期商用的基地台 Cell ID 編碼規則

X8X9 由各省自行定義，其範圍是 00 ～ FF，要求各省在命名社區時優先考慮從 00 開始編號，隨著社區增多，編號逐步增大至 FF。舉例來說，一個三載扇的 5G 大型基地台，其同一個 gNB ID 下的社區編號應優先使用 00、01、02；一個九載扇的 5G 主動室分系統，其同一個 gNB ID 下的社區編號應優先使用 00、01、02、03、04、05、06、07、08。

目前，X7=0 代表 3400MHz ～ 3500MHz 頻段，當後續跨省重複使用 X1X2 時，集團暫未作明確說明，浙江省沿用 4G 原則，暫定 X7=8（第一位元 bit 置 1）；X8X9 從 00 開始編號，逐步增大至 FF。根據以上原則，當浙江省主用 X1X2 範圍時，對應 Cell ID（X7X8X9）=000 ～ 0FF，對應十進位 0 ～ 255；當跨省重複使用 X1X2 範圍時，對應 Cell ID（X7X8X9）=800 ～ 8FF，對應十進位 2048 ～ 2303。

5G 建網初期主要採用 n78 中 3400MHz ～ 3500MHz 頻段進行網路建設。其中，頻率頻寬為 100MHz，子載體間隔為 30kHz。當設定和使用 5G 基地台時，應當提前開展干擾協調工作，與 3500MHz ～ 3600MHz 以及 3300MHz ～ 3400MHz 上部署業務的電信業者持續時間同步且子幀配比一致。

遠期考慮引入毫米波頻段（6GHz 以上），用於室內熱點區域的容量吸收。

在此，我們原則上不建議各省在規劃 Cell ID 中區分站型（大型基地台、室分、小站）或子網切片。站型應根據 5G 基地台及社區的設定參數來確定，而未來的無接線切片資訊主要應依靠 5G QoS 指示符號（5G QoS Identifier，5QI）、頻段、追蹤區號碼（Tracking Area Code，TAC）等資訊來輔助完成。未來，待 3GPP 關於 5G 無接線切片標準完善後，即使出現具體到單一或多個無規律基地台的子網切片設定，依靠統一規劃預留 gNB ID 和 Cell ID 的模式同樣不切實際。

10.2.6 PCI 規劃

5G 支援 1008 個唯一的物理社區標識（PCI）。

$$N_{ID}^{Cell} = 3N_{ID}^{(1)} + N_{ID}^{(2)} \quad \text{式（10-4）}$$

其中，$N_{ID}^{(2)} = \{0, 1.2\}$，$N_{ID}^{(1)} = \{0 \sim 335\}$

5G PCI 規劃主要遵循的原理如下所述。

1. 避免 PCI 衝突和混淆

（1）避免衝突的原則

相鄰社區不能分配相同的 PCI。若分配相同的 PCI，會導致重疊區域中初始社區搜索只能同步到其中一個社區，但該社區不一定是最合適的，這種情況稱為衝突。

（2）避免混淆的原則

一個社區的兩個相鄰社區不能分配相同的 PCI，若分配相同的 PCI，如果 UE 請求切換，基地台側不知道哪個為目標社區，這種情況稱為混淆。

2. 減小對網路性能的影響

基於協定 38.211 各通道參考訊號以及時頻位置的設計，為了減少參考訊號的干擾，需要支援 PCI Mod30（PCI 模 30）規劃。

部分演算法特性需要基於 PCI 作為輸入，這些演算法的輸入基於 PCI Mod3（PCI 模 3），不改動這些演算法的輸入角度，PCI Mod3 作為 PCI 規劃的可選項，建議已開啟這些特性的社區按照 PCI Mod3 進行規劃。社區特性對 PCI 影響見表 10-21。

表 10-21 社區特性對 PCI 影響

特性	與 PCI 的關係
PUSCH 排程 - 干擾協調	動態選擇 PCI Mod3、PCI Mod6、PCI Mod2 的方式
PDSCH 排程 - 干擾協調	採用 PCI Mod3 的方式
SRS 排程 - 干擾隨機化	採用 PCI Mod30 的方式

5G 增加 DMRS for PBCH，DMRS for PBCH 資源位置由 PCI Mod4 的設定值確定，PCI Mod4 不同可錯開導頻，但導頻仍受 SSB 資料干擾，因此，PCI Mod4 錯開不需要。

3. 上下行解耦場景影響

如果 PCI Mod30 相同，會造成兩個社區上行 SRS 的相互干擾，導致上行同步失敗，上下行解耦場景，LTE 和 SUL 頻譜共用，需要 SUL 和 LTE 之間 PCI Mod30 錯開。

舉例來説，裝置版本要求 SUL 和對應的 C-Band 社區共 PCI，因此，開通上下行解耦特性的 C-Band 社區 PCI 也要與 LTE 社區 PCI Mod30 錯開。

10.2.7 TA 規劃

1. TA 的規劃原則

TA 追蹤區的規劃要確保尋呼通道容量不受限，同時對於區域邊界的位置更新負擔最小。一般的建網區域只需要一個 AMF 管轄（一個 AMF 管轄數千上萬個 gNB）。

追蹤區的規劃遵循以下原則。

（1）追蹤區的劃分不能過大或過小，TA 中基地台的最大值由 AMF 等因素的尋呼容量來決定。

（2）追蹤區規劃應在地理上為一塊連續的區域，避免和減少各追蹤區基地台「插花」（插花是指中間某一網站或幾個網站與周圍網站有所不同，舉例來說，廠商、制式、頻段等。）網路拓樸，避免追蹤區更新（Tracking Area Update，TAU）。

（3）當城郊與市區不連續覆蓋時，城郊與市區使用單獨的追蹤區，不規劃在一個 TA 中。

（4）尋呼區域不跨 AMF 的原則。

（5）利用規劃區域山體、河流等作為追蹤區邊界，減少兩個追蹤區下不同社區交疊的深度，儘量使追蹤區邊緣位置更新量最低。

（6）初期建議 TA 追蹤區範圍與 4G 網路的 TAC 區範圍儘量保持一致，減少規劃的工作量。

2. TA 的大小設計

追蹤區 TA 的大小要綜合考慮以下因素。

（1）AMF 的尋呼（Paging）性能評估

尋呼負荷確定了追蹤區的最大範圍，對應的，邊緣社區的位置更新負荷決定了追蹤區的最小範圍。一個 AMF 下掛基地台數或 TA 追蹤區數量的主要限定條件還是 MME 的最大尋呼容量。

（2）gNodeB 的 Paging 性能評估

gNodeB 的能力決定了 TA 追蹤區的大小，gNodeB 尋呼能力由以下最小的規格決定。

① PDSCH 尋呼負荷評估

PDSCH 能支持的每秒尋呼次數。

② PDCCH 尋呼負荷評估

PDCCH 能支持的每秒尋呼次數。

③ gNB CPU 尋呼負荷評估

實際產品能支援的每秒尋呼次數。

④ 尋呼規格限制

透過計算 gNodeB 每秒支援的最小尋呼次數，單使用者每秒尋呼次數及每個 gNB 下支持的使用者，可計算出一個 TA 追蹤區下掛的 gNB 個數。

（3）其他建議

根據調研，在正常負載的情況下，裝置廠商 1 個 TA 下的基地台一般在 50 ～ 100 個，不排除部分廠商因為處理能力超強而使 TA 下掛基地台更多的情況。應根據具體的試驗網裝置廠商能力，再考慮 TA 的合適大小，初期在網路負載較低的情況下，可將 TA 區域設計得大一些，儘量與 LTE 的 TAC 區域保持範圍一致，後期當網路負載增加時，可縮小 TA 的大小。

10.2.8 TAI 規劃

每個 TA 有一個追蹤區標識（Tracking Area Identity，TAI），TAI 的編號由 3 個部分組成：MCC+MNC+TAC。TAI 組成示意如圖 10-7 所示。

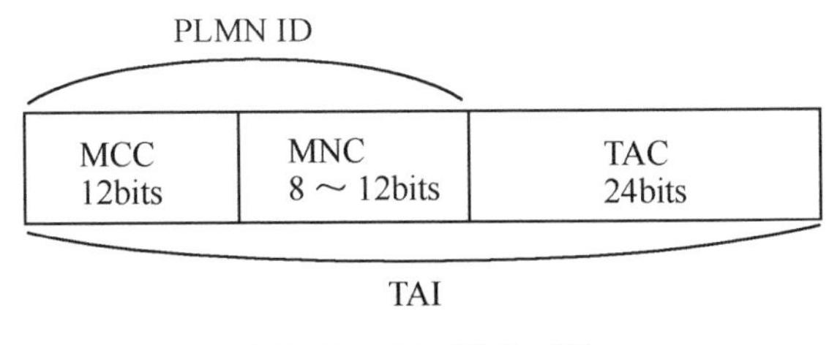

圖 10-7 TAI 組成示意

追蹤區域碼（TAC）為 24bits 長，6 位元十六進位編碼，X1X2X3X4X5X6。

省內 TACX3X4X5X6 劃分遵循的規則與 4G 一致。

為了 5G 網路規劃和 4G/5G 互動操作便利，建議 5G 網路 TA 劃分遵循的規則與 4G 一致。

各省 TAC 編碼的 X3X4X5X6 號段規劃原則如下所述。

（1）為了滿足國家有關部門關於緊急呼叫的轄區劃分需求，5G 無接線的 TA 區域規劃應細化到區 / 縣一級。在位置更新、尋呼等無線性能不受明顯影響的情況下，同一個 TA 原則上不得跨區 / 縣，同一區 / 縣內可規劃多個 TA。

（2）在 5G 部署初期，如果不涉及跨區 / 縣邊界，建議 5G 的 TA 區域大小及對應 TAC 的 X3X4 編號與 4G 的 TA 區域大小及對應 TAC 的 X3X4 編號保持一致（5G TAC 的 X5X6 初期可置為 0）。

（3）當 4G 某個 TA 區隨選裂分為多個 TA 區時，如果有必要，對應的 5G TA 區也同樣進行裂分，5G 裂分後產生的多個 TAC 的 X3X4 編號應與 4G 裂分後產生的多個 TAC 的 X3X4 編號保持一致。

（4）當 5G 某個 TA 區隨選裂分為多個 TA 區，而 4G 的 TA 區不變時，5G 新產生的多個 TA 的 X3X4 號段原則上應繼承原 TA 的 X3X4 的設定值，憑藉啟用 X5X6 來區分新產生的多個 TA。

10.2.9 TA List 多註冊追蹤區方案

多註冊 TA 方案即多個 TA 組成一個 TA 列表（TA List 或 TAI List），這些 TA 同分時配給一個終端；終端在一個 TA List 內移動不需要執行 TA 更新。當終端附著到網路時，由網路決定分配哪些 TAs 給終端，終端註冊到所有 TAs 中。當終端進入不在其所註冊的 TA List 清單中的新 TA 區域時，需要執行 TA Update（TA 升級），網路給終端重新分配一組 TAs。

根據調研，目前大部分裝置廠商對於多註冊 TA List 的方案使用經驗有限，故通常採用每個 TA List 中僅 1 個 TA 的模式，在此，我們建議網路初期採用該模式。多註冊追蹤區的應用案例（減少位置更新負荷的例子）如下所述。

日本新幹線的列車長為 480m，時速為 300km/h，每輛列車可容納 1300 名乘客。TAU 請求範例一如圖 10-8 所示，位於每個 TA 下的所有終端都被分配相同的 TA List。圖 10-8 中位於 TA2 的終端被分配的 TA List 為 TA1 和 TA2，而位於 TA3 的終端被分配的 TA List 為 TA2 和 TA3。在每一個 TA 邊界，所有的終端都在短時間內發起 TAU 過程，導致 MME 和 gNB 的 TAU 負載尖峰。以日本新幹線為例，當列車透過 TA 邊界時，每 4.4ms 就有一次 TAU 請求。

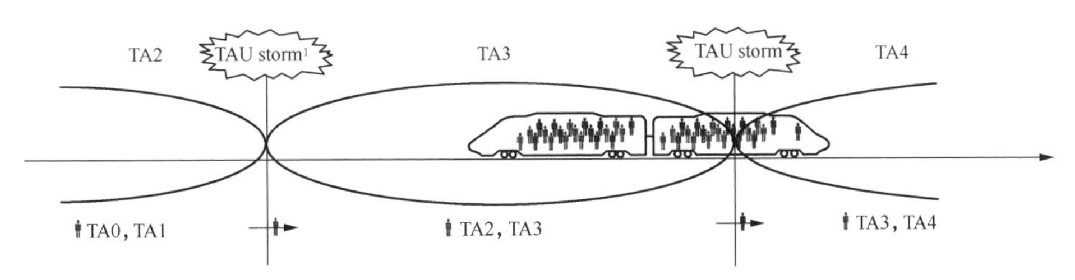

1. TAU storm 為追蹤區更新訊號風暴

圖 10-8 TAU 請求範例一

針對上述場景面臨的問題，可以採用基於終端的 TA List 分配策略，即 MME 對位於同一個 TA 的終端分配不同的 TA List。TAU 請求範例二如圖 10-9 所示，使用者被分為兩組，不同組的使用者分配不同的 TA List，因此在 TA 邊界將只有一半的使用者需要發起 TAU 請求，在一定程度上減少了 TAU 負荷，提高了登記的成功率。

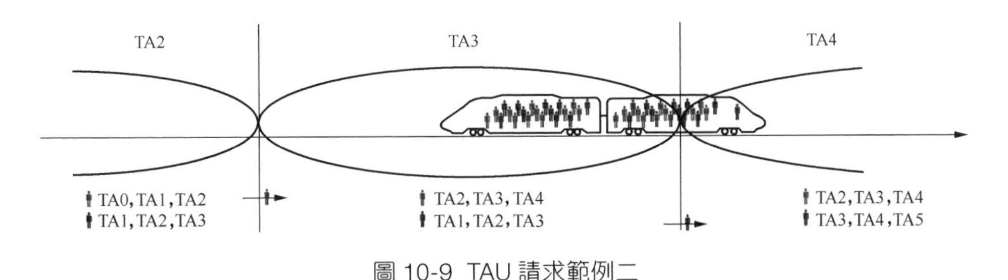

圖 10-9 TAU 請求範例二

10.2.10 RAN-Based 通知區（RNA）設計

RAN 通知區（RAN Notification Area）是基於 RAN 尋呼的尋呼區，可用於 RRC_Inactive 態（RRC 不活動態）。

RNA 設定方法的優缺點見表 10-22。

表 10-22 RNA 設定方法的優缺點

	優點	缺點
方法一	可靈活設定	最大只支援 32 個社區
方法二	無數量限制，最大可與 TA 一致	和 TA 掛鉤，設定不夠靈活

在表 10-22 中，方法一指的是，基地台告知 UE RNA 中具體的社區列表；方法二指的是，基地台告知 UE RNA ID，RNA 的範圍可以為 TA 的子集或等於 TA 的大小，RNA ID 在社區系統訊息中廣播。RNA ID=TAI（必選）+RNA Code（可選）。

對於 5G 網路，未來終端的業務模式、在網路中的 Connected 態（連接態）、Idle 態（空閒態）、Inactive 態（不活動態）的佔比，暫時無法評估。目前，我們建議 RNA 的規劃保持與 TA 一致，具體的設定方法根據業務特徵、行動性特徵和需求進行選擇。

10.2.11 PRACH 規劃

協定定義每個社區最大 64 個前導序列用於初始連線、切換、連接重配、上行同步。

協定提供長短兩種格式，其中，長格式共 4 種類型，短格式共 9 種類型。長格式用於增強上行覆蓋。

前導序列由 ZC 序列環循移位（Ncs）而成，社區半徑決定環循移位的長度。NR PRACH 規劃原則見表 10-23。

表 10-23 NR PRACH 規劃原則

類別	LTE 協定	5G 協定
RA 子載體間隔	1.25kHz	長格式：1.25kHz，5kHz（長格式不支援高頻僅支援低頻） 短格式：15kHz，30kHz，60kHz，120kHz（高頻 RA_SCS 僅支持 60kHz & 120kHz，不支持 15kHz & 30kHz，低頻 RA_SCS 僅支持 15kHz & 30kHz，不支持 60kHz & 120kHz）
Preamble Format（前導格式）	短格式：9 種 長格式：4 種	短格式：A1/A2/A3/B1/B2/B3/B4/C0/C2 長格式：0/1/2/3
根的個數	短格式：138 長格式：838	短格式：138 長格式：838
Ncs	長格式：0～3 的 Ncs 表 短格式：4 的 Ncs 表	*RA_SCS*=1.25kHz（長格式 0/1/2）的 Ncs 表 *RA_SCS*=5kHz（長格式 3）的 Ncs 表 *RA_SCS*=15/30/60/120kHz（短格式）的 Ncs 表

10.2.12 鄰區規劃

NSA 網路拓樸需要進行的鄰區規劃見表 10-24。

表 10-24 NSA 網路拓樸需要進行的鄰區規劃

來源社區	目標社區	鄰區的作用	
		NSA 場景	SA 場景
LTE	NR	NSA DC 在 LTE 上增加 NR 輔載體（僅錨點 LTE 站需要規劃）	LTE 重新導向到 NR（涉及互動操作的 LTE 網站需要規劃）
NR	NR 同頻	NR 系統內行動性	NR 系統內行動性（同 NSA 場景）

鄰區規劃較為複雜，一般以工具規劃為主，以某工具為例説明鄰區規劃的主要想法。

1. 生成候選鄰區

根據設定的最大鄰區距離，待選鄰區數量等設定參數，按照拓撲關係生成各社區的候選鄰區列表。

2. 加入借鏡鄰區

5G NR 新建（批次或插花）和擴充，可以選擇「是否借鏡 4G LTE/5G NR 已有鄰區關係」。根據介面設定參數「是否借鏡原網鄰區關係」，以及借鏡頻點設定，在候選鄰區表中加入借鏡的鄰區關係。

3. 鄰區綜合排序

根據服務社區與鄰區的距離、方位角和層數，對服務社區的所有待選鄰區進行綜合評分和排序，得分越低，優先順序越高。

4 .結果輸出

按照使用者輸入的最大鄰區數量獲取排序靠前的鄰區作為輸出結果。

工具鄰區規劃的主要能力說明如下所述。

支持 5G NR 同頻鄰區規劃（最多支持規劃 256 個鄰區）、LTE 與 5G NR 異系統鄰區規劃（最多支援規劃 128 個鄰區）。

根據介面輸入的鄰區規劃數量，需要規劃同頻鄰區的頻點，異系統鄰區頻點生成鄰區規劃結果。

根據設定的最大鄰區距離、待選鄰區數量等設定參數，生成各社區的候選鄰區列表。

在規劃 LTE 與 5G NR 異系統鄰區時，有以下兩種可能。

第一，LTE 在 SFN 站、多天線、多 RRU、Repeater 站等場景時，演算法內部會將這些特殊網站拆分成虛擬社區再進行鄰區規劃，最後進行合併。

第二，LTE 在多頻點時，需要進行頻點虛擬化，再進行異系統鄰區規劃。

根據介面輸入是否雙向匹配，進行雙向匹配操作，雙向匹配只支持同頻鄰區規劃。

10.2.13 基地台及扇區命名

1. 基地台命名

gNodeBFunctionName（基地台功能命名）：gNB 名稱（64 個字元，32 個中文字）。該參數表示 gNB 名稱，唯一標識一個 gNodeBFunction（基地台功能）實例。

UserLabel（使用者標籤）：暫未設定該欄位，支援 255 個字元。該參數表示使用者自訂資訊，使用者可透過該參數增加備註資訊。

5G 基地台的命名規則如下。

（1）N（5G 制式中的 N 代表 NR，NSA 代表非獨立網站）_ 廠商（縮寫）_ 區縣及網站名稱。舉例來說，N_Z_ 餘杭臨平郵政大樓，NSA_E_ 金華電信大樓 BBU1。

（2）廠商縮寫。舉例來說，華為的縮寫是（H）；中興的縮寫是（Z）；易立信的縮寫是（E）。

（3）如果 BBU 集中放置，額外增加「BBU+ 編號」。

（4） BBU 不區分室內和室外。舉例來說，一般基地台場景：N_H_ 杭州二樞紐；BBU 集中放置場景：N_H_ 杭州二樞紐 BBU1。

2. 社區名

- SECNAME（扇區名稱）：支援 32 個字元。該參數表示扇區的名稱。
- LOCATIONNAME（位置名稱）：支援 64 個字元。該參數表示基地台物理裝置的位置名稱。

- UserLabel（使用者標籤）：支援 64 個字元。該參數表示扇區的使用者自訂資訊。

試驗網社區的命名規則如下。

基地台名 _Cell ID_（串聯）_IN（非室分社區不填）。

Cell ID：00，01，02，03 等。

串聯寫法：F2 表示從 2 社區串聯，非串聯社區不寫入。

IN 表示室內室分。舉例來說，杭州大廈 _1；杭州大廈 _2；杭州大廈 _3；杭州大廈 _4（F2）；杭州大廈 _5（F4）_IN。

備註：第四社區從第二社區串聯，第五社區從第四社區串聯。

3. 純拉遠 RRU/AAU 命名

規範：地市 + 區域 +RRU/AAU 名 _IN（非室分站不填）。

舉例來說，杭州江幹區文化中心 RRU1_IN。

備註：拉遠 RRU 需要設定 RRU/AAU 名稱，40 個字元，支援 20 個中文字。

10.2.14 X2 規劃

保證 X2 鏈路的合理性，不但能提升 LTE 網路 X2 鏈路的使用率，而且能預留足夠的空間給 5G 進行鏈路增加，從而保證 5G 網路的連線。X2 規劃透過 X2 自管理演算法最佳化，對現網 X2 鏈路進行合理性最佳化，為 5G 提供足夠的 X2 鏈路預留空間。

在 X2 鏈路滿配的情況下，根據前期經驗，共有以下 3 種解決方案。

（1）自動設定方式一（刪除故障 X2 鏈路或使用率低的 X2 鏈路，透過 X2 功能自動建立方案）

在密集區域可能存在 X2 鏈路加滿導致 5G 鏈路無法增加的情況，透過查看故障 X2 鏈路數量，部分裝置廠商可以透過 X2 鏈路故障自刪除演算法，將故障 X2 鏈路進行刪除。如果 X2 鏈路無故障，可以透過基於 X2 鏈路使用率進行 X2 鏈路刪除。保障 X2 鏈路空間縮減，5G 鏈路透過 X2 鏈路進行自建立。

基於 X2 鏈路的利用情況，X2 協商 / 非協商自動刪除開關。當該開關為「ON（開啟）」時，可以刪除使用率低的 X2 鏈路設定，其目的是防止這類設定佔用 X2 鏈路規格。

這種設定方式的優點：能快速解決 X2 鏈路滿配的情況，預留 X2 鏈路空間。

這種設定方式的缺點：受有效鄰基地台故障或朝夕效應影響，X2 鏈路可能導致誤刪除，後期受有效鄰基地台故障恢復或朝夕效應影響，X2 鏈路無法增加。

（2）手動設定（刪除故障 X2 鏈路或使用率低的 X2 鏈路，透過 X2 手動設定方案）

如果透過故障 X2 或使用率低的 X2 鏈路處理後，X2 鏈路未能及時增加，可以透過 X2 手動設定方案進行 X2 鏈路增加。

這種設定方式的優點：能快速解決 X2 鏈路滿配情況，預留 X2 鏈路空間。

這種設定方式的缺點：受有效鄰基地台故障或朝夕效應影響，X2 鏈路可能導致誤刪除，後期受有效鄰基地台故障恢復或朝夕效應影響，X2 鏈路無法增加。另外，這種方式存在人工設定錯誤的風險。

（3）自動設定方式二（週期性刪除故障 X2 鏈路或使用率低的 X2 鏈路，透過 X2 功能自動建立方案）

對於測試過程中臨時遇到 X2 鏈路加滿導致 5G 鏈路無法增加的情況，可利用基於鏈路故障自刪除及使用率自刪除演算法，將容錯 X2 鏈路進行刪除。但由於目前 4G 增加 5G 的 X2 鏈路必須待終端檢測上報後進行 X2 自建立，所以維護 X2 鏈路合理的使用率，為 5G 鏈路預留空間尤為重要。為解決 LTE 網站 X2 規格滿，導致與 5G 網站間 X2 建立失敗而影響連線的問題，自此提出基於週期性的 X2 管理演算法（週期性自刪除及修改 X2 自建立門限）。

這種設定方式的優點：週期性解決 X2 滿配的問題，預留足夠 X2 鏈路空間，較前兩種方案無須擔心 X2 鏈路刪除後又自動增加滿配的問題。

這種設定方式的缺點：由於修改了 X2 自建立計數門限，X2 自建立條件越嚴格，所以可能導致長時間 X2 不能建立、S1 切換頻繁、佔用 S1 資源的情況。

5G 模擬

透過輸入三維數位地圖、工程參數資訊，採用 3D 建模、射線追蹤模型計算，使用者級動態波束、模擬和預測網路性能。

11.1 模擬簡介

實際的通訊系統是一個功能相當複雜的系統，在對原有的通訊系統做出改進或建立之前，通常需要對這個系統進行建模和模擬。透過模擬結果衡量方案的可行性，從中選擇最合理的系統組態和參數設定，然後應用於實際系統中，這個過程就是通訊系統的模擬。

隨著數位通訊技術的發展，特別是與電腦技術的相互融合，通訊系統和訊號處理技術變得越來越複雜。強大的電腦輔助分析與設計能力，與系統模擬方法相結合，可以高效、低成本地將新的理論成果轉化為實際產品。這種方法越來越受到業界青睞。

11.2 無線傳播模型

11.2.1 傳播模型概述

隨著 5G 技術的不斷發展，5G 在全世界的應用也在不斷擴大。準確的網路估算能力有助提升網路競爭力和精準部署 NR 網路，而傳播模型對於網路估算的準確度具有決定性的影響。

在行動通訊網路規劃中，傳播預測的結果將影響網路規劃過程中社區半徑、容量、覆蓋、干擾等指標的預測，因而對規劃結果的準確性具有決定性的作用。一直以來，精確的傳播預測方法和傳播模型是行動通訊和網路規劃研究的關鍵課題。在 3G 中，由於 CDMA 系統具有自干擾特性，所以準確地預測干擾顯得尤為重要。

電波傳播的研究方法分為兩類：一類是對大量測試資料進行研究，得到電波傳播的統計特性，這類傳播模型稱為統計模型或經驗性傳播模型；另一類是對電波的傳播特性進行理論分析，得到電波傳播的特性，這類傳播模型稱為理論模型或確定性模型。在實際情況中，也有不少模型綜合使用以上兩種研究方法，可以稱為半經驗性模型。

經典的經驗個性傳播模型包括 Okumura-Hata（奧村一哈他）模型、Cost231-Hata 模型、Keenan-Motley（馬特內一馬思納）模型（應用於室內場景）等。這類模型通常是透過對大量測試資料進行統計和擬合得到的圖表或公式。經驗性傳播模型統計的是所有的環境影響，但對具體場景來說，經驗性傳播模型是不準確的。同時，預測環境與為構造模型做測量環境的相似程度也在很大程度上影響著模型的準確性。常見的確定性模型是垂直面模式，即使用刀刃分析方法計算發射天線與接收天線之間垂直剖面上的繞射損耗。垂直面模式常用在半經驗的傳播模型中，這類模型在經驗模型的統計公式中增加了刀刃分析方法。但垂直面模式只考慮到電磁波在屋頂的繞射傳播，因此這類半經驗模型只在室外巨蜂巢場景中使用。

相對準確的確定性研究方法是射線追蹤技術。射線追蹤技術是光學的射線技術在電磁計算領域中的應用，能夠準確地考慮到電磁波的各種傳播途徑，包括直射、反射、繞射、透射等，能夠考慮到影響電波傳播的各種因素，從而針對不同的具體場景做準確的預測。射線追蹤技術在 20 世紀 90 年代以來受到廣泛關注，尤其是得到許多行動通訊電信業者和裝置製造商的重視，並且市場上出現了較為成熟的商用模型軟體。

射線追蹤技術的基本原理基於電磁波的高頻假設，即認為在頻率較高的情況下，電磁波可被簡化為射線，從而使用光的理論研究電磁波的傳播特性。舉例來説，反射定律、折射定律、光程定律等。同時，在障礙物的邊緣，引入繞射理論對電磁波的繞射情況進行分析，常用的是一致性繞射理論（Uniform Theory of Diffraction，UTD）。射線追蹤技術採用特定的演算法計算射線的軌跡，常用的兩類演算法是映像檔法和發射射線法。映像檔法利用幾何光學的映像檔原理求解真實來源的多級映像檔網站，得到映像檔樹，然後根據映像檔樹中的映像檔網站得到射線的軌跡。發射射線法把發射場簡化為離散的射線，然後計算每一條射線的軌跡。映像檔法具有較高的計算精度，但是發射射線法則具有較快的計算速度。在知道到達接收點的每條射線的軌跡之後，就可以計算出它們的幅相和延遲特性，將這些場分量疊加，就可以得到接收點的場。由於計算高階射線需要耗費更多的時間和記憶體資源，因此射線追蹤演算法還需要在計算精度和計算時間之間做均衡，取合理的截斷次數。通常反射線的截斷次數取 4 ～ 7 階，繞射線的截斷次數取 1 ～ 3 階。

11.2.2 傳播模型介紹

1. 射線追蹤模型

射線追蹤模型（即 Rayce 模型）主要應用於 5G 精細化模擬。Rayce 模型是透過追蹤發射源在整個立體空間中發射出的射線，再基於 UTD 和鏡面反射理論（Geometric Optical，GO）計算空間的各種傳播方式的影響，找到發射點和接收點的有效路徑，對所有傳播路徑的場強進行疊加，然後確定接收點電位。

射線追蹤模型的計算比較複雜，不是一個固定公式，主要由確定項和經驗項組成。確定項就是直射、反射、衍射、透射徑的能量合併，經驗項是基地台高度項、天線增益修正項、植被損耗等。

定義 $Pathloss_{\mathrm{Rayce}}$ 為射線追蹤模型的總路損，$Pathloss_{\mathrm{DET}}$ 為確定性損耗，$Pathloss_{\mathrm{COR}}$ 為經驗修正項。

$$Pathloss_{\mathrm{Rayce}} = Pathloss_{\mathrm{DET}} + Pathloss_{\mathrm{COR}}$$

確定性損耗 $Pathloss_{\mathrm{DET}}$ 為：

$$Pathloss_{\mathrm{DET}} = \varepsilon \times 10T \log_{10}\left(\frac{Power}{Strength_{\mathrm{beam}}}\right)$$

經驗修正項為：

$$Pathloss_{\mathrm{COR}}=C_3 \times \log_{10}Hsx+ \delta \times Loss_{\mathrm{FSL}}+L_{\mathrm{p}}+C_{\mathrm{Ant}} \times L_{\mathrm{Ant}}+L_{\mathrm{veg}}+$$
$$C_{1\text{-}1\mathrm{os}}+C_{2\text{-}1\mathrm{os}} \times \log_{10}d+C_{1\text{-}\mathrm{nlos}}+C_{2\text{-}\mathrm{nlos}} \times \log_{10}d$$

其中，ε 為校正係數（不推薦校正）；$Power$ 為社區導頻功率；$Strength_{\mathrm{beam}}$ 表示多徑合併後的能量值，單位為 mW；d 為收發點之間的 2D 距離，單位為 m；Hsx 為發射機高度，單位為 m；$Loss_{\mathrm{FSL}}$ 為 1m 自由空間損耗，單位為 dB；L_{p} 為接收機所在位置的地物損耗，單位為 dB；L_{Ant} 為天線損耗，單位為 dB；L_{veg} 為植被損耗，單位為 dB；$C_{1-\mathrm{los}}$、

C_{1-nlos}、C_{2-los}、C_{2-nlos}、C_3 和 C_{Ant} 為對應項的修正係數；d 為進階設定參數。

與傳統統計模型相比，射線追蹤的優勢主要表現在以下 3 個方面。

（1）精確的電磁波傳播路徑搜尋和反射、衍射能量計算，使電位預測的準確性更高。在無數據校正傳播模型的新建網路預測場景與對環境因素更為敏感的高頻網路預測場景中，射線追蹤模型的優勢更為明顯。

（2）射線追蹤模型可以輸出多徑資訊，有助更加精確的特性建模，舉例來說，大規模多輸入多輸出（Massive MIMO）、多使用者 MIMO（MU-MIMO）。

（3）射線追蹤模型的傳播模型可以校正。Rayce 模型校正各參數設定說明見表 11-1。

表 11-1 Rayce 模型校正各參數設定說明

	參數	說明
General Parameter（一般參數）	Building Strategy	建築物處理策略
	Penetration Model	穿透模型策略
	Tx Height Correct	發射機高度修正策略
	Radius of Near Area(m)	近點計算半徑
Multi-path Parameter（多徑參數）	Reflection Number	最大反射次數
	Diffraction Number	最大繞射次數
Correction Parameter（修正參數）	C_1	常數項校正因數
	C_2	距離項校正因數
	C_3	發射機高度項校正因數
	C_{Ant}	天線增益校正因數
	ε	確定性模型校正因數

室外電波傳播的主要機制可以複習以下內容。

（1）垂直面機制，即垂直面上地形和地物（主要是建築物）的繞射，通常採用多刀刃繞射方法計算傳播損耗。

（2）水平面機制，即水平方向上牆面的反射和牆角的繞射，通常採用射線追蹤演算法得到傳播路徑，使用 UTD 計算傳播損耗。

（3）散射問題。由於目前包括射線追蹤模型在內的所有傳播模型都沒有確定性地考慮散射，因此這裡只討論水平面機制和垂直面機制。在不同的場景下，這兩種機制對電波傳播的影響也大不相同。在巨蜂巢場景下，天線通常架設在所覆蓋區域中最高或較高的建築上，遠高於平均建築物的高度，周圍有較少的遮擋，垂直面機制佔主導地位。而在一些微蜂巢場景，天線通常架設在非最高建築物頂部甚至安裝在牆面上，天線高度接近或低於平均建築物高度，周圍遮擋物較多，水平面機制則佔主導地位。

傳播模型與傳播機制關係見表 11-2，表 11-2 列出了 3 種傳統的傳播模型，即 Cost231-Hata 和 SPM（標準傳播模型），以及 Rayce（射線追蹤模型）對以上傳播機制的考慮情況。

表 11-2 傳播模型與傳播機制關係

是否可以進行確定性的考慮	Cost231-Hata	SPM	Rayce
水平面機制	否	否	是
垂直面機制（地物）	否	是	是
垂直面機制（地形）	是	是	是
散射	否	否	是

射線追蹤模型與傳統經驗傳播模型預測結果的比較如圖 11-1 所示，對使用 Cost231-Hata、SPM 和 Rayce 模型進行預測的結果進行比較，可以看出 Rayce 模型具有非常明顯的優勢。

(a) Cost231-Hata模型的預測結果

(b) SPM模型的預測結果

(c) Rayce模型的預測結果

圖 11-1 射線追蹤模型與傳統經驗傳播模型預測結果的比較

由於 Cost231-Hata 模型不考慮地物（主要是建築物）的繞射，因此其預測結果是較為規則的方向圖形狀。SPM 模型則使用刀刃繞射演算法，計算垂直剖面上的繞射損耗。但實際上，由於天線高度遠低於周圍的建築物，垂直面的繞射損耗非常大，因此校正結果中的繞射係數非常小（通常為 0.02），顯得極不合理。最後是 Rayce 模型的預測結果，可以明顯地看到牆面反射、繞射造成的街道效應，其預測結果顯然更加符合實際情況。

射線追蹤技術作為無線傳播預測中的一項新技術，在行動通訊網路規劃領域獲得了越來越多的應用。結果表明，射線追蹤模型是精確進行城區網路規劃的有效技術。

2. UMa 模型

3GPP 36.873 協定和 38.901 協定分別定義了 2GHz ～ 6GHz 和 500MHz ～ 100GHz 的傳播模型，該模型主要應用於大型基地台網路拓樸的密集城區、城區、郊區場景。

3GPP 36.873 協定定義 UMa（城市大型基地台）模型（適用範圍為 2GHz ～ 6GHz）見表 11-3。

表 11-3 3GPP 36.873 協定定義 UMa（城市大型基地台）模型（適用範圍為 2GHz ～ 6GHz）

模型	路徑損耗（dB），f_c（GHz），距離（m）	陰影衰落（dB）	適用範圍，天線高度預設值（m）
3D−UMa LOS	$PL = 22.0\log_{10}(d_{3D}) + 28.0 + 20\log_{10}(f_c)$ $PL = 40\log_{10}(d_{3D}) + 28.0 + 20\log_{10}(f_c) - 9\log_{10}[(d'_{BP})^2+(h_{BS} - h_{UT})^2]$	$\sigma_{SF}=4$ $\sigma_{SF}=4$	$10 < d_{2D} < d'_{BP}$ $d'_{BP} < d_{2D} < 5000$ $h_{BS}=25$, $1.5 \le h_{UT} \le 22.5$
3D−UMa NLOS	$PL = \max(PL'_{3D\text{-}UMa\text{-}NLOS}, PL_{3D\text{-}UMa\text{-}LOS})$，$PL_{3D\text{-}UMa\text{-}NLOS}=161.04-7.1\log_{10}(W)+7.5\log_{10}(h) - [24.37-3.7(h/h_{BS})^2]\log_{10}(h_{BS})+[43.42-3.1\log_{10}(h_{BS})][\log_{10}(h_{3D})-3]+20\log_{10}(f_c)-\{3.2[\log_{10}(17.625)]^2-4.97\}-0.6(h_{UT}-1.5)$	$\sigma_{SF}=6$	$10 < d_{2D} < 5000$ h = avg. building height, W = street width $h_{BS}=25$, $1.5 \le h_{UT} \le 22.5$, $W=20, h=20$ The applicability ranges: $5 < h < 50$，$5 < W < 50$，$10 < h_{BS} < 150$，$1.5 \le h_{UT} \le 22.5$ （表中各參數的具體含義見註 1 ～註 6）

註 1：斷裂點距離 $d'_{BP} = 4\, h'_{BS}\, h'_{UT}\, f_c / c$，其中，$f_c$ 是中心頻率，單位為 Hz，c =3.0×10^{8}m/s 是自由空間中的傳播速度，h'_{BS} 和 h'_{UT} 分別是 BS 和 UT 處的有效天線高度。在 3D−UMi 場景中，有效天線高度 h'_{BS} 和 h'_{UT} 的計算如下：$h'_{BS} = h_{BS}-1.0$，$h'_{UT} = h_{UT}-1.0$，其中，h_{BS} 和 h_{UT} 是實際天線的高度，以及假設有效環境高度等於 1.0 m。

註 2：PL_b 為基本路徑損耗，$PL_{3D\text{-}UMi}$ 為 3D−UMi 室外場景的損耗，PL_{tw} 為穿牆損耗，PL_{in} 為內部損耗，$d_{2D\text{-}in}$ 假設均勻分佈在 0~25 m。

註 3：斷裂點距離 $d'_{BP} = 4\, h'_{BS}\, h'_{UT}\, f_c / c$，其中，$f_c$ 是中心頻率，單位為 Hz，c =3.0×10^{8}m/s 是自由空間中的傳播速度，h'_{BS} 和 h'_{UT} 分別是 BS 和 UT 處的有效天線高度。在 3D-UMa 場景中，有效天線高度 h'_{BS} 和 h'_{UT} 的計算如下：$h'_{BS} = h_{BS}-h_E$，$h'_{UT} = h_{UT}-h_E$，其中，h'_{BS} 和 h'_{UT} 是實際天線的高度，有效環境高度 hE 是 BS 和 UT 之間的連結的函數。在確定鏈路為 LOS 的情況下，h_E=1m 的機率等於 $1/[1+C(d_{2D}, h_{UT})]$，並服從離散分佈 uniform [12, 15, ⋯, $(h_{UT}-1.5)$]。

註 4：PL_b = 基本路徑損耗，$PL_{3D\text{-}UMa}$ 為 3D−UMa 室外場景的損耗，PL_{tw} 為穿牆損耗，PL_{in} 為內部損耗，$d_{2D\text{-}in}$ 假設均勻分佈在 0~25 m。

註 5：$PL_{3D\text{-}UMa\text{-}LOS}$ = 3D−UMa LOS 室外場景的路徑損耗。

註 6：為了簡單起見，陰影衰減值從註 4 中重新使用

3GPP 38.901 協定定義 UMa 模型（適用範圍 500MHz ～ 100GHz）見表 11-4。

表 11-4 3GPP 38.901 協定定義 UMa 模型（適用範圍 500MHz ～ 100GHz）

模型	直視／非直視	路徑損耗（dB），f_c（GHz），距離（m）	陰影衰落（dB）	適用範圍，天線高度預設值（m）
UMa	直視	$PL_{\text{UMa-LOS}}=\begin{cases}PL_1 & 10\leqslant d_{2D}\leqslant d'_{BP}\\ PL_2 & d'_{BP}\leqslant d_{2D}\leqslant 5000\end{cases}$ $PL_1=28.0+22\log_{10}(d_{3D})+20\log_{10}(f_c)$ $PL_2=28.0+40\log_{10}(d_{3D})+20\log_{10}(f_c)-$ $9\log_{10}\left[\left(d'_{BP}\right)^2+\left(h_{BS}-h_{UT}\right)^2\right]$	σ_{SF}=4	$1.5\le h_{UT}\le 225$ $h_{BS}=25$
	非直視	$PL_{\text{UMa-NLOS}}=\max\left(PL_{\text{UMa-NLOS}},PL'_{\text{UMa-NLOS}}\right)$ for $10\leqslant d_{2D}\leqslant 5000$ $PL'_{\text{UMa-NLOS}}=13.54+39.08\log_{10}(d_{3D})$ $20\log_{10}\left(f_c\right)-0.6\left(h_{UT}-1.5\right)$	σ_{SF}=6	$1.5\le h_{UT}\le 225$ $h_{BS}=25$ （表中各參數的具體含義見註 1 ～註 6）
		Optional $PL=324+20\log_{10}\left(f_c\right)+30\log_{10}\left(d_{3D}\right)$	σ_{SF}=7.8	

註 1：中斷點距離 $d'_{BP} = 4\, h'_{BS}\, h'_{UT}\, f_c/c$，其中，$f_c$ 是中心頻率，單位為 Hz，c =3.0×10^8m/s 是自由空間中的傳播速度，h'_{BS} 和 h'_{UT} 分別是 BS 和 UT 處的有效天線高度。有效天線高度 h'_{BS} 和 h'_{UT} 的計算如下：$h'_{BS} = h_{BS}-h_E$，$h'_{UT} = h_{UT}-h_E$。其中，h_{BS} 和 h_{UT} 是實際天線高度，hE 是有效環境高度。對於 UMi，h_E = 1.0m。對於 UMa，h_E = 1m 的機率為 1/[1+$C(d_{2D}$，$h_{UT})$〕，不然從離散分佈 uniform [12, 15, …, (h_{UT}−1.5)〕中進行選擇。$C(d_{2D}$，$h_{UT})$ 由以下公式列出。

$$C\left(d_{2D},h_{UT}\right)=\begin{cases}0 & ,\ h_{UT}<13\text{m}\\ \left(\dfrac{h_{UT}-13}{10}\right)^{1.5} g\left(d_{2D}\right) & ,\ 13\text{m}\leqslant h_{UT}\leqslant 23\text{m}\end{cases}$$

其中，

$$g\left(d_{2D}\right)=\begin{cases}0 & ,\ d_{2D}<18\text{m}\\ \dfrac{5}{4}\left(\dfrac{d_{2D}}{100}\right)^3 \exp\left(\dfrac{-d_{2D}}{150}\right) & ,\ 18\text{m}\leqslant d_{2D}\end{cases}$$

註 2：此表中 PL 公式的適用頻率範圍是 $0.5 < f_c < f_H$ GHz。其中，對於 UMa，f_H= 30 GHz；對於其他情況，f_H = 100 GHz。基於在 24GHz 下進行的單次模擬，可以驗證大於 7GHz 的 UMa 路徑損耗模型。

註 3：UMa NLOS 路徑損耗來自協定 TR36.873 的簡化格式，並且 $PL_{UMa\text{-}LOS}$ 為 UMa LOS 室外場景的路徑損耗。

註 4：$PL_{UMi\text{-}LOS}$ 為 UMi-Street Canyon LOS 室外場景的路徑損耗。

註 5：中斷點距離 $d_{BP} = 2\pi\ h_{BS}\ h_{UT}\ f_c/c$。其中，$f_c$ 是中心頻率，單位為 Hz，$c = 3.0\times10^8$ m/s 是在自由空間中的傳播速度，h_{BS} 和 h_{UT} 是分別在 BS 和 UT 位置處的天線高度。

註 6：f_c 表示以 1GHz 歸一化的中心頻率，所有與距離相關的值均以 1m 歸一化，除非另有說明。

註：協定 TR38.901 中說明，其 NLOS 模型是從協定 TR36.873 的 NLOS 模型參數簡化後轉換而來的。協定 TR36.873 中包含了平均建築物的高度 h、平均街道寬度 W 以及基地台高度 h_{BS}，透過設定不同的值，可以更進一步地反映不同場景（舉例來說，密集城區 DenseUrban、城區 Urban、郊區 Suburban 等）的差異。在傳播模型校正時，也建議使用協定 TR36.873 中的 UMa 模型。

UMa 傳播模型中涉及的關於距離和高度的關係如圖 11-2 所示。

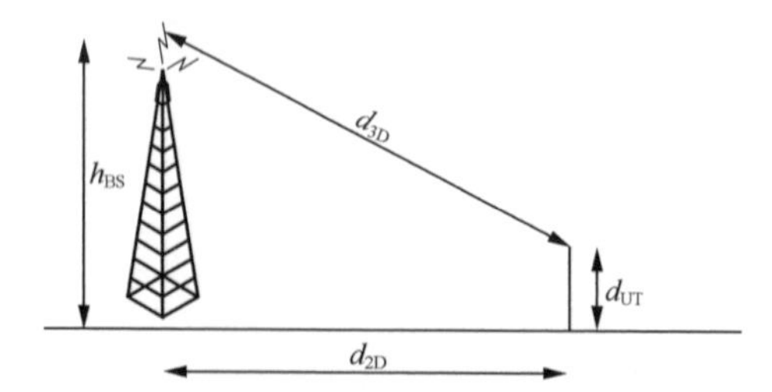

圖 11-2 UMa 傳播模型中涉及的關於距離與高度的關係

3. UMi 模型

3GPP 36.873 協定和 38.901 協定分別定義了 2GHz ～ 6GHz 和 500MHz ～ 100GHz 的傳播模型。該模型主要應用於小站網路拓樸的密集城區和城區場景。

3GPP 36.873 協定定義 UMi（城市微型基地台）模型（適用範圍為 2GHz ～ 6GHz）見表 11-5。

表 11-5 3GPP 36.873 協定定義 UMi（城市微型基地台）模型（適用範圍為 2GHz ～ 6GHz）

模型	路徑損耗（dB），f_c（GHz）距離（m）	陰影衰落（dB）	適用範圍，天線高度預設值（m）
3D−UMi LOS	$PL = 22.0\log_{10}(d_{3D})+28.0+20\log_{10}(f_c)$ $PL = 40\log_{10}(d_{3D})+28.0+$ $20\log_{10}(f_c)-9\log_{10}[(d'_{BP})^2+(h_{BS}-h_{UT})^2]$	$\sigma_{SF}=3$ $\sigma_{SF}=3$	$10 < d_{2D} < d'_{BP}$ $d'_{BP} < d_{2D} < 5000$ $h_{BS} = 10m$, $1.5 \le h_{UT} \le 22.5$
3D−UMi NLOS	For hexagonal cell layout: $PL = \max(PL_{3D\text{-}UMi\text{-}NLOS}, PL_{3D\text{-}UMi\text{-}LOS})$, $PL_{3D\text{-}UMi\text{-}NLOS} = 36.7\log_{10}(d_{3D})+$ $22.7+26\log_{10}(f_c)-0.3(h_{UT}-1.5)$	$\sigma_{SF}=4$	$10 < d_{2D} < 2000$ $h_{BS} = 10$， $1.5 \le h_{UT} \le 22.5$

3GPP 38.901 協定定義 UMi 模型（適用範圍為 500MHz ～ 100GHz）見表 11-6。

表 11-6 3GPP 38.901 協定定義 Umi 模型（適用範圍為 500MHz ～ 100GHz）

模型	直視 / 非直視	路徑損耗（dB），fc（GHz），距離（m）	陰影衰落（dB）	適用範圍，天線高度預設值（m）
UMi−Street Canyon	直視	$PL_{UMi-LOS} = \begin{cases} PL_1 & 10m \leqslant d_{2D} \leqslant d'_{BP} \\ PL_2 & d'_{BP} \leqslant d_{2D} \leqslant 5km \end{cases}$, $PL_1 = 32.4 + 21\log_{10}(d_{3D}) + 20\log_{10}(f_c)$ $PL_2 = 32.4 + 40\log_{10}(d_{3D}) + 20\log_{10}(f_c) -$ $9.5\log_{10}\left[(d'_{BP})^2 + (h_{BS} - h_{UT})^2\right]$	$\sigma_{SF}=4$	$1.5 \le h_{UT} \le 22.5$ $h_{BS}=10$
	非直視	$PL'_{UMi-NLOS} = \max(PL_{UMi\text{-}LOS}, PL'_{UMi\text{-}NLOS})$ for $10m \leqslant d_{2D} \leqslant 5km$ $PL'_{UMi-NLOS} = 35.3\log_{10}(d_{3D}) + 22.4 +$ $21.3\log_{10}(f_c) - 0.3(h_{UT} - 1.5)$	$\sigma_{SF}=7.82$	$1.5 \le h_{UT} \le 22.5$ $h_{BS}=10$

模型	直視 / 非直視	路徑損耗（dB），fc（GHz），距離（m）	陰影衰落（dB）	適用範圍，天線高度預設值（m）
UMi–Street Canyon	NLOS	Optional $PL = 32.4 + 20\log_{10}(f_c) + 31.9\log_{10}(d_{3D})$	σ_{SF}=8.2	（表中各參數的具體含義見註 1～註 6）

註 1：中斷點距離 $d'_{BP}=4\ h'_{BS}\ h'_{UT}\ f_c/c$，其中，$f_c$ 是中心頻率，單位為 Hz，c =3.0×10^8 m/s 是自由空間中的傳播速度，h'_{BS} 和 h'_{UT} 是分別在 BS 和 UT 處的有效天線高度。有效天線高度 h'_{BS} 和 h'_{UT} 的計算如下：$h'_{BS}=h_{BS}-h_E$，$h'_{UT}=h_{UT}-h_E$，其中，h_{BS} 和 h_{UT} 是實際天線高度，h_E 是有效環境高度。對於 UMi，h_E = 1.0m。對於 UMa，h_E = 1m 的機率為 1 /[1 + C（h_{2D}，h_{UT}）]，不然從離散分佈 uniform[12,15,···,（h_{UT}−1.5）] 中進行選擇。C（h_{2D}，h_{UT}）由以下公式確定：

$$C(d_{2D}, h_{UT}) = \begin{cases} 0 & , h_{UT} < 13\text{m} \\ \left(\dfrac{h_{UT}-13}{10}\right)^{1.5} g(d_{2D}) & , 13\text{m} \leqslant h_{UT} \leqslant 23\text{m} \end{cases}$$

其中，

$$g(d_{2D}) = \begin{cases} 0 & , d_{2D} < 18\text{m} \\ \dfrac{5}{4}\left(\dfrac{d_{2D}}{100}\right)^3 \exp\left(\dfrac{-d_{2D}}{150}\right) & , 18\text{m} \leqslant d_{2D} \end{cases}$$

註 2：此表中 PL 公式的適用頻率範圍是 $0.5<f_c<f_H$GH。其中，對於 RMa，f_H=30GHz，對於其他情況，f_H=100GHz。基於在 24GHz 下進行的單次模擬，可以驗證大於 7GHz 的 RMa 路徑損耗模型。

註 3：UMa NLOS 路徑損耗來自協定 TR36.873 的簡化格式，$PL_{UMa\text{-}LOS}$ 為 UMa LOS 室外場景的路徑損耗。

註 4：$PL_{UMi\text{-}LOS}$ 為 UMi–Street Canyon LOS 室外場景的路徑損耗。

註 5：中斷點距離 $d_{BP}=2\pi h_{BS}\ h_{UT}\ f_c/c$。其中，$f_c$ 是中心頻率，單位為 Hz，c = 3.0×10^8 m/s 是自由空間中的傳播速度，h_{BS} 和 h_{UT} 是分別在 BS 和 UT 位置處的天線高度。

註 6：f_c 表示以 1GHz 歸一化的中心頻率，所有與距離相關的值均以 1m 歸一化，除非另有說明。

4. RMa 模型

RMa 模型主要用於大型基地台網路拓樸的農村場景。3GPP 36.873 協定定義了 RMa 模型見表 11-7。

表 11-7 3GPP 36.873 協定定義了 RMa 模型

模型	直視 / 非直視	路徑損耗（dB），fc（GHz），距離（m）	陰影衰落（dB）	適用範圍，天線高度預設值（m）
3D-RMa	直視	$PL_1 = 20\log_{10}(40\pi d_{3D} f_c/3)$ $+ \min(0.03h^{1.72}, 10)\log_{10}(d_{3D})$ $-\min(0.044h^{1.72}, 14.77) +$ $0.002\log_{10}(h)d_{3D}$ $PL_2 = PL_1(d_{BP}) + 40\log_{10}(d_{3D}/d_{BP})$	$\sigma_{SF} = 4$ $\sigma_{SF} = 6$	$10 < d_{2D} < d_{BP}$, $d_{BP} < d_{2D} < 10000$， $h_{BS} = 35$， $h_{UT} = 1.5$， $W = 20$， $h = 5$ h = avg. building height, W = street width The applicability ranges: $5 < h < 50$ $5 < W < 50$ $10 < h_{BS} < 150$ $1 < h_{UT} < 10$
	非直視	$PL = 161.04 - 7.1\log_{10}(W) + 7.5$ $\log_{10}(h) - [24.37 - 3.7(h/h_{BS})^2]\log_{10}(h_{BS}) +$ $[43.42 - 3.1\log_{10}(h_{BS})][\log_{10}(d_{3D}) - 3] +$ $20\log_{10}(f_c) - \{3.2[\log_{10}(11.75 h_{UT})]^2 -$ $4.97\}$	$\sigma_{SF} = 8$	$10 < d_{2D} < 5000$， $h_{BS} = 35$， $h_{UT} = 1.5$， $W = 20$， $h = 5$ h = avg. building height, W = street width The applicability ranges: $5 < h < 50$ $5 < W < 50$ $10 < h_{BS} < 150$ $1 < h_{UT} < 10$ （表中各參數的具體含義見註 1 ～註 5）

註 1：中斷點距離 $d'_{BP} = 4\,h'_{BS}\,h'_{UT}\,f_c/c$，其中，$f_c$ 是中心頻率，單位為 Hz，$c = 3.0\times10^8$ m/s 是自由空間中的傳播速度，h'_{BS} 和 h'_{UT} 分別是 BS 和 UT 處的有效天線高度。在 3D−UMi 場景中，有效天線高度 h'_{BS} 和 h'_{UT} 的計算如下：$h'_{BS} = h_{BS} - 1.0$ m，$h'_{UT} = h_{UT} - 1.0$ m，其中，h_{BS} 和 h_{UT} 是實際天線高度，假設有效環境高度等於 1.0 m。

註 2：$PL_{3D\text{-}UMi\text{-}LOS}$ 為 3D−UMi LOS 室外場景的路徑損耗。

註 3：UMa NLOS 路徑損耗來自協定 TR36.873 的簡化格式，$PL_{UMa\text{-}LOS}$ 為 UMa LOS 室外場景的路徑損耗。

註 4：中斷點距離 $d'_{BP} = 4\,h'_{BS}\,h'_{UT}\,f_c/c$，其中，$f_c$ 是中心頻率，單位為 Hz，$c = 3.0\times10^8$ m/s 是自由空間中的傳播速度，h'_{BS} 和 h'_{UT} 分別是 BS 和 UT 處的有效天線高度。在 3D−UMa 場景中，有效天線高度 h'_{BS} 和 h'_{UT} 的計算如下：$h'_{BS} = h_{BS} - h_E$, $h'_{UT} = h_{UT} - h_E$。其中，h_{BS} 和 h_{UT} 是實際天線高度，有效環境高度 h_E 是連接 BS 和 UT 的函數。 在確定鏈路為 LOS 的情況下，$h_E = 1$m 的機率為 $1/[1+C(d_{2D}, h_{UT})]$，並服從離散分佈 uniform[12,15,⋯,(h_{UT}-1.5)]。需要注意的是，h_E 取決於 d_{2D} 和 h_{UT}，因此需要針對 BS 網站和 UT 之間的每個鏈路獨立確定。BS 網站可以是單一個 BS 或多個並列的 BS。

註 5：中斷點距離 $d_{BP} = 2\pi\,h_{BS}\,h_{UT}\,f_c/c$。其中，$f_c$ 是中心頻率，單位為 Hz，$c = 3.0\times10^8$ m/s 是在自由空間中的傳播速度，h_{BS} 和 h_{UT} 分別對應 BS 和 UT 位置處的天線高度。

3GPP 38.901 協定定義了 RMa 模型見表 11-8。

表 11-8 3GPP 38.901 協定定義了 RMa 模型

模型	直視 / 非直視	路徑損耗（dB）、fc（GHz），距離（m）	陰影衰落（dB）	適用範圍，天線高度預設值（m）
RMa	直視	$PL_{UMa-LOS} = \begin{cases} PL_1 & 10 \le d_{2D} \le d_{BP} \\ PL_2 & d_{BP} \le d_{2D} \le 1000' \end{cases}$ $PL_1 = 20\log_{10}(40\pi d_{3D} f_c/3) + \min(0.03h)(d_{3D}) - \min(0.044h^{1.72}, 14.77) + 0.002\log_{10}(h)d_{3D}$ $PL_2 = PL_1(d_{BP}) + 40\log_{10}(d_{3D}/d_{BP})$	$\sigma_{SF}= 4$ $\sigma_{SF}= 6$	h_{BS}=35 h_{UT}=1.5 W =20 h =20 h = avg. building height W = avg. street width The applicability ranges:

模型	直視 / 非直視	路徑損耗（dB）、fc（GHz），距離（m）	陰影衰落（dB）	適用範圍，天線高度預設值（m）
	非直視	$PL_{UMa-NLOS}=\max\left(PL_{RMa-LOS},PL'_{RMa-NLOS}\right)$ for $10\leqslant d_{2D}\leqslant 5000$ $PL'_{UMa-NLOS}=161.04-7.1\log_{10}(W)+7.5\log_{10}(h)-\left[24.37-3.7(h/h_{BS})^2\right]\log_{10}(h_{BS})+\left[43.42-3.1\log_{10}(h_{BS})\right]\left[\log_{10}(d_{3D})-3\right]+20\log_{10}(f_c)-\left[3.2\log_{10}(11.75h_{UT})\right]^2-4.97$	$\sigma_{SF}=8$	$5\leq k\leq 50$ $5\leq W\leq 50$ $10 < h_{UT}\leq 150$ $1\leq h_{UT}\leq 10$ （表中各參數的具體含義見註 1～註 6）

註 1：中斷點距離 $d'_{BP}=4h'_{BS}h'_{UT}f_c/c$，其中，$f_c$ 是中心頻率，單位為 Hz，$c=3.0\times10^8$m/s 是自由空間中的傳播速度，h'_{BS} 和 h'_{UT} 分別是 BS 和 UT 處的有效天線高度。有效天線高度 h'_{BS} 和 h'_{UT} 計算如下：$h'_{BS}=h_{BS}-h_E$, $h'_{UT}=h_{UT}-h_E$，其中，h_{BS} 和 h_{UT} 是實際天線的高度，h_E 是有效環境的高度。對於 UMi，$h_E=1.0$m；對於 UMa，$h_E=1$m 的機率為 $1/[1+C(d_{2D},h_{UT})$〕，不然從離散分佈 uniform[12,15,⋯,(h_{UT}-1.5)〕中進行選擇。

$C(d_{2D}，h_{UT})$ 由以下公式列出

$$C\left(d_{2D},h_{UT}\right)=\begin{cases}0 & ,\ h_{UT}<13\text{m}\\ \left(\dfrac{h_{UT}-13}{10}\right)^{1.5} g\left(d_{2D}\right) & ,\ 13\text{m}\leqslant h_{UT}\leqslant 23\text{m}\end{cases}$$

其中，

$$g\left(d_{2D}\right)=\begin{cases}0 & ,\ d_{2D}<18\text{m}\\ \dfrac{5}{4}\left(\dfrac{d_{2D}}{100}\right)^3 \exp\left(\dfrac{-d_{2D}}{150}\right) & ,\ 18\text{m}\leqslant d_{2D}\end{cases}$$

註 2：此表中 PL 公式的適用頻率範圍是 $0.5<f_c<f_H$ GHz，其中，對於 RMa，$f_H=30$ GHz，對於其他情況，$f_H=100$ GHz。基於在 24 GHz 下進行的單次模擬，可以驗證大於 7 GHz 的 RMa 路徑損耗模型。

註 3：UMa NLOS 路徑損耗來自 TR36.873 的簡化格式，並且 $PL_{UMa\text{-}LOS}$ 為 UMa LOS 戶外場景的路徑損耗。

註 4：$PL_{UMi\text{-}LOS}$ 為 UMi−Street Canyon LOS 室外場景的路徑損耗。

註 5：中斷點距離 $d_{BP}=2\pi h_{BS}h_{UT}f_c/c$。其中，$f_c$ 是中心頻率，單位為 Hz，$c=3.0\times10^8$ m/s 是在自由空間中的傳播速度，h_{BS} 和 h_{UT} 分別對應在 BS 和 UT 位置的天線高度。

註 6：f_c 表示以 1GHz 歸一化的中心頻率，所有與距離相關的值均以 1m 歸一化，除非另有說明。

11.2.3 傳播模型校正原理

傳播模型表現了在某種特定環境或傳播路徑下無線電波的傳播損耗情況。傳播模型的使用直接影響了無線網路規劃中覆蓋、容量等指標的模擬和預測結果，因而對規劃結果的準確性有重要影響。傳播模型與無線場景有很大的聯繫，不同的無線環境下傳播模型有很大的差異。在無線網路規劃中，需要根據環境的差異對原始傳播模型進行校正，以獲得適合本地區無線環境的傳播模型。

在模型校正前，首先選定需要校正的傳播模型原型，再匯入針對當地的實際無線環境做無線傳播特性測試所得的資料，利用 U-Net 工具對模型公式中的係數進行修正而得到實際預測使用的傳播模型。

傳播模型校正流程如圖 11-3 所示。傳播模型校正的一般過程包括以下內容。

(1) 選定模型並設定各個參數值，通常可選擇該頻率上的預設值進行設定，也可以是其他地方類似地形的校正參數。

(2) 以選定的模型進行無線傳播預測，將預測值與路測資料做比較得到一個差值。

(3) 根據所得差值的統計結果修改模型參數。

經過不斷的疊代、處理，直到預測值與路測資料的均方差及標準差數值達到最小，此時得到的模型各參數值就是我們所需校正後的參數。

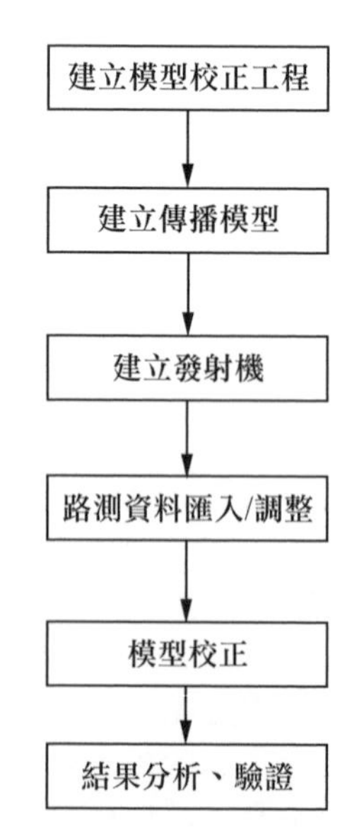

圖 11-3 傳播模型校正流程

一般傳播模型校正既支援基於連續波（Continuous Wave，CW）測試資料校正，也支援基於道路（Driver Test，DT）測試資料校正。

傳播模型校正本質上是一個曲線擬合的過程，即透過調整傳播模型的係數，使利用傳播模型計算得到的路徑損耗值與實測路徑損耗值誤差最小。

11.2.4 傳播模型校正演算法

1. 傳播模型校正的最小平方演算法

對於指定的一組資料 $\{(x_i,y_i)\}_{i=1}^{m}$，假設擬合函數的形式為 $\varphi(x)=\sum_{j=0}^{n}a_j\varphi_j(x)$，其中，$\{\varphi_j(x)\}$ 為已知的線性無關函數系，求係數 $a_0, a_1, \cdots, a_n$，使

$$\sum_{i=1}^{n}\delta^2=\sum_{i=1}^{n}\left[y_i-j(x_i)\right]^2=\sum_{i=1}^{m}\sum_{j=1}^{n}\left[a_j j_j(x_i)-y_i\right]^2$$

該公式值為極小的問題，叫作線性最小平方問題。函數系稱為該最小平方問題的基，$\sum_{i=1}^{n}\delta^2$ 稱為殘量平方和。若 $\tilde{\varphi}(x)=\sum_{j=0}^{n}\tilde{a}_j\varphi_j(x)$ 的係數 $\tilde{a}_0, \tilde{a}_1, \cdots, \tilde{a}_n$ 使 $\sum_{i=1}^{n}\delta^2$ 達到極小，即有

$$\sum_{i=1}^{n}\delta^2=\min\sum_{i=1}^{n}\delta^2(a_1, a_2, \cdots, a_n)$$

則 $\tilde{\varphi}(x)=\sum_{j=0}^{n}\tilde{a}_j\varphi_j(x)$ 稱為資料 $\{(xi,yi)\}_{i=1}^{m}$ 的最小平方擬合，（a_1，a_2，L）為最小平方解。

2. 傳播模型校正演算法流程

基於最小平方演算法疊代校正傳播模型的演算法流程如圖 11-4 所示。

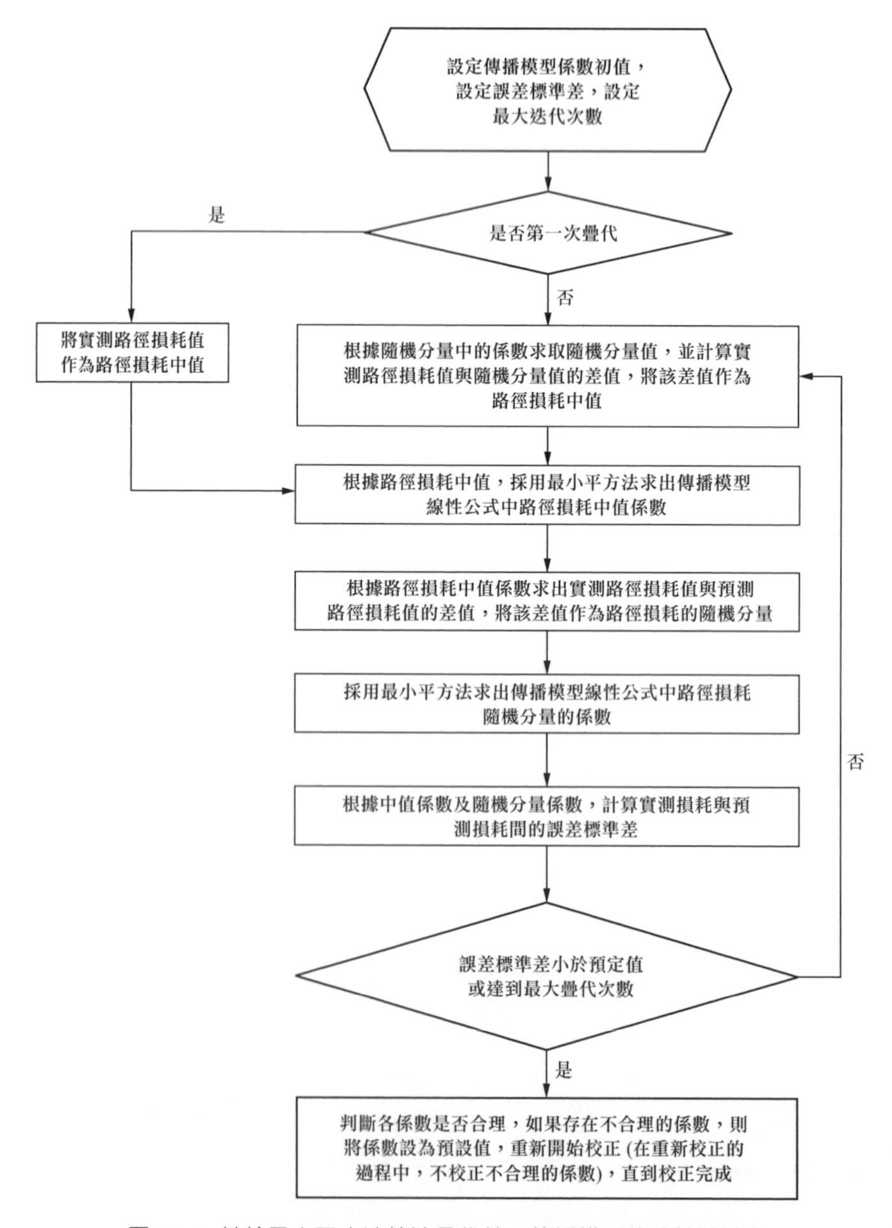

圖 11-4 基於最小平方演算法疊代校正傳播模型的演算法流程

11.2.5 傳播模型校正資料獲取

1. CW 測試和 DT 測試

一般傳播模型校正既支援基於 CW 測試資料校正，也支援基於 DT 測試資料校正。目前，WINS Cloud U-Net 僅支援基於 DT 測試資料校正。CW 測試資料可以透過補充 PCI 和頻點資訊轉換成 DT 資料，再進行校正。

CW 測試即在典型區域架設發射天線，發射單載體訊號，然後在預先設定的線路上進行車載測試，使用車載接收機接收並記錄各處的訊號場強。CW 測試頻率和環境選擇比較方便，而且是全向單載體測試，因而易於避免其他電波干擾和天線增益不同引起的測試誤差，擷取資料的準確性具有良好的保障。

CW 測試擷取的資料包括基地台 ID、使用的天線類型、發射天線距離地表高度、天線有效發射功率、天線水平方向角（與正北方向夾角）、天線垂直方向角、測試範圍、基地台位置、訊號電位校準、測試者資訊、車載資訊以及測試線路上點的位置資訊、各點對應的接收功率等。

對於 CW 測試擷取得到的資料，路徑損耗的計算公式如下。

路徑損耗 = 發射功率 + 天線增益－饋線損耗－ CW 接收功率

DT 測試是在預先設定的線路上進行車載測試，透過車載測試終端接收訊號並記錄各個基地台領航訊號功率資料。DT 測試是在實際網路中獲得路徑損耗資料，測試資料真實地反映了寬頻訊號在本地無線環境中的傳播。由於不需要自行架設基地台，所以 DT 測試具有簡單方便的特點。

對於 DT 測試擷取得到的資料，路徑損耗的計算公式如下。

路徑損耗 = 發射功率 + 天線增益－饋線損耗－行動裝置導頻合併接收功率

2. 場景分析與確認

電波傳播受地形結構和人為環境的影響，無線傳播環境直接決定著傳播模型的選取。影響傳播環境的主要因素如下所述。

（1）地貌：高山、丘陵、平原、水域、植被。
（2）地物：建築物、道路、橋樑。
（3）雜訊：自然雜訊、人為雜訊。
（4）氣候：雨、雪、冰等對特高頻頻段（UHF）的影響較小。

場景的劃分主要從 4 個方面進行考慮：地形、地物密度、地物高度、天線高度與周圍平均建築物高度之間的相對關係。地形、地物密度、地物高度可以透過數位地圖和簡單的環境勘測獲得，天線高度與周圍平均建築物高度之間的相對關係可以透過工程參數資訊和簡單的環境勘測獲得。分場景傳播特點見表 11-9。

表 11-9 分場景傳播特點

場景類型	一般性說明
密集城區 CBD	地形相對平坦，建築物非常密集。區域記憶體在大量的摩天大樓（30 層以上），平均樓高通常在 50m 以上；樓間距很小且不規則，區域內多數街道比較狹窄。該區域內的人口密度也非常高，且絕大多數人員分佈在建築物內。另外，人口分佈還具備非常明顯的時間特點
密集城區住宅區	地形相對平坦，建築物比較密集，平均樓高在 25m ～ 30m。局部地區有規則分佈的樓層，樓間距較小且不規則，平均樓間距為 10m ～ 20m，多數街道（非主幹道）比較狹窄，人口密度較高
高密度普通城區	地處市區，建築物高度適中，平均樓高為 20m 左右；平均樓間距與建築物高度相當，區域記憶體在一定的開闊地、綠地等場景
低密度普通城區	地處城市邊緣，建築物密度不高，平均建築物高度為 15m ～ 20m；建築物分佈相對稀疏，平均樓間距大於樓高。區域內的街道大多較寬，並伴有較多的公園、綠地
郊區	城鄉接合部，平均樓高為 10m 左右，建築物比較稀疏，平均樓間距為 30m ～ 50m，街道很寬，有很多的植被或空地

場景類型	一般性說明
高鐵場景	1. 鐵路會穿過多種地形區域，規劃需要區分地段進行 2. 使用者移動速度快，一般都在 250km/h 以上 3. 多普勒效應明顯 4. 在高速移動的情況下，切換面臨挑戰

3. 測試網站選擇

測試網站選擇的好壞直接影響後期傳播模型校正的準確與否，根據經驗和業界慣例列出一些測試網站選擇原則。

（1）網站周圍無干擾

在 CW 測試之前，需要進行清頻，保證測試網站周圍沒有干擾。

（2）地形地貌與校正模型代表的環境要一致

根據業界慣例，每個場景需要選擇 2 ～ 4 個測試網站，對於密集城區，要求測試不少於 4 個點；對於一般城區，測試不少於 3 個點。然後利用多個網站的測試資料進行合併校正，為了消除地理因素影響，故每個網站周圍的地形地貌要與校正模型代表的環境的地形地貌一致。

（3）避免低窪區域

如果測試網站地勢較低，處於低窪區域，週邊海拔較高，可能會出現越往高處跑、跑得越遠，訊號越強的情況。

（4）避開湖泊、河流等水域

水域對無線訊號有很強的鏡面反射效應，會導致訊號錯亂。

（5）週邊無遮擋

在測試之前，需要考慮網站周圍建築物的高度及地形地貌，保障周圍無明顯遮擋。

（6）依據測試場景，天線高度適中

發射機天線的高度一般要求大於 20m，高出周圍建築物的平均高度。天線比周圍 50m 範圍內的障礙物至少高出 5m。障礙物主要指的是天線所在屋頂上的最高建築物，作為站址的建築物應高於周圍建築物的平均高度。測試網站高度選擇如圖 11-5 所示。

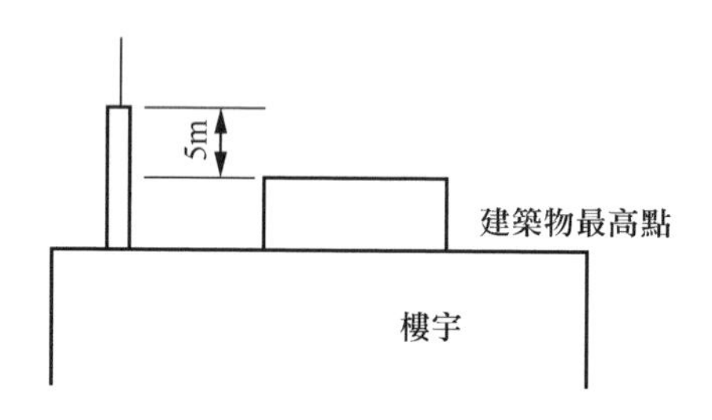

圖 11-5 測試網站高度選擇

樓面不可過大，以避免訊號阻擋。如果樓面過大，可能會對訊號產生阻擋，此時需要對天線的高度做出一定調整。

4. 測試線路選擇

在進行 CW 或 DT 測試時，需要提前根據測試網站的位置規劃合適的測試線路。同時，需要根據不同的地理形態對相近的地理區域進行劃分，或根據數位地圖資訊進行區域劃分，再從以下幾個方面設計線路。

（1）地形

測試線路必須包含區域中所有的地形。

（2）高度

如果該區域的地形起伏差異較大，那麼測試路徑必須包含區域中不同高度的地形。

（3）距離

測試線路必須包含區域中距離網站不同長度的位置。由於 CW 測試校準的距離主要在本社區的影響範圍之內，所以測試距離不必超過未來社區半徑的 2 倍。尤其是在密集城區場景下，應該在站址周圍（500m 範圍之內）獲取足夠的測試資料。

（4）方向

垂直和水平路徑上的測試點數需要保持一致，因為當行動裝置與測試基地台的距離在 3km 以內時，接收訊號受基地台周圍建築物結構和天線高度的影響比較大；平行於訊號傳播方向的訊號強度與垂直於訊號傳播方向的訊號強度相差 10dB 左右。

（5）長度

1 次 CW 測試的路程總長度應大於 60km。需要注意的是，該測試長度是指地理光柵處理後的平均路程長度，重複跑過的線路只能計算一次。設計好線路後，路徑長度可以從數位地圖上讀出。

（6）點數

測試點數越多越好，每個網站的 GPS 測試點數在 10000 點以上或測試時間在 4 小時以上為宜，但前提是測試點分佈均勻。

（7）重疊

不同網站的測試路徑儘量重疊，以增加模型的可靠性。

（8）阻擋物

當天線訊號受某一側的樓面阻擋時，需要合理安排行車線路，不要跑到該樓面後側的陰影區。

（9）避開不合理區域

避開湖泊、河流等水域，避開大路、隧道、岩石峽谷等，以避免出現波導效應。

（10）關注其他 GPS 訊號阻擋物

儘量避免立交橋、隧道等區域，如果無法避免，則要進行適當標注，在測試完畢後過濾。

11.2.6 傳播模型測試準則

1. 定點測試

建議取樣頻率設定為每秒兩個取樣點，建議每個測試點測量時間為 120 秒。

2. 路測要求

實際測試的資料是離散的，是對 $P(d)$ 的取樣。李氏準則或李氏定律（Lee Criteria）列出了對取樣頻率的具體要求。

李氏準則指出：當本征長度為 40 個波長（40λ）、取樣為 50 個樣點時，可使地理平均所得的本地平均值誤差小於 1dB。

根據李氏準則，通常我們在 CW 測試中要求本征長度不超過 40 個波長（40λ），本征長度內要保證不少於 50 個取樣點。

根據以上要求，可以得出最高車速和接收機取樣速度的關係，即 $v_{max} = 0.8\lambda \times f$ 。

需要說明的是，這裡的 f 為測試接收機的取樣頻率。舉例來說，在 3500MHz（波長為 0.086m）的環境下測試，取樣頻率為 100Hz，由此可得的車速上限值如下。

$$v_{max} = 0.8 \times 0.086 \times 100 \approx 6.9\ (m/s) = 24.8\ (km/h)$$

再如，如果希望每兩個取樣點之間的距離為 $\lambda/2$，發射訊號頻率為 2.1GHz，車速為 30km/h，我們可以得出對接收機取樣速度的要求。

頻率 f（Frequency）= 2.1GHz

$\Rightarrow \lambda = 1/7$ m

速度 $v = 30$ km/h $\Rightarrow \dfrac{\lambda / 2}{v} = 8.6$ ms

$\Rightarrow v = 8.3$ m/s

由此可知，接收機每 8.6ms 必須取樣一個點。

11.2.7 傳播模類型資料處理

1. 資料離散處理

一般接收機的取樣速度遠大於 GPS 的取樣速度，每個 GPS 定位點下按時間順序會有多個測試記錄；實際上這些記錄應該是分佈在相鄰的兩個 GPS 定位點之間的。

資料離散就是把這些資料點按時間順序均勻地撒在兩個定位點之間。使用者設定需要離散的最大距離，如果超過該距離，則不需要在不同的兩點之間進行資料離散處理，工具預設設定值為 6m（CW 取樣符合李氏定律：40 個波長的距離內需要取樣 50 個樣點。如果為 2G 頻段，其載體波長為 0.15m，40λ 即 40×0.15=6，為 6m），使用者可以根據實際情況進行設定。離散資料處理如圖 11-6 所示。

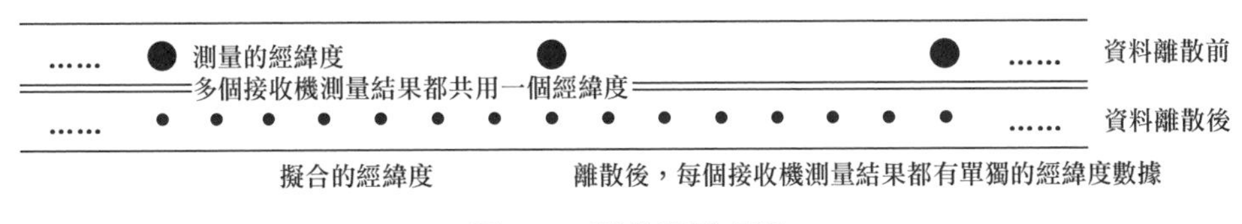

圖 11-6 離散資料處理

2. 資料地理平均

資料地理平均是根據李氏準則，濾除快衰落因素影響從而獲得本地平均值的過程。U-Net 僅實現了基於距離的地理平均。使用者可手動設定資料地理平均的距離大小，工具預設設定值為 6m。使用者可以根據實際測試情況設定合適的平均距離。資料地理平均示意如圖 11-7 所示。

圖 11-7 資料地理平均示意

3. 資料過濾

在進行傳播模型校正前，需要對匯入的測試資料進行過濾，濾除以下不符合條件的點，以保障模型校正的準確性。

（1）GPS 遺失或錯誤的點

在測試的過程中，個別測試點 GPS 失鎖，導致 GPS 遺失或資訊錯誤，這些點要濾除。在高架橋下，隧道中，GPS 不能準確定位的地方處測得的資料也需要過濾。

（2）電位值太大或太小的資料

由於接收機的靈敏度和其他因素的影響，如果測試資料中的電位值過大或過小，不能反映真實的測試情況，則這些資料需要濾除。門限大小根據接收機的特性及客戶的要求共同決定。

（3）車速過快的點

根據李氏定律，測試時車速過快的點需要濾除。

（4）距離天線太近或太遠的資料

根據無線傳播理論，距離發射機太近或太遠的點會過於分散（一般認為距天線的距離為 0.1R ～ 2R 的範圍為合理範圍），不適合用來做傳模校正。

（5）超過 15dB ～ 30dB 卻無法解釋的衰落。

（6）其他在 CW 測試線路設計過程中已確定的不符合要求的路段上的資料。

11.2.8 傳播模型校正過程

傳播模型校正的一般過程如下所述。

（1）選定模型並設定各參數值，通常可以選擇該頻率上的預設值進行設定，也可以是其他地方類似地形的校正參數。

（2）以選定的模型進行無線傳播預測，將預測值與路測資料做比較，得到一個差值。

（3）根據所得差值的統計結果修改模型參數。

經過不斷的疊代、處理，直到預測值與路測資料的平均方差值及標準差達到最小，此時得到的模型各參數值就是我們所需的校正後的參數。

11.2.9 校正參數及結果分析

傳播模型校正的目的是使用真實的測量資料為傳播模型中的每個參數找到最佳化的線性回歸。模型校正的結果是要使預測誤差的均方差和標準差達到最小，並由此來判斷模型的預測結果和實際環境的擬合情況。

完成資料匯入和前置處理後就可以進行模型校正了，模型所有的參數都支援校正。建議需要校正的模型參數見表 11-10。

表 11-10 建議需要校正的模型參數

模型參數	校正範圍	含義說明
C2−los	[0，70]	los 點隨距離的衰減修正係數
C2−nlos	[0，70]	nlos 點隨距離的衰減修正係數
Cant−nlos	[0.5，1]	nlos 點天線增益修正係數（僅 DT 資料需要校正）

模型校正完成後，會輸出統計結果。統計結果中的各個指標用於評價校正結果。指標的具體含義如下所述。

（1）平均誤差（Mean Error）：實測資料值與預測值之間誤差的算術統計平均值，其計算方法如下，其中，n 為總測試點數目。

$$\overline{E} = \frac{1}{n}\sum_{i=1}^{n} E(i)$$

$$E(i) = P_{\text{measured}}(i) - P_{\text{predicted}}(i)$$

（2）均方根誤差（RMS Error）：用均方差表示的預測誤差的平均大小，其計算方法如下。

$$E_{\text{RMS}} = \sqrt{\frac{1}{n}\sum_{i=1}^{n} E^2(i)}$$

（3）標準差（Std..Dev.Error）：表示的是除去平均誤差後的均方差（該統計值可作為校正資料本身的評價指標，因此是整體標準差公式，而非樣本標準差公式），其計算方法如下。

$$\sigma_E = \sqrt{\frac{1}{n}\sum_{i=1}^{n}\left[E(i) - \bar{E}\right]^2}$$

（4）互相關係數（Correlation Coefficient）：反映路測資料值與預測值的線性相關程度，相關係數越大，二者的相關程度越高。當相關係數為負時，表示二者呈負相關，其計算方法如下，其中，$\overline{P}_{measured}$ 和 $\overline{P}_{predicted}$ 分別是路測資料值和預測值的平均值。

$$\text{Corr.Coeff} = \frac{\sum\left\{\left[P_{\text{measured}}(i) - \bar{P}_{\text{measured}}\right] \times \left[P_{\text{predicted}}(i) - \bar{P}_{\text{predicted}}\right]\right\}}{\sum\left[P_{\text{measured}}(i) - \bar{P}_{\text{measured}}\right]^2 \times \left[P_{\text{predicted}}(i) - \bar{P}_{\text{predicted}}\right]^2}$$

註：以上公式中的變數單位都是 dB。

常用的模型校正結果的判斷準則見表 11-11。

表 11-11 常用的模型校正結果的判斷準則

類別	均方根誤差	平均誤差	說明
非常好	<7dB	[−1，1]dB	校正後的模型與場景轉換程度很高，可以應用於同一場景
好	<9dB	[−1，1]dB	校正後的模型與場景轉換程度良好，可以應用於同一場景
一般	>9dB	>1dB 或≤ −1dB	校正後的模型與場景轉換程度一般，不建議使用該模型

在校正工作完成後，除了誤差統計指標以外，還可以利用圖示對結果進行分析，評價校正模型的精度。透過圖示可以形象地看出模型偏差的分佈情況。如果有些路段的偏差非常大，並且可以判斷出是測試誤差所致，那麼就可以刪掉這些點重新進行模型校正。

對於校正結果，首先要排除輸入資料的準確性，在保證輸入資料準確的前提下，使用以下操作來提升模型與場景的轉換性。

（1）設定更嚴格的門限，進一步對校正資料進行過濾後重新校正。
（2）如果路測區域較廣，範圍記憶體在多個有明顯特徵差異的場景，則將路測區域細分為多個子區域，並分別進行模型校正。

如果此問題確實由於場景複雜所致，則更換其他模型或仍然使用該模型，但是其預測的準確性可能會下降，可以透過增加餘量的方式保證規劃所要達到的效果。

11.3 5G 模擬特點

11.3.1 立體模擬

傳統 LTE 網路未來的發展方向是異質網路（HetNets），異質網路由多層網路立體組成。目前的網路評估手段（舉例來說，路測、傳統模擬、MR 資料分析等）都是二維平面的，立體模擬提供了一種三維的「3D 虛擬設計」技術，與異質網路的立體網路拓樸相匹配。

行動通訊使用者是立體分佈的，即在建築物內小範圍移動的使用者以及在地面上移動的使用者。傳統模擬只對地面層進行了評估，缺少對建築物內不同高度上的評估。

行動通訊使用者在室內時，只在建築物內移動，因此底層（1.5m）以上高度的評估只針對建築物，在設定一個建築物的平均層高之後，分別對每個層高的高度進行模擬評估，這與行動使用者終端所在的高度是一致的。這種方法評估了使用者在任何可能出現的位置的網路性能，是對無線網路的完整呈現。傳統的平面模擬結果（左邊兩圖）及立體模擬結果如圖 11-8 所示。傳統的平面模擬結果只評估了底層（1.5m）的覆蓋及性能，而立體模擬結果可評估不同高度（設定值）的覆蓋及性能。

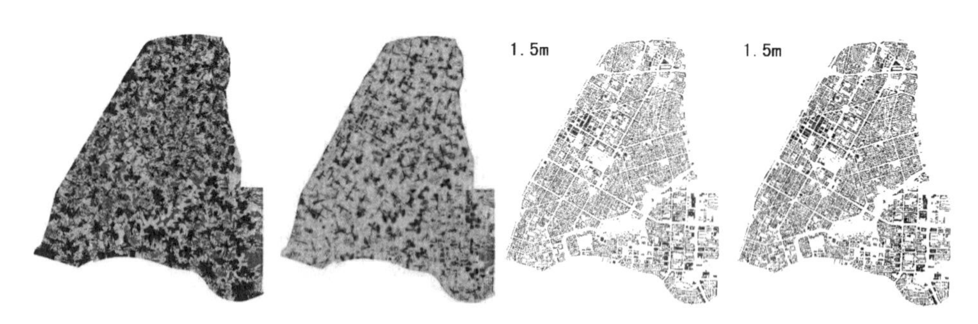

圖 11-8 傳統的平面模擬結果（左邊兩圖）及立體模擬結果

同時，立體模擬可以三維立體地匯出到 Google 地圖上，使測試者有更直觀的感受。HZ 市 BJ 區雙創立體模擬如圖 11-9 所示，在此模擬圖中可以很直接地看出各個樓宇週邊訊號覆蓋的強弱。

圖 11-9 HZ 市 BJ 區雙創立體模擬

11.3.2 5G 模擬天線設定

1. 基礎天線匯入

Atoll（一個無線網路模擬軟體）工具需要的天線建模資料有天線名、天線增益、天線的水平和垂直波瓣圖資料。其中，波束寬度 Beamwidth、單向增益最大值 Fmax、單向增益最小值 Fmin 為參考參數，對計算無影響。天線的電調傾角和電調方向角從波瓣圖中讀取。在 5G NR 中通常不會使用傳統天線，因此現在介紹的天線建模方法用於未成形的天線陣元建模。

Atoll 天線建模主要參數包括天線名、天線增益、廠商、垂直 / 水平波瓣圖、電子傾角、電子方向角、最大 / 最小適用頻率、半功率開角和物理天線名。基礎天線檔案匯入如圖 11-10 所示。

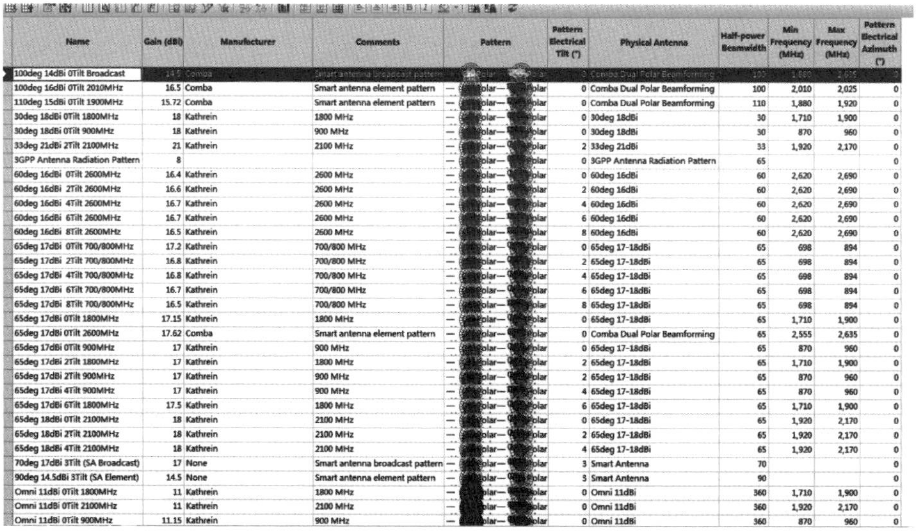

Name	Gain (dBi)	Manufacturer	Comments	Pattern	Pattern Electrical Tilt (°)	Physical Antenna	Half-power Beamwidth	Min Frequency (MHz)	Max Frequency (MHz)	Pattern Electrical Azimuth (°)
100deg 14dBi 0Tilt Broadcast	14.5	Comba	Smart antenna broadcast pattern	— Polar— Polar	0	Comba Dual Polar Beamforming	100	1,880	2,635	0
100deg 16dBi 0Tilt 2010MHz	16.5	Comba	Smart antenna element pattern	— Polar— Polar	0	Comba Dual Polar Beamforming	100	2,010	2,025	0
110deg 15dBi 0Tilt 1900MHz	15.72	Comba	Smart antenna element pattern	— Polar— Polar	0	Comba Dual Polar Beamforming	110	1,880	1,920	0
30deg 18dBi 0Tilt 1800MHz	18	Kathrein	1800 MHz	— Polar— Polar	0	30deg 18dBi	30	1,710	1,900	0
30deg 18dBi 0Tilt 900MHz	18	Kathrein	900 MHz	— Polar— Polar	0	30deg 18dBi	30	870	960	0
33deg 21dBi 2Tilt 2100MHz	21	Kathrein	2100 MHz	— Polar— Polar	2	33deg 21dBi	33	1,920	2,170	0
3GPP Antenna Radiation Pattern	8			— Polar— Polar	0	3GPP Antenna Radiation Pattern	65			0
60deg 16dBi 0Tilt 2600MHz	16.4	Kathrein	2600 MHz	— Polar— Polar	0	60deg 16dBi	60	2,620	2,690	0
60deg 16dBi 2Tilt 2600MHz	16.6	Kathrein	2600 MHz	— Polar— Polar	2	60deg 16dBi	60	2,620	2,690	0
60deg 16dBi 4Tilt 2600MHz	16.7	Kathrein	2600 MHz	— Polar— Polar	4	60deg 16dBi	60	2,620	2,690	0
60deg 16dBi 6Tilt 2600MHz	16.7	Kathrein	2600 MHz	— Polar— Polar	6	60deg 16dBi	60	2,620	2,690	0
60deg 16dBi 8Tilt 2600MHz	16.5	Kathrein	2600 MHz	— Polar— Polar	8	60deg 16dBi	60	2,620	2,690	0
65deg 17dBi 0Tilt 700/800MHz	17.2	Kathrein	700/800 MHz	— Polar— Polar	0	65deg 17-18dBi	65	698	894	0
65deg 17dBi 2Tilt 700/800MHz	16.8	Kathrein	700/800 MHz	— Polar— Polar	2	65deg 17-18dBi	65	698	894	0
65deg 17dBi 4Tilt 700/800MHz	16.8	Kathrein	700/800 MHz	— Polar— Polar	4	65deg 17-18dBi	65	698	894	0
65deg 17dBi 6Tilt 700/800MHz	16.7	Kathrein	700/800 MHz	— Polar— Polar	6	65deg 17-18dBi	65	698	894	0
65deg 17dBi 8Tilt 700/800MHz	16.5	Kathrein	700/800 MHz	— Polar— Polar	8	65deg 17-18dBi	65	698	894	0
65deg 17dBi 0Tilt 1800MHz	17.15	Kathrein	1800 MHz	— Polar— Polar	0	65deg 17-18dBi	65	1,710	1,900	0
65deg 17dBi 0Tilt 2600MHz	17.62	Comba	Smart antenna element pattern	— Polar— Polar	0	Comba Dual Polar Beamforming	65	2,555	2,635	0
65deg 17dBi 0Tilt 900MHz	17	Kathrein	900 MHz	— Polar— Polar	0	65deg 17-18dBi	65	870	960	0
65deg 17dBi 2Tilt 1800MHz	17	Kathrein	1800 MHz	— Polar— Polar	2	65deg 17-18dBi	65	1,710	1,900	0
65deg 17dBi 2Tilt 900MHz	17	Kathrein	900 MHz	— Polar— Polar	2	65deg 17-18dBi	65	870	960	0
65deg 17dBi 4Tilt 900MHz	17	Kathrein	900 MHz	— Polar— Polar	4	65deg 17-18dBi	65	870	960	0
65deg 17dBi 6Tilt 1800MHz	17.5	Kathrein	1800 MHz	— Polar— Polar	6	65deg 17-18dBi	65	1,710	1,900	0
65deg 18dBi 0Tilt 2100MHz	18	Kathrein	2100 MHz	— Polar— Polar	0	65deg 17-18dBi	65	1,920	2,170	0
65deg 18dBi 2Tilt 2100MHz	18	Kathrein	2100 MHz	— Polar— Polar	2	65deg 17-18dBi	65	1,920	2,170	0
65deg 18dBi 4Tilt 2100MHz	18	Kathrein	2100 MHz	— Polar— Polar	4	65deg 17-18dBi	65	1,920	2,170	0
70deg 17dBi 3Tilt (SA Broadcast)	17	None	Smart antenna broadcast pattern	— Polar— Polar	3	Smart Antenna	70			0
90deg 14.5dBi 3Tilt (SA Element)	14.5	None	Smart antenna element pattern	— Polar— Polar	3	Smart Antenna	90			0
Omni 11dBi 0Tilt 1800MHz	11	Kathrein	1800 MHz	— Polar— Polar	0	Omni 11dBi	360	1,710	1,900	0
Omni 11dBi 0Tilt 2100MHz	11	Kathrein	2100 MHz	— Polar— Polar	0	Omni 11dBi	360	1,920	2,170	0
Omni 11dBi 0Tilt 900MHz	11.15	Kathrein	900 MHz	— Polar— Polar	0	Omni 11dBi	360	870	960	0

圖 11-10 基礎天線檔案匯入

在載入天線檔案後，可以透過手動更新的方法對波瓣圖中的半功率開角、電子傾角、電子方向角等資料進行屬性的自動更新。自動更新相關天線參數如圖 11-11 所示。

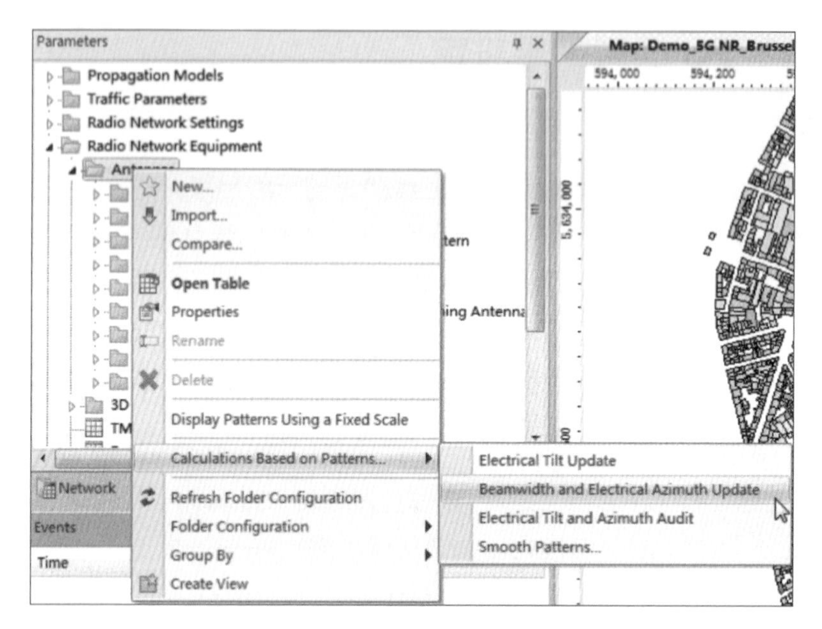

圖 11-11 自動更新相關天線參數

2. 波束成形建模（Massive MIMO 天線裝置）

目前，Atoll 採用波束切換（Beamswiching）的 3D 波束成形（Beamforming）建模方式。在運算時，Atoll 會從現有的 Beamforming 天線波瓣圖中選擇能夠為指定位置提供最佳服務的波束。因此在 3D Beamforming 建模時，必須先匯入當前 Massive MIMO 所能提供的波束波瓣圖，用於 Massive MIMO 天線裝置建模。

在 Atoll 中，可以使用兩種方式建立 3D Beamforming 模型。

（1）如果已經有當前 Massive MIMO 編碼模式下的全部 Beamforming Pattern 檔案，則可以按照 Atoll 格式將其整理後匯入。

（2）如果在 3D Beamforming 建模的時候並沒有得到全部可用的 Beamforming Pattern 檔案，而 Atoll 也提供了透過匯入單一 Massive MIMO 天線陣元的波瓣圖，則由 Atoll 的波束生成器（Beam Generator）來計算幾乎全部的 Beamforming Pattern 的功能。

在新建模型的操作介面中，雙擊 3D Beamforming，選擇 Models，打開 Beamforming 模型表格新建一個模型。新建模型的操作介面如圖 11-12 所示。

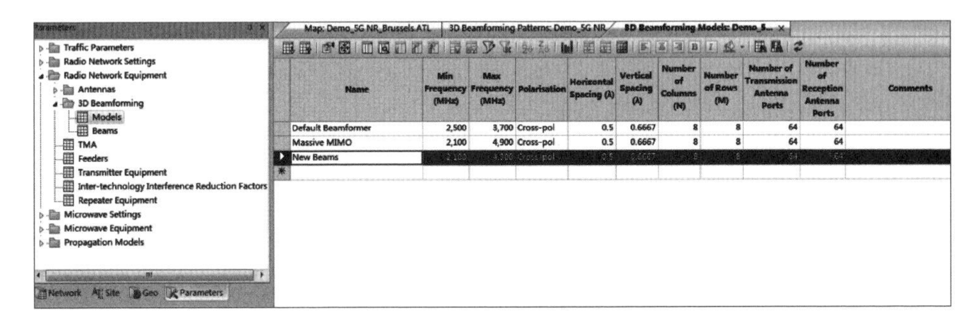

圖 11-12 新建模型的操作介面

對彈出的 New Beams（新波束）進行設定。設定 New Beams 參數的操作介面如圖 11-13 所示。

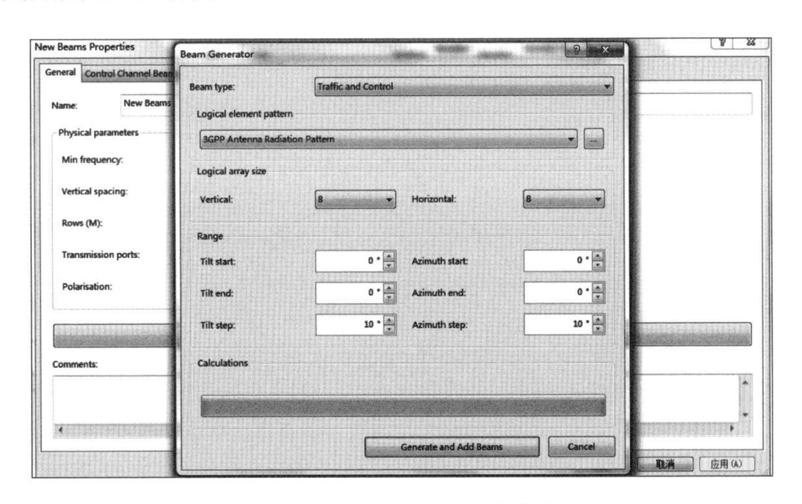

圖 11-13 設定 New Beams 參數的操作介面

其中，具體的參數設定說明如下。

（1）Beam Type（波束類型）設定所計算的 Beams 用於控制通道還是業務通道，或二者都可用。

（2）Logical Element Pattern（邏輯元素模式）設定用於波束成形的基礎天線邏輯單元波瓣圖，需要先用匯入該天線檔案到 Antenna（天線）資料夾中。

（3）Logical Array Size（邏輯陣列大小）設定垂直與水平基礎天線邏輯單元數量，根據不同的組合可以生成不同的波束成形結果。

（4）這裡可定義的最大數值為當前 3D Beamforming 模型設定的行 / 列單元數量。

需要注意的是，生成的 3D Beamforming 建模僅是邏輯上天線的建模，不能代表實際天線物理模型。

64T64R（192AE）裝置窄波束和正常波束示意如圖 11-14 所示，Common Beam（一般波束）場景相關參數設定見表 11-12。

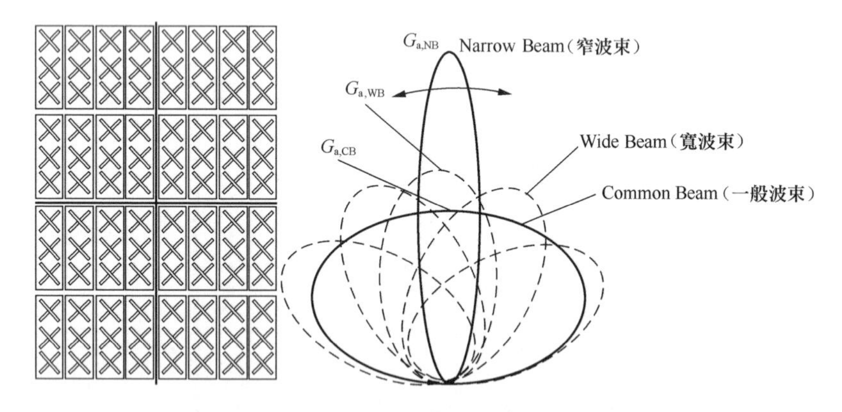

圖 11-14 64T64R（192AE）裝置窄波束和正常波束示意

表 11-12 Common Beam（一般波束）場景相關參數設定

Common Beam 波束場景	大型基地台	熱點	高樓
垂直波瓣寬度	10°	30°	30°
水平波瓣寬度	65°	65°	20°
電子傾角	-8°，8°	固定 3°	固定 3°

11.3.3 5G 覆蓋預測模擬方法

接下來，我們將具體介紹在軟體 Atoll 中進行 5G 覆蓋預測的方法。

1. 新建專案

打開 Atoll，找到 File（檔案）→ New（新建），在彈出的 Project Templates（專案範本）對話方塊中選擇 5G NR 與 LTE。Atoll 會根據當前的可用模組提供下面的對話方塊，供使用者選擇所建專案包含的技術制式。如果網路建模只是針對 5G NR 技術，則可以在彈出的技術選擇對話方塊中將 LTE 和 NB-IoT 項去選擇。新建專案操作介面如圖 11-15 所示。

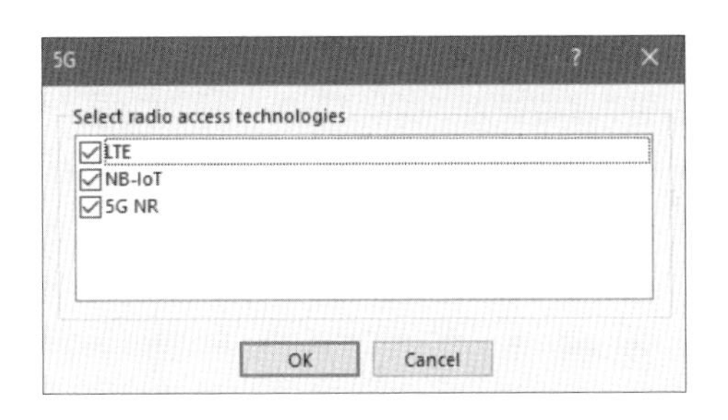

圖 11-15 新建專案操作介面

新建空白專案操作介面如圖 11-16 所示。

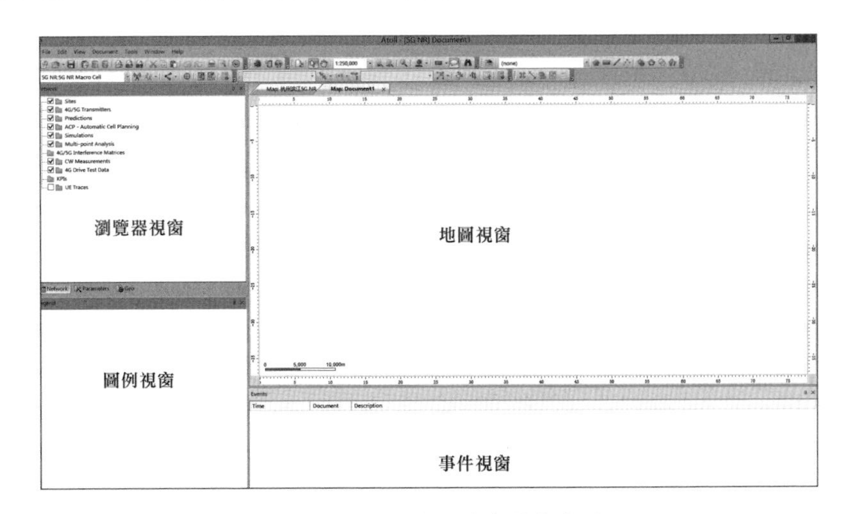

圖 11-16 新建空白專案操作介面

2. 選擇座標系

選擇 Atoll（可支援 2G、3G、4G、5G 無線網路規劃的模擬軟體）選單 Document（文件）→ Properties（特性），可打開座標系選單，本次模擬的是 HZ-BJ。座標系設定視窗如圖 11-17 所示。

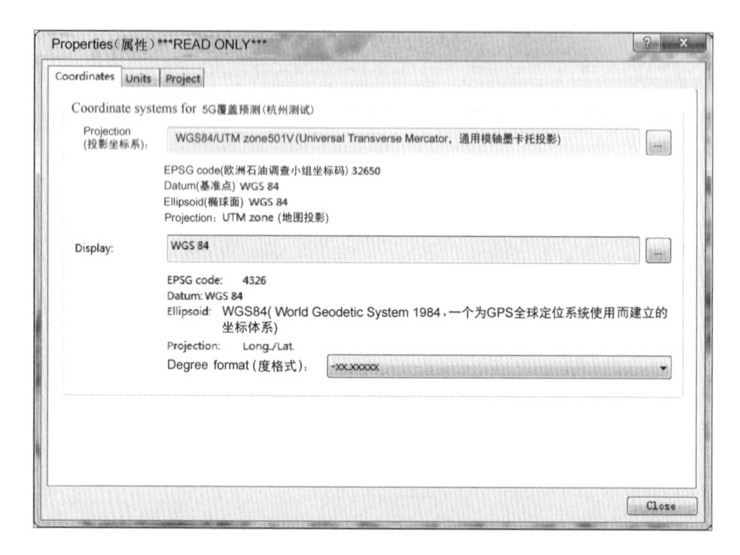

圖 11-17 座標系設定視窗（編按：本圖為簡體中文介面）

3. 匯入三維地圖

Aster（射線追蹤）模型對地圖有更高精度的要求，除了基礎的 height（高度）、clutter（地圖分類）、vector（向量）之外，還需要加入樓宇的模型 Building vector（建築物向量）、Building height（建築物高度）。

選擇選單 File（檔案）→ Import（輸入），具體的對應關係如下。

（1）Height → Digital Terrain Model（數位地形模型）。

（2）Clutter → Clutter Classes。

（3）Vector → Vector。

（4）Building vector → Vector。

（5）Building height → Clutter Heights。

其中，Clutter Classes 需要對地圖屬性進行進一步調整，雙擊 Clutter Classes 資料夾，打開 Clutter Classes Properties 對話方塊，在該對話方塊中設定 Clutter 地圖的屬性。匯入三維地圖操作介面及匯入結果如圖 11-18 所示。

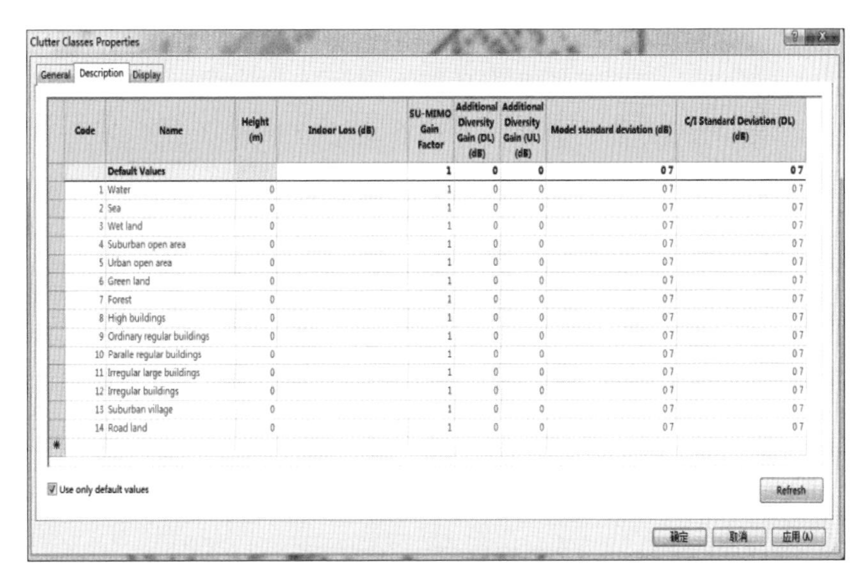

Code	Name	Height (m)	Indoor Loss (dB)	SU-MIMO Gain Factor	Additional Diversity Gain (DL) (dB)	Additional Diversity Gain (UL) (dB)	Model standard deviation (dB)	C/I Standard Deviation (DL) (dB)
	Default Values			1	0	0	0.7	0.7
1	Water	0		1	0	0	0.7	0.7
2	Sea	0		1	0	0	0.7	0.7
3	Wet land	0		1	0	0	0.7	0.7
4	Suburban open area	0		1	0	0	0.7	0.7
5	Urban open area	0		1	0	0	0.7	0.7
6	Green land	0		1	0	0	0.7	0.7
7	Forest	0		1	0	0	0.7	0.7
8	High buildings	0		1	0	0	0.7	0.7
9	Ordinary regular buildings	0		1	0	0	0.7	0.7
10	Paralle regular buildings	0		1	0	0	0.7	0.7
11	Irregular large buildings	0		1	0	0	0.7	0.7
12	Irregular buildings	0		1	0	0	0.7	0.7
13	Suburban village	0		1	0	0	0.7	0.7
14	Road land	0		1	0	0	0.7	0.7

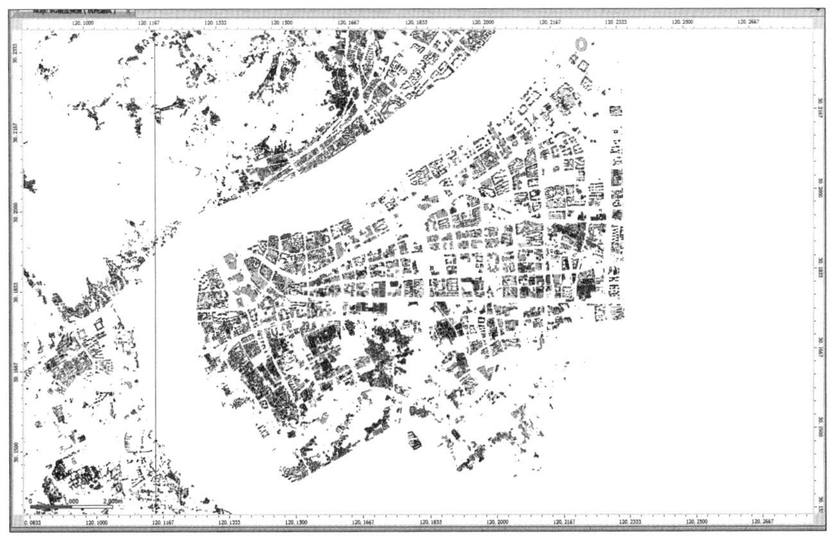

圖 11-18 匯入三維地圖操作介面及匯入結果

4. 匯入網路資料

網路資料是對模擬網站的描述。3 張網路資料列表依次為網站（Sites）、發射機（Transmitter）和社區（Cells）。考慮到各層資料間的邏輯關係，各網路資料表需要按一定的順序來匯入。正確的順序是 Sites → Transmitter → Cells。

（1）匯入 Sites 表

雙擊打開 Sites 表，右鍵點擊 Input（輸入），選中準備好的 Sites 表匯入。匯入 Sites 表操作介面如圖 11-19 所示。

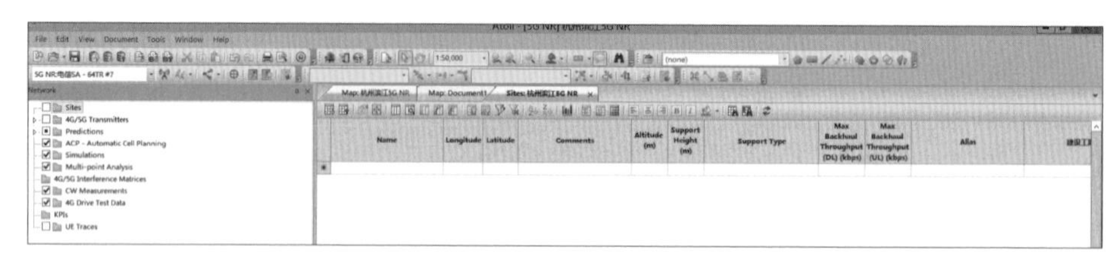

圖 11-19 匯入 Sites 表操作介面

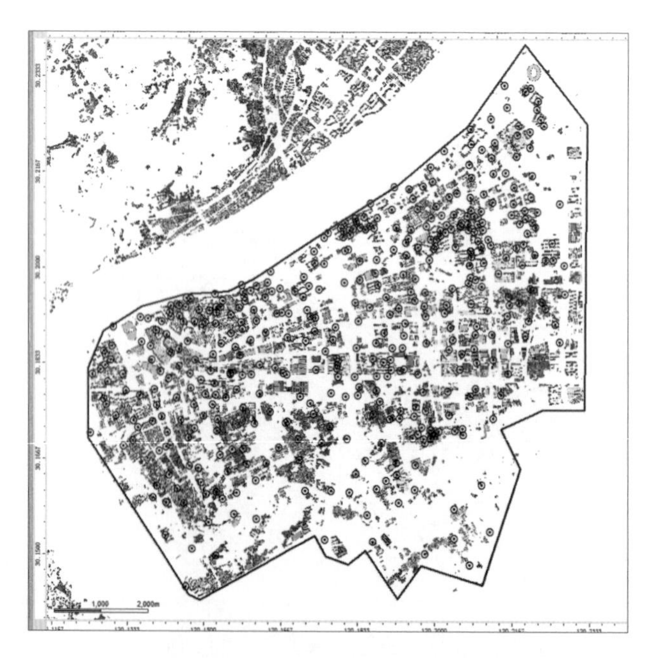

圖 11-20 匯入 Sites 表之後，匯入結果顯示

Sites 表裡需要填寫的內容為 Name（站名）、Longitude（經度）、Latitude（緯度）。Altitude（高度），這些數值是軟體從匯入的地圖中讀取的，無須設定。

匯入 Sites 表之後，匯入結果顯示如圖 11-20 所示。

（2）匯入 Transmitter 表

① 匯入 Transmitter 表

雙擊打開 Transmitter 表，右鍵點擊 Input（輸入），選中準備好的 Transmitter 表匯入。匯入 Transmitter 表操作介面如圖 11-21 所示。

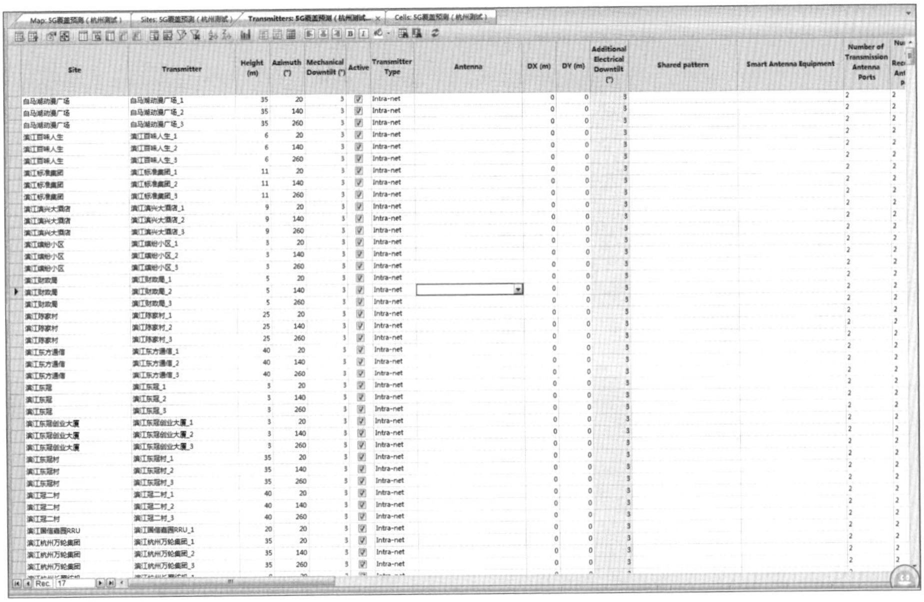

圖 11-21 匯入 Transmitter 表操作介面

其中，Site 要與 Sites 表中的 Name（名稱）一致，Transmitter 建議使用 Site Name 加上尾碼 "_1/_2/_3"。Height 是天線掛高，如果有樓宇，需要寫入的是天線的總掛高，掛高需要準確。如果掛高低於樓宇高度，則被視為室內覆蓋室外，覆蓋效果會非常差。Azimuth 是方位角，Downtilt 是天線下傾角。這些參數都是需要工程參數預先設定的。其他參數（舉例來說，發射天線、接收裝置、發射接收衰耗、模擬模型等）可以在匯入 Transmitter 表之後統一設定。

匯入 Transmitter 表之後，匯入結果顯示如圖 11-22 所示。

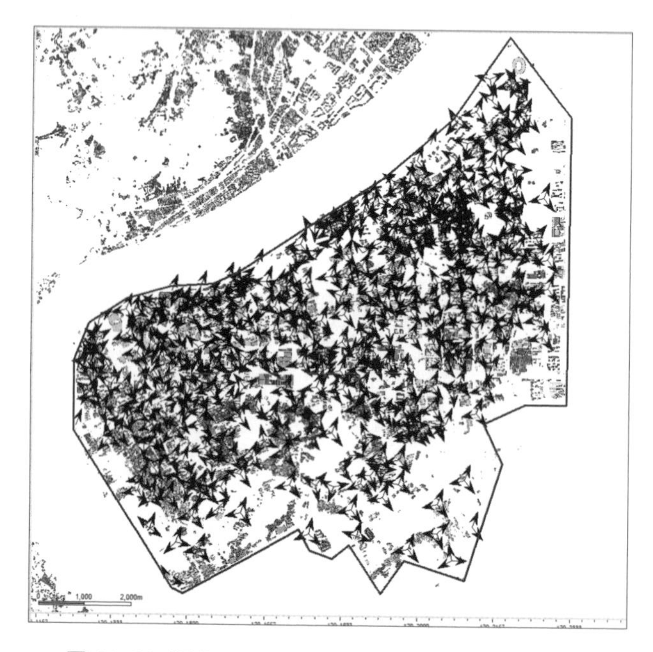

圖 11-22 匯入 Transmitter 表之後，匯入結果顯示

② 5G 模擬資料差異

在 Transmitter 表裡，除了基本的高度、角度之外，部分參數與 4G 不同。舉例來說，原有 4G 的天線都是填在天線（Antenna）一欄，5G 則不採用原始的天線，新增一個天線定義：波束賦型模式（Beamforming Model）。

再如，頻段（Frequency Band）也採用 5G 常用的 n78，中心頻點為 3300MHz。頻段設定如圖 11-23 所示。

針對收發天線數量，4G 一般採用 2T4R，5G 則根據不同的天線採用 16TR\64TR\128TR。

名稱	參考頻率
n1 / E-UTRA 1	2110
n2 / E-UTRA 2	1930
n20 / E-UTRA 20	791
n257	26500
n258	24250
n260	37000
n28 / E-UTRA 28	758
n3 / E-UTRA 3	1805
n41 / E-UTRA 41	2496
n5 / E-UTRA 5	869
n66 / E-UTRA 66	2110
n7 / E-UTRA 7	2620
n78	3300
n8 / E-UTRA 8	925
*	

圖 11-23 頻段設定

（3）匯入 Cell 表

① 匯入 Cell 表

右鍵選中 Transmitter 資料夾，選擇 Cell，打開 Cell 表，右鍵匯入準備好的 Cell 表。Cell 表匯入後的操作介面如圖 11-24 所示。

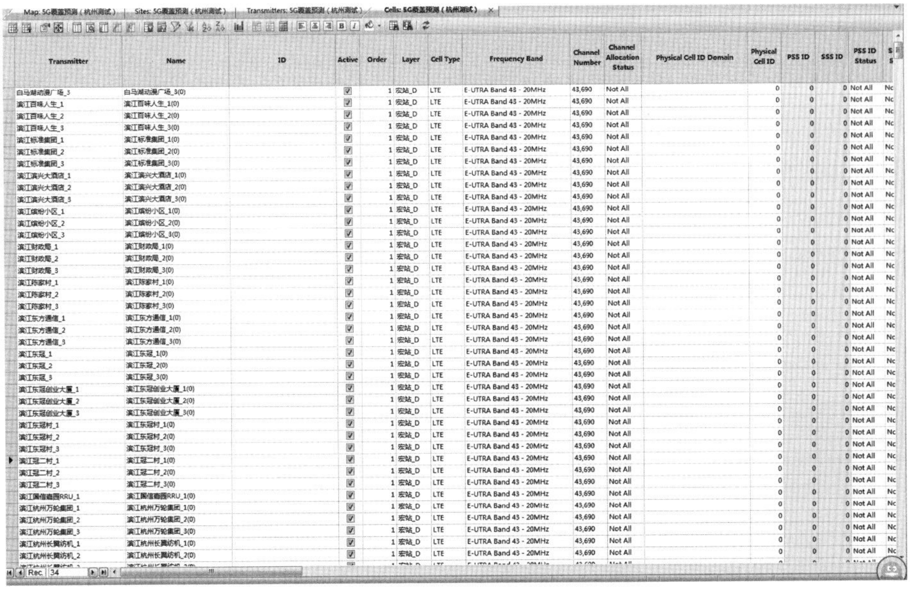

Map: 5G覆盖预测（杭州测试） | Sites: 5G覆盖预测（杭州测试） | Transmitters: 5G覆盖预测（杭州测试） | Cells: 5G覆盖预测（杭州测试）

Transmitter	Name	ID	Active	Order	Layer	Cell Type	Frequency Band	Channel Number	Channel Allocation Status	Physical Cell ID Domain	Physical Cell ID	PSS ID	SSS ID	PSS ID Status
白马湖动漫广场_3	白马湖动漫广场_3(0)		☑	1	宏站_D	LTE	E-UTRA Band 43 - 20MHz	43,690	Not All		0	0	0	Not All
滨江百味人生_1	滨江百味人生_1(0)		☑	1	宏站_D	LTE	E-UTRA Band 43 - 20MHz	43,690	Not All		0	0	0	Not All
滨江百味人生_2	滨江百味人生_2(0)		☑	1	宏站_D	LTE	E-UTRA Band 43 - 20MHz	43,690	Not All		0	0	0	Not All
滨江百味人生_3	滨江百味人生_3(0)		☑	1	宏站_D	LTE	E-UTRA Band 43 - 20MHz	43,690	Not All		0	0	0	Not All
滨江标准集团_1	滨江标准集团_1(0)		☑	1	宏站_D	LTE	E-UTRA Band 43 - 20MHz	43,690	Not All		0	0	0	Not All
滨江标准集团_2	滨江标准集团_2(0)		☑	1	宏站_D	LTE	E-UTRA Band 43 - 20MHz	43,690	Not All		0	0	0	Not All
滨江标准集团_3	滨江标准集团_3(0)		☑	1	宏站_D	LTE	E-UTRA Band 43 - 20MHz	43,690	Not All		0	0	0	Not All
滨江滨兴大酒店_1	滨江滨兴大酒店_1(0)		☑	1	宏站_D	LTE	E-UTRA Band 43 - 20MHz	43,690	Not All		0	0	0	Not All
滨江滨兴大酒店_2	滨江滨兴大酒店_2(0)		☑	1	宏站_D	LTE	E-UTRA Band 43 - 20MHz	43,690	Not All		0	0	0	Not All
滨江滨兴大酒店_3	滨江滨兴大酒店_3(0)		☑	1	宏站_D	LTE	E-UTRA Band 43 - 20MHz	43,690	Not All		0	0	0	Not All
滨江缤纷小区_1	滨江缤纷小区_1(0)		☑	1	宏站_D	LTE	E-UTRA Band 43 - 20MHz	43,690	Not All		0	0	0	Not All
滨江缤纷小区_2	滨江缤纷小区_2(0)		☑	1	宏站_D	LTE	E-UTRA Band 43 - 20MHz	43,690	Not All		0	0	0	Not All
滨江缤纷小区_3	滨江缤纷小区_3(0)		☑	1	宏站_D	LTE	E-UTRA Band 43 - 20MHz	43,690	Not All		0	0	0	Not All
滨江财政局_1	滨江财政局_1(0)		☑	1	宏站_D	LTE	E-UTRA Band 43 - 20MHz	43,690	Not All		0	0	0	Not All
滨江财政局_2	滨江财政局_2(0)		☑	1	宏站_D	LTE	E-UTRA Band 43 - 20MHz	43,690	Not All		0	0	0	Not All
滨江财政局_3	滨江财政局_3(0)		☑	1	宏站_D	LTE	E-UTRA Band 43 - 20MHz	43,690	Not All		0	0	0	Not All
滨江陈家村_1	滨江陈家村_1(0)		☑	1	宏站_D	LTE	E-UTRA Band 43 - 20MHz	43,690	Not All		0	0	0	Not All
滨江陈家村_2	滨江陈家村_2(0)		☑	1	宏站_D	LTE	E-UTRA Band 43 - 20MHz	43,690	Not All		0	0	0	Not All
滨江陈家村_3	滨江陈家村_3(0)		☑	1	宏站_D	LTE	E-UTRA Band 43 - 20MHz	43,690	Not All		0	0	0	Not All
滨江东方通信_1	滨江东方通信_1(0)		☑	1	宏站_D	LTE	E-UTRA Band 43 - 20MHz	43,690	Not All		0	0	0	Not All
滨江东方通信_2	滨江东方通信_2(0)		☑	1	宏站_D	LTE	E-UTRA Band 43 - 20MHz	43,690	Not All		0	0	0	Not All
滨江东方通信_3	滨江东方通信_3(0)		☑	1	宏站_D	LTE	E-UTRA Band 43 - 20MHz	43,690	Not All		0	0	0	Not All
滨江东冠_1	滨江东冠_1(0)		☑	1	宏站_D	LTE	E-UTRA Band 43 - 20MHz	43,690	Not All		0	0	0	Not All
滨江东冠_2	滨江东冠_2(0)		☑	1	宏站_D	LTE	E-UTRA Band 43 - 20MHz	43,690	Not All		0	0	0	Not All
滨江东冠_3	滨江东冠_3(0)		☑	1	宏站_D	LTE	E-UTRA Band 43 - 20MHz	43,690	Not All		0	0	0	Not All
滨江东冠创业大厦_1	滨江东冠创业大厦_1(0)		☑	1	宏站_D	LTE	E-UTRA Band 43 - 20MHz	43,690	Not All		0	0	0	Not All
滨江东冠创业大厦_2	滨江东冠创业大厦_2(0)		☑	1	宏站_D	LTE	E-UTRA Band 43 - 20MHz	43,690	Not All		0	0	0	Not All
滨江东冠创业大厦_3	滨江东冠创业大厦_3(0)		☑	1	宏站_D	LTE	E-UTRA Band 43 - 20MHz	43,690	Not All		0	0	0	Not All
滨江东冠村_1	滨江东冠村_1(0)		☑	1	宏站_D	LTE	E-UTRA Band 43 - 20MHz	43,690	Not All		0	0	0	Not All
滨江东冠村_2	滨江东冠村_2(0)		☑	1	宏站_D	LTE	E-UTRA Band 43 - 20MHz	43,690	Not All		0	0	0	Not All
滨江东冠村_3	滨江东冠村_3(0)		☑	1	宏站_D	LTE	E-UTRA Band 43 - 20MHz	43,690	Not All		0	0	0	Not All
滨江冠二村_1	滨江冠二村_1(0)		☑	1	宏站_D	LTE	E-UTRA Band 43 - 20MHz	43,690	Not All		0	0	0	Not All
滨江冠二村_2	滨江冠二村_2(0)		☑	1	宏站_D	LTE	E-UTRA Band 43 - 20MHz	43,690	Not All		0	0	0	Not All
滨江冠二村_3	滨江冠二村_3(0)		☑	1	宏站_D	LTE	E-UTRA Band 43 - 20MHz	43,690	Not All		0	0	0	Not All
滨江国信嘉园RRU_1	滨江国信嘉园RRU_1(0)		☑	1	宏站_D	LTE	E-UTRA Band 43 - 20MHz	43,690	Not All		0	0	0	Not All
滨江杭州万轮集团_1	滨江杭州万轮集团_1(0)		☑	1	宏站_D	LTE	E-UTRA Band 43 - 20MHz	43,690	Not All		0	0	0	Not All
滨江杭州万轮集团_2	滨江杭州万轮集团_2(0)		☑	1	宏站_D	LTE	E-UTRA Band 43 - 20MHz	43,690	Not All		0	0	0	Not All
滨江杭州万轮集团_3	滨江杭州万轮集团_3(0)		☑	1	宏站_D	LTE	E-UTRA Band 43 - 20MHz	43,690	Not All		0	0	0	Not All
滨江杭州长翼纺机_1	滨江杭州长翼纺机_1(0)		☑	1	宏站_D	LTE	E-UTRA Band 43 - 20MHz	43,690	Not All		0	0	0	Not All
滨江杭州长翼纺机_2	滨江杭州长翼纺机_2(0)		☑	1	宏站_D	LTE	E-UTRA Band 43 - 20MHz	43,690	Not All		0	0	0	Not All

Rec. 34

圖 11-24 Cell 表匯入後的操作介面

其中，Transmitter 欄中的內容和 Transmitter 表中的一致，Name 欄中的內容建議使用 Transmitter 加上尾碼（0），Frequency Band 為頻段。這 3 個參數需要預先設定。其他參數 [舉例來說，Reception Equipment（接收裝置）、Max Power（最大功率）、Max Number of Users（最大使用者數）等] 可以在匯入後統一設定。

② 5G 模擬資料差異

對於載體 Carrier，5G 採用的是 100 MHz-NR-ARFCN 623333。載體設定如圖 11-25 所示。

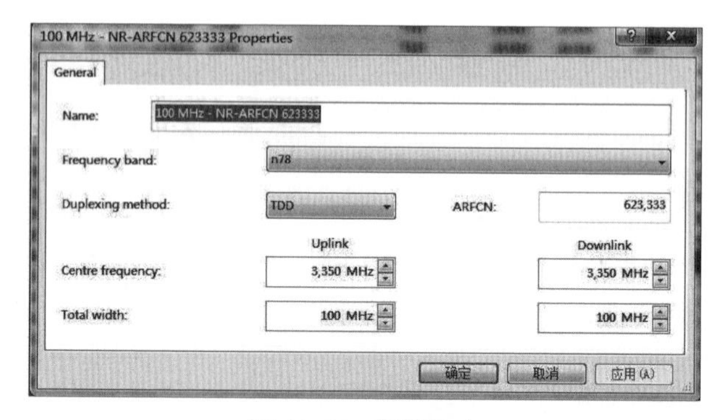

圖 11-25 載體設定

對於最大功率 Max Power（dBm），4G 可將其設定為 43dBm，5G 可將其設定為 53dBm。

5. 傳播計算

（1）設定計算區域

在沒有設定任何計算區域時，覆蓋圖的面積由扇區的計算半徑和最低連線電位限制共同決定，同時工程中的所有扇區都會參與計算。

這次我們將以杭州市濱江區作為計算區域。設定計算區域匯入結果顯示如圖 11-26 所示。

在圖 11-26 中，區域內現網站點的數量為 443 個，扇區的數量為 1130 個。

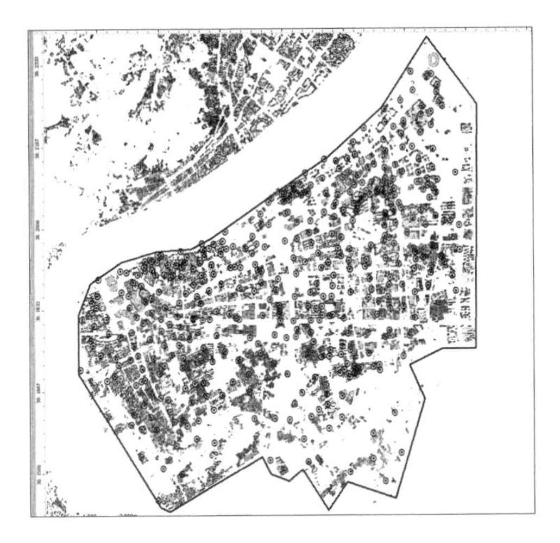

圖 11-26 設定計算區域匯入結果顯示

（2）設定計算精度

由於 Aster 模型對地圖的精度要求很高，因此本次採用的是 5m 精度地圖，綜合考慮計算的準確性和計算速度，本次將計算精度設定為 1m。設定計算精度操作介面如圖 11-27 所示。

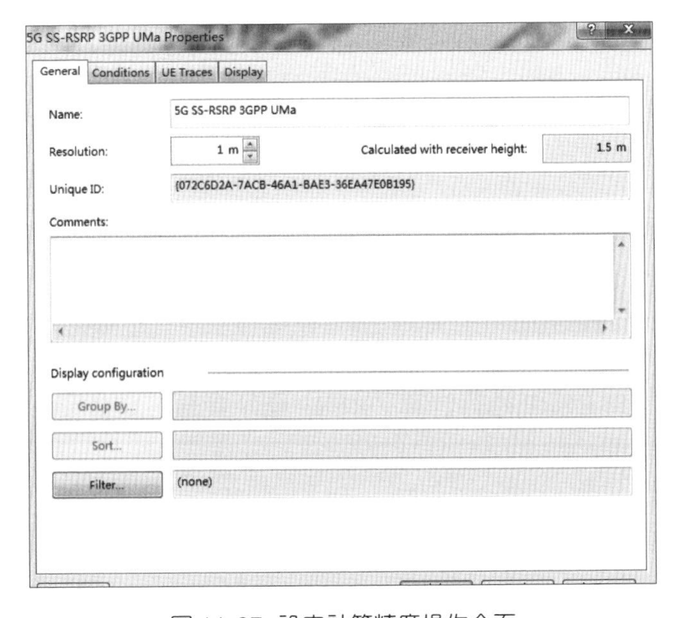

圖 11-27 設定計算精度操作介面

（3）設定接收機高度

右鍵 Radio Network Setting Properties（無線網路設定屬性），可以設定接收機高度，設定不同的接收機高度可以達到立體模擬的要求。這裡將一般行人接收高度設定為 1.5m。設定接收機高度操作介面如圖 11-28 所示。

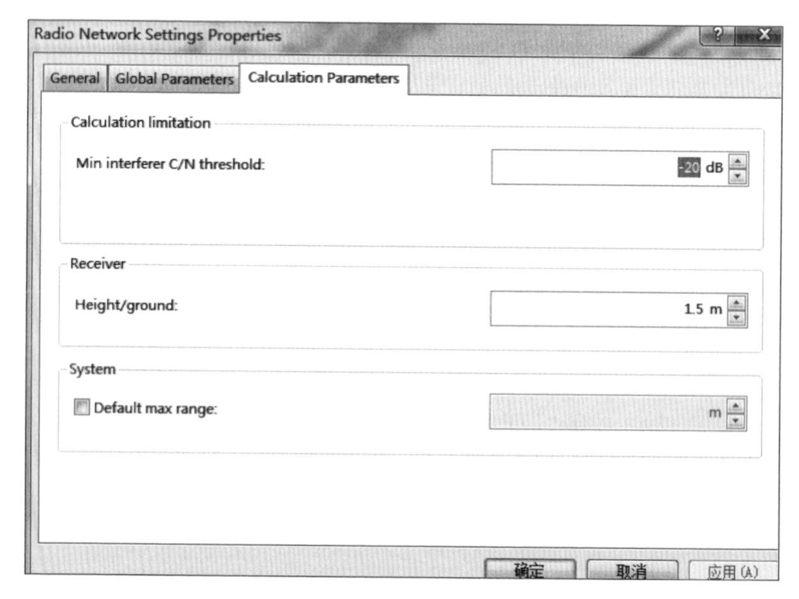

圖 11-28 設定接收機高度操作介面

11.3.4 模擬結果

1. 室外 4G、5G 模擬效果比較

（1）整體模擬結果

對 4G、5G 室外 RSRP 進行計算。RSRP 顯示參數設定如圖 11-29 所示。

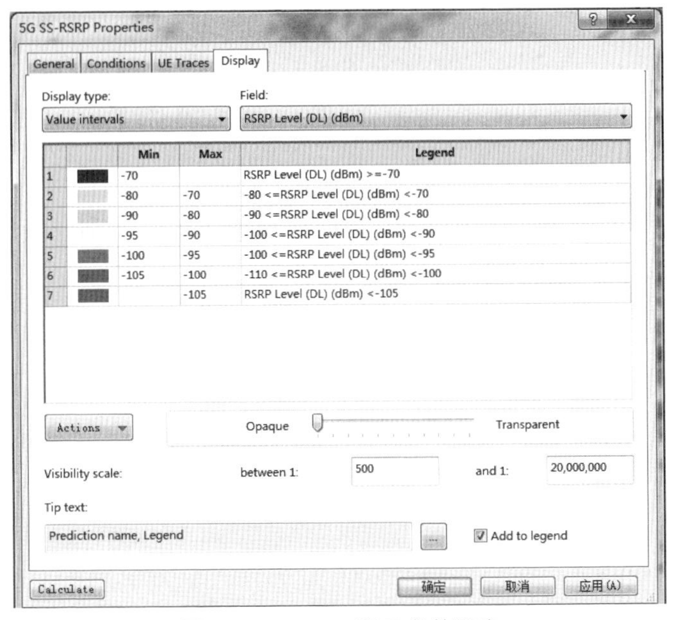

圖 11-29 RSRP 顯示參數設定

5G RSRP 室外覆蓋模擬結果如圖 11-30 所示，4G RSRP 室外覆蓋模擬結果如圖 11-31 所示。

圖 11-30 5G RSRP 室外覆蓋模擬結果

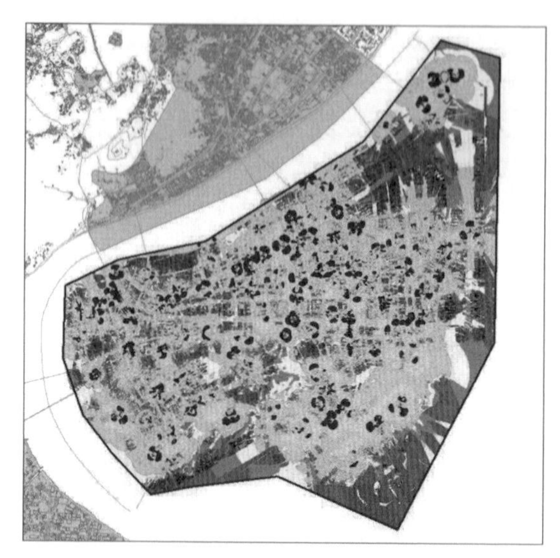

圖 11-31 4G RSRP 室外覆蓋模擬結果

從圖 11-30、圖 11-31 中可以發現，4G 與 5G 的模擬效果大致相同。在樓宇比較密集的區域，由於 5G 的訊號穿透損耗比 4G 訊號大，4G 覆蓋略優於 5G。在開闊地帶，由於 4G 與 5G 均是自由空間衰落，5G 的功率大，所以 5G 可到達更遠的地方。

（2）不同場景模擬結果比較

① 空曠地帶

本次選取 HT 附近空曠場地進行模擬比較。空曠地帶模擬示意如圖 11-32 所示。

空曠地帶的 4G RSRP 室外覆蓋（左）與 5G RSRP 室外覆蓋（右）模擬結果如圖 11-33 所示。

圖 11-32 空曠地帶模擬示意

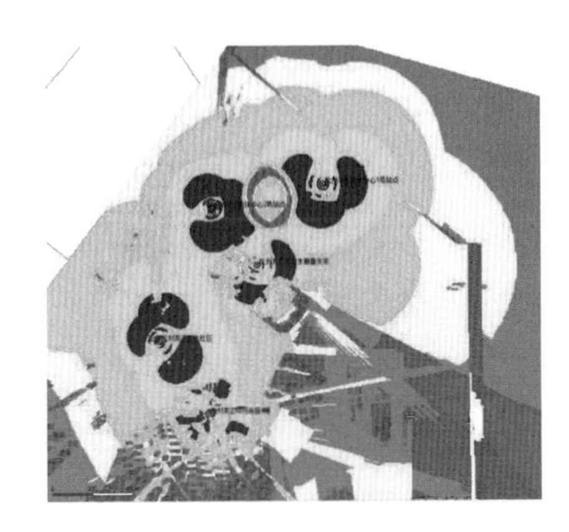
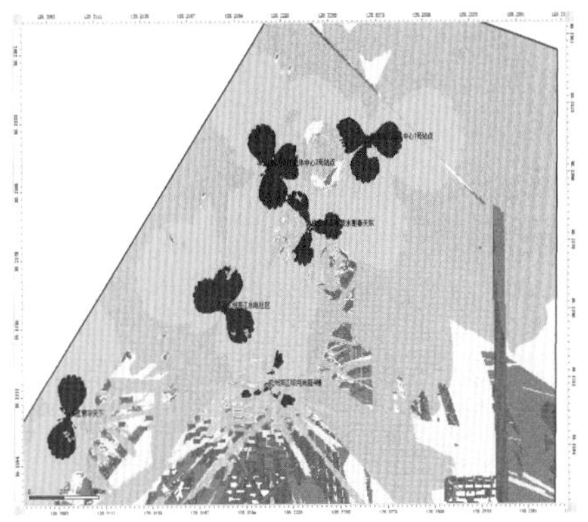

圖 11-33 空曠地帶的 4G RSRP 室外覆蓋（左）與 5G RSRP 室外覆蓋（右）模擬結果

透過圖 11-33 中的左右圖比較可以發現，對於空曠地帶，同是自由空間衰落，5G 訊號由於功率大了 10 個 dB，覆蓋範圍遠遠超過 4G。並且 4G 很容易出現「塔下黑」的情況，而 5G Massive MIMO（大規模天線）由於波束成形的緣故，覆蓋效果由近及遠，呈規則分佈。

② 密集社區

本次選取一處密集型住宅社區進行模擬比較。密集社區模擬示意如圖 11-34 所示。

圖 11-34 密集社區模擬示意

密集社區的 4G RSRP 室外覆蓋結果（左）與 5G RSRP 室外覆蓋（右）模擬結果如圖 11-35 所示。

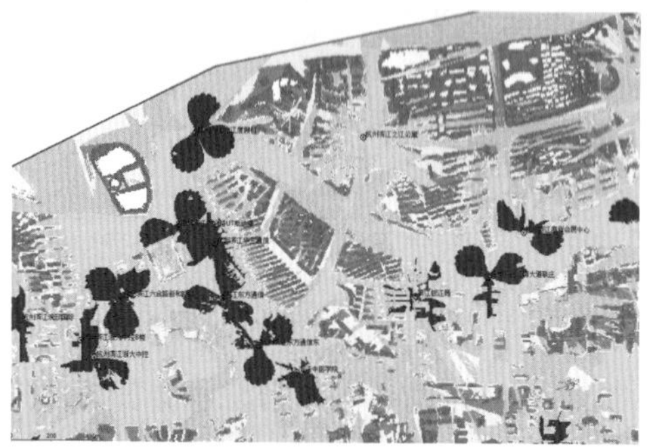

圖 11-35 密集社區的 4G RSRP 室外覆蓋結果（左）與 5G RSRP 室外覆蓋（右）模擬結果

透過圖 11-35 中的左右圖比較可以發現，對於密集社區，5G 由於頻段較高、穿透損耗較大且繞射能力較弱，所以 5G 覆蓋能力比 4G 差。

③ 商務樓宇及道路

本次選取一處商務樓宇及道路進行模擬比較，商務樓宇及道路示意如圖 11-36 所示。

圖 11-36 商務樓宇及道路示意

商務樓宇及道路的 4G RSRP 室外覆蓋結果（左）與 5G RSRP 室外覆蓋結果（右）模擬結果如圖 11-37 所示。

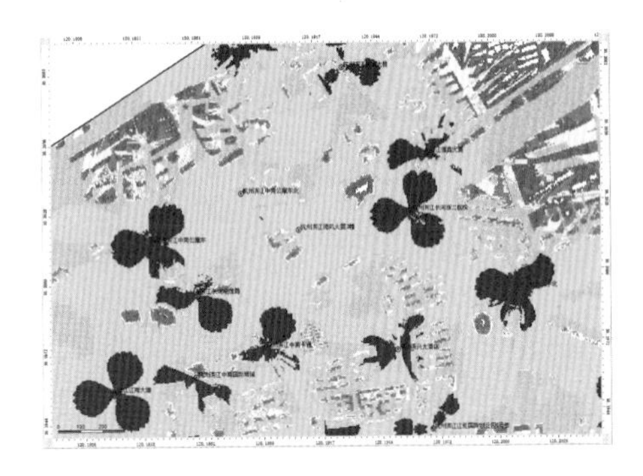

圖 11-37 商務樓宇及道路的 4G RSRP 室外覆蓋結果（左）
與 5G RSRP 室外覆蓋結果（右）模擬結果

透過圖 11-37 中的左右圖比較可以發現，對於商務樓宇及道路，在樓宇分佈不密集的情況下，4G、5G 的覆蓋效果大致相同。網站工程參數見表 11-13。

表 11-13 網站工程參數

Transmitter	高度（m）	方位角（°）
HZ 市 A_1	100	20
HZ 市 A _2	100	100
HZ 市 A _3	100	300
HZ 市 B _1	80	20
HZ 市 B_2	80	140
HZ 市 B_3	80	260

從表 11-13 中可以發現，在樓宇比較密集的市區，佈置太高的點位對地面接收機來説收益很小。

2. 室內 4G、5G 模擬效果比較

在室內模擬時，需要對 Aster 模型進行設定。室內模擬設定介面如圖 11-38 所示。

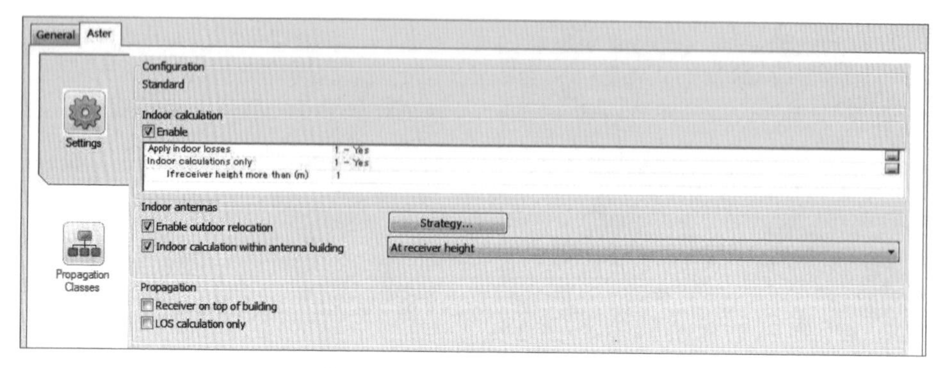

圖 11-38 室內模擬設定介面

將 Indoor calculation（室內計算）設定為「允許」，並且將 Indoor calculations only（只有室內計算）設定為「是」，這裡的判斷條件 If receiver height more than（m）（如果接收機高度多於）是指接收機高度為多少時只進行室內覆蓋計算。由於本次採用的是 1.5m 的接收高度，所以只需要將判斷條件設定為「小於 1.5m」就可以了，這裡將其設定為 1m。

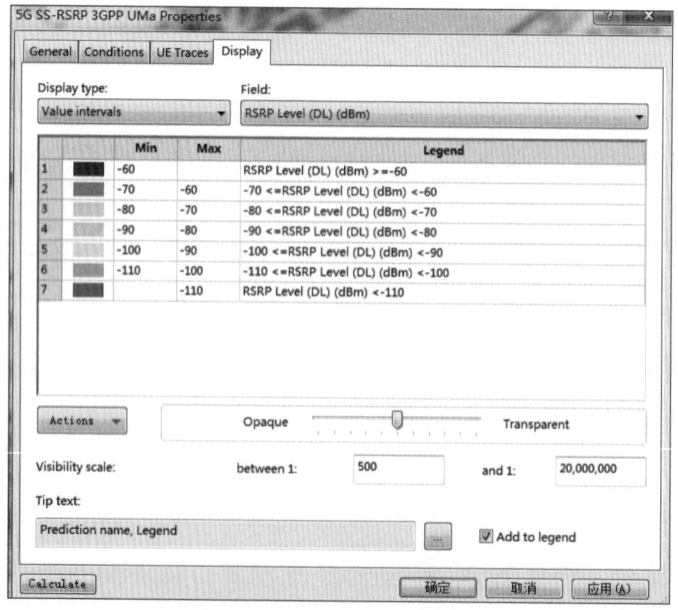

圖 11-39 RSRP 設定介面

考慮到 5G 穿透性較差的特點，本次的設定更加精細，以期獲得更加直觀的效果比較。RSRP 設定介面如圖 11-39 所示。

5G RSRP 室內覆蓋模擬結果如圖 11-40 所示，4G RSRP 室內覆蓋模擬結果如圖 11-41 所示。

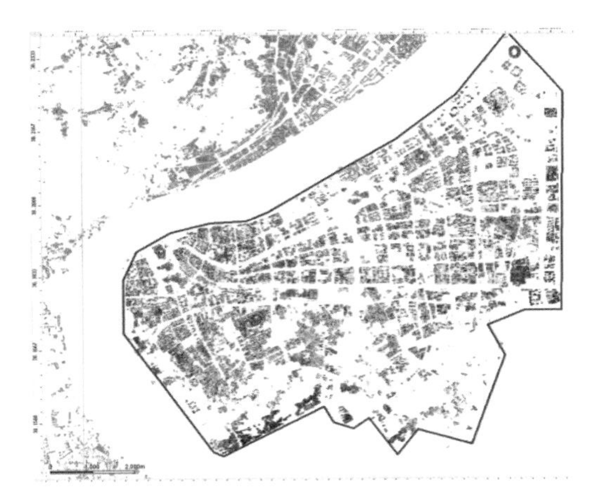

圖 11-40 5G RSRP 室內覆蓋模擬結果

圖 11-41 4G RSRP 室內覆蓋模擬結果

由圖 11-40、圖 11-41 可以發現，5G 的訊號穿透力遠低於 4G，想要透過室外大型基地台覆蓋室內不可行。

3. 16TR/64TR/128TR 天線模擬比較

16T16R Massive MIMO 的 RSRP 平均值為 −92.2dBm。
64T64R Massive MIMO 的 RSRP 平均值為 −86.99dBm。
128T128R Massive MIMO 的 RSRP 平均值為 −84.16dBm。

由此可知，隨著天線陣列的增多，訊號越來越好。

不同的天線模擬結果如圖 11-42 所示。

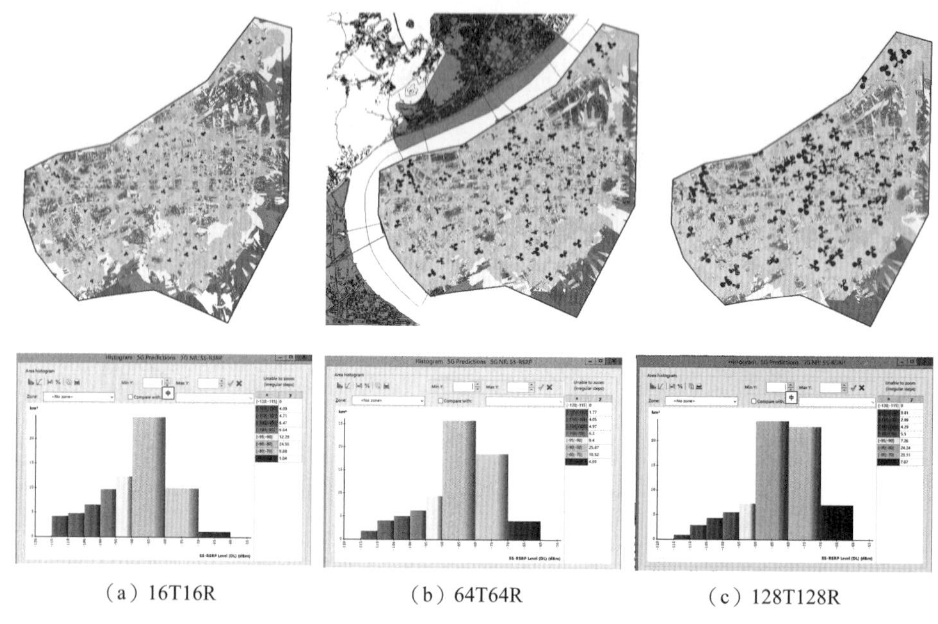

（a）16T16R　（b）64T64R　（c）128T128R

圖 11-42 不同的天線模擬結果

4. ACP 網站最佳化

右鍵 ACP 新建一個計算專案，設定計算區域、頻段、期望最佳化的目標，並且將 RSRP 大於 −110 設定為 90%。ACP 參數設定介面如圖 11-43 所示。

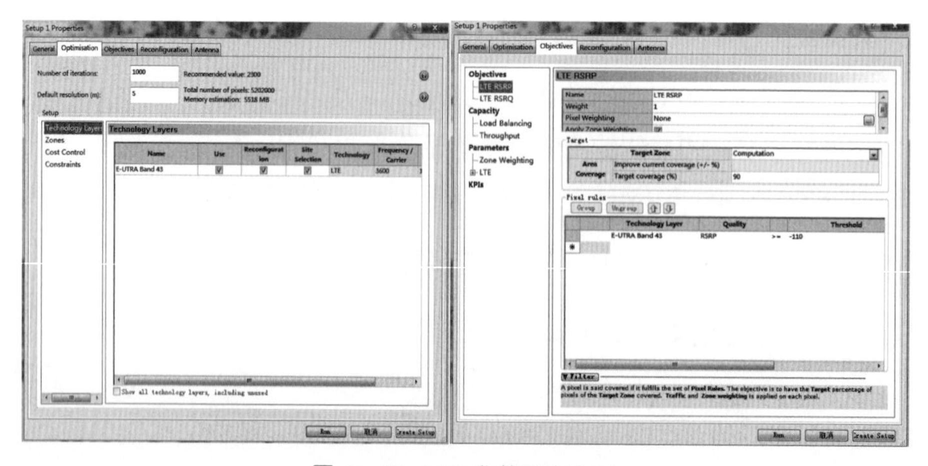

圖 11-43 ACP 參數設定介面

ACP 網站最佳化的執行計算結果如圖 11-44 所示。

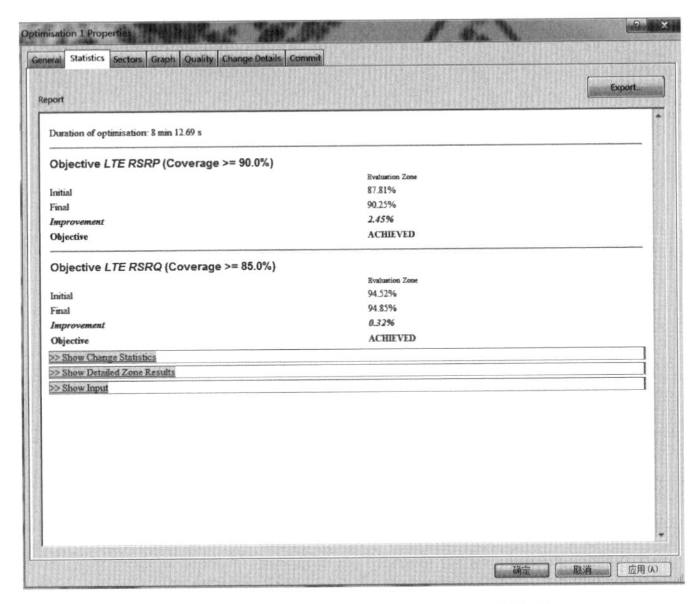

圖 11-44 ACP 網站最佳化的執行計算結果

Statistics（統計）顯示完成最佳化，RSRP 達到預設值。最佳化任務完成介面如圖 11-45 所示。

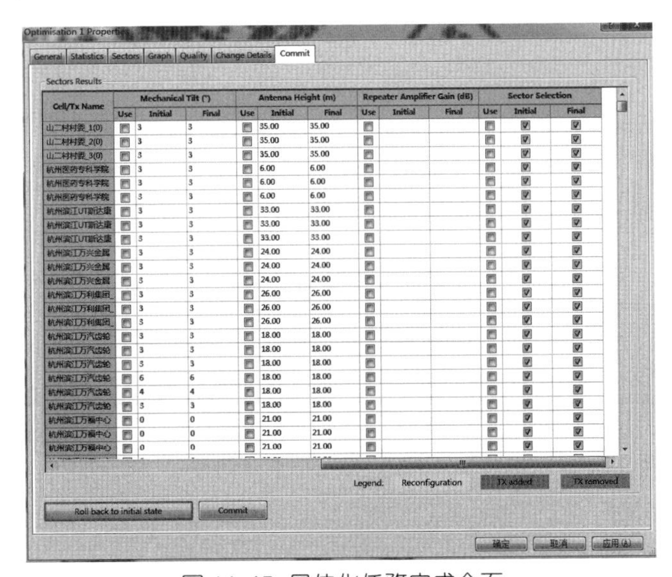

圖 11-45 最佳化任務完成介面

透過 Commit 可以查看各個網站的調整狀態，調整前後的參數變化，並且可以使訊號直接覆蓋到當前的網站參數中。各個網站調整狀態介面如圖 11-46 所示。

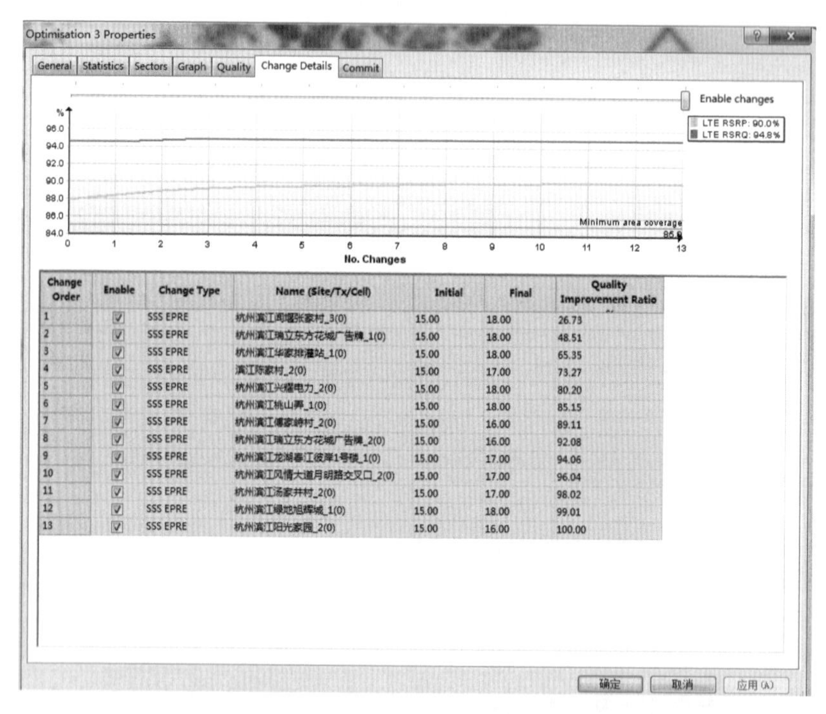

圖 11-46 各個網站調整狀態介面（編按：本圖為簡體中文介面）

透過調整細節（Change Details）可以直接列出修改的網站參數，並且可以透過調整最上方的小方塊改變調整狀態。

某電信業者 5G 網路拓樸實戰

12.1 4G 網路拓樸策略回顧

12.1.1 概述

以某電信業者為例，LTE 網路已經基本實現室內以 2.1GHz 為主覆蓋；城區、縣城和鄉鎮室外以 1.8GHz 和 800MHz 為雙層覆蓋；農村以 800MHz 為廣覆蓋；熱點區疊加 TDD 2.6GHz 點覆蓋的基礎佈局。

基於上述的各頻率覆蓋特性及頻寬情況，多頻協作整體以高頻吸容量（高頻主承載）、低頻廣覆蓋為原則，透過頻率優先順序和重選切換參數的合理設定，實現 2.1GHz/1.8GHz 優先駐留、800MHz 覆蓋托底、2.6GHz 負荷分擔的多頻協作，為適合語音資料融合的 4G 精品網路打好基礎。

初期 LTE 800MHz 網路部署後的頻段情況如圖 12-1 所示。

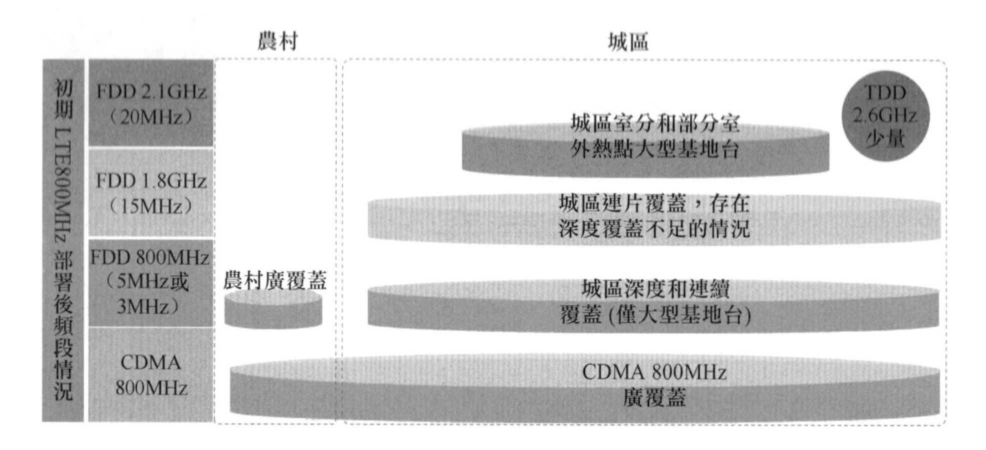

圖 12-1 初期 LTE 800MHz 網路部署後的頻段情況

（1）LTE 1.8GHz 在城市區域室外雖然實現連續覆蓋，但還會有深度覆蓋不足的情況；農村和鄉鎮區域室外雖然實現零星覆蓋，但是廣覆蓋尚欠缺。

（2）LTE 2.1GHz 主要用於城市室內分佈系統主覆蓋頻點以及室外熱點區域的 CA 輔載體。

（3）LTE 2.6GHz 以補忙（吸收話務）的形式少量部署在城市的熱點區域，也有部分用於農村定點覆蓋。

（4）LTE 800MHz 在現階段基本上與 CDMA 共站址建設，主要解決農村廣覆蓋以及當前城區 LTE 1.8GHz 深度覆蓋不足的問題，為後續 VoLTE 業務的良好感知打好基礎。

上述頻段中 2.1GHz 和 2.6GHz 頻寬為 20MHz，1.8GHz 正逐步從 15MHz 向 20MHz 過渡，800MHz 初期頻寬為 3MHz，並將逐步過渡到 5MHz。未來，根據 C 網的退頻以及次 800MHz〔指的是 821MHz ～ 825MHz（上行）/866MHz ～ 870MHz（下行）〕的申請情況還將擴充至 10MHz，甚至更多。

各頻段定位如圖 12-2 所示。

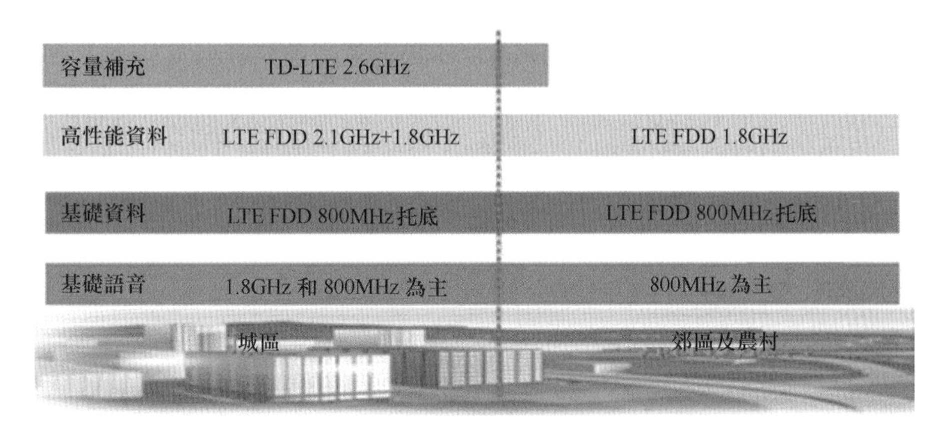

圖 12-2 各頻段定位

隨著 CDMA 網路負荷的逐步減少，800MHz 頻率重耕部署 LTE，LTE 800MHz 和現網 C 網的站址按 1:1 建設，實現連續覆蓋的基礎 LTE 網路，承載基本的資料和語音，頻寬從初期的 2×3M 逐步擴充至 2×10M 或更高。

當前，在 1.8GHz 已初具規模、LTE 800MHz 也已建成並實現連續覆蓋的基礎上，一張高低頻搭配的 LTE 全覆蓋網路已形成，城區實現 1.8GHz 主承載、800MHz 托底覆蓋、室分 2.1GHz 主覆蓋、熱點 2.6GHz 補充的分層網路。郊區及農村實現 1.8GHz 局部承載、800MHz 廣覆蓋、2.6GHz 和 2.1GHz 定點覆蓋的分層網路。另外，在具備條件的前提下，高鐵等特殊場景實現以 2.1GHz 為主的高性能專網覆蓋。

從業務角度來看，根據 VoLTE 的商用和發展情況，後期將推廣 LTE Only 終端，逐步實現 CDMA 的退網，從而降低網路建設和營運成本。對於有特殊業務需求的局部區域，可部署 1.8GHz+2.1GHz、1.8GHz+2.1GHz+800MHz 以及 FDD+TDD 的載體聚合，進而提供給使用者更高的速率和更好的業務體驗。

12.1.2 4G 多頻協作策略

多頻協作策略的基本目標是透過合理的參數設定實現多頻率的有效協作與均衡，最終達到提升網路品質和容量、改善使用者感知的目的。多頻協作改善使用者感知如圖 12-3 所示。

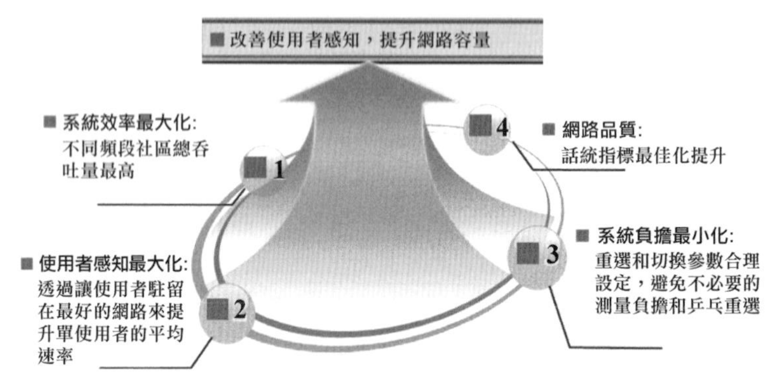

圖 12-3 多頻協作改善使用者感知

為實現圖 12-3 中所述的目標，多頻協作策略和參數制訂依據以下指導原則進行。

（1）在不影響使用者感知的前提下，盡可能讓使用者駐留和使用 4G，即使 4G 駐留率盡可能高，但需滿足速率、KQI 感知和 VoLTE 通話的基本要求。

（2）在不影響使用者感知的前提下，盡可能讓使用者駐留和使用高頻寬頻率，為保證覆蓋，只有在 2.1GHz/1.8GHz 覆蓋品質無法提供良好服務時才發起向 LTE 800MHz 的重選和切換。當使用者在 LTE 800MHz 上時，為保證業務品質，在 2.1GHz/1.8GHz 滿足覆蓋品質時儘快返回至 2.1GHz/1.8GHz。

（3）對於建有 2.1GHz 室內覆蓋的場景，優先考慮使用 2.1GHz 室內覆蓋頻率，同時重點確保室內外切換及時和切換順利，尤其是將低層出入口作為使用者室內外的邊界，應遵循「慢進快出」的原則。

現階段，LTE 1.8GHz 在城區已形成較好的室外連續覆蓋和網路品質，而 LTE 800MHz 頻寬有限，但基於其低頻的良好覆蓋能力，可以在農村廣覆蓋和城區深度覆蓋方面將其作為 LTE 1.8GHz 的有效補充。LTE 2.1GHz 將繼續作為室內分佈的主覆蓋頻率，實現室內的良好覆蓋和充足容量。在業務熱點突出的區域，繼續疊加 TDD 2.6GHz 並將其作為負荷分擔。

因此多頻協作策略是以高頻吸容量、低頻廣覆蓋為原則，透過頻率優先順序和重選切換參數的合理設定，實現 2.1GHz/1.8GHz 優先駐留、800MHz 覆蓋托底、2.6GHz 負荷分擔的多頻協作，打造適合語音資料融合的 4G 精品網路。

在頻率優先順序策略上，室內 2.1GHz > 室外 1.8GHz > 室外 800MHz > TDD 2.6GHz > eHRPD（演進的高速分網路拓樸路）。LTE 800MHz 頻率優先順序低於 LTE 1.8GHz/2.1GHz，這種設定方便使用者駐留和使用 LTE 1.8GHz 和 2.1GHz。LTE 2.1GHz 的頻率優先順序高於 LTE 1.8GHz，這種設定方便使用者處於室分系統覆蓋下優先使用 2.1GHz，從而讓使用者獲得更好的覆蓋和更優的品質。TDD 2.6GHz 主要作為熱點負荷分擔使用，因此其頻率優先順序低於其他 LTE 頻率。因為 eHRPD 作為無 LTE 覆蓋時的資料業務承載，所以其頻率優先順序最低。

在重選、切換以及重新導向策略上，透過上述頻率優先順序的設定，終端在室分系統下將主要駐留和使用 LTE 2.1GHz，在無室分系統情況下主要駐留和使用 1.8GHz。當使用者離開 LTE 1.8GHz/2.1GHz 的較好覆蓋區域透過重選和切換過渡至 LTE 800MHz 時，實現覆蓋托底。而當終端在 LTE 800MHz 時，如果檢測到 LTE 1.8GHz/2.1GHz 訊號覆蓋恢復至一定程度後，優先返回 LTE 1.8GHz/2.1GHz，從而實現使用者的良好感知體驗。在 LTE 弱覆蓋和無覆蓋區域，透過 CL（CDMA 和 LTE）互動操作，從 LTE 向 eHRPD 重選或重新導向，向使用者繼續提供資料業務服務。對處於 eHRPD 的終端，如果檢測到 LTE 1.8GHz/2.1GHz/800MHz 覆蓋恢復至一定程度後，則迅速返回 LTE。為了確保室內外協作的效果和防止乒乓切換，原則上避免從 2.1GHz 向 eHRPD 重選。

在負載平衡策略中，主要考慮在 2.1GHz 和 1.8GHz 疊加覆蓋區域內繼續疊加 TDD 2.6GHz 並將其作為熱點負荷分擔，此時在 LTE 2.1GHz 和 1.8GHz 相關社區部署行動性負載平衡，實現基於負荷〔建議使用基於使用者數的 MLB（行動性負載平衡）〕的切換。從 TDD 2.6GHz 到 LTE 2.1GHz/1.8GHz 反方向部署基於覆蓋的切換，以便終端在 TDD 2.6GHz 訊號較弱時返回 LTE 2.1GHz 或 1.8GHz。為配合上述策略，在重選方面，LTE 2.1GHz、1.8GHz 和 800MHz 不部署向 TDD 2.6GHz 的重選，反方向當 LTE 2.1GHz、1.8GHz 或 800MHz 訊號符合要求時，則及時從 TDD 2.6GHz 返回。

12.2 5G 網路拓樸策略實現

12.2.1 背景

在 5G 網路建網初期，城區話務熱點區域和產業客戶應用區域是建設重點，前者針對 2C 使用者（個人使用者），後者針對 2B 使用者（企業使用者）。在 5G 模式的選擇上，電信業者以 SA 為目標架構，在過渡期控制性部署 NSA，推動 SA 的發展和成熟，建構相對競爭優勢。5G 網路拓樸演進規劃如圖 12-4 所示。

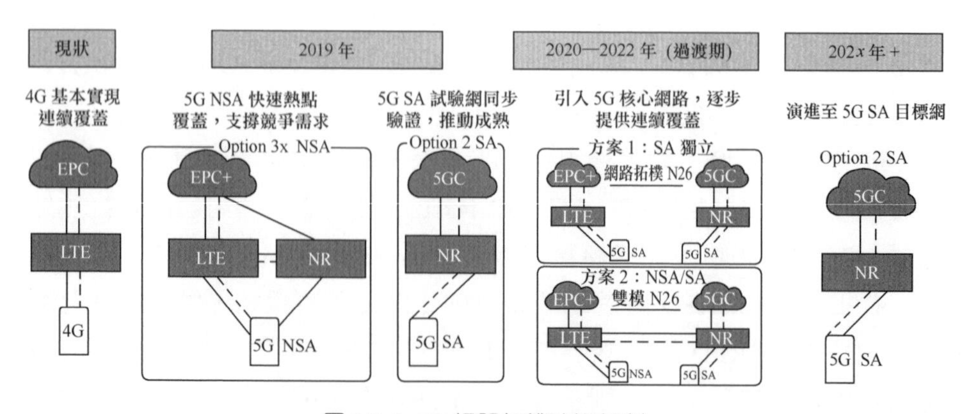

圖 12-4 5G 網路拓樸演進規劃

12.2.2 5G 的業務策略

某電信業者 5G 業務推薦：SA 網路語音回落到 LTE 透過 VoLTE 實現，最終演進到 VoNR，資料業務承載在 NR 上。NSA 網路語音直接在錨點 LTE 上透過 VoLTE 實現，資料業務推薦承載在 NR 上，也可以使資料承載以 NR 為主要部分，同時動態分流部分業務至錨點 LTE 上，從而達到提高錨點站資源使用率的效果。在產品上已經實現的 5G 業務特性見表 12-1。

表 12-1 在產品上已經實現的 5G 業務特性

5G 模式	業務特性	特性簡介	特性描述
SA	資料業務態特性	5G → 4G 基於覆蓋的重新導向	• 資料業務連接態場景，使用者移動到 5G 網路覆蓋邊緣，基於覆蓋切換或重新導向到 4G，保證業務的連續性
		5G → 4G 基於覆蓋的切換	
		4G → 5G 基於覆蓋的重新導向	• 資料業務連接態場景，使用者移動到 4G 網路覆蓋邊緣，測量 5G，基於覆蓋切換或重新導向到 5G 提升使用者體驗
		4G → 5G 基於業務的重新導向	• UE 駐留在 4G 發起業務，如果該業務可以承載在 5G 上，在測量 5G 訊號之後，則切換或重定向到 5G 社區
	語音回落特性	5G → 4G 基於切換 / 重新導向的語音回落	• UE 駐留在 5G 網路，檢測到語音業務建立，EPS FB 切換（測量逾時則執行盲重新導向）到 4G 上建立 VoLTE 業務，提供語音功能
		4G → 5G 語音業務後的快速返回	• 語音回落，使用者在語音釋放後，測量 5G 社區後重新導向返回 5G 社區，資料業務繼續體驗 5G 網路

5G 模式	業務特性	特性簡介	特性描述
NSA	資料業務態特性	SCG 載體管理	• 若 4G 錨點覆蓋連續而 5G 覆蓋遺失後，SCG 被釋放，NSA 使用者完全退變為 LTE-ONLY 使用者
			• 若 5G 連續覆蓋而 4G 錨點覆蓋遺失後，SCG 被釋放，NSA 使用者可能切換到非錨點 LTE，進而退變為 LTE-ONLY 使用者，也可能基於 LTE 網路的異系統互動操作策略轉移到 2G/3G 網路
	語音回落特性	SCG 載體管理	• NSA 使用者在發起 VoLTE 呼叫時允許主動釋放 SCG，完全退變為 LTE-ONLY 使用者
			• NSA 使用者也可以選擇在發起 VoLTE 呼叫後仍保留 SCG

12.2.3 5G 互動操作策略

SA 網路推薦 5G SA 互動操作策略。

1. 空閒態

（1）透過駐留優先順序，控制 UE 優先駐留在 NR，即駐留優先順序 NR 大於 LTE。

（2）NR 弱覆蓋區域觸發 NR → LTE 社區重選；基於駐留優先順序，LTE → NR 社區重選。

2. 語音業務

（1）透過 PSHO 切換（資料欄切換）的方式使 EPS 回落至 LTE 之後建立 VoLTE 業務。

（2）在電話掛斷後，EPS 回落的語音使用者透過 FR（快速返回特性）返回到 NR 網路。

3. 資料業務

(1) 基於覆蓋的 NR → LTE 的切換。

(2) 基於覆蓋與業務的 LTE → NR 重新導向。

LTE 與 NR 的互動操作如圖 12-5 所示。

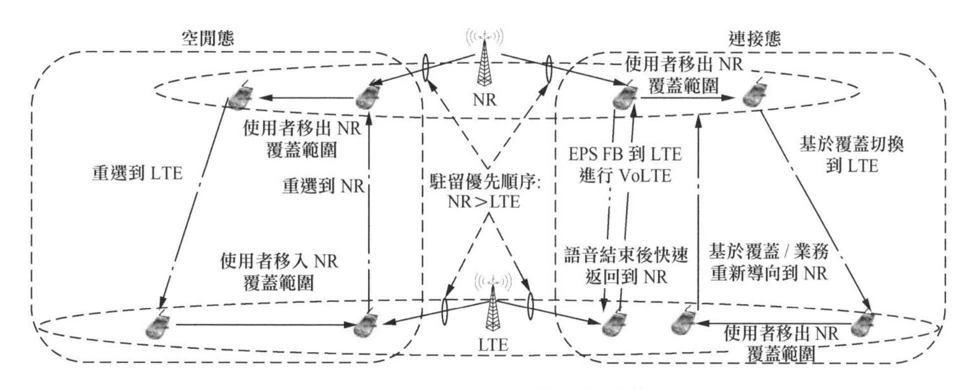

圖 12-5 LTE 與 NR 的互動操作

NSA 網路推薦 5G NSA 行動性及 SCG 載體管理策略。5G NSA 行動性及 SCG 載體管理策略見表 12-2，5G NSA 行動性策略如圖 12-6 所示。

表 12-2 5G NSA 行動性及 SCG 載體管理策略

行動性	觸發場景
LTE 初始連線(Initial Access)	NSA 使用者的初始連線和 LTE 相同
輔節點增加(SgNB Addition)	SCG 增加後，資料承載遷移到 5G 側。資料傳輸以 5G 側為主，也可以設定動態分流
輔節點釋放(SgNB Release)	出了 SgNB 覆蓋區，基於 A2 或 RLC 重傳次數超過門限，觸發 SCG 刪除。NSA 使用者完全退變為 LTE-ONLY 使用者
主站釋放(MeNB Release)	出了 MeNB 覆蓋區，SCG 被釋放。 NSA 使用者可能切換到非錨點 LTE，從而退變為 LTE-ONLY 使用者，也可能基於 LTE 網路的異系統互動操作策略轉移到 2G/3G 網路

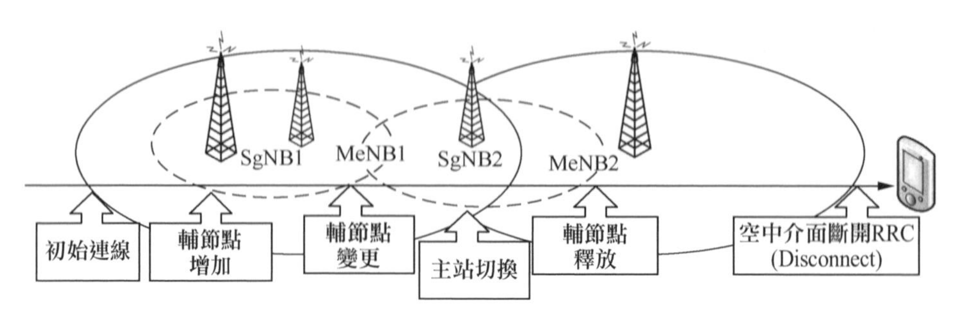

圖 12-6 5G NSA 行動性策略

12.3 電聯共建共用網路拓樸策略

2019 年 9 月 9 日，中國聯合網路通訊集團有限公司發佈公告稱，中國聯合網路通訊集團有限公司與中國電信集團有限公司簽署「5G 網路共建共用框架合作協定書」。根據合作協定，中國聯合網路通訊集團有限公司將與中國電信集團有限公司在全國範圍內合作共建一張 5G 連線網路，雙方劃定區域、分區建設，各自負責在劃定區域內建設 5G 網路相關工作，舉例來說，誰建設、誰投資、誰維護、誰承擔網路營運成本。5G 網路共建共用採用連線網共用方式，核心網路各自建設，5G 頻率資源分享。雙方聯合確保 5G 網路共建共用區域的網路規劃、建設、維護及服務標準統一，保證提供同等服務水準。雙方各自與第三方的網路共建共用合作不能損害另一方的利益。雙方使用者歸屬不變，品牌和業務營運保持獨立。

當前，電聯共用 NSA 主流共用方案有 3 種：雙錨點方案（4G 共用載體 +5G 共用載體）、單錨點方案 1（1.8GHz 共用載體，4G 共用載體 +5G 共用載體）、單錨點方案 2（2.1GHz 獨立載體，4G 獨立載體 +5G 獨立載體）。

12.3.1 雙錨點方案（4G 共用載體 +5G 共用載體）

雙錨點方案網路拓樸如圖 12-7 所示。

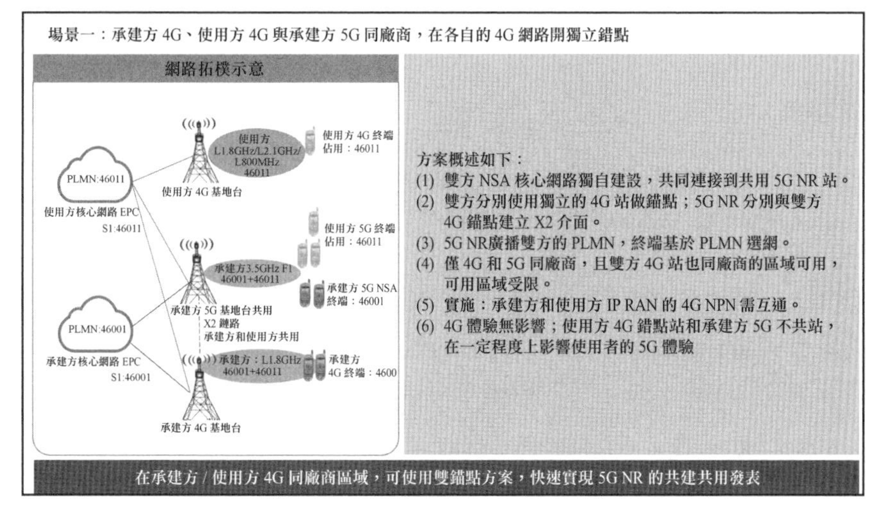

圖 12-7 雙錨點方案網路拓樸

雙錨點方案互動操作策略如圖 12-8 所示。

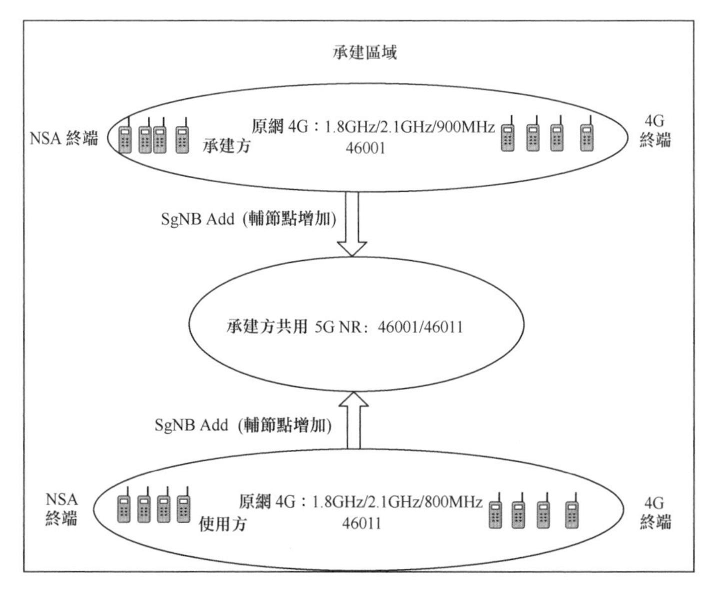

圖 12-8 雙錨點方案互動操作策略

1. 空閒態

（1）承建方和使用方原有 4G 的公共重選優先順序不變。

（2）承建方和使用方都使用全錨點方案，佔用開啟錨點社區後，即可發起 5G 載體增加。

2. 連接態

（1）普通 4G 使用者的資料和語音業務均遵從原網駐留策略。

（2）NSA 使用者 VoLTE 語音業務遵從原網 4G 駐留策略。

3. 約束

（1）承建方 4G 與使用方 4G 必須同廠商。

（2）使用方 4G 和承建方 5G 之間的 X2 因為不共網管，需關注 X2 建立。

（3）承建方和使用方之間的 X2 鏈路必須互通路由。

12.3.2 單錨點方案 1（1.8GHz 共用載體，4G 共用載體 +5G 共用載體）

單錨點方案 1 網路拓樸如圖 12-9 所示。

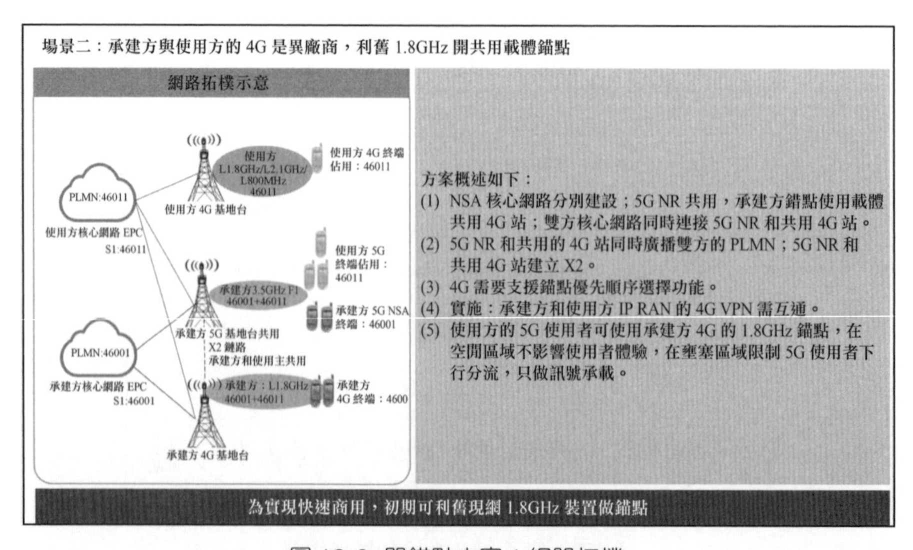

圖 12-9 單錨點方案 1 網路拓樸

單錨點方案 1 互動操作策略如圖 12-10 所示。

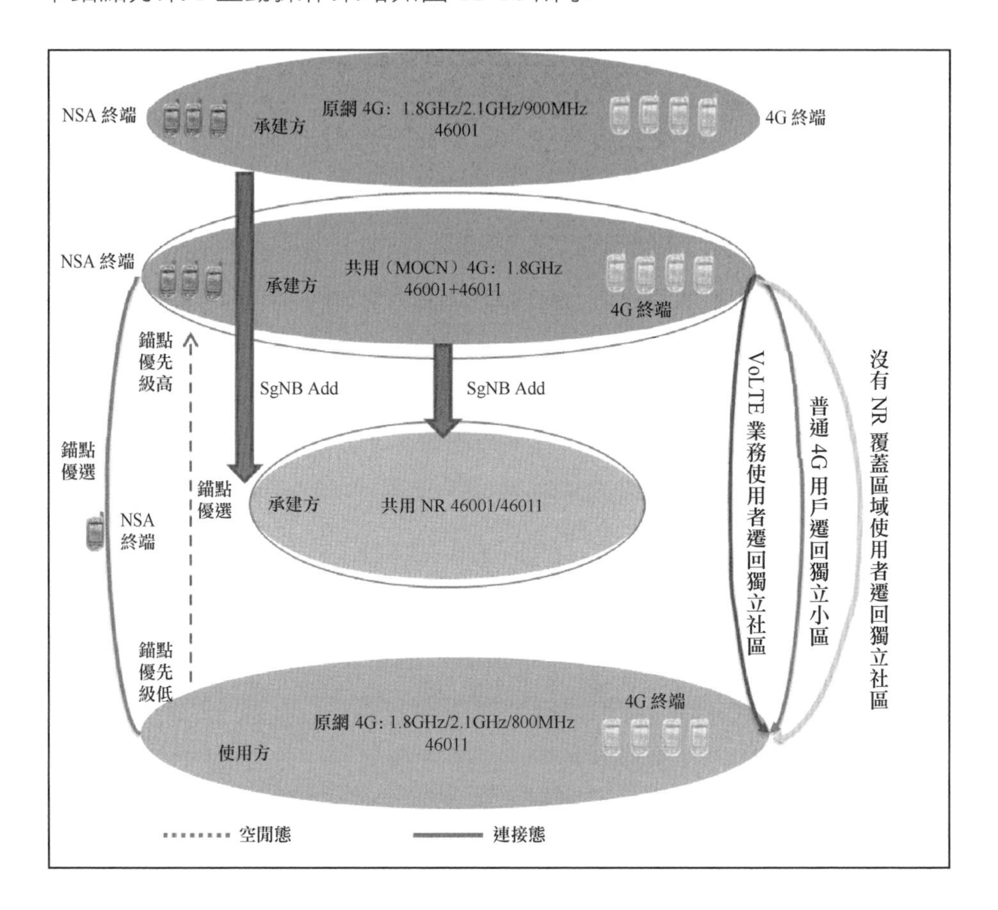

圖 12-10 單錨點方案 1 互動操作策略

1. 空閒態

（1）承建方使用全錨點方案。

（2）承建方的公共重選優先順序和大網保持一致。

（3）承建方的共用錨點和共用方的獨立社區互相設定對方頻點，並將重選優先順序，各自將優先順序設為最低。

（4）使用方錨點（承建方共用）和非錨點社區都開啟錨點優選功能，使 NSA 使用者在釋放時透過專有優先順序重選至共用錨點。

2. 連接態

（1）終端透過錨點優選功能在連線、切換（必要切換）、重建時進行共用錨點和共用 NR 測量。如果滿足條件，則將 NSA 終端切換到共用錨點。

（2）承建方開啟頻率優先順序功能和 4G、5G 終端辨識功能，將使用方的普通 4G 切換到使用方的獨立社區。

（3）5G NSA 使用者在沒有 5G 覆蓋時切換到各自的獨立社區。

（4）使用方 NSA 使用者在語音時，將普通 4G 切換到使用方的獨立社區，VoLTE 結束後再透過錨點優選的功能結合觸發場景返回。

（5）普通 4G 使用者的資料和語音業務均遵從原網駐留策略。

3. 約束

（1）承建方和使用方的裝置供應商必須支援基於 5G 覆蓋的錨點優選功能。

（2）承建方和使用方的裝置供應商必須支援 4G、5G 終端辨識，將使用方普通 4G 使用者從共用錨點遷回使用方的獨立社區。

（3）承建方和使用方的裝置供應商必須支援區分 PLMN 的 QCI 設定，從而實現區分電信業者的語數分層。

（4）承建方和使用方的裝置供應商的共用錨點覆蓋必須大於 5G 覆蓋，否則可能出現使用方使用者在邊界區域因為同頻干擾導致4G 掉線。

（5）承建方和使用方的裝置供應商必須支持在沒有 5G 覆蓋的場景下遷回其獨立社區。

（6）使用方 5G 使用者在 VoLTE 和沒有 NR 覆蓋且切換到獨立社區時，要避免連接態重回共用錨點造成乒乓切換。

12.3.3 單錨點方案 2（2.1GHz 獨立載體，4G 獨立載體 +5G 獨立載體）

單錨點方案 2 網路拓樸如圖 12-11 所示。

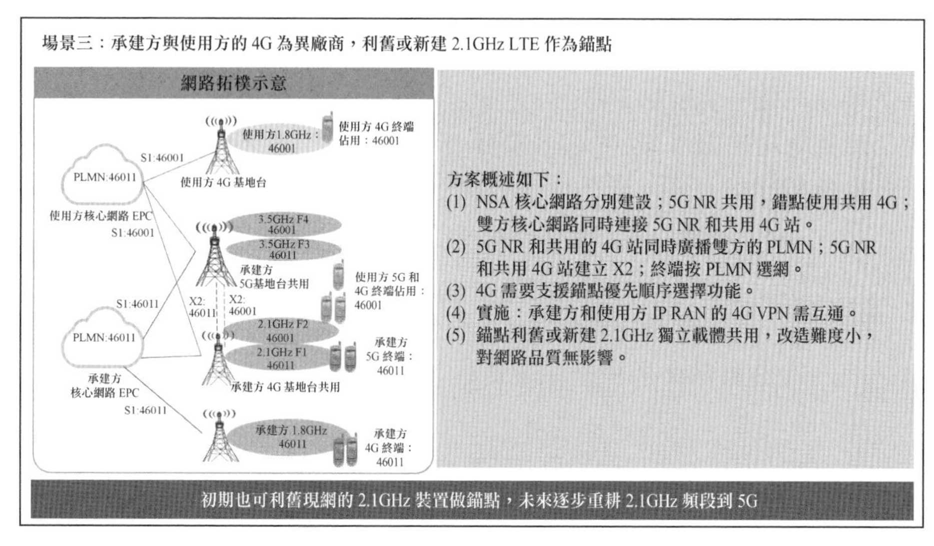

圖 12-11 單錨點方案 2 網路拓樸

單錨點方案 2 互動操作策略如圖 12-12 所示。

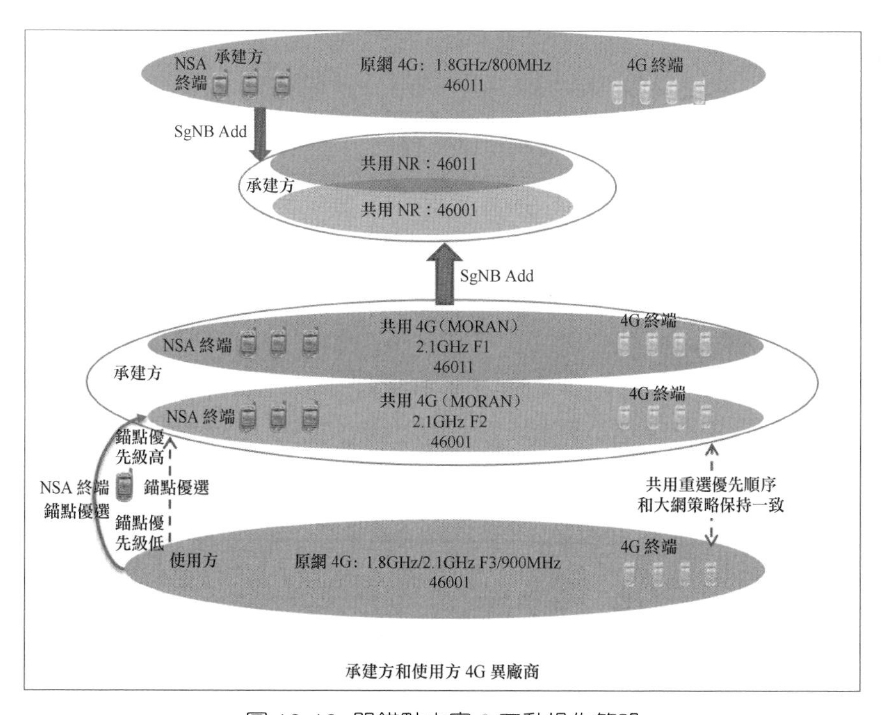

圖 12-12 單錨點方案 2 互動操作策略

1. 空閒態

（1）承建方採用全錨點方案。

（2）承建方和使用方 4G 社區的公共重選優先順序和大網保持一致。

（3）使用方錨點（承建方共用）和非錨點社區都開啟錨點優選功能，使 NSA 使用者在釋放時透過專有優先順序重選至共用錨點。

2. 連接態

（1）終端透過錨點優選功能在連線、切換（必要切換）、重建時進行共用錨點測量。如果滿足條件，則將 NSA 終端切換到共用錨點。

（2）承建方和使用方資料和語音業務均遵從原網策略。

3. 約束

當承建方和使用方的 4G 為不同廠商時，需要廠商支援錨點定向切換功能（錨點優選）。

12.4 BBU 集中設定規劃

12.4.1 5G BBU 機房規劃原則

1. 覆蓋區域規劃

5G BBU 機房是 5G 網路下承擔 BBU 裝置安裝空間的節點機房，可重點實現 5G 無線基地台連線匯聚的功能，同時也滿足部分綜合業務的連線需求。

根據行政規劃、分區性質和自然形式，對 5G BBU 機房進行匯聚區域的整體規劃，機房覆蓋區域劃分應能適應各地市的市政建設計畫，並考慮中長期的業務發展需求，避免 5G BBU 區域的頻繁最佳化調整。

原則上，5G BBU 機房的覆蓋區域要在綜合業務連線區的範圍內劃分，BBU 裝置與其下掛的 AAU 不允許有跨綜合業務連線區。

2. 規劃選址

整體規劃 5G BBU 機房的分佈密度應考慮業務需求及網路安全兩個方面。BBU 機房應重點滿足區域內的 5G BBU 以及 4G BBU 裝置等的連線、匯聚需求，並兼顧區域內的集團客戶、WLAN、資訊點覆蓋等業務。

BBU 機房的選點應結合光纖網及管道網的現狀，在其覆蓋範圍的中心區域內選取，不宜處於邊界位置，從而便於業務節點的連線。

大型分佈系統可根據配套條件選擇就近設定專用的 BBU 機房。

3. 規模分類

根據區域內 BBU 部署的數量及機房的容量，可以將 BBU 機房分為以下 4 種。

（1）基地台機房

BBU 直接部署在基地台機房或大型室內分佈系統的專用機房內，BBU 集中部署數量通常為 2 ～ 5 台。

（2）小 C-RAN（Cloud Radio Access Network，C-RAN）機房

結合 4G 集中機房、原模組局、存取點的設定，BBU 集中部署在連線機房內，一般位於連線光纖主幹層與配線層交界處。BBU 集中部署數量通常為 5 ～ 10 台。

（3）中 C-RAN 機房

結合綜合業務連線區的設定，BBU 集中部署在一般的機房內，一般位於中繼光纖匯聚層與連線主幹的交界處（通常對應縣區級業務局站或條件較好的分支局）。BBU 集中部署數量通常為 10 ～ 30 台。

（4）大 C-RAN 機房

結合綜合業務連線區的設定，BBU 集中部署在一般機房或核心機房內（通常對應地市級綜合業務局站）。BBU 集中部署數量通常為 30 ～ 80 台。

4. 基礎設施

5G BBU 集中機房的設定需要綜合考慮市電能力、建築結構、空間佈局、空調製冷能力和氣流組織、後備供電保障、傳輸條件、網路安全、維護搶修等多方面的因素。

5G BBU 機房基礎設施建設要充分考慮機房建設投資、電源空調裝置投資、管線資源配套投資、能源費用、維護維修成本等因素，結合專案的收益進行綜合評估，提高投資的經濟效益。

12.4.2 5G BBU 機房主要裝置功耗特徵

5G BBU 機房的主要功耗來自 BBU 裝置、傳輸裝置及對應 AAU 裝置（通常為 3 個），而 5G BBU 集中機房的主要功耗僅來自 BBU 裝置。

1. BBU 裝置功耗

根據裝置擴充性能，BBU 裝置可以分為插板式和單板式。目前，華為、中興、諾基亞等廠商的 5G BBU 為插板式，易立信的 5G BBU 為單板式。考慮到裝置的穩定性及工作溫度的控制，一般情況下，插板式 BBU 不建議滿配。

2. 傳輸裝置功耗

5G 傳輸新型裝置的功耗約為 0.6kW/ 台。

12.4.3 5G BBU 機房基礎設施的特點和基本要求

傳統 4G BBU 的單機功耗通常為 100W ～ 200W，甚至更低，發熱量不大，BBU 集中度相對較低，對集中安裝時的機櫃製程、空轉換置等要求均不高，故 4G BBU 機房的相關基礎設施也比較容易獲取。

而 5G BBU 相較於 4G，其裝置部署的集中度和裝置功率密度均有大幅提高，單機櫃功率也隨之實現步階性上升。這給機櫃內裝置的通風散熱和機房的電源保障均帶來了明顯的壓力，對裝置安裝製程、機櫃規格及佈線製程、機房空轉換置與氣流組織、電源裝置設定等提出了更高的要求。

考慮到裝置的散熱問題，建議 5G BBU 機房的單機櫃功率不超過 4.5kW。對於條件較差的小 C-RAN 機房及基地台機房，宜將單機櫃功率控制在 3kW 以內；對於條件較好的中 C-RAN 機房、大 C-RAN 機房，可根據該機房直流電（Direct Current，DC）的設定或空調製冷能力的要求使單機櫃功率進一步提升。

第 3 篇
最佳化與應用篇

導讀

如何將各類 5G 典型業務特性與實際應用場景相結合，並制訂針對性的最佳化策略是本篇討論的內容。5G 網路的最佳化不應該僅遵照「XX 最佳化建議手冊」就進行最佳化處理，而應該深入洞悉最終使用者和業務的需求，並以此作為最佳化的前提條件和最佳化結果的驗證條件。

本篇首先介紹了 5G 網路拓樸下 NSA 錨點規劃流程、4G&5G 協作最佳化需要注意的事項與 5G 網路最佳化常見方法，夯實讀者最佳化的基本想法；然後透過 5G 最佳化實際案例，介紹現階段針對精品線路與智慧叉車場景下的訂製化最佳化手段；最後介紹了現階段 5G 與各產業線相結合孵化出的「5G+ 應用」，觸發讀者思考如何真正將使用者需求與 5G 應用相結合。5G 應用的未來充滿無限可能，還需要我們共同探尋。

5G 網路最佳化方法

5G 的網路最佳化基於 5G 基本原理，在協定層面、終端、無線和核心網路的技術層面透過 RF 最佳化、裝置性能參數最佳化以及點對點最佳化，實現最佳 5G 網路性能，建構了一張幾近完美的網路，支撐各類 5G 使用者的使用。

當前，NSA 網路架構仍是各大電信業者的主流網路拓樸方式，並且將在相當長的一段時間內存在，因此本章將主要基於 NSA 網路介紹網路最佳化經驗，偏重於 4G 和 5G 協作最佳化。

在進行 4G 和 5G 協作最佳化前，首先要對整張網路進行點對點的系統性評估，然後根據評估的結果明確錨點規劃最佳化的原則，並且獲取 NR 網路最佳化的前提條件。點對點的評估維度與原理見表 13-1。

表 13-1 點對點的評估維度與原理

評估維度（一級）	評估維度（二級）	評估原理
終端能力	終端對 LTE Band 的支援情況	NSA 終端不一定支援現網的全部 LTE 頻段。在規劃錨點時，需要選擇主流 NSA 終端所支援的頻段
覆蓋水準	覆蓋連續性	錨點必須做到連續覆蓋，否則在無錨點覆蓋的區域無法增加 NR
	錨點基礎性能	LTE 側基礎性能（舉例來說，連線失敗、乒乓切換等）會影響使用者的 5G 業務體驗，因此建議將 LTE 基礎性能較好的載體作為錨點
容量（僅針對需打開 DC 分流的場景）	上行容量	NR 上行遠點會受限，可能需要 LTE 承載上產業務，建議錨點上行容量要大
	下行容量	（1）如果錨點開通 DL CA，則需要考慮終端 NSA DC 和 LTE CA 的組合能力和網路側支援頻段。選擇終端支援度最高的 NSA DC 和 LTE CA 能力組合。 （2）如果錨點未開通 DL CA，則需要考慮將下行容量較高的 LTE 頻點作為錨點
協作最佳化	干擾避讓	從干擾角度看，如果部署 NSA DC，則需要避開諧波 / 交調干擾，因此建議避免特定的組合，舉例來說，（LTE1.8GHz+NR3.5GHz） 或（LTE2.6GHz+NR4.9 GHz），以實際的公式計算為準
	行動性策略的耦合性	（1）空閒態駐留策略。NSA 使用者盡可能遵從現網的空閒態駐留策略。除非現網空閒態優先駐留的載體不適合作為 NSA，舉例來說，優先駐留不連續覆蓋頻段等。 （2）NR 版本 LTE 非必要性切換策略（舉例來說，CA 錨點策略、MLB、頻率優先順序切換等）與 NSA 未解耦。如果現網非必要性切換策略是優先將使用者遷移到某些載體，則盡可能將這些傾向性載體作為錨點
	LTE 與 NR 共覆蓋	從共站 / 異站的角度看，希望 LTE 錨點和 NR 能共站且共扇區，便於後續版本 NR 盲增加、LTE 和 NR 協作切換等最佳化策略的實施

13.1 NSA 錨點規劃流程

13.1.1 網路基礎資訊收集

在執行 NSA 錨點規劃流程前，需要提前收集 NSA 網路拓樸的相關資訊，以便後續評估時參考。這些資訊包括以下 3 種。

1. LTE 側資訊

（1）LTE 網路當前所有的制式（FDD/TDD）以及每種制式下的所有載體的頻點和頻寬等資訊。

（2）LTE 各載體的空閒態駐留優先順序。

（3）LTE 各載體的連接態行動性策略。

基於以上資訊，輸出現網 LTE 的多頻點承載策略包括空閒態駐留策略、基於覆蓋的連接態行動性策略、MLB 策略、CA PCC（載體聚合特性主社區）錨點策略、基於業務的切換策略。

基於現網 LTE 的多頻點承載策略，得出現網 LTE 使用者傾向性駐留的載體。

2. 5G 側資訊

（1）5G 載體的頻點和頻寬。

如果有多個 5G 載體，則需要一併收集。

（2）有沒有分流需求。

如果有分流需求，則需要關注 LTE 容量和 CA 組合支援情況。

3. 終端資訊

調研計畫入網的所有NSA終端類型，舉例來說，客戶終端裝置（Customer Premise Equipment，CPE）、Mate20X、Mate30等。終端類型調研見表13-2。

表 13-2 終端類型調研

資訊類型	CPE	終端 1	終端 2
所支持的錨點 LTE 頻段			
所支持的錨點 LTE 頻寬			
DC 分流場景下 LTE 側支援的 CA 頻段組合			

透過終端官網獲取各大終端支援的LTE頻段以及NR頻段的支持資訊、CA支持資訊，以明確頻段規劃。

13.1.2 候選錨點初選

基於較高優先順序的評估維度，先初步過濾出可用錨點載體，同時滿足以下條件的載體作為初步的NSA可用錨點載體。

（1）終端支援的頻段、頻寬範圍最廣。

（2）過濾出連續覆蓋的載體（建議路測DL RSRP全部樣本大於−105dBm。室內場景可以透過MR評估，要求DL RSRP全部樣本高於−115dBm）。

（3）過濾出下行頻寬不低於10M、上行等效頻寬不低於5M的載體。（上行使用等效頻寬進行評估是考慮到LTE TDD通常使用1:3的上下行配比。LTE FDD的上行等效頻寬等於實際物理頻寬。）

（4）如果需要將多個載體作為錨點，則需要考慮多個錨點之間的平滑切換。

13.1.3 錨點優先順序確定

如果以上初步過濾出的可用錨點較多，則需進一步精細化評估。

1. 考慮與現網駐留、行動性策略的一致性

（1）空閒態駐留策略

盡可能與 4G 現網的空閒態駐留策略保持一致，即將較高優先順序的 LTE 載體作為錨點。如果較高優先順序的載體覆蓋不連續，則考慮次優先順序覆蓋連續的頻段。

（2）必要性切換

對錨點載體的選擇，要優先選擇必要性切換容易發生的載體。舉例來說，基於覆蓋的切換等。

（3）非必要性切換

錨點載體選擇要避免非必要性切換容易發生的載體。舉例來說，基於業務（VoLTE）的切換、基於負載平衡的切換等。

2. 考慮各個載體的基礎性能

對於精細化的 NSA 性能最佳化，需要考慮錨點 LTE 載體的基礎性能，盡可能降低 LTE 連線失敗、乒乓切換對 5G 性能的影響。

對於重要場景，建議透過路測方式精確比較各個候選錨點的基礎性能。比較的主要維度包括覆蓋（DL RSRP）和切換次數。覆蓋較廣並且切換次數較少的載體可被作為較高優先順序的 NSA 錨點。其他 LTE 異常事件數量（包括連線失敗、斷線、重建）不能作為基礎性能評估的依據。

3. 考慮終端側干擾避讓

基於 LTE 各個頻段和 5G 頻段的起始頻率資訊，可認為那些 LTE 載體與 5G 載體在理論上不存在諧波和交調干擾。這些 LTE 載體的干擾避讓評

估結果被標記為 pass（透過），其他載體被標記為 Not pass（不通過）。優先選擇與 5G 載體不存在諧波和交調干擾的 LTE 載體做錨點。

13.2 4G & 5G 協作最佳化注意事項

13.2.1 LTE 主控板 CPU 負載

NSA 使用者訊號負荷高於 LTE-Only 使用者，在 LTE → NSA 使用者轉網時，LTE 訊號負載增加，加重主控板負荷，具體評估方法如下所述。

1. 獲取現網觸發裝置流量控制的 CPU 平均值使用率門限

（1）CPU 超載風險的評估最終應該基於 CPU 峰值使用率，因為 CPU 峰值使用率超過流量控制門限會導致業務短時受損。

（2）話統 CPU 峰值使用率與運行維護操作、業務突發性等不確定性因素有關，存在突波現象。因此話統 CPU 峰值使用率的增長規律與訊號負載增長不完全一致，不建議直接使用話統 CPU 峰值使用率預測、評估 CPU 超載風險。

（3）建議基於「CPU 平均使用率 × 峰均比」估算 CPU 峰值使用率，進而得到 CPU 峰值使用率超載時對應的 CPU 平均值使用率，並將其作為評估 CPU 超載風險的最終依據。

（4）基於現網話統 CPU 峰值使用率和平均使用率的大樣本散點圖得到線性擬合線。擬合線斜率就是峰均比。線性擬合線如圖 13-1 所示。

（5）基於 LTE 裝置流量控制機制，當 CPU 峰值使用率超過 80% 時，將觸發業務流量控制，再結合峰均比即可得到觸發流量控制所對應的 CPU 平均值使用率門限。

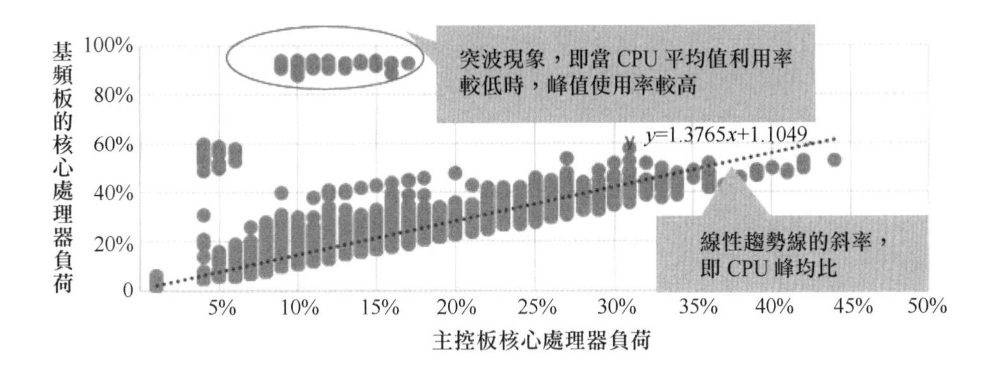

圖 13-1 線性擬合線

2. 預測 5G 使用者放號後 CPU 的增長情況

（1）預測 4G → 5G 使用者轉網比例（記為 R，舉例來說，有 10% 的 LTE 使用者將轉變為 NSA 使用者，則 R=10%）。該預測可參考客戶放號計畫。

（2）確定 NSA 使用者相較於 4G-ONLY 使用者的單使用者訊號負荷增長倍數。

（3）相比單載體的 LTE-ONLY 使用者，NSA 使用者空中介面增加了 SCG 測量、增加、重設定訊號流程。 X2 通訊埠增加了 MeNB 和 SgNB 互動訊號流程。S1 通訊埠增加了承載變更訊號流程。基於內部測試評估，NSA 單使用者訊號負擔是單載體 LTE-ONLY 使用者的 1.5 倍左右。

（4）相比建立 CA 的 LTE-ONLY 使用者，NSA 使用者的空中介面訊號流程與其相似。X2 通訊埠增加了 MeNB 和 SgNB 互動訊號流程。S1 通訊埠增加了承載變更訊號流程。理論上，NSA 單使用者訊號負擔比 LTE CA 使用者訊號負擔少三分之一。

（5）5G 使用者放號後的 CPU 平均值使用率 = 當前 CPU 平均值使用率 ×（100%+0.5R）。

註：該預測基於相對激進的原則，假設現網 4G-ONLY 使用者均為非 CA 使用者。如果現網當前有一部分 CA 使用者，則實際 5G 使用者放號後的 CPU 平均值使用率理論上應低於該預測值。

對於當前（5G 使用者放號前）已經超載或預計 5G 使用者放號後將超載的多載網站，建議提前考慮擴充方案。

13.2.2 X2 傳輸壅塞

DC 分流流量可能導致 X2 傳輸壅塞，進而導致 X2 延遲增加。

DC 分流流量取決於 LTE 空中介面能力，因此在參考 LTE 單站的空中介面能力和 X2 鏈路時，建議用傳輸頻寬進行評估，具體方法如下所述。

1. 獲取 X2 鏈路可用傳輸頻寬

如果傳輸頻寬無法透過話統之類的方式獲取，則需要向客戶獲取每個網站規劃的傳輸頻寬。

2. 計算 LTE 單站空中介面能力

（1）透過小時級話統計算每個社區下行 PRB 全部用滿時的社區速率（基於該社區當前的頻譜效率）。

社區速率（Gbit/s）= 下行吞吐量（Gbit）× 平均下行可用 PRB 數 × 平均下行可用 PRB 數 /3600。

（2）累加 eNodeB 下面所有社區的滿 RB 社區速率，即可知道該網站的空中介面能力。

（3）需要注意的是，基於小時級話統首先計算該網站每個小時的空中介面能力，然後取其中的最大值，此值即為 LTE 單站空中介面能力。

3. LTE 單站空中介面能力大於 X2 鏈路可用傳輸頻寬的即認為存在 X2 壅塞風險，建議考慮擴充

在此，我們建議將 X2 鏈路傳輸頻寬設定為大於上述方法估算的 LTE 單站空中介面能力。

13.2.3 X2 規格受限

L-L 與 L-NR 共用 eNodeB 主控板整體 X2 規格。當 L-L 或 L-NR X2 設定較多時，可能存在規格受限的情況，導致部分 X2 增加不全。

X2 規格與 eNodeB 主控板的類型相關。X2 規格資訊見表 13-3。

表 13-3 X2 規格資訊

X2 規格（分離主控：主控板在單獨 LTE 和 NSA 下的規格）
X2 總規格為 384，LTE 至 NR、LTE 至 LTE 間完全共用所有 X2 總規格

1. 評估方法

在 NSA 網路拓樸開通前，需要參考 L-L 的 X2 數量來預估 L-NR 的 X2 數量。考慮到 5G 通常是與 4G 共站部署，因此 L-L 的 X2 數量與 L-NR 的 X2 數量在理論上應該基本相等。因此如果當前 L-L X2 的數量已經達到 X2 總規格的 50%，則認為該 eNodeB 存在 X2 受限風險，L-NR X2 無法全部增加。

2. 最佳化建議

如果 L-L X2 數量過多，則建議首先分析是否存在容錯 X2 關係，檢查 X2 自刪除參數及效果的合理性。

由於 L-NR 的 X2 也支持自建立，所以在 5G 使用者放號後，建議持續關注 L-NR 的 X2 自建立情況；如果遇到 L-NR X2 數量接近 X2 總規格的 50% 的情況，則建議檢查 X2 的合理性。

13.2.4 鄰區規格受限

1. 原理

如果 L-NR 鄰區規格受限，導致 L-NR 鄰區增加不全，則部分場景 SCG 不能及時增加或變更。

L-NR 鄰區規格分為社區級和主控電路板等級兩個維度。L-NR 鄰區規格資訊見表 13-4（以某廠商 2019 年裝置版本為例）。

表 13-4 L-NR 鄰區規格資訊

鄰區規格（Per Cell）	鄰區規格（Per Board）
L-NR：128	L-NR：4608

2. 評估方法

在 NSA 網路拓樸開通前，需要參考 L-L 的鄰區數量來預估 L-NR 的鄰區數量。基於 5G 的建網規劃如下所述。

（1）如果 5G 社區規劃原則上是跟某個 NSA 錨點載體共覆蓋，則統計該錨點載體的同頻鄰區數量來預估所需的 L-NR 鄰區數量。

（2）如果 5G 社區規劃沒有遵循 4G/5G 載體覆蓋原則，則需要挑選 4G 全網連續覆蓋的載體作為錨點載體，統計該錨點載體的同頻鄰區數量來預估所需的 L-NR 鄰區數量。

（3）如果現網各個 NSA 錨點載體都無法組成連續覆蓋，則需要基於較為激進的原則統計各個錨點載體的同頻 + 異頻鄰區數量之和來預估所需的 L-NR 鄰區數量。

（4）在得到社區級 L-NR 鄰區數量後，累加得到每個 eNodeB 下的 L-NR 鄰區數量。

將預估的 L-NR 鄰區數量與規格比較，辨識受限的錨點社區或 eNodeB。

（1）將社區級 L-NR 鄰區數量與社區級鄰區規格比較，注意版本資訊。

（2）將網站級 L-NR 鄰區數量跟單電路板等級鄰區規格比較，注意版本和主控板類型資訊。

3. 最佳化建議

對於受限的錨點社區或 eNodeB，建議從以下兩個方面進行最佳化。

（1）檢查當前的 L-L 鄰區關係是否存在容錯（即實際切換次數非常少）。在規劃 L-NR 鄰區關係時需要基於有效的 L-L 鄰區關係。

（2）可以按照 L-L 切換次數來排序並將其作為 L-NR 鄰區規劃的優先順序（需要剔除乒乓切換的影響）。

13.2.5 LTE 基礎性能最佳化

NSA 使用者訊號與 LTE 使用者有差異。LTE 需要增加 / 刪除 / 變更 NR 載體，導致重設定訊號數量增加。NR 載體對 LTE 重設定訊號影響如圖 13-2 所示。

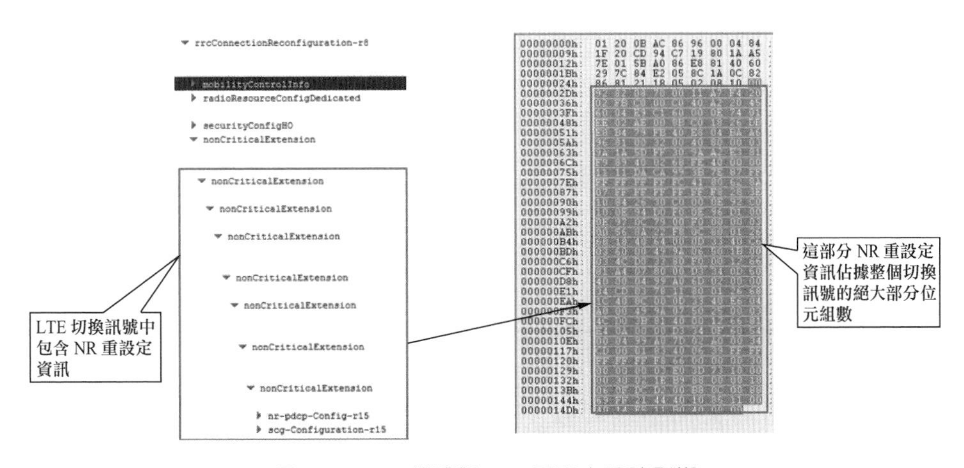

圖 13-2 NR 載體對 LTE 重設定訊號影響

NSA 使用者入網可能使現網資料業務模型發生變化，可能使 LTE 側空中介面負載增加，干擾增加。

1. 評估方法

5G 使用者放號後，需要持續監控 LTE 側的基礎性能相關 KPI 來評估 5G 使用者入網對 LTE 基礎性能的影響。這些基礎 KPI 包括 RRC 建立成功率、E-RAB 建立成功率、同頻 / 異頻切換成功率、斷線率、上行干擾、下行 CQI。

單獨統計 NSA 使用者的切換成功率和 E-RAB 異常釋放次數，可用於輔助隔離 NSA 使用者入網對這兩個指標的影響。可統計以下 KPI 指標：NSA 使用者 PCell 變更執行次數、變更執行成功次數、NSA 使用者 PCell E-RAB 異常釋放總次數。

2. 最佳化建議

（1）如果在 5G 使用者入網後 LTE 基礎性能出現惡化，則首先透過對 NSA 使用者單獨統計的方式進行隔離，以此來確定 NSA 使用者訊號流程的差異性是否為產生問題的主要原因。

（2）統計 LTE 側的上下行 PRB 使用率、上行干擾和 CQI，看其是否在 5G 使用者入網後有惡化。如果有惡化，則將上下行 PRB 使用率和上下行分流流量進行趨勢比較，然後確認上下行 PRB 使用率增加的主要原因是否為分流。對於因分流導致 LTE 側負載抬升和空中介面品質惡化較明顯的區域，可考慮將其關閉。

13.2.6 5G 基礎性能最佳化

錨點性能對 5G 性能有重大影響，具體表現在以下兩個方面。

（1）LTE 側連線失敗必然導致 5G 無法連線。

（2）LTE 側切換、重建、斷線必然導致 5G 資料傳送中斷。

要最佳化 5G 業務體驗，必須同時最佳化錨點基礎性能。

1. 評估方法

（1）錨點連線性能

作為 NSA 錨點的 LTE 社區，RRC 和 E-RAB 建立成功率至少應該不低於該類網路 LTE 基礎性能及格值。如果是路測比拼或演示場景，則要求線路上 LTE RRC 和 E-RAB 的建立成功率達到 100%。

在 LTE RRC 和 E-RAB 建立階段，NSA 使用者跟普通 LTE-ONLY 使用者沒有差別，最佳化方案一致。

（2）錨點切換失敗與斷線性能

LTE 切換失敗會導致斷線，而 LTE 側斷線必然導致 NR 被釋放，然後等 LTE 重新連線後再重新增加 NR。因此 LTE 切換成功率和斷線率對 NSA 使用者體驗有重大影響。作為 NSA 錨點的 LTE 社區，切換成功率和斷線率至少不能低於該網路 LTE 基礎性能及格值。如果是路測比拼或演示場景，則要求 LTE 切換成功率達到 100%，斷線率降低為 0。LTE 切換失敗或斷線，主要與 LTE 網路本身的覆蓋等因素相關，需要進行 LTE 最佳化。

（3）錨點乒乓切換性能

在 LTE 切換時，即使是成功的切換，NR 側也需要進行一次 MOD（修改）流程，從而引起 NR 側資料傳送中斷幾十毫秒。因此對於路測比拼或演示場景，則需要徹底解決乒乓切換問題。解決的標準是 LTE 切換次數不超過「線路上覆蓋社區數 +1」。

同時，對於那些只覆蓋很少一段線路的容錯社區，建議透過參考訊號（Reference Signal，RS）功率調整、天線傾角調整、切換門限調整等常用的 RF 最佳化手段，避免這些社區短時成為服務社區，從而最大限度地減少 LTE 的切換次數。對於錨點 LTE 不需要連線 LTE-ONLY 背景使用者的場景，則建議直接啟動這些容錯社區。

（4）錨點重建性能

在 LTE 重建時，NR 需要執行 MOD 流程或釋放重新增加流程，導致 NR 側資料傳送中斷。具體場景如下所述。

① 非移動場景重建使用的是 MOD 流程，資料傳送中斷幾十毫秒。穩態場景可以簡單瞭解為不移動場景，首先要滿足的是 LTE 站內重建，並且要滿足系統內部維護的許多使用者狀態條件。

② 移動場景重建使用的是釋放重新增加流程，資料傳送中斷幾百毫秒。非穩態場景表示終端位置已發生變化，因此維持之前 NR 關係存在風險。

2. 最佳化建議

錨點性能最佳化與 LTE 各基礎性能最佳化方案一致。

13.2.7 傳輸衝擊保護

高流量使用者資料封包通訊協定（User Datagram Protocol，UDP）透過灌入封包測試場景。UDP 業務沒有壅塞控制機制，會對傳輸網路產生持續性衝擊。傳輸控制協定（Transmission Control Protocol，TCP）或快速 UPP 網際網路連接（Quick UDP Internet Connection，QUIC）協定業務有壅塞控制機制，不會有持續性衝擊。

NR 未增加或釋放場景。此時承載實體建立在 LTE 側，核心網路下行流量全部下發到 LTE。

LTE 傳輸網路遭受高流量衝擊後，存在以下兩個方面的風險。

（1）如果訊號封包未做高優先順序保障，則會導致 LTE S1 或 X2 訊號遺失或延遲較高，LTE 訊號面 KPI 下降。

（2）存量 LTE 使用者的業務封包會被捨棄，影響 LTE 使用者的業務體驗。

1. 評估方法

該風險在 NSA Option 3x 網路拓樸場景下必然存在，尤其是點對點（End-to-End，E2E）傳輸網路等未針對訊號封包做高優先順序保障的網路。

2. 最佳化建議

（1）建議 E2E 傳輸網路盡可能支持差異化的 QoS 設定（透過 DSCP 或 VLAN），保證訊號面 KPI 不受影響。

（2）透過測試規範和傳輸通訊埠限速進行風險避開。

① 傳輸裝置 4G 資源預留

在核心網路與測試區域 eNodeB 相連的傳輸節點上做 4G 資源預留，建議不超過 400Mbit/s（或參考 LTE 單使用者峰值速率能力和 LTE 傳輸頻寬規劃）。

② 5G 測試規範

盡可能選擇基於 TCP 協定的業務執行測試，嚴格控制 UDP 測試場景。對於點對點資料傳送定位，必須使用 UDP 灌入封包的場景，需要控制範圍，避免網路壅塞影響 4G 使用者的感知。

13.3 5G 網路最佳化

13.3.1 基礎查核

基礎查核主要包括網站警報、通道排除、傳輸 / 時鐘排除、參數查核 4 項內容，實施最佳化前，對應 NR 網站各項基礎設定查核內容需要達到 95% 以上合格率才能給予最佳化。

1. 警報 /license 排除

保證在最佳化前消除已知警報資訊，舉例來說，社區不可用警報、license 不足警報、Xn 介面故障警報、NG 介面故障警報、SCTP 鏈路警報、傳輸資源不可用警報等。

2. 通道排除

查詢社區通道校正的結果資訊，保證在測試最佳化之前通道校正正常透過。如果通道校正沒有透過，則需要排除流程。通道校正未透過排除流程見表 13-5。

表 13-5 通道校正未透過排除流程

序號	排除內容	排除建議
1	故障現象確認	透過社區的通道校正詳細結果資訊，確定通道校正失敗的具體原因，用於後續的排除指導
2	硬體狀態排除	完成射頻類警報、時鐘類警報、CPRI 類警報的排除；完成射頻模組內部記錄檔的分析
3	設定排除	對社區的功率設定、社區的場景化波束設定、社區的上下行子幀配比進行排除
4	干擾排除	對社區的干擾進行分析，包括外部干擾、鄰區干擾、環回干擾等
5	發射功率排除	檢查通道的發射功率是否過低
6	接收功率排除	檢查通道 RTWP 值是否過高

13.3.2 單網站性能查核

1. 目標和理由

單網站性能查核主要透過網管查詢網站功能是否正常，能否正常放開啟動，以及與週邊網站鄰區設定關係等能否支撐正常測試、驗證的操作。

（1）目標

① 定點選點能達到 4 流（Rank4），峰值速率大於 1.2Gbit/s。

② 移動連網測試無切換失敗。

（2）理由

① 檢驗基礎查核的效果。

② 及時發現非 RAN 側的問題，否則定位會消耗較多時間。

2. 查核措施

查核措施可以分為以下兩步。

（1）在各站的每個社區內進行定點測試。

（2）移動連網測試。單網站性能查核驗證見表 13-6。

表 13-6 單網站性能查核驗證

序號	分類	驗收內容	驗證內容
1	定點選點測試	能達到 4 流	UE 和 RAN 側設定無問題 UE 天線平衡和通道校正成功
		峰值速率 大於 1.2Gbit/s	CN 和傳輸不限速
2	移動連網測試	無切換失敗	鄰區和 Xn 設定無問題

13.3.3 錨點規劃

4G 錨點站規劃方法如下所述。

1. 步驟一：5G 按照 1:1 原則規劃 4G 錨點站

確定 5G 網站清單後，如果有共站的，則將共站的 4G 基地台規劃為錨點站；如果沒有共站的，則將附近的 4G 基地台規劃為錨點站，該步驟規劃的 4G 錨點站涉及的社區被稱為 NSA 社區。由於現網 4G 和 5G 規劃存在差異，5G 按照 1:1 規劃的 4G 錨點站很難滿足業務要求，存在切換到非錨點站的情況，所以下一步將透過話統關係更全面地規劃錨點站。

2. 步驟二：根據話統關係規劃 4G 錨點站

（1）以天級為粒度提取話統指標：「特定兩小區間切換嘗試次數」。

（2）將 NSA 社區作為服務社區，統計 NSA 社區切換出的特定兩兩小區間切換嘗試次數，並將其按照從大到小的順序排序；所有切換嘗試次數大於或等於 10 次的目標社區被作為候選社區集 A。

（3）將 NSA 社區作為目標社區，統計 NSA 社區切換入的特定兩兩小區間切換嘗試次數，並按從大到小的順序排序；所有切換嘗試次數大於或等於 10 次的目標社區被作為候選社區集 B。

（4）取候選社區 A 與 B 的聯集並剔除其中的 NSA 社區，得到候選社區集 C，則候選社區集 C 為擴大社區。

以上規劃的 4G 錨點站更為全面，和 NSA 社區有雙向切換關係的 4G 基地台都被規劃為錨點站，減少路測時終端佔用到非 4G 錨點站的問題。

3. 步驟三：路測確定錨點站

針對固定線路的演示區域，在 1:1 規劃和話統規劃錨點站的基礎上，可以透過大量路測獲取佔用的 4G 資訊，將佔用的 4G 基地台全部規劃為錨點。

透過以上 3 步，可避免測試時佔用非 4G 錨點的情況。

13.3.4 4G 和 5G 的 X2 最佳化

目前，現網主流 4G 主控板 UMPTa/b X2 規格的有 256 個（4G 和 4G、4G 和 5G 之和），如果在現網 4G 基地台之間，X2 已經接近或達到 256 個，那麼將導致 4G 和 5G 之間無法建立 X2 鏈路，導致 SCG 不增加或 5G 不切換。建議對現網 4G 和 4G 之間的 X2 進行最佳化，給 4G 和 5G 之間的 X2 鏈路留出規格。根據杭州電信的驗證，對 X2 的最佳化建議採用週期性自動刪除和增加 X2 方案。

13.3.5 覆蓋最佳化

1. 目標和理由

商用終端精品線路覆蓋最佳化主要是針對 SSB RSRP 最佳化來改變 UE 分佈，降低鄰區干擾，以達到提升速率的目的（為了避免影響 LTE 現網，建議優先調整 5G 下傾角和方位角）。

（1）目標

① 建議連網線路均設定寬波束（寬波束相對 8 波束可減少 SSB 的負擔，提高業務通道的資源），MOD NRDUCELLTRPBEAM：NrDuCellTrpId=*，overageScenario= EXPAND_SCENARIO_1。

② SSB RSRP 寬波速場景下 95% 的樣本點大於 −80dBm。

③ 推薦站高設定在 20m ～ 25m，建議在起點使用桿站，大型基地台的站間距不超過 500m。

（2）理由

① 覆蓋最佳化可以減少乒乓切換，保障 SSB 覆蓋合理性；減少鄰區干擾，最佳化 SSB SINR，保障使用者正常連線。

② 在最佳化速率方面，良好的 5G 覆蓋最佳化（此處指覆蓋電位 RSRP）不一定能獲得高速率，速率還與週邊網路環境強相關，舉例來說，特定環境下的 Rank 指數。

2. 最佳化方法

主要是透過方位角和下傾角的最佳化來讓使用者獲取更加合理的覆蓋，減少鄰區干擾。

（1）方位角調整

NR 社區的方位角方向必須與 LTE 社區的保持一致。

連網路測場景的目標是使街道覆蓋最佳，因此方位角調整的整體原則是瞄準街道覆蓋、提升連網訊號品質。此外，還要遵循以下原則。

① 為了防止越區覆蓋，在密集城區應該避免天線主瓣正對較直的街道。

② 因為方位角調整需要上站，所以應儘量嘗試其他最佳化手段，如果一定要調整方位角，則應該做到一次調好，最好能夠邊調邊測。

5G RAN2.1AAU 可調方位角功能支援廣播波束方位角的調整，不支援業務通道動態波束方位角的調整。它透過 MML 參數設定遠端調整控制通道波束方位角的角度，支持將 1 度作為粒度，整體調整控制通道波束方位角。

（2）下傾角調整

5G MM 波束下傾角的類型和 LTE 寬波束有很大的不同，其包含 4 種下傾角：機械下傾角、預置電下傾角、可調電下傾角和波束數位下傾角。5G MM 波束最終的下傾角是 4 種下傾角組合在一起的結果。

下傾角調整的一些具體原則如下所述。

① 遵循物理下行共用通道（Physical Downlink Shared Channel，PDSCH）波束覆蓋最佳原則，其中又以 PDSCH 波束傾角覆蓋為最佳原則。

② 遵循控制通道與業務通道同覆蓋原則，儘量保證控制通道傾角與業務通道傾角一致。

③ 以波束最大增益方向覆蓋社區邊緣，當垂直面有多層波束時，原則上用最大增益覆蓋社區邊緣。

④ 根據當前的業務性能分解出最佳化下傾角的方法，若業務性能好，則最佳化數位下傾角，若業務性能不好，則最佳化機械下傾角。

（3）社區功率調整

以一般的 64TR 裝置為例，其最大發射功率為 200W。在設定檔中查詢 MaxTransmitPower（最大傳輸功率）當前社區的功率設定，需要注意的是，該功率為每通道功率。

一般存在嚴重越區覆蓋的社區需要調整最大發射功率，但是必須保證近端覆蓋。一般功率調整在建網初期不作為主要的調整手段，主要是調整 AAU 下傾角和方位角。

（4）波束尋優提升覆蓋

ACP 能夠基於 DT 資料和設定的最佳化目標對 SSB 弱覆蓋、SINR 值差和重疊覆蓋路段進行辨識，透過 Pattern 和 RF 參數疊代尋優提升路測指標。ACP 工具最佳化流程如圖 13-3 所示。目前，GC 平台已經具備該能力，輸出的方案可以透過相關命令修改數位方位和下傾角。

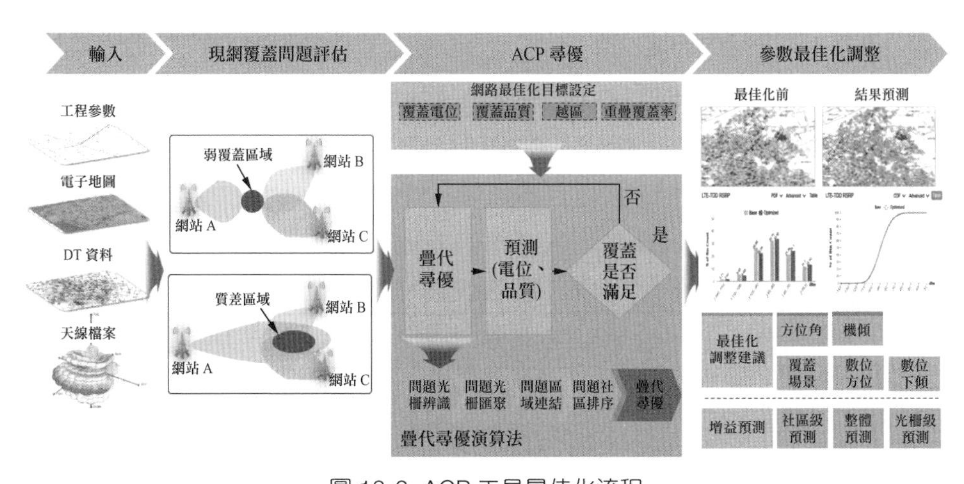

圖 13-3 ACP 工具最佳化流程

13.3.6 控制平面最佳化

1. 最佳化目標

NSA 性能最佳化包含 LTE 錨點性能最佳化和 SCG NR 性能最佳化。NSA 性能最佳化目標見表 13-7。

表 13-7 NSA 性能最佳化目標

指標	目標值
LTE 連線和切換成功率	100%
LTE 斷線率	0
LTE 切換次數	4G 社區切換次數與社區數的比例約為 1.1:1
LTE 重建率 / 重建失敗次數	0
NR 連線和切換成功率	100%
NR 切換次數	5G 社區切換次數與社區數的比例約為 1.1:1
NR 斷線率	0

（1）LTE 錨點性能最佳化

LTE 錨點性能最佳化的主要目標是 LTE 連線最佳化、LTE 斷線最佳化、LTE 切換次數最佳化和 LTE 重建最佳化。

每個場景的具體最佳化目標如下所述。

① LTE 連線最佳化目標：確保每次的 LTE 切換和連線都成功。

② LTE 斷線最佳化目標：確保精品線路 LTE 無斷線。

③ LTE 切換次數最佳化目標：減少 LTE 乒乓切換或不合理切換，避免因 LTE 切換帶來的速率「掉坑」。

④ LTE 重建最佳化目標：精品線路應儘量減少 LTE 重建次數和重建失敗次數，避免 LTE 重建速率「掉坑」或重建失敗帶來的速率「掉坑」。

（2）NR 性能最佳化

NR 性能最佳化包含 NR 切換最佳化、NR 連線最佳化和 NR 斷線最佳化。

① NR 連線最佳化目標：確保無 NR 連線失敗。

② NR 切換最佳化目標：確保無 NR 切換失敗，無 NR 乒乓切換。

③ NR 斷線率最佳化目標：確保無 NR 斷線。

2. LTE 連線成功率最佳化

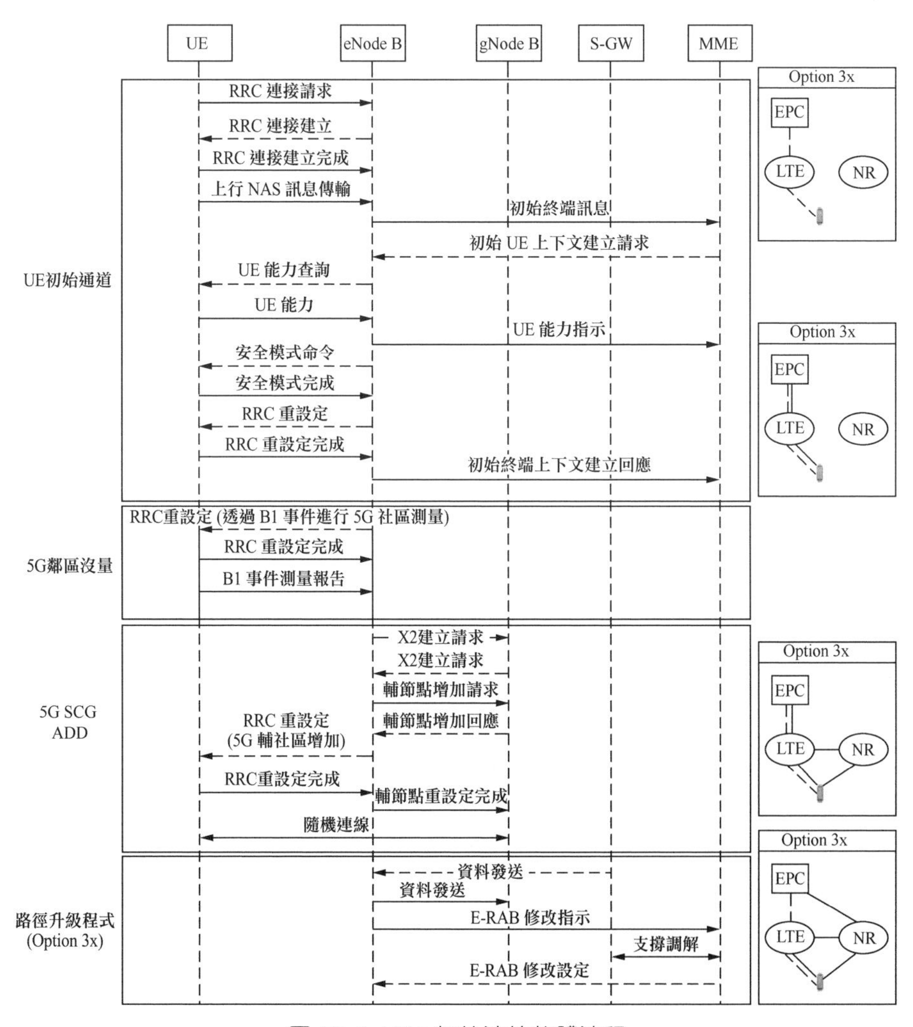

圖 13-4 NSA 初始連線整體流程

在 NSA 架構下，NSA UE 已經成功在 LTE 側連線之後才會觸發 B1 測量下發以及 SCG 增加流程。如果 LTE 側連線不了，則無法啟動 5G 業務。NSA 初始連線整體流程如圖 13-4 所示。

IDLE TO ACTIVE 連線延遲（包含隨機連線、RRC 連接建立、預設承載建立）通常為 100ms ～ 150ms。IDLE TO ACTIVE 連線延遲案例如圖 13-5 所示，本案例中的連線延遲為 103ms。

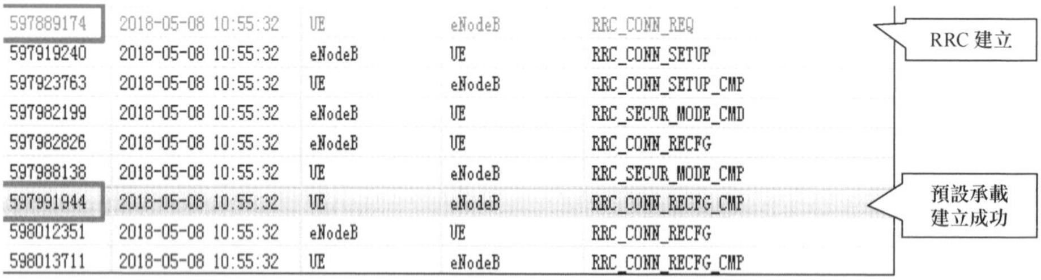

597889174	2018-05-08 10:55:32	UE	eNodeB	RRC_CONN_REQ
597919240	2018-05-08 10:55:32	eNodeB	UE	RRC_CONN_SETUP
597923763	2018-05-08 10:55:32	UE	eNodeB	RRC_CONN_SETUP_CMP
597982199	2018-05-08 10:55:32	eNodeB	UE	RRC_SECUR_MODE_CMD
597982826	2018-05-08 10:55:32	eNodeB	UE	RRC_CONN_RECFG
597988138	2018-05-08 10:55:32	UE	eNodeB	RRC_SECUR_MODE_CMP
597991944	2018-05-08 10:55:32	UE	eNodeB	RRC_CONN_RECFG_CMP
598012351	2018-05-08 10:55:32	eNodeB	UE	RRC_CONN_RECFG
598013711	2018-05-08 10:55:32	UE	eNodeB	RRC_CONN_RECFG_CMP

RRC 建立

預設承載建立成功

圖中 OMT 訊號打點，RRC_CONN_REQ 的打點時刻是在隨機連線之前，因此上述統計包括 LTE 隨機連線延遲。

圖 13-5 IDLE TO ACTIVE 連線延遲案例

當 E-RAB 建立失敗後，UE 需要等待上產業務或下產業務（Paging）再次觸發連線，因此會額外引入連線觸發延遲。對於下產業務，UE 需要透過 Paging 來觸發連線請求，其連線延遲取決於核心網路 Paging 相關設定。如果存在尋呼遺失，該延遲將顯著增加。每遺失一次尋呼訊息，延遲增加 3s 或 6s。該場景與斷線的原理相同。

具體最佳化建議如下所述。

RRC 和 E-RAB 建立成功率至少應該不低於該網路 LTE 基礎性能及格值。如果是路測比拼或演示場景，則要求 LTE RRC 和 E-RAB 建立成功率達到 100%。

在 LTE RRC 和 E-RAB 建立階段，NSA 使用者跟普通 LTE-ONLY 使用者沒有差別。請參考 LTE 進行問題處理和性能最佳化。

3. LTE 切換最佳化

（1）目標

LTE 乒乓切換將導致 SCG 頻繁發起增加和刪除過程，進而導致上傳 / 下載出現速率「掉坑」的問題。因此，精品線路上應無 LTE 乒乓切換，切換帶合理，減少 LTE 社區切換次數，4G 社區切換次數與社區數的比例約為 1.1:1。

（2）理由

在 2s 內，存在兩次及兩次以上的切換可以被定義為頻繁切換，如果小區間存在頻繁切換，且切換場景為 A → B → A → B → A…，我們稱這種場景為乒乓切換。LTE 頻繁切換會引入更多切換訊號導致延遲增加，同時頻繁觸發 SCG 增加和刪除過程會導致速率「掉坑」（相關速率影響，亦可以參考本書的 NR 切換最佳化內容）。LTE 小區間頻繁切換會造成延遲增加 1s 左右，同時對於尋呼遺失的情況，還要增加 3s ～ 6s 的資料傳送中斷，導致短時間內速率低於切換前。該因素對於 UDP 類業務的影響被控制在 1s 之內（在尋呼不遺失的情況下），在這 1 秒以內的平均速率影響幅度參考值為 20% ～ 40%。在乒乓切換或頻繁切換的場景下，該因素對 5G 的資料傳送性能影響較為明顯。因此精品線路的演示效果可以透過最佳化鄰區及切換關係盡可能地減少切換次數，保證速率平穩來達成。

切換對速率的影響主要源於斷流和 Rank&MCS 爬坡慢。關於斷流情況，上面已作説明，Rank&MCS 對速率的影響佔整體的 10% ～ 40%，比例的大小主要取決於 Rank&MCS 爬坡的快慢程度。切換後 UE 初始選擇 Rank1&MCS4 階，預計需要 100ms ～ 500ms 爬坡到 Rank4&MCS20 階，通道品質越好，爬坡時間越短，可以透過參數最佳化加速爬坡。

（3）最佳化建議

① 切換門限調整

LTE 支持同頻 / 異頻切換（精品線路暫不考慮異頻切換），由 A3 事件觸發切換，當前版本僅支持 RSRP 上報。可以透過調整 A3 切換幅度、時間遲滯、RSRP 偏置來控制切換的難易程度。切換門限參數設定建議見表 13-8，具體來說，切換門限調整可以分為以下幾個步驟。

第一，透過路測記錄檔查看測量報告，計算服務社區電位和鄰區電位的差異。

第二，得到需要修改的 A3 偏置或遲滯，評估能否解決乒乓切換的問題。

切換門限調整會影響所有鄰區的切換。

表 13-8 切換門限參數設定建議

參數名稱	參數 ID	設定建議
測量公共參數組標識	INTRAFREQHOGROUP. IntraFreqHoGroupId	根據網路規劃設定
幅度遲滯	INTRAFREQHOGROUP. IntraFreqHoA3Hyst	2
時間遲滯	INTRAFREQHOGROUP. IntraFreqHoA3TimeToTrig	320ms
RSRP 偏置	INTRAFREQHOGROUP. IntraFreqHoA3Offset	4

② 社區對切換參數調整

如果精品線路按照某個方向行駛時，某兩個小區間只有 1 次切換關係，那麼也可以透過調整社區特定偏置（CellIndividual Offset）來精準改變切換位置，使其只影響指定的鄰區。

③ MCG 載體優選功能（可以指配切換較少的 4G 社區作為錨點社區）

如果精品線路 L2100 載體連續覆蓋且切換相比 L1800 較少，則建議將 NSA 使用者指配至 L2100，從而減少切換，該方案只對 NSA 生效。MCG 載體優選流程示意如圖 13-6 所示，MCG 載體優先參數設定建議見表 13-9。

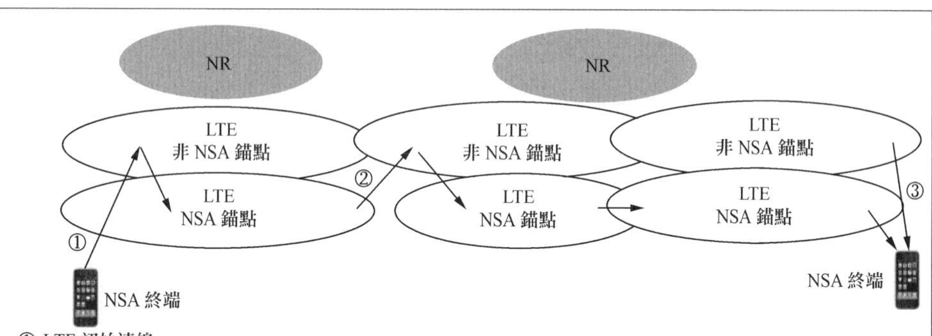

① LTE 初始連線

在 LTE 初始連線場景，有以下原因會導致 UE 首先連線到非錨點 LTE 社區，或低優先順序的錨點 LTE 社區。

- 場景一：錨點 LTE 的公共重選優先順序不是最高的，並且 UE 沒有有效的專用重選優先順序 (開機連線場景或 T320 已故障場景)。
- 場景二：錨點 LTE 的這個位置恰好沒有覆蓋。

此時如果這個非錨點社區或低優先順序錨點社區打開 MCG 載體優選功能，則會透過 A1+A4 的方式嘗試主動將 UE 切換到高優先順序錨點社區。設定 Al 測量是為了防止邊緣場景的乒乓切換。

② LTE 切換

- 如果 LTE 切換目標頻點已經是該終端能力所支援的最高優先順序錨點，則保持當前錨點社區繼續業務。
- 如果 LTE 切換目標頻點的 NSA 錨點優先順序不是最高的，或LTE 切換目標頻點不做錨點 (錨點優先順序為 0)，則透過 Al+A4 的方式嘗試主動切換到高優先順序錨點。

③ LTE 釋放

當 NSA 使用者從 LTE 側 (需打開 MCG 載體優選功能) 釋放時，RRC Release 訊息攜帶專用的空閒態重選優先順序，指示 NSA 使用者在空閒態優先駐留高優先順序錨點。

圖 13-6 MCG 載體優選流程示意

表 13-9 MCG 載體優選參數設定建議

類別	所涉及操作命令	設定值建議
MCG 載體優選功能：打開 MCG 載體優選功能	MOD NSADCMGMTCONFIG：LocalCellId=xx，NsaDcAlgoSwitch=NSA_PCC_ANCHORING_SWITCH-1；	所有現網 LTE 頻點（包括非 NSA 錨點和 NSA 錨點）都需要升級到 19B C10 SPC100 及以上版本，並打開此功能的開關
MCG 載體優選功能：各頻點錨點優先順序設定	MOD PCCFREQCFG：PccDlEarfcn=xxx，NsaPccAnchoringPriority=xx；	按照現場策略，優先駐留的載體優先順序最高

類別	所涉及操作命令	設定值建議
設定用於 MCG 載體優選功能的 A1 門限	EnhancedPccAnchorA1ThdRsrp	該門限與 LTE CA 錨點行動性策略共用同一個參數。如果現網 LTE 也啟用了 CA PCC 錨點優先順序切換策略（PccAnchorSwitch 或 EnhancedPCCAnchor Switch 打開），則需要評估繼承現網 CA PCC 錨點優先順序的 A1 門限是否滿足 NSA 錨點方案要求。如果現網未啟用 LTE CA PCC 錨點優先順序切換策略，則建議將該門限初始設定為 -100dBm。若局部出現 MCG 載體優選功能生效不及時的情況，或該功能生效時觸發了乒乓切換，則基於實際情況進行微調
設定用於 MCG 載體優選功能的 A4 門限	InterFreqHoA4ThdRsrp	該門限與 LTE 基於覆蓋的異頻 A4 切換門限共用同一個參數。建議繼承現網門限裝置，不做特殊修改

某廠商的具體指令稿如下所述。

MOD NSADCMGMTCONFIG: LocalCellId=x, NsaDcAlgoSwitch =NSA_PCC_ANCHORING_SWITCH － 1。
MOD PCCFREQCFG: PccDlEarfcn=100, NsaPccAnchoringPriority=x。
MOD PCCFREQCFG: PccDlEarfcn=1825, NsaPccAnchoringPriority=x。
MOD PCCFREQCFG: PccDlEarfcn=2452, NsaPccAnchoringPriority=x。
MOD CAMGTCFG: Local CellId=1, ENHANCEDPCCANCHORA1THDRSRP=-100。
MOD INTERFREQHOGROUP: LocalCellId=x，InterFreqHoGroupId=x。
InterFreqHoA4Thd = -108。

以上門限根據現網情況靈活設定。

MCG 載體優選 License 要求見表 13-10。

表 13-10 MCG 載體優選 License 要求

LTE FDD	LNOFD-151333	EN-DC 載體優選	LT1S0ED0CS00	Per Cell
LTE FDD	RDLNOFD-151504	EN-DC 載體優選	LT4SENDCSTDD	Per Cell

④ 根覆蓋情況增加 / 刪除鄰區關係

增加 LTE 鄰區，增加 NR 鄰區關係。

- 4G 增加 / 刪除 5G

ADD NRNRELATIONSHIP: LocalCellId=1, Mcc="xx", Mnc="xx", GnodebId=xx, CellId=xx。

RMV NRNRELATIONSHIP: LocalCellId=xx, Mcc="xx", Mnc="xx", GnodebId=xx, CellId=xx。

- 4G 增加 / 刪除 4G

ADD EUTRANINTRAFREQNCELL: LocalCellId=xx, Mcc="xx", Mnc="xx", eNodeBId=xx, CellId=xx。

RMV EUTRANINTRAFREQNCELL: LocalCellId=xx, Mcc="xx", Mnc="xx", eNodeBId=xx, CellId=xx。

4. LTE 斷線率

(1) 最佳化目標

精品線路實現零掉線的目標。

(2) 原理

LTE 斷線對 5G 速率性能影響包括以下兩個方面。

第一，LTE 斷線時必然會釋放 SgNB，等 LTE 再次連線後才能再次增加 SgNB，從而導致 5G 業務中斷 700ms ～ 1000ms。如果下產業務場景存在尋呼遺失的情況，則該延遲將顯著增加。每遺失一次尋呼訊息，延遲增加 3s 或 6s，這取決於核心網路的尋呼週期設定。

第二，SgNB 再次增加後，NR 側需要重新連線，還需要一段時間進行 Rank 和 MCS 調整，在這段時間內也存在速率損失，對 1s 內下行平均速率（UDP 業務）的影響幅度為 20% ～ 40%。

LTE 斷線導致資料傳送中斷流程示意如圖 13-7 所示。

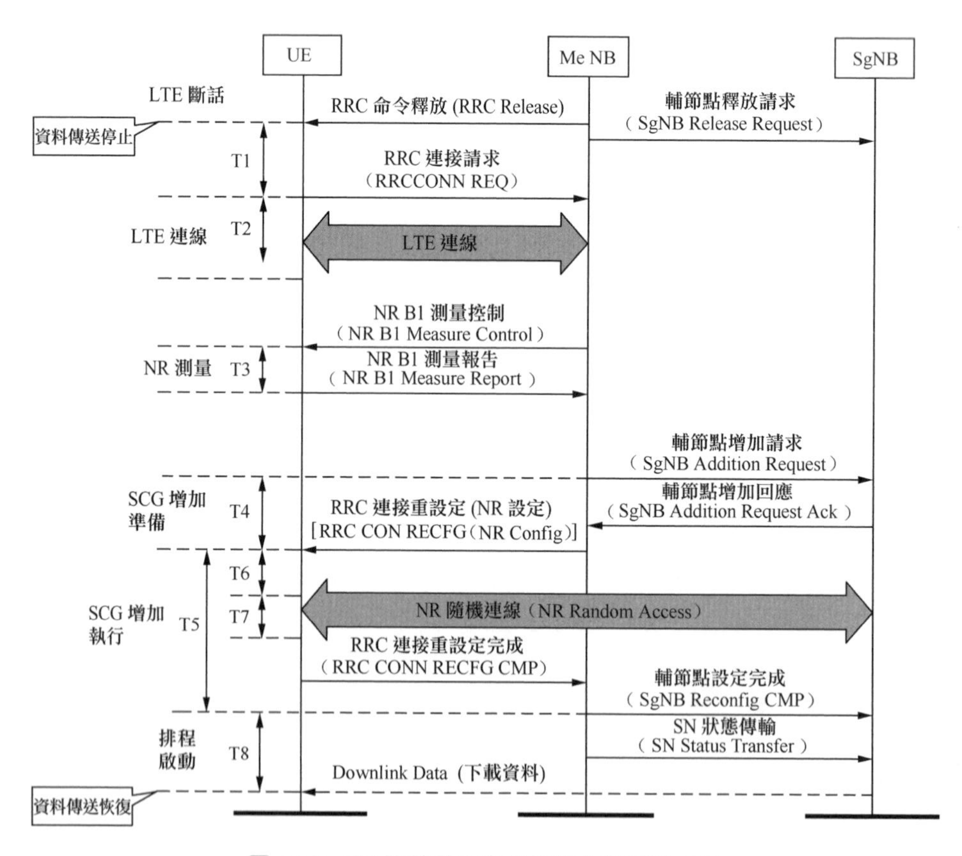

圖 13-7 LTE 斷線導致資料傳送中斷流程示意

以上影響過程的詳細理論分析具體如下所述。

① 資料傳送中斷時長分析

LTE 斷線場景下 UE 側 5G 資料傳送停止和恢復的位置如下所述。

- 資料傳送停止：UE 收到 LTE RRC 釋放命令。

- 資料傳送恢復：NR 側隨機連線完成，並且 SgNB 收到 "SgNB Reconfig CMP" 後，資料傳送恢復。

資料傳送中斷總時長具體取決於以下各個環節。LTE 斷線導致資料傳送中斷組成時間段見表 13-11。

表 13-11 LTE 斷線導致資料傳送中斷組成時間段

時間段	定義	具體事件（UE 側）	參考值	說明
T1	LTE 連線等待延遲	起始事件：UE 收到 LTE RRC 釋放命令（RRC Release） 結束事件：UE 再次發起 LTE 側 RRC 建立（觸發 RRC CONN REQ 上報）	400ms 以上	如果存在尋呼遺失的情況，則該延遲將顯著增加。每遺失一次尋呼訊息，延遲增加 3s 或 6s，這取決於核心網路尋呼週期設定
T2	LTE 側連線延遲	起始事件：UE 發起 LTE 側 RRC 建立（觸發 RRC CONN REQ 上報） 結束事件：UE 在 LTE 側完成預設承載建立（空中介面收到 RRC CONN RECFG CMP）	100ms～150ms	（1）基於 LTE 側連線情況 （2）該參考值是基於 Preamble/RAR/Msg3 及其他所有空中介面訊號都沒有重傳的情況。如果存在重傳，則該延遲將顯著增加 （3）該參考值特指 IDLE TO ACTIVE 類型 LTE 連線。ATTACH 類型連線延遲還需要再增加約 200ms 延遲
T3	NR 測量延遲	起始事件：eNodeB 下發 B1 測量控制 結束事件：eNodeB 收到 B1 測量報告	110ms～140ms	跟 UE 能力和 NR 低頻 / 高頻等因素相關。該參考值是 TUE 對於 NR 低頻測量的結果

時間段	定義	具體事件（UE 側）	參考值	說明
T4	SCG 增加準備延遲	起始事件：eNodeB X2 通訊埠發起 SgNB Addition Request 結束事件：eNodeB 空中介面下發 SCG 增加命令（RRC CONN RECFG）	20ms～40ms	（1）跟 gNodeB 處理延遲相關（回應 SgNB Addition Request） （2）跟 UE 處理延遲相關（eNodeB 需要先取消用於 B1 事件的 GAP 測量，UE 回覆完成後，eNodeB 才會在 X2 通訊埠發起 SgNB Addition Request） （3）跟 X2 通訊埠延遲（3ms～5ms）相關
T5	SCG 增加即時執行延遲	起始事件：eNodeB 空中介面下發 SCG 增加命令（RRC CONN RECFG） 結束事件：gNodeB X2 通訊埠收到 SgNB RECFG CMP	15ms～40ms	（1）跟 UE 處理延遲相關（執行 SCG 增加） （2）跟 X2 通訊埠延遲（3ms～5ms）相關
T6	SCG 增加訊號處理延遲	起始事件：UE 收到 SCG 增加命令（RRC CONN RECFG） 結束事件：UE 在 NR 側發起隨機連線	120ms～150ms	跟 UE 能力相關，UE 需要先在 NR 側搜網，才能發起隨機連線
T7	NR 側隨機連線延遲	起始事件：UE 觸發 NR 側發起隨機連線 結束事件：UE 在 NR 側上報 Msg3	10ms～21.5ms	（1）基於 NR 側隨機連線情況 （2）該參考值是基於 Preamble/RAR/Msg3 都沒有重傳的情況。如果存在重傳則該延遲將顯著增加

時間段	定義	具體事件（UE 側）	參考值	說明
T8	使用者平面啟動排程延遲	UE 側無相關事件打點	2.5ms ～ 4 ms	基於基地台側處理延遲（1.5ms ～ 3ms）、排程延遲（0.5ms），以及 UE 側處理延遲（0.5ms）
總計	T1+T2+T3+T4+max (T5, T6+T7) +T8		762.5ms ～ 905.5ms	如果存在尋呼遺失的情況，則該延遲將顯著增加。每遺失一次尋呼訊息，延遲增加 3s 或 6s，這取決於核心網路的尋呼週期設定
註：表 13-11 中 T1/T2/T3/T4 的定義如圖 13-8、圖 13-9、圖 13-10、圖 13-11，圖 13-12 所示。				

② T1/T2/T3/T4 延遲案例的具體分析如下。

- T1（UE 收到 LTE RRC 釋放命令→ UE 再次發起 LTE 側 RRC 建立）：對於下產業務場景，通常是透過核心網路尋呼方式觸發 UE 發起連線。如果核心網路立即發起尋呼並且 UE 成功接收，則在 450ms 左右再次發起 LTE 側 RRC 建立。成功接收尋呼時 T1 延遲案例如圖 13-8 所示。

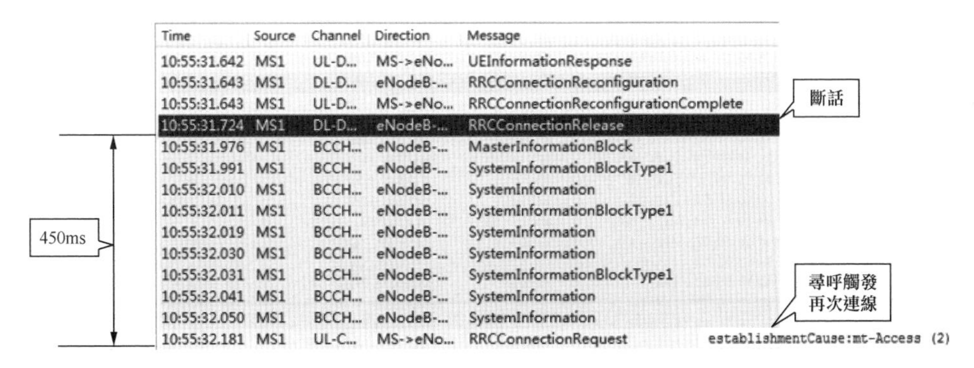

圖 13-8 成功接收尋呼時 T1 延遲案例

如果存在尋呼遺失的情況，此時資料傳輸中斷延遲將顯著增加，尋呼遺失場景下的延遲取決於核心網路的尋呼週期設定。尋呼遺失時 T1 延遲案例如圖 13-9 所示，從斷線到尋呼連線延遲達到 6500ms。

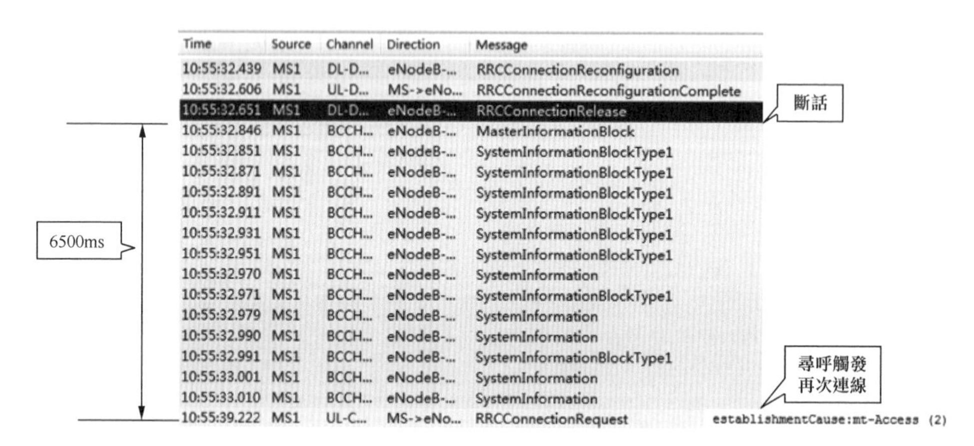

Time	Source	Channel	Direction	Message
10:55:32.439	MS1	DL-D...	eNodeB-...	RRCConnectionReconfiguration
10:55:32.606	MS1	UL-D...	MS->eNo...	RRCConnectionReconfigurationComplete
10:55:32.651	MS1	DL-D...	eNodeB-...	RRCConnectionRelease
10:55:32.846	MS1	BCCH...	eNodeB-...	MasterInformationBlock
10:55:32.851	MS1	BCCH...	eNodeB-...	SystemInformationBlockType1
10:55:32.871	MS1	BCCH...	eNodeB-...	SystemInformationBlockType1
10:55:32.891	MS1	BCCH...	eNodeB-...	SystemInformationBlockType1
10:55:32.911	MS1	BCCH...	eNodeB-...	SystemInformationBlockType1
10:55:32.931	MS1	BCCH...	eNodeB-...	SystemInformationBlockType1
10:55:32.951	MS1	BCCH...	eNodeB-...	SystemInformationBlockType1
10:55:32.970	MS1	BCCH...	eNodeB-...	SystemInformation
10:55:32.971	MS1	BCCH...	eNodeB-...	SystemInformationBlockType1
10:55:32.979	MS1	BCCH...	eNodeB-...	SystemInformation
10:55:32.990	MS1	BCCH...	eNodeB-...	SystemInformation
10:55:32.991	MS1	BCCH...	eNodeB-...	SystemInformationBlockType1
10:55:33.001	MS1	BCCH...	eNodeB-...	SystemInformation
10:55:33.010	MS1	BCCH...	eNodeB-...	SystemInformation
10:55:39.222	MS1	UL-C...	MS->eNo...	RRCConnectionRequest

圖 13-9 尋呼遺失時 T1 延遲案例

■ T2（UE 再次發起 LTE 側 RRC 建立→ UE 在 LTE 側完成預設承載建立）：基於 OMT 追蹤的 T2 延遲案例如圖 13-10 所示。基於 UE LTE 側 OMT 追蹤，該延遲為 103ms。

時間戳	當前時間	來源模組名稱	目的模組名稱	訊息名稱
597351727	2018-05-08 10:55:31	UE	eNodeB	RRC_CONN_RECFG_CMP
597432255	2018-05-08 10:55:31	eNodeB	UE	RRC_CONN_REL
597684533	2018-05-08 10:55:31	eNodeB	UE	RRC_MASTER_INFO_BLOCK
597699094	2018-05-08 10:55:31	eNodeB	UE	RRC_SIB_TYPE1
597718137	2018-05-08 10:55:31	eNodeB	UE	RRC_SYS_INFO
597719072	2018-05-08 10:55:31	eNodeB	UE	RRC_SIB_TYPE1
597727111	2018-05-08 10:55:31	eNodeB	UE	RRC_SYS_INFO
597738109	2018-05-08 10:55:31	eNodeB	UE	RRC_SYS_INFO
597739069	2018-05-08 10:55:31	eNodeB	UE	RRC_SIB_TYPE1
597749107	2018-05-08 10:55:31	eNodeB	UE	RRC_SYS_INFO
597758089	2018-05-08 10:55:31	eNodeB	UE	RRC_SYS_INFO
597884696	2018-05-08 10:55:32	UE	MME	MM_SER_REQ
597889174	2018-05-08 10:55:32	UE	eNodeB	RRC_CONN_REQ
597919240	2018-05-08 10:55:32	eNodeB	UE	RRC_CONN_SETUP
597923763	2018-05-08 10:55:32	UE	eNodeB	RRC_CONN_SETUP_CMP
597982199	2018-05-08 10:55:32	eNodeB	UE	RRC_SECUR_MODE_CMD
597982826	2018-05-08 10:55:32	eNodeB	UE	RRC_CONN_RECFG
597988138	2018-05-08 10:55:32	UE	eNodeB	RRC_SECUR_MODE_CMP
597991944	2018-05-08 10:55:32	UE	eNodeB	RRC_CONN_RECFG_CMP
598012351	2018-05-08 10:55:32	eNodeB	UE	RRC_CONN_RECFG
598013711	2018-05-08 10:55:32	UE	eNodeB	RRC_CONN_RECFG_CMP

斷話

再次發起 RRC 建立

預設承載建立成功

圖 13-10 基於 OMT 追蹤的 T2 延遲案例

■ T3（eNodeB 下發 B1 測量控制→ eNodeB 收到 B1 測量報告）：基於訊號追蹤的 T3 延遲案例如圖 13-11 所示。eNodeB 側訊號追蹤，該延遲為 132ms。

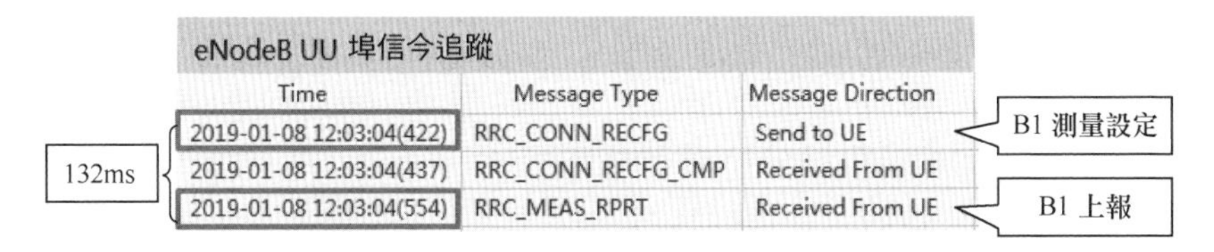

eNodeB UU 埠信今追蹤

Time	Message Type	Message Direction
2019-01-08 12:03:04(422)	RRC_CONN_RECFG	Send to UE
2019-01-08 12:03:04(437)	RRC_CONN_RECFG_CMP	Received From UE
2019-01-08 12:03:04(554)	RRC_MEAS_RPRT	Received From UE

圖 13-11　基於訊號追蹤的 T3 延遲案例

■ T4（eNodeB X2 通訊埠發起 SgNB Addition Request → gNodeB X2 通訊埠收到 SgNB RECFG CMP）：基於訊號追蹤的 T4 延遲案例如圖 13-12 所示。eNodeB 側訊號追蹤，該延遲為 54ms。

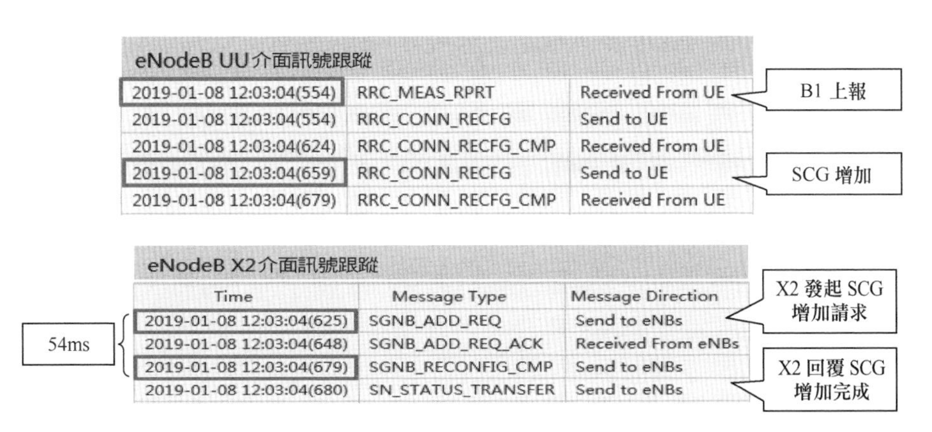

eNodeB UU介面訊號跟蹤

2019-01-08 12:03:04(554)	RRC_MEAS_RPRT	Received From UE
2019-01-08 12:03:04(554)	RRC_CONN_RECFG	Send to UE
2019-01-08 12:03:04(624)	RRC_CONN_RECFG_CMP	Received From UE
2019-01-08 12:03:04(659)	RRC_CONN_RECFG	Send to UE
2019-01-08 12:03:04(679)	RRC_CONN_RECFG_CMP	Received From UE

eNodeB X2介面訊號跟蹤

Time	Message Type	Message Direction
2019-01-08 12:03:04(625)	SGNB_ADD_REQ	Send to eNBs
2019-01-08 12:03:04(648)	SGNB_ADD_REQ_ACK	Received From eNBs
2019-01-08 12:03:04(679)	SGNB_RECONFIG_CMP	Send to eNBs
2019-01-08 12:03:04(680)	SN_STATUS_TRANSFER	Send to eNBs

圖 13-12　基於訊號追蹤的 T4 延遲案例

（3）最佳化建議

LTE 斷線主要與 LTE 網路本身的覆蓋等因素相關。

5. LTE 重建比最佳化

（1）原理

LTE 重建對 5G 速率性能影響主要包括以下兩個方面。

① LTE 重建時需要釋放並重新增加 SgNB（非穩態重建），或重新設定 SgNB（穩態重建），這兩種情況都會導致 5G 業務中斷。

② SgNB 再次增加或重配後，NR 側需要重新連線，還需要一段時間進行 Rank 和 MCS 調整，這段時間也存在速率損失，對 1 秒內下行平均速率（UDP 業務）的影響幅度為 20% ～ 40%。

以上影響過程的詳細理論分析具體如下所述。

① 資料傳送中斷時長分析。

② 非穩態重建場景的資料傳送中斷時長分析。

非穩態場景需要先釋放 SCG，並在 LTE 重建完成後重新增加 SCG。5G 資料傳送中斷時間較長。非穩態重建的資料傳送中斷時長具體包括以下階段，非穩態重建場景的資料傳送中斷組成時間段見表 13-12，非穩態重建場景的資料傳送中斷流程示意如圖 13-13 所示。

表 13-12 非穩態重建場景的資料傳送中斷組成時間段

時間段	定義	具體事件（UE 側）	參考值	Remark
T1	LTE 重建延遲	起始事件：UE 發送重建請求 結束事件：UE 上報重建完成	30ms ～ 50ms	(1) 該參考值是基於 Preamble/RAR/Msg3 及其他所有空中介面訊號都沒有重傳的情況。如果存在重傳，則該延遲將顯著增加 (2) 該參考值是基於站間重建場景，考慮到非穩態重建常見於切換場景
T2	SCG 釋放延遲	起始事件：T-eNodeB 收到重建完成 結束事件：T-eNodeB 向 S-eNodeB 發送 UE 上下文釋放請求	50ms ～ 70ms	(1) 與 eNodeB、gNodeB 處理延遲相關 (2) 與 X2 通訊埠延遲（3ms ～ 5ms）相關

時間段	定義	具體事件（UE 側）	參考值	Remark
T3	NR 測量延遲	起始事件：eNodeB 下發 B1 測量控制 結束事件：eNodeB 收到 B1 測量報告	110ms～140ms	與 UE 能力、NR 低頻 / 高頻等因素相關。該參考值是 TUE 對於 NR 低頻的測量結果
T4	SCG 增加準備延遲	起始事件：eNodeB X2 通訊埠發起 SgNB Addition Request 結束事件：eNodeB 空中介面下發 SCG 增加命令（RRC CONN RECFG）	20ms～40ms	(1) 與 gNodeB 處理延遲相關（回應 SgNB Addition Request） (2) 與 UE 處理延遲相關（eNodeB 需要先取消用於 B1 事件的 GAP 測量，UE 回覆完成後，eNodeB 才會在 X2 通訊埠發起 SgNB Addition Request） (3) 與 X2 通訊埠延遲（3ms～5ms）相關
T5	SCG 增加即時執行延遲	起始事件：eNodeB 空中介面下發 SCG 增加命令（RRC CONN RECFG） 結束事件：gNodeB X2 通訊埠收到 SgNB RECFG CMP	15ms～40ms	(1) 與 UE 處理延遲相關（執行 SCG 增加） (2) 與 X2 通訊埠延遲（3ms～5ms）相關
T6	SCG 增加訊號處理延遲	起始事件：UE 收到 SCG 增加命令（RRC CONN RECFG） 結束事件：UE 在 NR 側發起隨機連線	120ms～150ms	與 UE 能力相關，UE 需要先在 NR 側搜網，才能發起隨機連線
T7	NR 側隨機連線延遲	起始事件：UE 觸發 NR 側發起隨機連線 結束事件：UE 在 NR 側上報 Msg3	10ms～21.5ms	(1) 基於 NR 側隨機連線情況 (2) 該參考值是基於 Preamble/RAR/Msg3 都沒有重傳的情況。如果存在重傳，則該延遲將顯著增加

時間段	定義	具體事件（UE 側）	參考值	Remark
T8	使用者平面啟動排程延遲	UE 側無相關事件打點	2.5ms ～ 4ms	基於基地台側處理延遲（1.5ms ～ 3ms）、排程延遲（0.5ms）以及 UE 側處理延遲（0.5ms）
總計	T1+T2+T3+T4+max(T5, T6+T7)+T8	—	342.5ms ～ 477.5ms	—

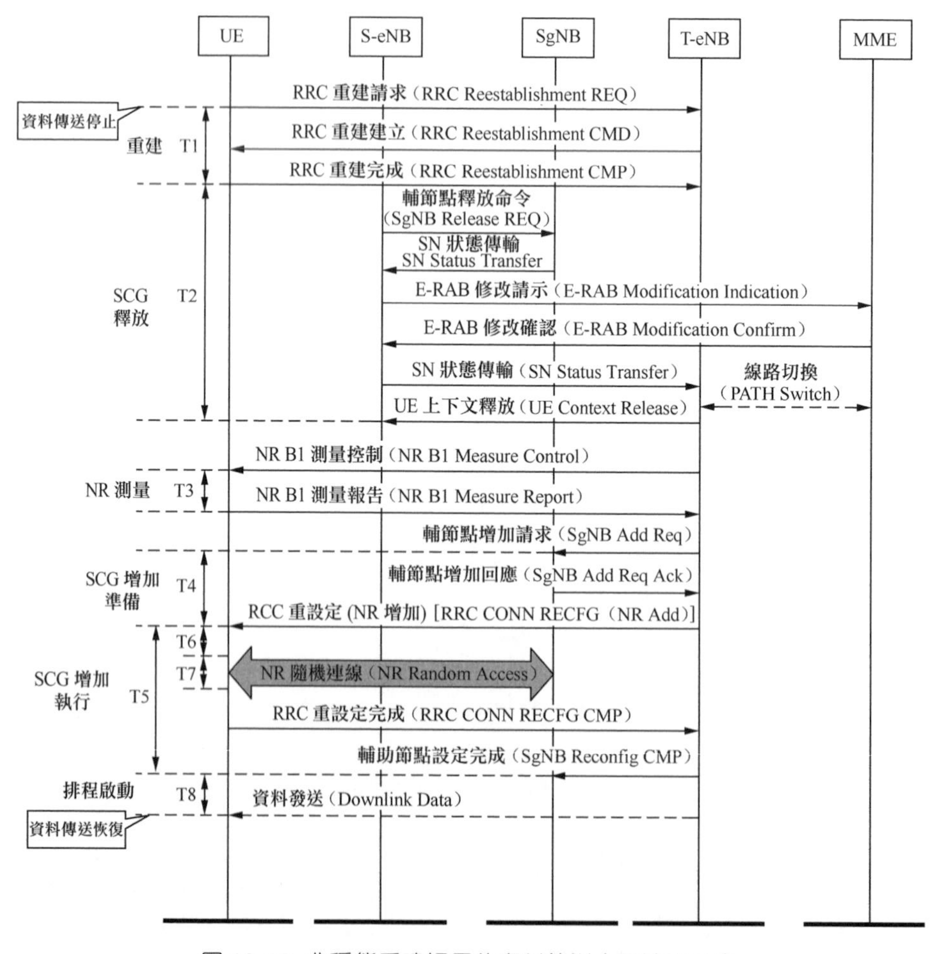

圖 13-13 非穩態重建場景的資料傳送中斷流程示意

穩態重建場景的資料傳送中斷時長分析如下所述。

穩態是與非穩態相對的概念，是 LTE 系統內部對使用者狀態的定義。其中，非穩態是指使用者正在進行某個流程還未完成的階段，常見的非穩態場景包括切換未完成場景以及 LTE 與 MME 之間的訊號互動（舉例來說，LTE 發起 e-RAB Modification Indication 後等待 MME 回覆 e-RAB Modification Complete 的期間）。使用者在 LTE 側保持 RRC Connected 狀態期間，除去非穩態場景，其他均算作穩態場景。

穩態重建不需要釋放和重新增加 SCG，只需要在 LTE 重建完成後進行一次 SCG MOD 流程，資料傳送中斷時長相比非穩態重建明顯變短。穩態重建的資料傳送中斷時長具體包括以下階段。穩態重建場景的資料傳送中斷組成時間段見表 13-13，穩態重建場景的資料傳送中斷流程示意如圖 13-14 所示。

表 13-13 穩態重建場景的資料傳送中斷組成時間段

時間段	定義	具體事件（UE 側）	參考值	Remark
T1	LTE 重建延遲	起始事件：UE 發送重建請求 結束事件：UE 上報重建完成	20ms ～ 40ms	(1) 該參考值是基於 Preamble、RAR、Msg3 及其他所有空中介面訊號都沒有重傳的情況。如果存在重傳的情況，則該延遲將顯著增加 (2) 該參考值是基於站內重建場景，如果是跨站重建，還需要先透過 X2 獲取 UE 上下文，重建延遲將顯著增加
T2	SCG 增加準備延遲	起始事件：UE 發送重建完成 結束事件：UE 收到 SCG 重配命令（RRC CONN RECFG）	20ms ～ 50ms	與 eNodeB、gNodeB 處理延遲相關與 X2 通訊埠延遲（3ms ～ 5ms）相關

時間段	定義	具體事件（UE 側）	參考值	Remark
T3	LTE 側 RRC 重設定處理延遲	起始事件：UE 收到 SCG 重配命令（RRC CONN RECFG） 結束事件：gNodeB X2 通訊埠收到 SgNB RECFG CMP	30ms ～ 60ms	基於 TUE 處理能力
T4	SCG 重設定命令處理延遲	起始事件：UE 收到 SCG 重配命令（RRC CONN RECFG） 結束事件：UE 觸發 NR 側發起隨機連線	120ms ～ 150ms	基於 TUE 處理能力
T5	NR 側隨機連線延遲	起始事件：UE 觸發 NR 側發起隨機連線結束事件：UE 在 NR 側上報 Msg3	10ms ～ 21.5ms	(1) 基於 NR 側隨機連線情況 (2) 該參考值是基於 Preamble/RAR/Msg3 都沒有重傳的情況。如果存在重傳的情況，則該延遲將顯著增加
T6	使用者平面啟動排程延遲	UE 側無相關事件打點	2.5ms ～ 4 ms	基於基地台側處理延遲（1.5ms ～ 3ms）、排程延遲（0.5ms）以及 UE 側處理延遲（0.5ms）
總計	T1+T2+max（T3,T4+T5）+T6	—	172.5ms ～ 244ms	—

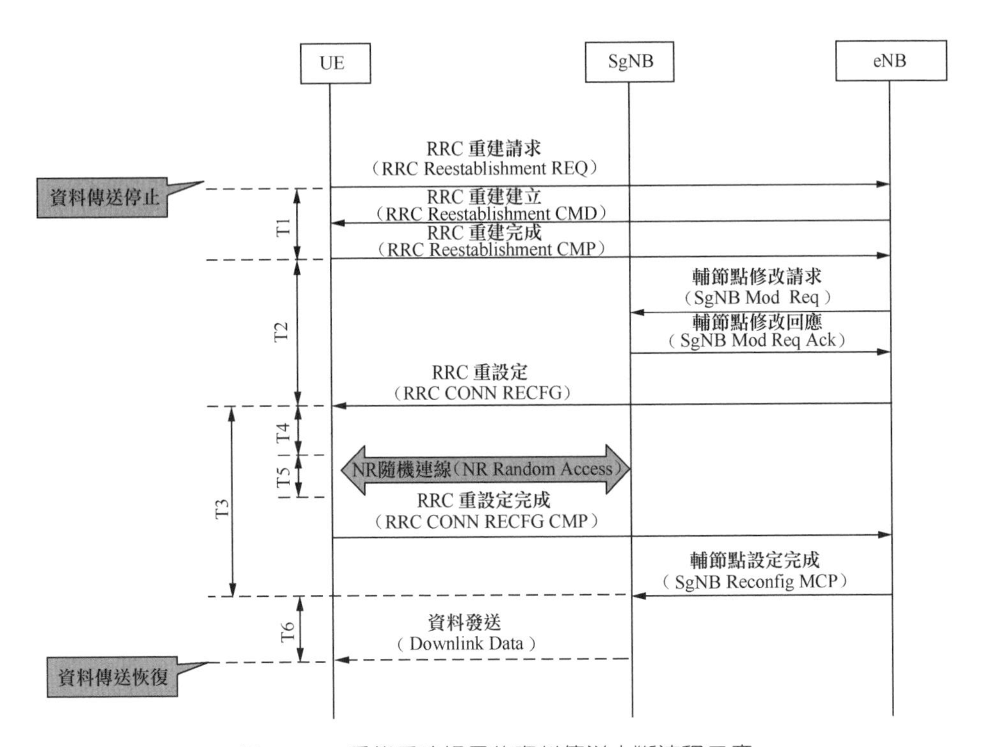

圖 13-14 穩態重建場景的資料傳送中斷流程示意

穩態重建 T1 延遲實測案例如圖 13-15 所示。

563257426	2019-01-13 18:37:57	UE	eNodeB	UU Message	RRC_CONN_REESTAB_REQ
563277599	2019-01-13 18:37:57	eNodeB	UE	UU Message	RRC_CONN_REESTAB
563280935	2019-01-13 18:37:57	UE	eNodeB	UU Message	RRC_CONN_REESTAB_CMP

圖 13-15 穩態重建 T1 延遲實測案例

- T1（起始事件：UE 發送重建請求→ UE 上報重建完成）：基於 UE LTE 側 OMT 統計，本次重建延遲為 24ms。
- T2（UE 發送重建完成→ UE 收到 SCG 重配命令）：基於 UE LTE 側 OMT 統計，本次 SCG 增加準備延遲為 31ms，穩態重建 T2 延遲案例如圖 13-16 所示。

563280935	2019-01-13 18:37:57	UE	eNodeB	UU Message	RRC_CONN_REESTAB_CMP
563311731	2019-01-13 18:37:57	eNodeB	UE	UU Message	RRC_CONN_RECFG

圖 13-16 穩態重建 T2 延遲案例

- T3（UE 收到 SCG 重配命令→ gNodeB X2 通訊埠收到 SgNB RECFG CMP）：穩態重建 T3 延遲案例如圖 13-17 所示。基於 eNodeB 標準通訊埠訊號追蹤統計，本次 LTE 側 RRC 重設定處理延遲為 38ms。

eNodeB UU介面訊號跟蹤		
Time	Message Type	Message Direction
2019-01-13 10:26:55(828)	RRC_CONN_REESTAB_REQ	Received From UE
2019-01-13 10:26:55(830)	RRC_CONN_REESTAB	Send to UE
2019-01-13 10:26:55(849)	RRC_CONN_REESTAB_CMP	Received From UE
2019-01-13 10:26:55(862)	RRC_CONN_RECFG	Send to UE
eNodeB X2介面訊號跟蹤		
2019-01-13 10:26:55(850)	SGNB_MOD_REQ	Send to eNBs
2019-01-13 10:26:55(861)	SGNB_MOD_REQ_ACK	Received From eNBs
2019-01-13 10:26:55(900)	SGNB_RECONFIG_CMP	Send to eNBs

圖 13-17 穩態重建 T3 延遲案例

- T4（UE 收到 SCG 重配命令→ UE 觸發 NR 側發起隨機連線）：穩態重建 T4 延遲案例如圖 13-18 所示。基於 TUE 5G 側 OMT 統計，本次 SCG 重設定命令處理延遲為 129ms。

時間戳	當前時間	關鍵事件名稱
442940085	2019-01-13 18:37:57	scg add begin
442940137	2019-01-13 18:37:57	pdcp om ul ent dt stop
443032703	2019-01-13 18:37:57	mib receive end
443068907	2019-01-13 18:37:57	pdcp om ent secu cfg cmp
443068926	2019-01-13 18:37:57	pdcp om ent cfg cmp
443068944	2019-01-13 18:37:57	rlc om dl ent cfg cmp
443068963	2019-01-13 18:37:57	rlc om dl ent cfg cnf cmp
443068981	2019-01-13 18:37:57	rlc om ul ent cfg cmp
443068999	2019-01-13 18:37:57	TDD mode mac bwp switch by firstactive, curr frame and slot...
443069017	2019-01-13 18:37:57	mac bwp activating succ, cellindex and bwpid: 0 1
443069035	2019-01-13 18:37:57	mac rand-access cause 33554432 0
443069053	2019-01-13 18:37:57	mac set pscell succ, current pcc index is: 0
443069071	2019-01-13 18:37:57	Prach config index and SCS: 17 5
443069121	2019-01-13 18:37:57	mac SA/NSA mode is(0:SA, 1:NSA): 1
443069157	2019-01-13 18:37:57	mac FDD/TDD mode is(0:TDD, 1:FDD, 2:ULDL_DECOUPLING): 0
443069191	2019-01-13 18:37:57	mac rrc trig random access 325 14

圖 13-18 穩態重建 T4 延遲案例

- T5（UE 觸發 NR 側發起隨機連線→ UE 在 NR 側上報 Msg3）：穩態重建 T5 延遲案例如圖 13-19 所示。基於 TUE 5G 側 OMT 統計，本次 NR 隨機連線延遲為 12.5ms。

時間戳	當前時間	關鍵事件名稱
443069191	2019-01-13 18:37:57	mac rrc trig random access 325 14
443069210	2019-01-13 18:37:57	pdcp om dl ent dt continue
443069228	2019-01-13 18:37:57	pdcp om ent sent status rp
443069247	2019-01-13 18:37:57	pdcp om ul ent dt continue
443069265	2019-01-13 18:37:57	Prach RO index and SSB index. 0 0
443069283	2019-01-13 18:37:57	mac ra preamble info 21303823 8323072
443069301	2019-01-13 18:37:57	mac preamble ID and fra: 15 0
443069319	2019-01-13 18:37:57	mac send preamble succ, curr frame and subframe: 325 15
443069340	2019-01-13 18:37:57	mac send preamble succ, uu frame and subframe: 325 18
443069358	2019-01-13 18:37:57	mac Ra-Rnti: 127
443069415	2019-01-13 18:37:57	mac prach power symbol(+/-) and calc value: 1 21
443069434	2019-01-13 18:37:57	mac send prach pwr , datagain and analoggain: 4096 44
443069452	2019-01-13 18:37:57	mac send prach pwr succ, curr frame and subframe: 325 15
443069470	2019-01-13 18:37:57	mac send prach pwr succ, uu frame and subframe: 325 18
443069488	2019-01-13 18:37:57	measure configuration end
443069835	2019-01-13 18:37:57	mac dl recv rar, current frame and subframe: 326 12
443069874	2019-01-13 18:37:57	mac recv rar, tbsize: 15
443069893	2019-01-13 18:37:57	mac ra rar ulgrant info 393252 262144
443069911	2019-01-13 18:37:57	mac ra msg3 info 21369601 33554432
443069929	2019-01-13 18:37:57	mac Tmp-Rnti: C-Rnti: 13770 13696
443069947	2019-01-13 18:37:57	mac recv rar succ, curr frame and subframe: 326 12
443069965	2019-01-13 18:37:57	mac recv rar succ, uu frame and subframe: 326 11
443069983	2019-01-13 18:37:57	mac ra rar common info 21367566 13770
443070955	2019-01-13 18:37:57	mac rrc trig msg3 succ, curr frame and subframe: 326 15
443071007	2019-01-13 18:37:57	mac sched msg3 succ, curr frame and subframe: 326 15
443071478	2019-01-13 18:37:57	mac send msg3 succ, curr frame and subframe: 326 16
443071572	2019-01-13 18:37:57	mac send msg3 succ, uu frame and subframe: 326 19
443071633	2019-01-13 18:37:57	mac send msg3 pwr succ, curr frame and subframe: 326 16
443071683	2019-01-13 18:37:57	mac send msg3 pwr succ, uu frame and subframe: 326 19

圖 13-19 穩態重建 T5 延遲案例

（2）最佳化建議

作為 NSA 錨點的 LTE 社區要求嚴格控制 LTE 重建比。如果是路測比拼或演示場景，則要求 LTE 零重建。

LTE 重建主要與 LTE 網路覆蓋等因素相關，請參考 LTE 進行問題處理和性能最佳化。

6. NR 連線成功率

如果 NR 連線失敗，則終端只能保持為 LTE-ONLY 狀態，使用者無法享受 5G 業務體驗。對於路測比拼或演示場景，則必須保證 NR 連線成功率為 100%。

NR 連線流程主要包括 SgNB（輔節點）增加和 NR 側隨機連線兩個環節。SgNB 增加流程示意如圖 13-20 所示。

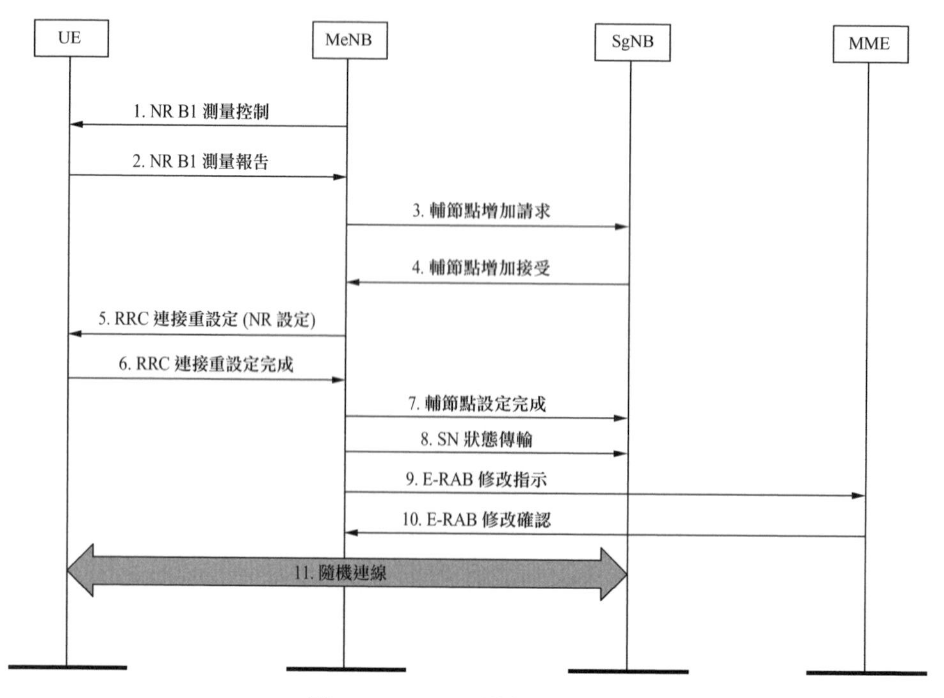

圖 13-20 SgNB 增加流程示意

（1）SgNB 增加流程在 LTE 側，包括 B1 測量設定下發，B1 測量報告上報，X2 通訊埠互動 SgNB 增加請求，LTE 空中介面下發 NR 增加的 RRC 重設定訊號。

（2）NR 側隨機連線流程與 LTE 隨機連線流程類似，也包括 Preamble 上報、RAR 回應、Msg3 上報，NR 隨機連線流程示意如圖 13-21 所示，在終端上報 Msg3 之後，SgNB 會指示終端啟動全頻寬（BWP Activating），為 NR 側資料傳送做好準備。

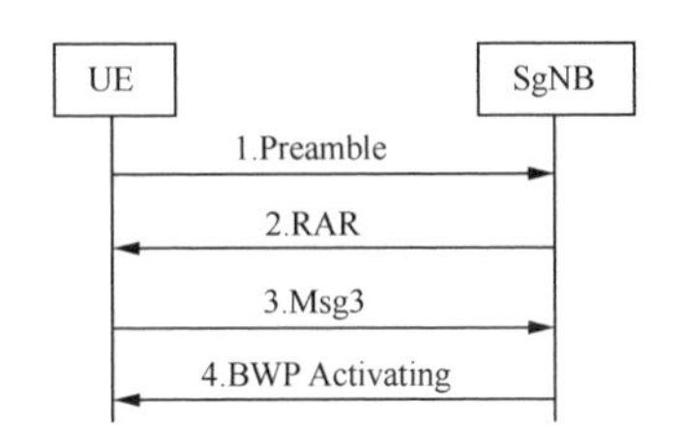

圖 13-21 NR 隨機連線流程示意

7. NR 切換成功率

在移動場景下，NR 側也存在切換行為。NR 社區切換失敗，終端將退回到 LTE-ONLY 狀態，等待重新增加 NR，將導致資料傳送的中斷時間較長。如果是路測比拼或演示場景，則必須保證 NR 切換成功率為 100%。

NR 切換分為 SgNB 站內和站間切換場景，二者在 X2 通訊埠和 S1 通訊埠訊號互動上有所不同。具體不同之處如下所述。

（1）SgNB 站內切換

SgNB 站內切換流程示意如圖 13-22 所示。在站內切換場景下，SgNB 需要向錨點 eNodeB 發起輔節點修改請求（SgNB Mod Request）流程。

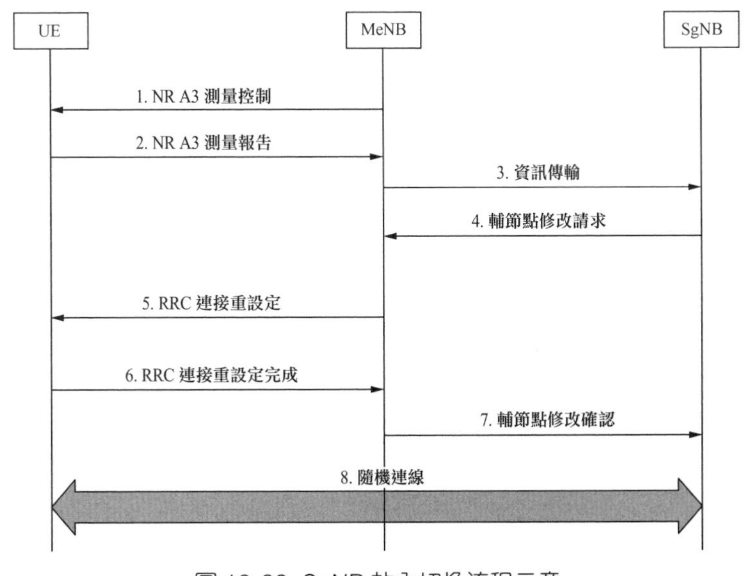

圖 13-22 SgNB 站內切換流程示意

（2）SgNB 站間切換

在站間切換場景下，來源 SgNB 需要向錨點 eNodeB 發起輔節點更改請求（SgNB Change Request）流程。另外，SgNB 站間切換後，錨點 eNodeB 還需要向核心網路發起 E-RAB 修改確認（E-RAB Modification）流程，用於通知核心網路變更資料傳輸的目標 IP 位址，SgNB 站間切換流程示意如圖 13-23 所示。

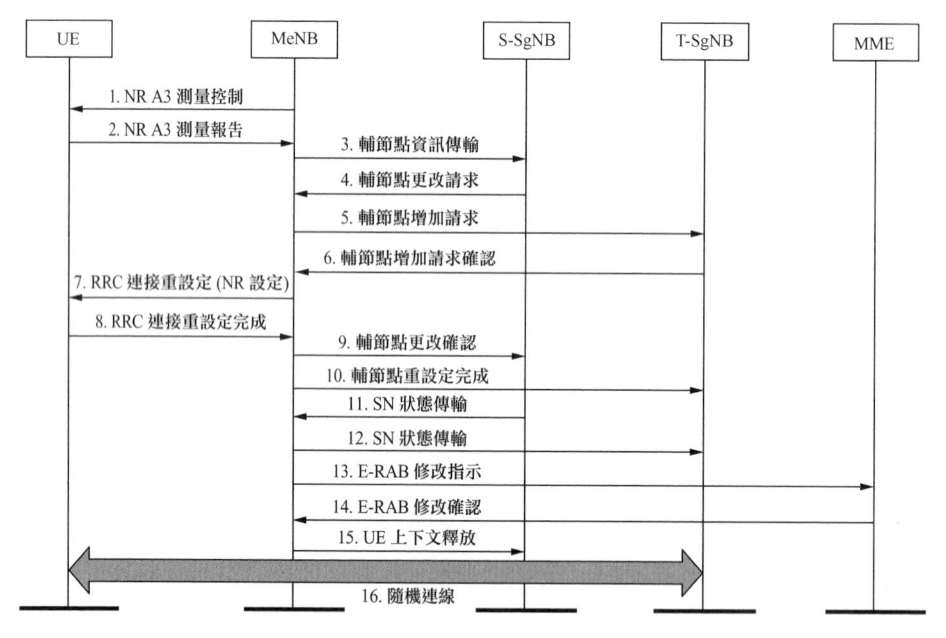

圖 13-23 SgNB 站間切換流程示意

NR 切換失敗整體分析想法是對照標準切換訊號流程，定位失敗所發生的訊號環節。

（3）目標

精品線路上無乒乓切換，切換帶合理。減少 5G 社區切換次數，5G 社區切換次數與社區數的比例約為 1.1:1。

(4) 理由和措施

① 在 2s 記憶體在兩次及兩次以上切換可以被定義為頻繁切換，如果頻繁切換的社區切換關係存在社區 A → B → A 的場景，則被稱為乒乓切換。除了引入 20ms ～ 30ms 訊號切換延遲外，NR 切換完成後 3I 資訊不能立即上報，在 20ms ～ 30ms 內，一直處於開環權。待 3I 資訊上報後，直接使用 UE 上報的 RI 需要一段時間（小於 1s）進行 Rank 和 MCS 調整，導致短時間內速率低於切換前。該因素對於 UDP 類業務的影響被控制在 1s 之內，對這 1s 內的平均速率影響幅度參考值為 20% ～ 40%。在乒乓切換或頻繁切換的場景中，該因素對 5G 資料傳送性能的影響比較明顯。

我們可以參考某地電信業者的測試結果。某地電信業者 SA 切換對吞吐量影響如圖 13-24 所示，SA 切換時吞吐量惡化 30%。

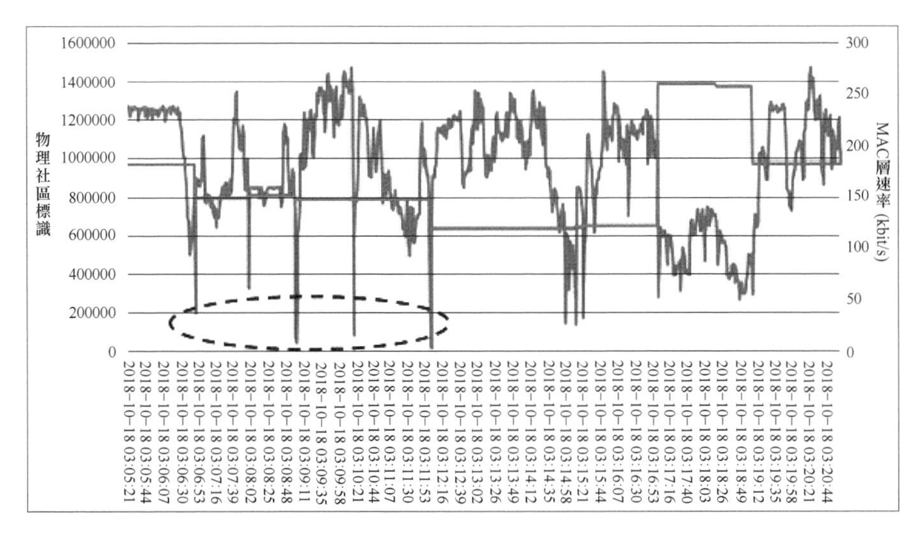

圖 13-24 某地電信業者 SA 切換對吞吐量影響

因此，為了達成精品線路演示效果，可以透過最佳化鄰區及切換關係盡可能地減少切換次數，保證速率平穩。切換過程問題現象與最佳化措施見表 13-14。

表 13-14 切換過程問題現象與最佳化措施

序號	問題現象	措施	最佳化想法
1	NR 社區乒乓切換	切換門限（A3）調整	提高切換的難度，減少切換的次數
2	NR 特定社區切換點不符合預期	社區對切換參數調整（CIO）	改變特定社區的遲滯，不影響整體線路切換
3	NR 社區切換關係混亂，切換到不該切換的社區	鄰區關係調整（禁止切換、刪除鄰區關係等）	針對鄰區關係混亂的情況，切換不符合預期，透過鄰區關係調整，儘量簡化
4	NR 社區覆蓋不合理或越區覆蓋	RF/ 功率調整	對於覆蓋明顯不合理的情況，一般手段的調整效果不好，需要進一步調整功率

② 由於切換前後 AAU 到 UE 之間的多徑條件發生了變化，吞吐量可能有較大差異，所以可以透過調整切換帶讓 UE 提早切換或延遲切換，以保證 UE 始終駐留在吞吐量更高的最佳社區上，從而使精品線路的平均吞吐量達到目標。

■ 切換門限調整

因為當前版本僅支持同頻切換，由 A3 事件觸發切換，當前版本僅支援 RSRP 上報，所以可以透過調整 A3 切換幅度 / 時間遲滯、RSRP 偏置來控制切換的難易程度，切換門限參數與建議值見表 13-15。具體來說，可以分為以下幾個步驟。

- 透過路測記錄檔查看測量報告，計算服務社區電位和鄰區電位的差異。
- 得到需要修改的 A3 偏置或遲滯，評估能否解決乒乓切換問題。

切換門限調整，會影響所有鄰區的切換。

表 13-15 切換門限參數與建議值

參數名稱	參數 ID	設定建議
測量公共參數組標識	gNBMeasCommParamGrp. MeasCommonParam GroupId	根據網路規劃設定

參數名稱	參數 ID	設定建議
測量事件類型	gNBMeasCommParamGrp. MeasurementEventType	INTRA_FREQ_ EVENT_A3
幅度遲滯	gNBMeasCommParamGrp.Hysteresis	2
時間遲滯	gNBMeasCommParamGrp.TimeToTrigger	160ms
RSRP 偏置	gNBMeasCommParamGrp.RsrpOffset	2

③ 社區對切換參數調整

如果精品線路朝某個方向行駛時，某 2 個小區間只有 1 次切換關係，那麼也可以透過調整 CellIndividualOffset 精準改變切換位置，只影響指定的鄰區。社區對切換參數調整見表 13-16。

表 13-16 社區對切換參數調整

修改物件	偏移量參數說明
參數 ID	CellIndividualOffset
參數名稱	社區偏移量
含義	該參數表示 DU 社區與鄰區之間的社區偏移量，用於控制測量事件發生的難易程度
介面設定值範圍	DB−24(−24dB), DB−22(−22dB), DB−20(−20dB), DB−18(−18dB), DB−16(−16dB), DB−14(−14dB), DB−12(−12dB), DB−10(−10dB), DB−8(−8dB), DB−6(−6dB), DB−5(−5dB), DB−4(−4dB), DB−3(−3dB), DB−2(−2dB), DB−1(−1dB), DB0(0dB), DB1(1dB), DB2(2dB), DB3(3dB), DB4(4dB), DB5(5dB), DB6(6dB), DB8(8dB), DB10(10dB), DB12(12dB), DB14(14dB), DB16(16dB), DB18(18dB), DB20(20dB), DB22(22dB), DB24(24dB)
單位	分貝
對無線網路性能的影響	該參數設定得越大，越容易觸發測量報告上報和切換，提高切換次數；該參數設定得越小，越不容易觸發測量報告上報和切換，降低切換次數

④ 鄰區關係調整

對於站內鄰區，只需要增加鄰區關係；對於站間鄰區，需要增加外部鄰區數量，並增加鄰區關係；對於容錯鄰區，要檢查並刪除 NR 鄰區。

8. NR 斷線率

NR 斷線主要包含兩種場景：一種是在 LTE 側首先檢測到異常，透過 X2 通訊埠主動釋放 NR；另一種是在 NR 側首先檢測到異常，透過 X2 通訊埠請求釋放。

（1）LTE 側主動釋放

LTE 側主動釋放，多見於 LTE 側斷線，或終端在空中介面上報 SCG Failure（輔社區組失敗）指示。而終端上報 SCG Failure，多見於終端側檢測到上行失步，或終端檢測到上行 RLC 達到最大重傳次數。

（2）NR 側請求釋放

NR 側主動發起釋放，多見於 SgNB 檢測到下行 RLC 達到最大重傳次數。對於 NR 斷線類問題，需要首先從 X2 通訊埠追蹤判斷是哪一側首先發起釋放。

13.3.7 NR 使用者平面最佳化

NR 使用者平面最佳化主要為排程和 RB（資源區塊）不足最佳化。NR 使用者平面最佳化想法如圖 13-25 所示。

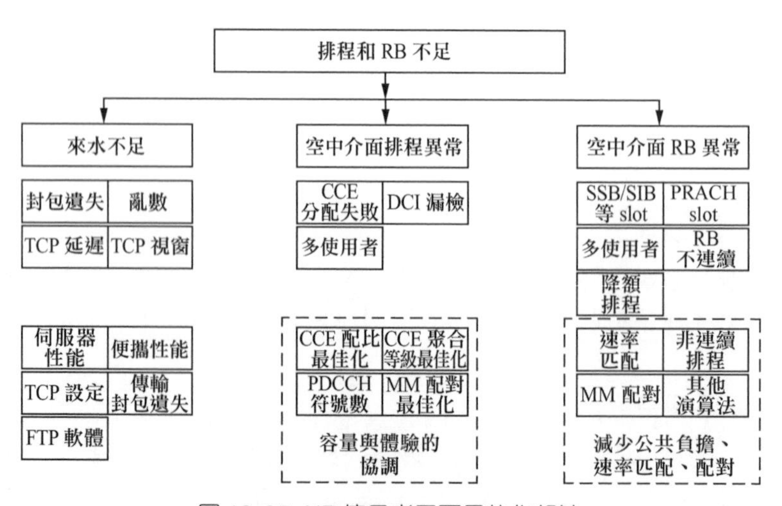

圖 13-25 NR 使用者平面最佳化想法

1. 目標

線路上的所有社區排程達到 1350 次以上，RB 個數為 260/slot 左右（100Mbit/s 頻寬）。

2. 理由

排程和 RB 不足會直接影響來水量，導致整體吞吐量惡化。

3. 措施

NR 使用者平面最佳化措施見表 13-17。

表 13-17 NR 使用者平面最佳化措施

問題現象	怎麼最佳化	原理	詳細參數
DL Grant（下行排程）排程次數小於 1550	CCE 最佳化	1. CCE 分配比例不合理； 2. 遠點 CCE 聚合等級低，導致 DCI 漏檢； 3. 關閉 SIB 排程（僅針對 NSA）； 4. 調整 PDCCH 符號數； 5. 抬高 SIB 週期（設定 80ms 以上）避開	1. NRDUCellPdcch.UlMaxCcePct（下行 CCE 不夠時，同時上行 CCE 充足，可以降低上行的 CCE 比例）； 2. NRDuCellRsvdParam.RsvdU8Param7（如果訊號較差，漏檢較多，則提高該值）； 3. NRDUCellRsvd.RsvdParam140=1（NSA 網路拓樸，可以關閉 SIB 排程）； 4. NRDUCellPdcch.OccupiedSymbolNum（對於小頻寬或 CCE 資源明顯不足的情況，提高佔用符號數）； 5. NRDUCELL.Sib1Period（臨時避開使用，一般不推薦）
	乒乓切換	LTE 切換或 NR 切換期間會導致排程速率掉底，來水不足	參考 LTE/NR 切換最佳化章節

問題現象	怎麼最佳化	原理	詳細參數
	GAP 最佳化	1. NSA 場景 LTE 下發 MR 測量或起異頻測量會產生 GAP，GAP 期間不排程； 2. NR 側下發 MR 或起異頻測量會產生 GAP，GAP 期間不排程（19B 版本暫不支持）	1. 關閉 LTE MR 上報總開關，或採用黑名單方式關閉：SET ENODEBCHROUTPUTCTRL：SIGREPOR-TSWITH=OFF； 2. LTE A2 門限不能設定太高，推薦使用預設值 InterFreqHoA2ThdRsrp=-109
	上行預排程	上行預排程打開，減小上行排程延遲，改善 TCP 業務慢啟動過程	1. 預排程開關：NRDUCellRsvd.RsvdParam 26=1； 2. 預排程資料量：NRDUCellRsvd.RsvdParam 19 =1600
	伺服器性能 & 便攜性能 &FTP 軟體	1. TCP 的視窗大小及執行緒大小直接決定 TCP 理論速率； 2. 伺服器及便攜性能影響 TCP 的封包處理能力，性能差會導致封包遺失亂數	參考測試方法和要求章節，再次進行查核
	傳輸 QoS	傳輸封包遺失、亂數會觸發重複 ACK，導致 TCP 發送視窗調整	傳輸封包遺失率小於 0.0001%
使用 RB 小於 260	多使用者 & US 方案	多使用者先佔	建議透過 US 方案或 QoS 差異化方案保證演示使用者排程優先順序（待補充）
	乒乓切換	剛切換到目標社區採用的保守的 RB 分配策略，不會滿 RB 排程	參考 LTE/NR 切換最佳化章節
	高溫降額	AAU 溫度過高會觸發降額排程	DSP BRDTEMP，單板溫度小於 80℃

問題現象	怎麼最佳化	原理	詳細參數
	速率匹配（Ratematch）	打開 Ratematch 後，降低公共通道負擔	PDCCH_RATEMATCH_ SW@RateMatch- Switch=OFF；SSB_RATEMATCH_ SW@RateMatch-Switch=OFF；CSIRS_RATEMATCH_ SW@RateMatch- Switch=ON；TRS_RATEMATCH_ SW@RateMatch- Switch=ON
	SSB 週期	SSB 週期越長，SSB 佔用的資源越少，可用的 RB 越多，最大可設定為 160ms	NRDUCELL.SsbPeriod

13.3.8 Rank 最佳化

1. 目標

線路平均 Rank 至少要達到 3 以上。

2. 理由

根據理論計算，在滿排程、不考慮誤碼的情況下，Rank3&MCS24 的理論速率是 1.07 Gbit/s。Rank 最佳化速率計算見表 13-18。考慮實際排程次數和誤碼，Rank 至少要達到 3 以上。

表 13-18 Rank 最佳化速率計算

吞吐量計算												
Slot 類型	每 PRB 子載體數	每 PRB 符號數	每 PRB-DMRS RE 數	每 PRB 其他負擔 RE	可用 RB 數	層數	MCS	編碼效率	下行排程	位元錯誤率（%）	TB 類型	吞吐量（Mbit/s）
D Slot+SSB	12	13	16	0	225	3	24	0.8238	200	0	627760	124.552
S Slot+SBB	12	9	16	0	225	3	24	0.8245	0	0	409616	0.0
D Slot+TRS	12	13	16	24	273	3	23	0.9486	100	0	721000	72.1
D Slot+CSI	12	13	16	8	273	3	24	0.8716	25	0	753816	18.8454

吞吐量計算												
Slot 類型	每 PRB 子載體數	每 PRB 符號數	每 PRB-DMRS RE 數	每 PRB 其他負擔 RE	可用 RB 數	層數	MCS	編碼效率	下行排程	位元錯誤率（%）	TB 類型	吞吐量（Mbit/s）
D Slot	12	13	16	0	273	3	24	0.8218	1075	0	753816	810.3522
S Slot	12	5	16	0	273	3	24	0.8248	200	0	237776	47.5552
下行總峰值吞吐量（Mbit/s）												1073.4048

3. 措施

Rank 主要受物理環境的影響。影響 Rank 的因素見表 13-19，Rank 最佳化措施見表 13-20。

表 13-19 影響 Rank 的因素

UE 能力	是否為天線終端
基地台	通道校正是否透過
UE 置放	UE 天線間的 RSRP 均衡
	UE 置放的位置和方法
基地台 RF	方向角（朝向樓宇增加反射）
	下傾角（空曠區域增加地面反射）
演算法	非天線選擇終端開環權
	權值自我調整

表 13-20 Rank 最佳化措施

問題現象	原理	最佳化方法	詳細參數
Rank 限制在 1 階、2 階	測量通道模擬發送或接收訊號並進行解調處理，獲得每個發射通道與基準通道的相位、功率、延遲等指標，系統按照差值在基頻中補償，確保所有發射通道或接收指標的一致性	檢查通道校正，如果通道校正失敗，則手動觸發通道校正，查詢確認成功	DSP NRDUCELLCHNCALIB STR NRDUCELLCHNCALIB DSP NRDUCELLCHNCALIB

問題現象	原理	最佳化方法	詳細參數
UE 下行各天線 SSB RSRP 差異大	各個天線測量到 RSRP 訊號儘量均衡，各天線間 RSRP 差異不超過 10dB	1. UE 位置調整； 2. 檢查 UE SSB RSRP，判斷是否有天線間差異（透過終端記錄檔查看，舉例來說，Probe log 中 NR → Detail → SSB Measurement 查看各天線的 SSB RSRP 情況）	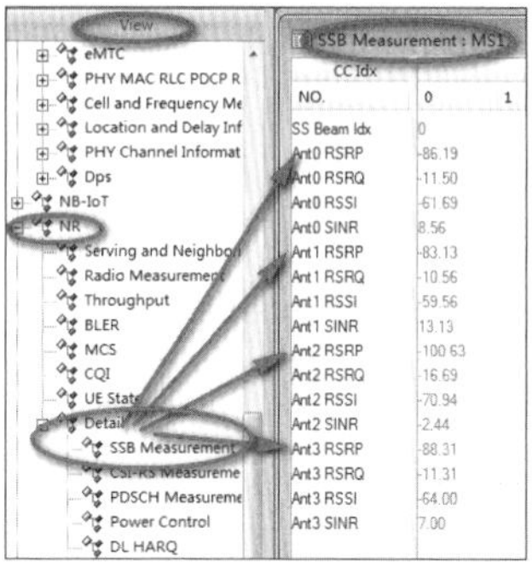
Rank2 & MCS 滿階	1. 調整方向角，朝向樓宇，增加反射	基地台 RF 工程參數調整	
	2. 調整下傾角，空曠場景，增加房屋反射	固定 Rank3/4 驗證	NRDuCellRsvdParam. RsvdU8Param−67=3/4
Rank2 & MCS 滿階	固定 Rank，不按 Rank 自我調整演算法調整（當固定 Rank 速率更優，則建議固定 Rank；反之，則推薦 Rank 自我調整）	非天線選擇 Rank 探測	TR5+1 SPC130 版本合入 NRDUCellRsvd. RsvdParam172=9/10
切換前後 Rank 變化大	非天線選擇終端根據 UE 上報的 RI 值確定 Rank 無法獲得最佳性能。基地台側新增非天線選擇 Rank 自我調整方案	改變切換門限，提早或延遲切換	參考 NR 切換最佳化
切換後 Rank 低 / 抬升慢	儘量讓 UE 駐留在 Rank 高社區	提升切換後 Rank 門限	MOD NRDUCELLPDSCH： NrDuCellId=xx， DlInitRank=2

4. UE 天線置放調整

無論哪種 UE 置放方式，都需要依照以下原則。

（1）各個天線測量的 RSRP 應儘量均衡，SSB RSRP 的差異不超過 10dB。

（2）天線置放要求在起始點儘量達到高 Rank 並接近峰值。

5. 演算法參數最佳化

（1）打開 VAM 權──非天線選擇

VAM 權相較於 PMI 權（目前，商用終端 SRS 權支援度較低），波束更密，指向更準。

VAM 權 8 Port 參數的具體參數如下。

① VAM 權值

MOD NRDUCELLALGOSWITCH: NrDuCellId=xx。

② 關閉 PMI/SRS 權自我調整開關

AdaptiveEdgeExpEnhSwitch=DL_PMI_SRS_ADAPT_SW-0。

③ 關閉權值打樁

MOD NRDUCELLRSVD: NrDuCellId=xx，RsvdParam161=0。

MOD NRDUCELLPDSCH: NrDuCellId=xx，

FixedWeightType=PMI_WEIGHT。

④ 使用 VAM 權

MOD NRDUCELLRSVD: NrDuCellId=xx，RsvdParam139=255。

MOD NRDUCELLRSVD: NrDuCellId=xx，

RsvdSwParam0=RSVDSWPARAM0_BIT3-0。

MOD NRDUCELLRSVDPARAM: NrDuCellId=xx，

RsvdU8Param47=3。

（2）自我調整權——天線選擇

① 打開權值自我調整

MOD NRDUCellAlgoSwitch: NRDUCellId=xx，AdaptiveEdgeExpEnhSwitch=DL_PMI_SRS_ADAPT_SW-1。

② CSI-RS 週期

MOD NRDUCellCsirs: NRDUCellId=xx，CsiPeriod=SLOT40。

③ SRS 週期 10 slot

MOD NRDUCELLRSVD: NrDuCellId=xx，RsvdParam37=1。

④ TRS 功率提升

MOD NRDUCELLCHNPWR: NrDuCellId=xx, TrsPwrOffset=3。

⑤ 關閉 SRS 頻寬自我調整

NRDUCellRsvd: NRDUCellId=xx，RsvdParam51=101。

NRDUCellPdsch: NrDuCellId=xxx，FixedWeightType=SRS_WEIGHT。

MOD NRDUCellRsvdParam: NrDuCellId=xxx，RsvdU8Param47=2。

13.3.9 MCS&BLER 最佳化

1. 目標

滿足 Gbit/s 精品線路要求，平均 MCS 至少在 24 階以上。

2. 理由

影響 MCS 的主要因素如下所述。

（1）CQI 測量上報：影響初始的 MCS 選階。

（2）空中介面誤率：IBLER 在高誤碼場景下，其值過高不收斂，會導致 MCS 下降（一般預設設定收斂 10% 的初傳誤碼門限）。

（3）移動速率：在移動速率比較高的場景中，UE 通道變化比較快，會影響權值精度，推薦 Gbit/s 連網車速在 30km/h 以內；同時打開輔助導頻開關。

3. 措施

MCS&BLER 最佳化措施見表 13-21。

表 13-21 MCS&BLER 最佳化措施

問題現象	最佳化方法	原理	詳細參數
CQI 上報偏低（RSRP 差）	最佳化覆蓋	覆蓋差	參考覆蓋最佳化
CQI 上報偏低（SINR 差，SSB 鄰區電位與服務社區電位小於 6dB）	排除干擾	NR 不同小區間的干擾	NR 小區間的干擾包含 SSB、TRS、CSI、PDSCH 的干擾，由於當前 NR 社區無商用使用者，主要是 SSB/TRS 的干擾，故要求： 1. 所有社區的 SSB 資源完全對齊，避免 SSB 對資料的干擾（當前都建議改為寬波束，預設對齊）； 2. 鄰區無使用者不發送 TRS，該開關開啟，避免鄰區始終發送 TRS 造成干擾（NRDUCellRsvd.RsvdParam1−24=1）； 3. 調整鄰區功率（有 2 個以上鄰區與服務社區電位相差在 9dB 以內）
CQI 上報偏低（SINR 差，FFT 掃頻干擾大）	排除干擾，建議移頻，製造保護帶	同頻 LTE 社區對 NR 的干擾	

問題現象	最佳化方法	原理	詳細參數
CQI 不上報	1. SRS 資源未設定（probe 中 SRS information 觀察，若未設定則為空）； 2. CSI-RS 未排程（追蹤 713、714 確認），或不支持非週期 CSI-RS（追蹤 683 確認）	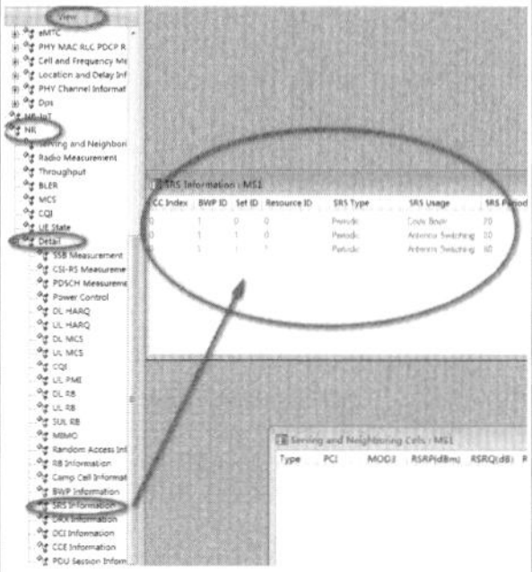	NRDUCellCsirs CsiPeriod =slot40 NRDUCellCsirs. PERIODIC_CSI_SWITCH@CsiAlgoSwitch =ON
切換後 MCS 爬升慢	調整初始 MCS，切換後 CQI 外環初值可配	NR PCI 切換前後 2s，觀察下行 MCS 是否有較大變化。若有較大變化，則可以進行切換後 MCS 最佳化（切換後，CQI 外環初值可配）	其中，切換完成後，在 CQI 上報前，MCS 由以下參數進行控制： MOD NRDUCELLPDSCH： NrDuCellId=xx，DlInitMcs =10； CQI 上報後，由以下參數控制： MOD NRDUCellRsvdParam： NrDuCellId=xx，RsvdU8Param69 =28；（外環 = 參數 −28，設定為 0，表示 −4） 參數設定原則： 統計切換前後 MCS 差異，差異值按照規則輸入給 RsvdU8P-aram69
MCS 調整慢	通道較好時，將 CQI 調整步進值加大	使用者在高速運動場景中，近點出現較多 MCS 未到最高階，但 IBLER 低於 10%。若比例較高，則可以透過開啟變步進值緩解該現象，其原理為：通道品質較好時，將 CQI 調整步進值加大，加快 MCS 提升速度；通道品質變差時，還原到預設調整速度，進而提升 MCS，使整體吞吐量提升	NRDUCellPdsch.FixedAmcStep Value=20

問題現象	最佳化方法	原理	詳細參數
IBLER 高階不收斂	IBLER 自我調整參數排除	推薦打開，設定為 1，在打開的情況下，將下行 IBLER 設定成 1%	NRDUCellRsvd. RsvdParam6=1
存在 slot 級誤碼差異（probe 和追蹤 537、714 中確認）	多套子幀 MCS 最佳化	當前不同子幀採用同一套外環調整量，受制於終端性能、外在干擾等情況，實際不同子幀性能不同（IBLER 不同），針對差異較大的子幀，可以區別化設定外環，避免因個別較差的子幀拉低整體性能	基地台側打開子幀 MCS 最佳化，MML 如下，RsvdParam9/RsvdParam16/RsvdParam17/RsvdParam18 參數可以設定為 65537 和 3221350401，測試方法如下。 ON： MOD GNBRSVDCFG： RsvdSwParam0= RSV-DSWP-ARAM0_BIT1-1； MOD NRCELLRSVDCFG： NrCellId=0，RsvdParam0=1； MOD NRDUCELLRSVDCFG： NrDuCellId=0，Rsvd-Param9 =3221350401， RsvdParam16= 3221350401， RsvdParam17=3221350401， RsvdParam18=3221350401； OFF： MOD GNBRSVDCFG： RsvdSw- Param0=RS-VDSWPA- RAM0_BIT1-0； MOD NRCELLRSVDCFG： NrCellId=0，RsvdParam0=0
CQI 波動大 & 位元錯誤率高	極致短週期： 1. 設定 1 個 add DMRS； 2. CSI、SRS 週期設定為 5ms； 3. 256QAM 開啟	高速上時速為 80km/h 時，速度較快，導致通道品質波動較大。為了快速轉換通道變化，可以設定極致短週期通道，進而提升高速性能，具體包含以下幾點。 1. 設定 1 個 add DMRS； 2. CSI、SRS 週期設定為 5ms； 3. 256QAM 開啟	NRDUCELLPDSCH. DlAdditional-DmrsPos=POS1; NRDUCellCsirs. CsiPeriod= slot10; NRDUCellRsvd. RsvdParam37=1; NRDUCELLALGOSWITCH. Dl256QamSwitch=ON
SRS RSRP、SINR 差（追蹤 776、777 確認）	調整 SRS 功率	SRS 功控	支援 SRS 功率控制功能，啟用保留參數用於控制 SRS 功率調整中額定 P0 值。 NRDUCellRsvd. RsvdParam55=0

5G 最佳化實戰案例

14.1 某 5G 精品線路最佳化實戰

14.1.1 線路介紹和最佳化目標

線路介紹：在某市湖濱區域，毗鄰知名景區西湖，線路長度為 4.48km，規劃了 22 個 5G 網站，5G 站間距為 270m。

目標：在 NSA 網路下，Mate20X 手機 7：3 時間槽配比，下載速率達到 850Mbit/s。

14.1.2 最佳化措施和成果

透過基準線參數、Mate20X 參數、ACP+ 故障處理、4G RF 和切換參數、CCE 聚合等級、天線選擇終端 + 參數最佳化和 DC 等多種最佳化方式，5G 網路在時間槽配比為 7：3 的情況下，下載速率超過 850Mbit/s。某市湖濱區域 5G 精品線路最佳化措施與測試結果見表 14-1。

表 14-1 某市湖濱區域 5G 精品線路最佳化措施與測試結果

修改內容	SSB 波束 RSRP	SSB 波束 SINR	下行平均 MCS	下行平均排程	下行使用的平均 RB 數	平均 Rank 值	下行 PDCP 層平均速率（Mbit/s）	下行初始誤串流速率（%）
基準線	−82.97	15.67	20.35	1326.29	262.39	2.57	491.14	9.49
Mate20X 參數	−82.45	7.32	20.95	1337.44	267.39	2.79	519.7	9.15
ACP+ 故障處理	−81.82	16.80	21.36	1310.59	262.39	2.57	583.79	9.08
4G RF 和切換參數最佳化	−81.04	17.24	20.09	1352.39	264.64	2.88	623.03	9.26
CCE 聚合等級最佳化	−80.60	16.83	21.81	1369.06	270.75	2.78	636.28	9.21
5G RF								
最佳化	−75.07	18.34	21.17	1388.44	270.34	2.91	677.16	9.58
天線終端 + 參數								
最佳化	−81.54	12.89	21.13	1368.58	270.15	3.73	891.51	8.83
打開 DC	−81.63	13.29	20.81	1367.54	270.36	3.71	956.38	9.09

當前精品線路以下行平均速率超過 850Mbit/s 為目標（7:3），主要有以下幾個標準動作。某市湖濱區域 5G 精品線路標準動作見表 14-2。

表 14-2 某市湖濱區域 5G 精品線路標準動作

分類	動作	1Gbit/s 目標
終端選擇	確認是否支援天線選擇	透過關鍵欄位辨識
測試方法和要求檢查	測試要求	1. 終端置放合理 2. 選擇合理的測試方法
	基地台及終端版本要求	版本配套符合要求
	FTP 伺服器要求	RH2288 伺服器，光網路卡，固態硬碟
	SIM 卡開戶要求	開戶速率大於 1Gbit/s
	傳輸要求	10GE（10GB）光纖，即 10Gbit/s

分類	動作	1Gbit/s 目標
基礎排除	警報 /license 排除	無異常警報，license 不受限
	通道排除	通道校正成功
	參數查核	與推薦參數相同
網站驗收	定點測試	定點 Rank 平均值為 3.5，峰值速率大於 1.2Gbit/s
	移動測試	無切換異常
覆蓋模擬	採用規劃 WINS Cloud U−Net 5G	查核規劃是否滿足目標值，若不滿足，則需要加站
錨點站規劃	按照規劃步驟進行規劃	測試時全部佔用錨點站
4G 和 5G X2 最佳化	按照最佳化方案執行	4G 和 5G X2 建立成功
覆蓋最佳化	按照最佳化方案執行	在寬波速場景下，95% 的樣本點大於 −80dBm
NSA 控制平面最佳化	LTE 切換最佳化	切換成功率為 100%，4G 社區切換次數：社區數約為 1.1:1
	NR 切換最佳化	切換成功率為 100%，5G 社區切換次數：社區數約為 1.1:1
NR 使用者平面最佳化	DL Grant 最佳化	排程次數大於 1350
	RB 最佳化	RB 大於 260
	MCS 最佳化	平均 MCS 大於 24 階
	Rank 最佳化	平均 Rank 至少為 3

14.1.3 精品線路的測試方法和要求

14.1.3.1 測試終端設定

建議選用 SRS 權終端進行精品線路測試。天線選擇終端原理如圖 14-1 所示，這種方式可以大幅提升 Rank4 的比例。

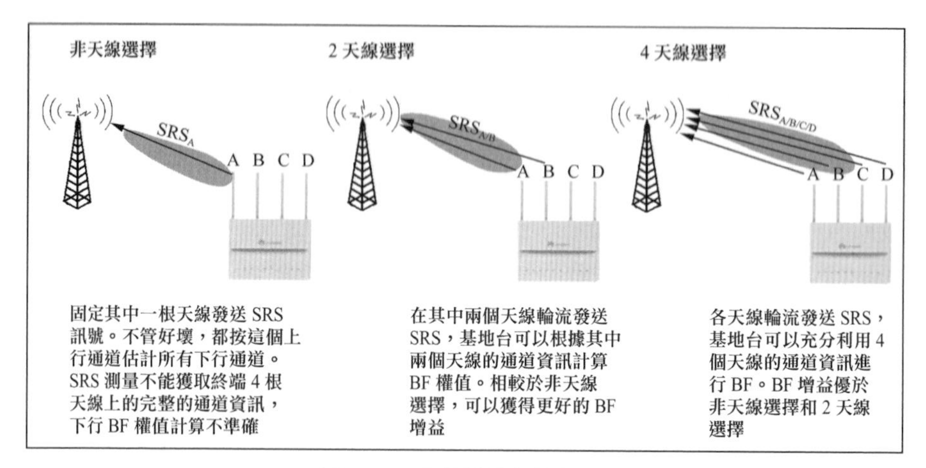

非天線選擇
2 天線選擇
4 天線選擇
SRS_A
SRS_A/B
SRS_A/B/C/D
A B C D
A B C D
A B C D
固定其中一根天線發送 SRS 訊號。不管好壞，都按這個上行通道估計所有下行通道。SRS 測量不能獲取終端 4 根天線上的完整的通道資訊，下行 BF 權值計算不準確
在其中兩個天線輪流發送 SRS，基地台可以根據其中兩個天線的通道資訊計算 BF 權值。相較於非天線選擇，可以獲得更好的 BF 增益
各天線輪流發送 SRS，基地台可以充分利用 4 個天線的通道資訊進行 BF。BF 增益優於非天線選擇和 2 天線選擇

圖 14-1 天線選擇終端原理

Beamforming 的關鍵環節就是 SRS 回饋。在引入天線選擇之前，UE 固定在一個天線上發送 SRS。由於各種外在原因（舉例來說，各天線所處的位置不同，訊號折射、散射等），各天線的訊號品質不平衡。如果上行發送天線是固定某個天線，eNodeB 得不到完整的通道資訊，可能影響 BF 的性能。天線選擇是指在各天線上輪流發 SRS（只輪發 SRS，其他上行資料還是在固定天線上發送的），可以更精確地估計上行通道資訊。R15 協定也支援 4 天線選擇。

SRS 權終端辨識如圖 14-2 所示，查詢第二條 UE 能力資訊（需要在追蹤的訊號中查核，Probe 中的訊號無法查看）中 supportedSRS-TxPortSwitch 欄位是否為 1T4R，1T4R 為 SRS 權終端。

增益來源：以 4T4R vs 2T4R 和 4T4R vs 1T4R 為例，對於 4T4R 終端，基地台可獲取終端 4 根發射天線的協方差矩陣，基於上下行鏈路的互易性，帶來終端 4 根接收天線的賦型增益；對於 2T4R 或 1T4R 終端，基地台僅獲取終端 2 根或 1 根發射天線的協方差矩陣，帶來終端 2 根或 1 根接收天線的賦型增益，因為其他接收天線和這 2 根或 1 根天線的相關性較低，所以沒有賦型效果。由此可知，4T4R 的波束成形性能比 2T4R 和 1T4R 要好。

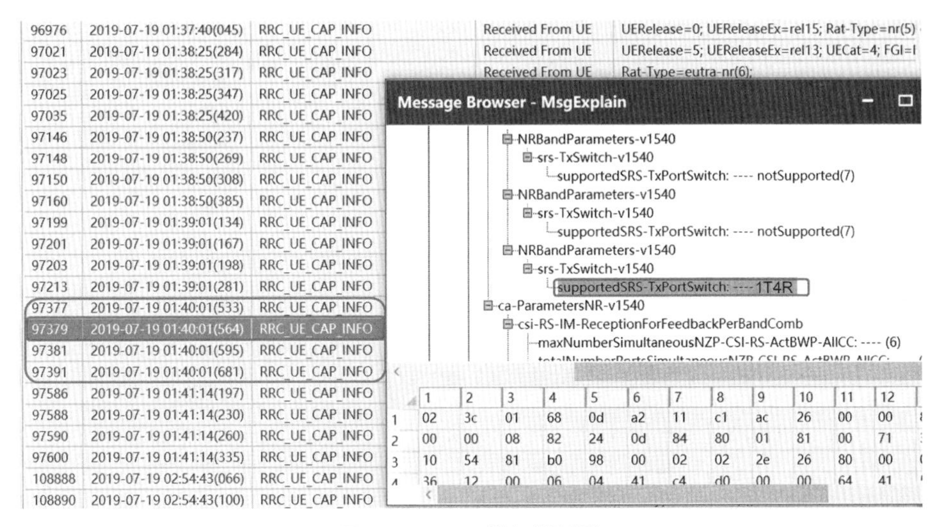

圖 14-2 SRS 權終端辨識

14.1.3.2 FTP 測試方法

當前 5G 業務在進行速率測試時，特別是當峰值測試速率特別大時，正常的 USB 共用模式會由於電腦通訊埠限速，電腦性能影響測試時速率受限，所以建議直接在手機上進行 FTP 上傳和下載。

以 Mate20X 測試終端為例，測試時採用 ODM+FTP（By MS）多執行緒模式。該模式在測試時，下載的資料不會回寫到電腦，對電腦的要求不高，按照以下 USB 偵錯模式、Balong 模式、USB 連接模式依次設定。

1. USB 偵錯模式設定

手機在升級完成之後，初次與 Probe 連接時，需要將開發者模式打開，設定為 USB 偵錯模式，具體操作過程如下。

手機主介面點擊「設定」→「系統」→「關於手機」→「版本編號」，連續點擊「版本編號」5 次即可進入開發者模式，此時返回「系統」選單，可以查看「開發人員選項」。以華為終端為例，USB 偵錯模式設定步驟一如圖 14-3 所示。

圖 14-3 USB 偵錯模式設定步驟一（編按：本圖為簡體中文介面）

進入「設定」→「系統」→「開發人員選項」，上下滑動螢幕，打開「USB 偵錯」，會彈出「是否允許 USB 偵錯？」，點擊「確認」即可。USB 偵錯模式設定步驟二如圖 14-4 所示。

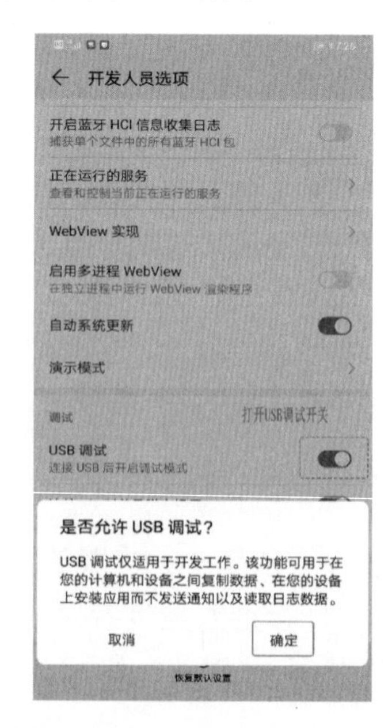

圖 14-4 USB 偵錯模式設定步驟二（編按：本圖為簡體中文介面）

2. Balong 模式設定

撥號介面輸入 "*#*#2846579159#*#*"，彈出 ProjectMenuAct 介面。

依次點擊「5. 後台設定」→「2.USB 通訊埠設定」→「USB 通訊埠設定」→「Balong 偵錯模式」，彈出「USB 通訊埠設定成功」的對話方塊，點擊「確定」。Balong 模式設定如圖 14-5 所示。

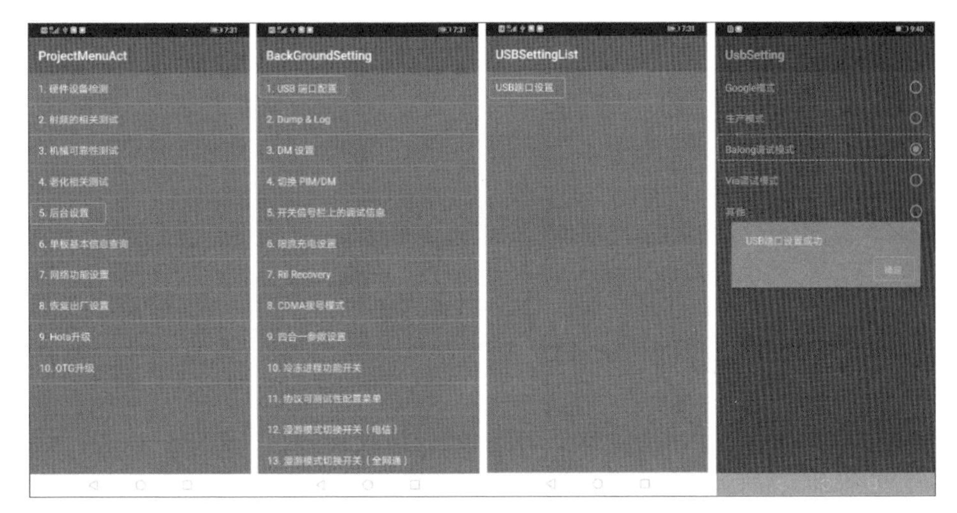

圖 14-5 Balong 模式設定（編按：本圖為簡體中文介面）

3. USB 連接模式設定

終端與 PC 連接之後會彈出「USB 連接方式」的對話方塊，選擇「僅充電」，USB 連接模式設定如圖 14-6 所示。

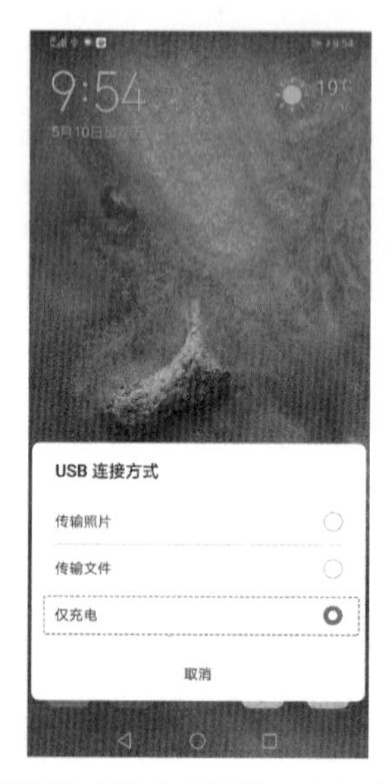

圖 14-6 USB 連接模式設定（編按：本圖為簡體中文介面）

4. 終端連接

啟動 Probe 軟體。點擊工具列上的 " " 按鈕（快速鍵 F8），或選擇 "Configration → Device Management → Device Configure" 選單，打開 Device Configure 視窗。

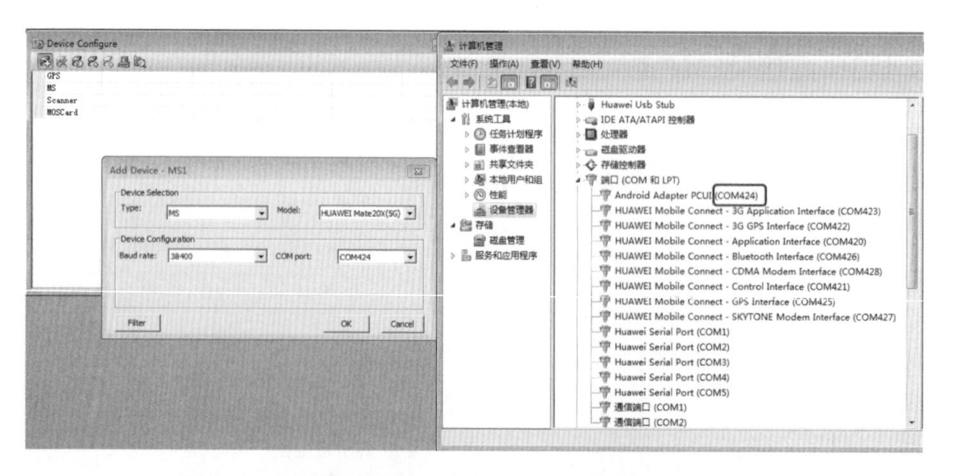

圖 14-7 終端連接步驟一（編按：本圖為簡體中文介面）

將 Device Configure 視窗中的 "Model" 選擇為 "HUAWEI Mate20X（5G）"，將 "COM port" 選擇為 "Android Adapter PCUI" 對應的通訊埠，點擊 "OK"。終端連接步驟一如圖 14-7 所示。

點擊 Device Configure 視窗上的 " " 按鈕（快速鍵 F2），或透過選擇 "Configration → Device Management → Connect" 選單，啟動裝置連接。如果裝置狀態顯示為 "Connected"，則表示連接成功。終端連接步驟二如圖 14-8 所示。

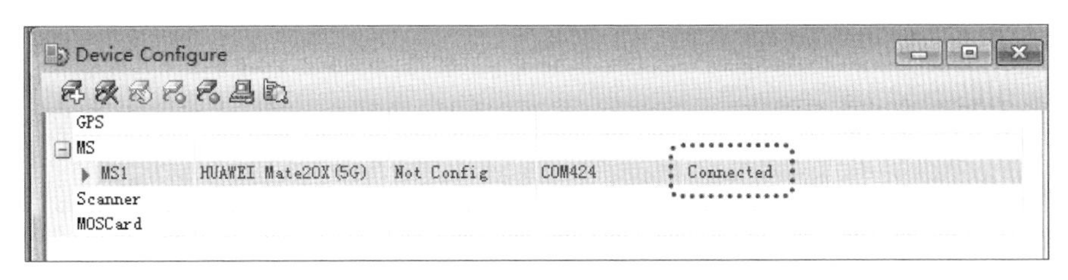

圖 14-8 終端連接步驟二

5. 終端測試

點擊 " "，在 "Test Plan Control" 介面增加測試項並設定測試項參數，請將參數 "Dial Up Type" 設定為 "By MS"。終端測試如圖 14-9 所示。

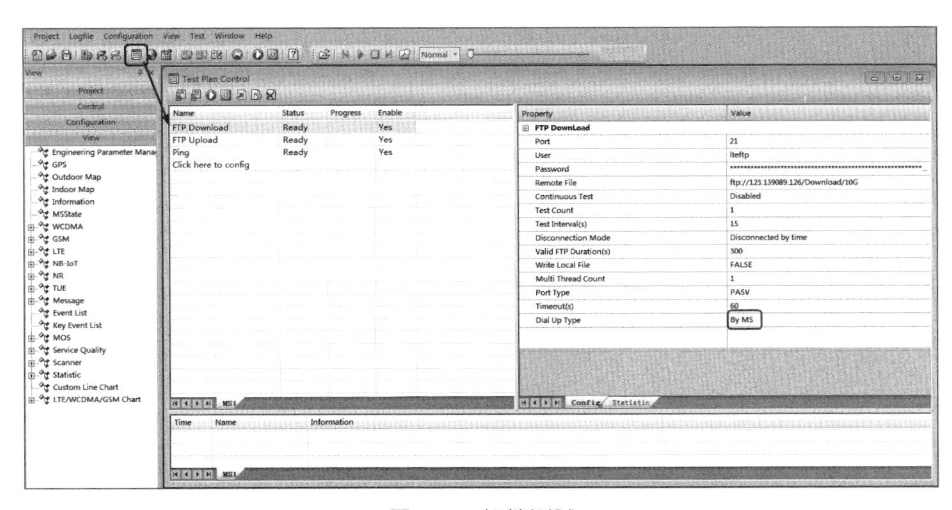

圖 14-9 終端測試

14.1.3.3 伺服器設定和最佳化

伺服器要求：推薦伺服器使用高性能的硬體規格，伺服器設定建議值見表 14-3。建議測試前聯合專業人員最佳化伺服器，以防止 TCP 發送視窗或接受視窗較小導致單執行緒 TCP 速率降低，在伺服器或測試電腦上調整 MTU，儘量使封包不分片。

表 14-3 伺服器設定建議值

型號	XXX
CPU	E5−2680v4 × 2
記憶體	8×32GB
硬碟	三星 MZ−7LM4800（480GB，SSD，SATA6.0Gbit/s）× 3（RAID0 模式）
網路卡	10G 網路卡 ×1（備份一個）
作業系統	Win Server 2012 R2

14.1.3.4 SIM 卡開戶要求

核心網路開戶資訊中包含 AMBR 和 QCI 兩個重要資訊。

工作人員需要確認核心網路開戶速率是否足夠，可以透過 5G 基地台 X2 介面追蹤查看訊息確認 UE-AMBR，查核 uEAggregateMaximumBitRate 細胞的值是否符合要求。

使用者的 QCI 資訊會與基地台側的 QCI 級的 PDCP、RLC 相關計時器參數（包含 SN bit 數、RLC 模式等）連結，從而影響使用者的吞吐量。在基地台預設設定下，QCI6、8、9 對應的 RLC 和 PDCP 參數是吞吐量的最佳性能。

在 NSA 網路拓樸下，5G 使用者的開戶資訊在 X2 通訊埠 "SGNB_ADD_REQ" 訊息中。使用者 QCI 資訊查看如圖 14-10 所示。

1	2019-01-02 11:48:36(441)	SGNB_REL_REQ	Send to gNBs		4
2	2019-01-02 11:48:36(445)	SGNB_REL_REQ_ACK	Received From gNBs		4
3	2019-01-02 11:48:36(447)	SN_STATUS_TRANSFER	Received From gNBs		4
4	2019-01-02 11:48:36(447)	SEC_RAT_DATA_USAGE_RPT	Received From gNBs		4
5	2019-01-02 11:48:36(464)	UE_CONTEXT_RELEASE	Send to gNBs		4
6	2019-01-02 11:48:38(093)	SGNB_ADD_REQ	Send to gNBs	randomValue=a8 ab 34 7f ca;	4
7	2019-01-02 11:48:38(110)	SGNB_ADD_REQ_ACK	Received From gNBs	targetCellID=3;	4
8	2019-01-02 11:48:38(153)	SGNB_RECONFIG_CMP	Send to gNBs		4
9	2019-01-02 11:48:38(153)	SN_STATUS_TRANSFER	Send to gNBs		4
10	2019-01-02 11:48:42(241)	SGNB_MOD_REQ	Send to gNBs		4

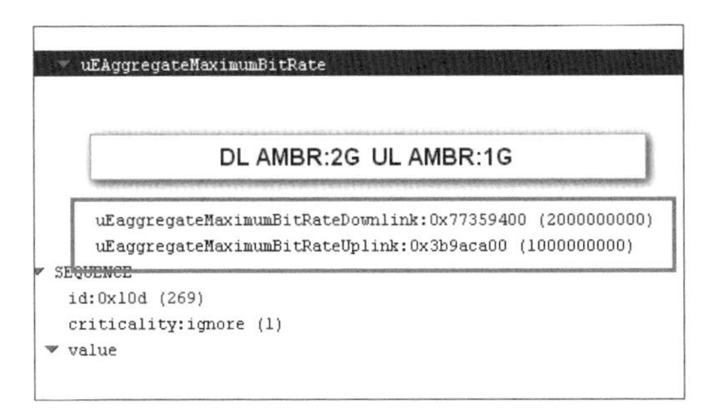

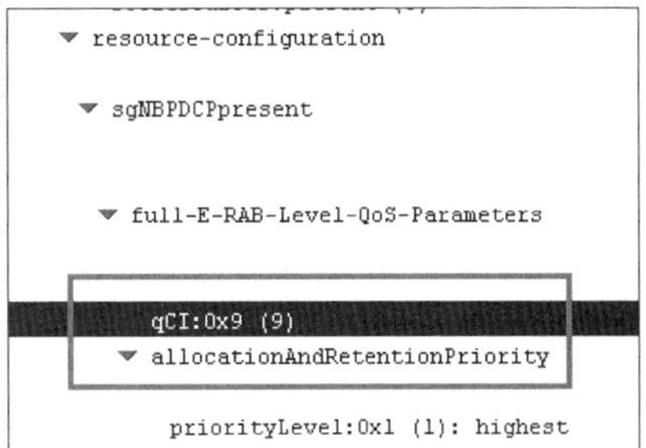

圖 14-10 使用者 QCI 資訊查看

在網路側，根據訊號中攜帶的訊息可以查詢 APN-AMBR 的速率。使用者 APN-AMBR 速率查看如圖 14-11 所示。

NAS	MS->eNo...	NASSecurityModeComplete	----0011	lLC-SAPI-value:sAPI3 (3)
DL-DCCH	eNodeB-...	UECapabilityEnquiry	1000---- T	
UL-DCCH	MS->eNo...	UECapabilityInformation		▼ radio-priority
DL-DCCH	eNodeB-...	UECapabilityEnquiry	----0---	spare:0x0 (0)
UL-DCCH	MS->eNo...	UECapabilityInformation	-----010	radio-priority-level-value:priority-level2 (2)
DL-DCCH	eNodeB-...	UECapabilityEnquiry	01011110 T	
UL-DCCH	MS->eNo...	UECapabilityInformation	00000110 L	
DL-DCCH	eNodeB-...	UECapabilityEnquiry		▼ aPN-AMBR
UL-DCCH	MS->eNo...	UECapabilityInformation	11111110	aPN-AMBR-for-downlink:0xfe (254)
DL-DCCH	eNodeB-...	RRCSecurityModeCommand	11111110	aPN-AMBR-for-uplink:0xfe (254)
UL-DCCH	MS->eNo...	RRCSecurityModeComplete	11100010	aPN-AMBR-for-downlink-extended:0xe2 (226)
DL-DCCH	eNodeB-...	RRCConnectionReconfiguratio	11100010	aPN-AMBR-for-uplink-extended:0xe2 (226)
NAS	eNodeB-...	AttachAccept	00000111	aPN-AMBR-for-downlink-extended2:0x7 (7)
NAS	eNodeB-...	ActivateDefaultEPSBearerCont	00000111	aPN-AMBR-for-uplink-extended2:0x7 (7)
NAS	MS->eNo...	ActivateDefaultEPSBearerCont	00100111 T	
NAS	MS->eNo...	AttachComplete	01000001 L	
				▼ protocol-configuration-options

圖 14-11 使用者 APN-AMBR 速率查看

實際生效的 AMBR 為 UE-AMBR 和 APN-AMBR 中的最小值。

14.1.3.5 傳輸要求

5G 傳輸頻寬要求 10GB 乙太網介面，如果 5G 網站為 GB 乙太網介面，會對空中介面速率產生限制。

14.1.4 4G 和 5G X2 最佳化案例

如果現網 4G 基地台之間 X2 已經接近或達到 256 個，就會使 4G 和 5G 之間無法建立 X2 鏈路，導致 SCG 不增加或 5G 不切換。杭州電信採用的辦法是週期性自動刪除和增加 X2 方案。

1. 案例 1：X2 問題導致 5G 無覆蓋

（1）問題描述

UE 沿平海路由西向東行駛至平海路和浣紗路交換通訊埠，當 UE 轉向浣紗路南部行駛時，出現無 5G 網路訊號覆蓋的區域，UE 繼續沿浣紗路向南行駛 70m 重新連線 5G。X2 問題導致 5G 無覆蓋問題描述如圖 14-12 所示。

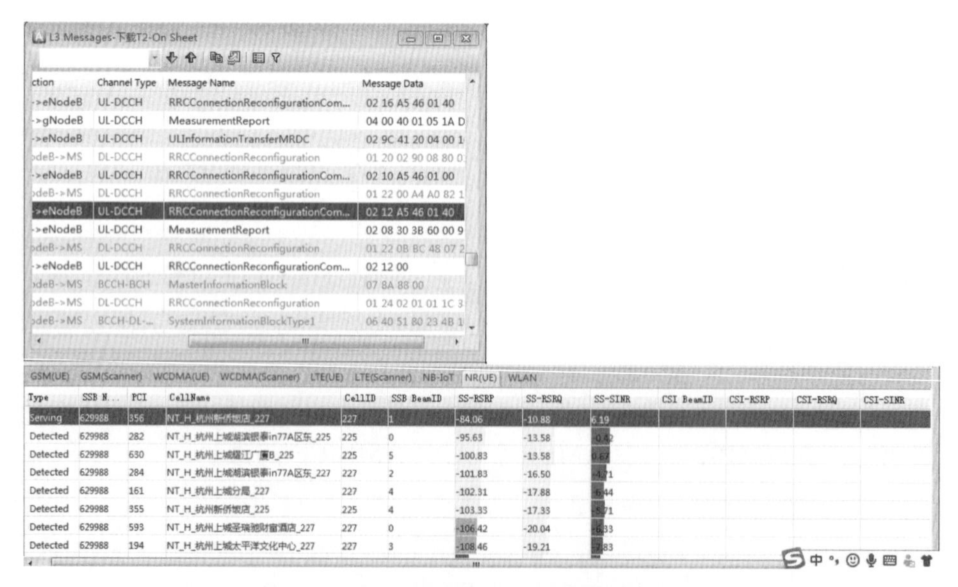

圖 14-12 X2 問題導致 5G 無覆蓋問題描述

（2）問題分析

① 從訊號來看，切換至 LF_H_ 杭州華辰國際飯店 _49（PCI：36）後，雖然網路側下發 B1 測量控制，UE 觸發 B1 事件，但是之後網路側一直未增加 5G。X2 問題導致 5G 無覆蓋訊號分析如圖 14-13 所示。

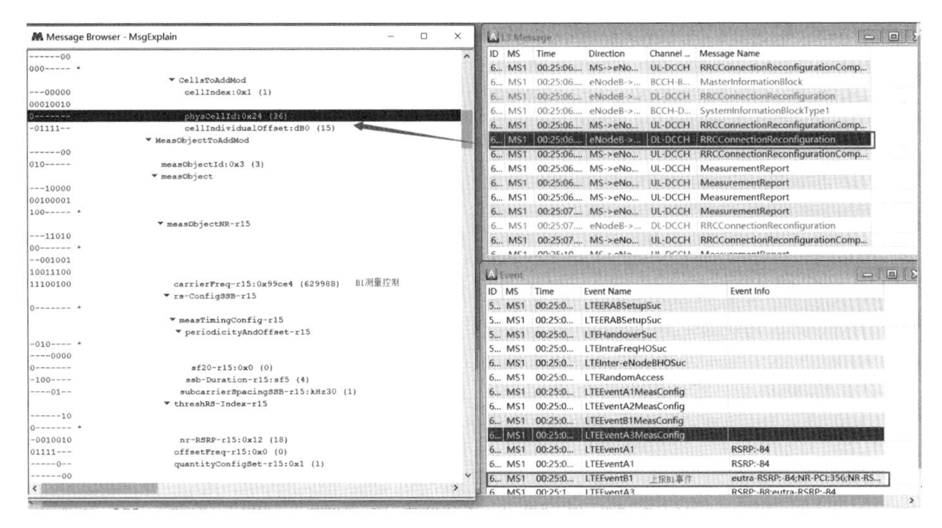

圖 14-13 X2 問題導致 5G 無覆蓋訊號分析

② 查核鄰區關係和頻點等相關資訊均無問題，查核 X2 時發現 LF_H_ 杭州華辰國際飯店 4G 網站並未增加 NT_H_ 杭州新僑飯店（638963）5G 網站 X2 鏈路，同時該網站 X2 數量已經達到最大設定。

（3）解決方案

刪除 LF_H_ 杭州華辰國際飯店基地台的容錯 X2 鏈路，同時進行 5G 測試。

（4）實施效果

最佳化後，X2 鏈路已經建立，同路段 UE 佔用 LF_H_ 杭州華辰國際飯店 _49（PCI：36）後，網路側下發 B1 測量控制，UE 觸發 B1 事件，後增加〔PCI：356（NT_H_ 杭州新僑飯店 _227）〕5G 成功。X2 問題導致 5G 無覆蓋實施效果如圖 14-14 所示。

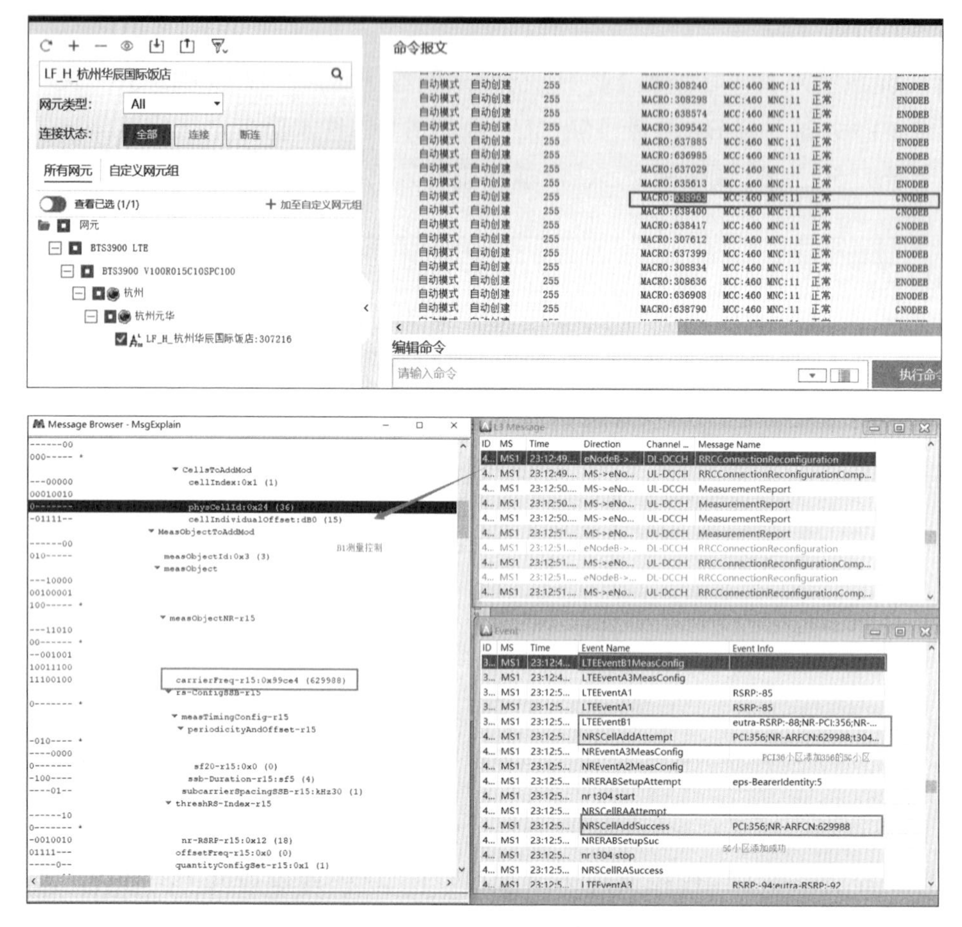

圖 14-14 X2 問題導致 5G 無覆蓋實施效果（編按：本圖為簡體中文介面）

2. 案例 2：X2 傳輸資源不可用導致 5G 不切換

（1）問題描述

UE 佔用 NT_H_ 杭州上城解百新元華 _226（PCI：583）一直上報 NR A3，但無法切換至 5G_H_ 杭州上城環湖飯店 _50（PCI：10），鄰區和 X2 通訊埠均正常。X2 傳輸資源不可用導致 5G 不切換問題描述如圖 14-15 所示。

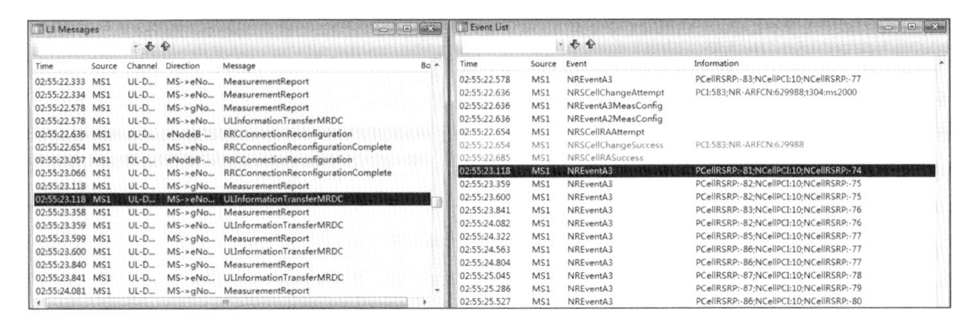

圖 14-15 X2 傳輸資源不可用導致 5G 不切換問題描述

（2）問題分析

從基地台側追蹤來看，SCG 增加一直因為傳輸資源不可用。X2 傳輸資源不可用導致 5G 不切換問題分析如圖 14-16 所示。

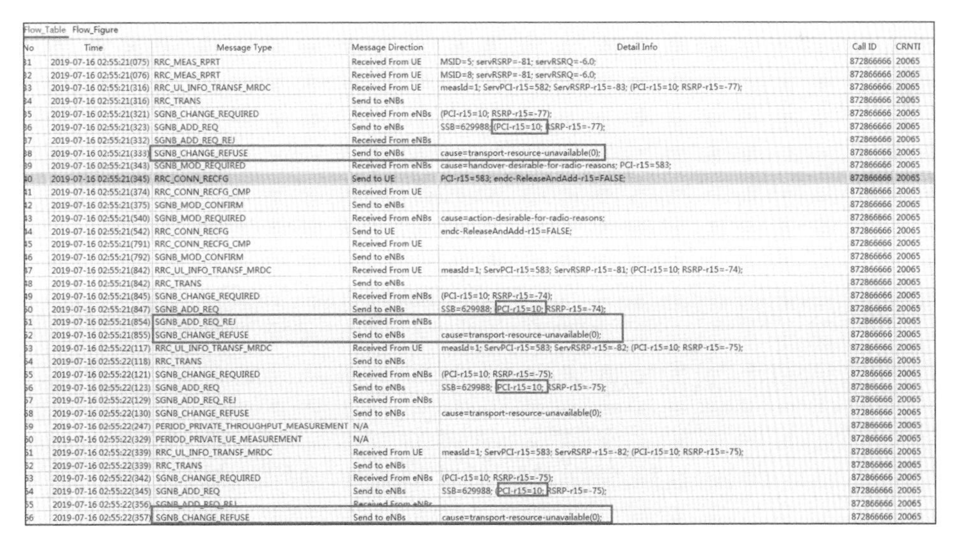

圖 14-16 X2 傳輸資源不可用導致 5G 不切換問題分析

從 Debug 看到，傳輸資源不可用的原因是 S1-U 存在問題，錯誤碼為 ErrorCode = 0x810d0683，透過查核設定可以發現沒有設定 GNBCUS1，而 GNBCUS1 為開站必配。S1 設定檢查如圖 14-17 所示。

5.2.5 S1配置检查

1）USERPLANEHOST中的IP为基站IP，USERPLANEPEER中的IP为核心网用户面地址

ADD EPGROUP: EPGROUPID=0, IPPMSWITCH=DISABLE; //xml中对应<EPGROUP>对象

ADD USERPLANEHOST: UPHOSTID=0, IPVERSION=IPv4, LOCIPV4="10.132.23.193",

IPSECSWITCH=DISABLE; //xml中对应USERPLANEHOST对象

ADD USERPLANEPEER: UPPEERID=0, IPVERSION=IPv4, PEERIPV4="10.0.5.227",

IPSECSWITCH=DISABLE; //xml中对应USERPLANEPEER对象

2）UPHOSTID、UPPEERID要和上面配置的保持一致

ADD UPHOST2EPGRP: EPGROUPID=0, UPHOSTID=0; //xml中对应EPGROUP对象

ADD UPPEER2EPGRP: EPGROUPID=0, UPPEERID=0; //xml中对应EPGROUP对象

3）GNBCUS1中的UpEpGroupId和上面配置保持一致

ADD GNBCUS1: gNBCuS1Id=0, UpEpGroupId=0; //xml中对应GNBCUS1对象

圖 14-17 S1 設定檢查

（3）解決方案

增加 "ADD GNBCUS1: gNBCuS1Id=xx，UpEpGroupId=xx" 命令。

（4）實施效果

增加命令後，5G 切換正常。X2 傳輸資源不可用導致 5G 不切換實施效果如圖 14-18 所示。

DateTime	Event_2019年7月15日-旗舰区-下载-天选	Event Info_2019年7月15日-旗舰区-下载-天选
2019-07-16 00:01:54.491	NRSCellFrequentHO	
2019-07-16 00:01:54.514	NRSCellRAAttempt	
2019-07-16 00:01:54.515	NRSCellChangeSuccess	PCI:256;NR-ARFCN:629988
2019-07-16 00:01:54.550	NRSCellRASuccess	
2019-07-16 00:01:54.753	LTEEventA1	RSRP:-88
2019-07-16 00:01:54.753	LTEEventA1	RSRP:-88
2019-07-16 00:01:57.384	NREventA3	PCellRSRP:-79;NCellPCI:8;NCellRSRP:-76
2019-07-16 00:01:57.444	NRSCellChangeAttempt	PCI:8;NR-ARFCN:629988;t304:ms2000
2019-07-16 00:01:57.444	NREventA3MeasConfig	
2019-07-16 00:01:57.444	NREventA2MeasConfig	
2019-07-16 00:01:57.463	NRSCellRAAttempt	
2019-07-16 00:01:57.463	NRSCellChangeSuccess	PCI:8;NR-ARFCN:629988
2019-07-16 00:01:57.490	NRSCellRASuccess	

圖 14-18 X2 傳輸資源不可用導致 5G 不切換實施效果

3. 案例 3：週期性自動刪除和增加 X2，減少 4G 間 X2 的數量

採用週期性自動刪除和增加 X2 方案後，ENODEB X2 鏈路數由 70366 條下降到 47738 條，下降率達 32.16%；GNODEB X2 鏈路數由 1747 條上升到 1910 條，上升率達 9.33%；平均每基地台 X2 鏈路數由 133 條下降到 91 條，下降率達 31.58%。週期性自動刪除和增加 X2 方案對 X2 鏈路數的影響見表 14-4。

表 14-4 週期性自動刪除和增加 X2 方案對 X2 鏈路數的影響

比較	ENODEB 鏈路數	GNODEB 鏈路數	平均每基地台 X2 鏈路數
修改前 X2 鏈路數	70366	1747	133
修改後 X2 鏈路數	47738	1910	91

修改全網錨點站參數後，LTE 各項基礎性能指標平穩。週期性自動刪除和增加 X2 方案對 LTE 指標的影響見表 14-5。

表 14-5 週期性自動刪除和增加 X2 方案對 LTE 指標的影響

日期	RRC 連接建立成功率（%）	E-RAB 建立成功率（%）	E-RAB 掉線率（%）	LTE 系統內切換成功率（%）	空中介面上行使用者平面流量（Gbit）	eNodeB 間 X2 切換比例（%）
2019-05-27	99.92	99.95	0.18	99.61	52010.41	95.01
2019-05-28	99.92	99.94	0.18	99.58	54760.69	95.40
2019-05-29	99.91	99.94	0.18	99.58	54697.82	95.27
2019-05-30	99.92	99.94	0.18	99.54	54487.29	94.89
2019-05-31	99.91	99.94	0.18	99.57	55898.80	95.21
2019-06-01	99.91	99.94	0.15	99.54	61161.58	95.11
2019-06-02	99.92	99.94	0.15	99.56	56695.56	95.02
2019-06-03	99.91	99.94	0.17	99.57	53369.98	95.22

14.1.5 覆蓋最佳化案例

商用終端精品線路覆蓋最佳化主要是最佳化 SSB RSRP 改變 UE 分佈，降低鄰區干擾，實現提升速率的目標（為了避免影響 LTE 現網，建議優先調整 5G 下傾角和方位角）。下面是透過 ACP 最佳化數位方位角、數位下傾角進行覆蓋最佳化的案例。

ACP 最佳化方案基於多輪路測資料以及現場核準後的工程參數生成，涉及波束和數位下傾角最佳化，執行 ACP 最佳化方案後，各指標的變化如下所述：取樣點的 SSB RSRP 平均值提升了 2.44dB，SSB SINR 提升了 0.53dB，SSB RSRP>−105dBm 且 SSB SINR ≥ 0dB 的取樣點佔比提升了 1.26%，NR 下行 PDCP 平均速率提升了 24.58Mbit/s，下載速率大於 100Mbit/s 的取樣點比例提升了 2.19%，重疊覆蓋率下降了 0.13%。

ACP 最佳化方案見表 14-6。覆蓋場景中的具體參數見表 14-7。ACP 最佳化前後指標比較見表 14-8。

表 14-6 ACP 最佳化方案

PCI	調整參數	綜合增益排序（%）	初始波束場景	調整後波束場景	波束場景是否調整	初始數位電子下傾角（°）	調整後數位電子下傾角（°）	調整後與之前數位電子下傾角差異（°）
216	數位下傾角	1.25	0			6	2	−4
217	波束場景	1.25	0	9	是	6		
273	數位下傾角	0.73	0			6	3	−3
275	波束場景；數位下傾角	0.73	0			6	4	−2
19	波束場景	0.69	0	1	是	6	3	−3
110	波束場景	0.69	0	6	是	6		
108	數位下傾角	0.69	0	13	是	6		
542	數位下傾角	0.56	0			6	4	−2
143	數位下傾角	0.4	0			6	0	−6
64	數位下傾角	0.4	0			6	0	−6
592	數位下傾角	0.33	0			6	0	−6
409	數位下傾角	0.33	0			6	1	−5
508	數位下傾角	0.36	0			6	3	−3
90	波束場景；數位下傾角	0.1	0	2	是	6	8	2

註：初始場景中的 0 代表 0 位預設波束；調整後波束場景 1 ～ 16 代表可調整波束，而且每種波束場景下的下傾角，方位角均可調整。

表 14-7 覆蓋場景中的具體參數

覆蓋場景 ID	覆蓋場景	水平波寬（3dB）	垂直波寬（3dB）	傾角可調範圍	方位角可調範圍
0	預設	105°	6°	−2°~9°	0°
1	廣場	110°	6°	−2°~9°	0°
2	干擾	90°	6°	−2°~9°	−10°~10°
3	干擾	65°	6°	−2°~9°	−22°~22°
4	樓宇	45°	6°	−2°~9°	−32°~32°
5	樓宇	25°	6°	−2°~9°	−42°~42°
6	中層覆蓋廣場	110°	12°	0°~6°	0°
7	中層覆蓋干擾	90°	12°	0°~6°	−10°~10°
8	中層覆蓋干擾	65°	12°	0°~6°	−22°~22°
9	中層樓宇	45°	12°	0°~6°	−32°~32°
10	中層樓宇	25°	12°	0°~6°	−42°~42°
11	中層樓宇	15°	12°	0°~6°	−47°~47°
12	廣場 + 高層樓宇	110°	25°	6°	0°
13	高層覆蓋干擾	65°	25°	6°	−22°~22°
14	高層樓宇	45°	25°	6°	−32°~32°
15	高層樓宇	25°	25°	6°	−42°~42°
16	高層樓宇	15°	25°	6°	−47°~47°

表 14-8 ACP 最佳化前後指標比較

最佳化前後	SSB RSRP 平均值（dBm）	SSB SINR 平均值（dB）	SSB RSRP>-105dBm & SSB SINR ≥ 0dB 取樣點佔比（%）	SSB RSRP ≥ -100dm 取樣點比例（%）	SSB SINR ≥ 5 dB 取樣點比例（%）	NR 下行 PDCP 平均速率（Mbit/s）	NR DL PDCP THR（Mbit/s）≥ 100 取樣點佔比（%）	NR DL PDCPTHR（Mbit/s）≥ 300 取樣點佔比（%）	重疊覆蓋率（%）
最佳化前	−86.2	9.1	97.31	93.7	83.78	579.54	96.55	95.77	1.56
最佳化後	−83.76	9.63	98.57	95.62	89.42	604.12	98.74	97.89	1.43
比較	2.44	0.53	1.26	1.92	5.64	24.58	2.19	2.12	0.13

14.1.6 控制平面最佳化案例

NSA 性能最佳化包含 LTE 錨點性能最佳化和 SCG NR 性能最佳化。

1. 案例 1 ——4G 頻繁切換導致 5G 傳輸速率較低

（1）問題描述

在南山路精品線路，4G 錨點小區間頻繁切換，導致 5G 傳輸速率受到影響，全程 4G 切換為 111 次。

（2）問題分析

① 社區 LF_H_ 杭州上城 ×××_178（PCI：282）越區覆蓋，導致頻繁切換，傳輸速率掉零。

② LF_H_ 杭州上城 ××× 監控桿 _54（PCI：203）距離道路 100m 左右，但是無法主覆蓋道路，經查核該站為路燈桿網站，並且該站主覆蓋雷峰塔景區，不能調整下傾角或功率控制覆蓋，建議調整社區特定偏置（Cell Individual Offset，CIO），減少切換。

③ 社區 LF_H_ 杭州上城 ××× 宿舍樓 _179（PCI：9）越區覆蓋，導致頻繁切換，傳輸速率大幅降低。

④ 社區 LF_H_ 杭州上城 ××× 小靈通 _49（PCI：62）、LF_H_ 杭州上城 ××××× _50（PCI：269）之間頻繁切換，導致速率明顯下降。

（3）解決方案

RF 最佳化，調整 CIO；功率最佳化，調整 A3 門限。

問題點①：RF 最佳化方案。問題點 1 解決方案見表 14-9。

問題點②：調整 CIO 方案。問題點 2 解決方案見表 14-10。

問題點③：功率最佳化方案。問題點 3 解決方案見表 14-11。

表 14-9 問題點 1 解決方案

eNodeBName	CellName	方位角（°）	機械下傾角（°）	電子下傾角（°）	PCI	調整後機械下傾角(°)	調整後電子下傾角（°）	備註
LF_H_ 杭州五洋假日酒店 BBU6	LF_H_ 杭州上城 ××× 小靈通 _49	20	1	0	96	5	3	
LF_H_ 杭州五洋假日酒店 BBU17	LF_H_ 杭州上城 ×××_178	120	1	10	52	5	10	
LF_H_ 江城 BBU47	LF_H_ 杭州上城 ×××_178	350	3	4	282	7	4	
LF_H_ 惠興 BBU29	LF_H_ 杭州上城 ××× 宿舍樓 _179	30	3	0	9	3	0	無法進入，需要協調
LF_H_ 三台雲舍 BBU14	LF_H_ 杭州上城 ××× 監控桿 _54	240	4	0	203	4	0	天線已固定，無法調整

表 14-10 問題點 2 解決方案

eNodeBName	CellName	調整手段
LF_H_ 惠興 BBU9	LF_H_ 杭州上城 ××× 小靈通 _51	調整 CIO
LF_H_ 惠興 BBU27	LF_H_ 杭州上城 ××× 市場 _179	調整 CIO
LF_H_ 三台雲舍 BBU10	LF_H_ 杭州西湖 ××× 局 _180	調整 CIO

表 14-11 問題點 3 解決方案

eNodeBName	CellName	調整手段
LF_H_ 惠興 BBU29	LF_H_ 杭州上城 ××× 宿舍樓 _179	降低功率至 289
註：本次共修改 1 個錨點社區： MOD PDSCHCFG: LOCALCELLID=x, REFERENCESIGNALPWR=xxx		

問題點④：調整 A3 門限方案。

對 36 個錨點社區進行以下修改。

MOD INTRAFREQHOGROUP: LOCALCELLID=x，INTRAFREQHOGROUPID=0, INTRAFREQHOA3HYST=4，INTRAFREQHOA3OFFSET=4，INTRAFREQHOA3TIMETOTRIG=640ms。

（4）實施效果

實施方案後，LTE 切換次數由 111 次下降為 62 次，下載速率提升了 19Mbit/s。4G 頻繁切換導致 5G 速率較低的實施效果見表 14-12。

表 14-12 4G 頻繁切換導致 5G 速率較低的實施效果

場景	SSB-RSRP（dBm）	SSB-SINR（dB）	下行吞吐量（Mbit/s）	覆蓋率（RSRP）≥ 105dBm 比例	NR 切換次數	LTE 切換次數	LTE 切換成功率
修改切換參數前	−81.61	16.43	673.1	98.56%	101	111	100.00%
修改切換參數後	−80.39	17.93	692.37	98.79%	85	62	100.00%

2. 案例 2——針對切換帶最佳化

針對切換帶最佳化案例如圖 14-19 所示，從圖 14-19 可以看出，在某局點精品線路最佳化的過程中，針對鄰區切換帶的最佳化措施及效果比較。

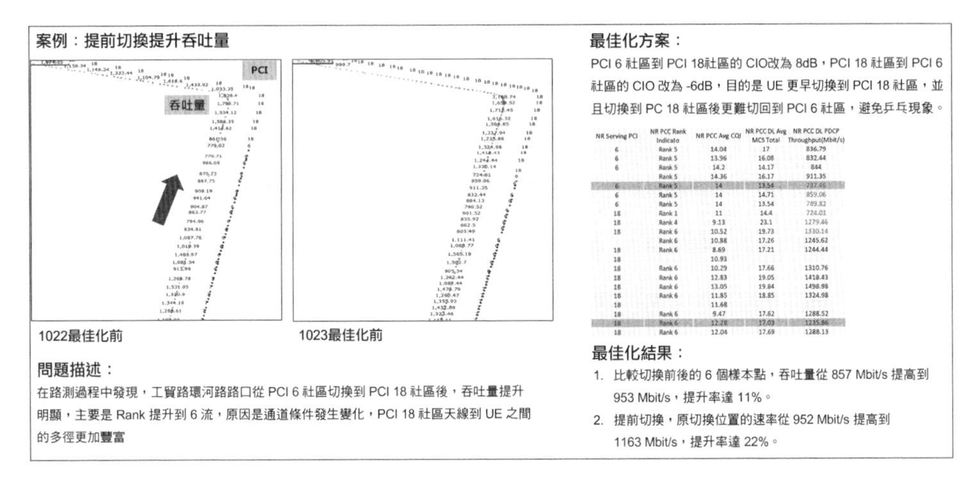

NR Serving PCI	NR PCC Rank Indicato	NR PCC Avg CQI	NR PCC DL Avg MCS Total	NR PCC DL PDCP Throughput(Mbit/s)
6	Rank 5	14.04	17	836.79
6	Rank 5	13.96	16.08	832.44
6	Rank 5	14.2	14.17	844
	Rank 5	14.36	16.17	911.35
6	Rank 5	14	13.54	737.46
6	Rank 5	14	14.71	859.06
6	Rank 5	14	13.54	789.82
18	Rank 1	11	14.4	724.01
18	Rank 4	9.13	23.1	1279.46
18	Rank 6	10.52	19.73	1330.14
	Rank 6	10.88	17.26	1245.62
18	Rank 6	8.69	17.21	1244.44
18		10.93		
18	Rank 6	10.29	17.66	1310.76
18	Rank 6	12.83	19.05	1418.43
18	Rank 6	13.05	19.84	1498.98
18	Rank 6	11.85	18.85	1324.98
18		11.68		
18	Rank 6	9.47	17.62	1288.52
18	Rank 6	12.28	17.03	1235.86
18	Rank 6	12.04	17.69	1288.13

圖 14-19 針對切換帶最佳化案例

14.1.7 NR 使用者平面最佳化案例

NR 使用者平面最佳化包括排程 &RB 不足最佳化、Rank 最佳化、MCS&BLER 最佳化，分別要求線路上的所有社區排程達到 1350 次以上，RB 個數為 260/slot 左右（100Mbit/s 頻寬），平均 MCS 至少在 24 階以上，線路平均 Rank 至少要達到 3 以上。

1. 案例 1──灌入封包命令設定不合理

灌入封包命令設定不合理問題現象如圖 14-20 所示。

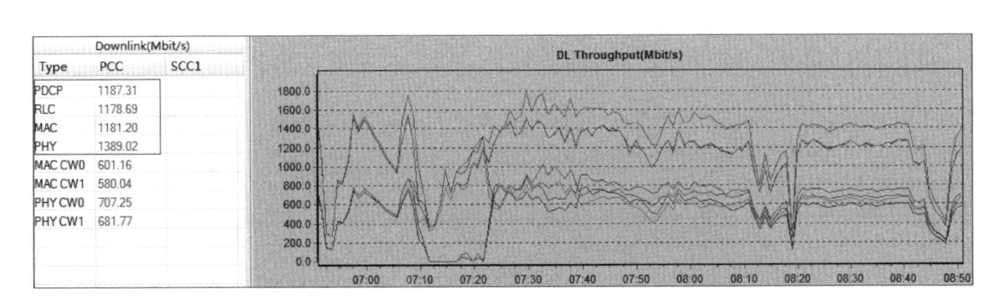

圖 14-20 灌入封包命令設定不合理問題現象

（1）問題現象：UE 的速率在 ×× 社區 1.1Gbit/s ～ 1.8Gbit/s 波動，速率不穩定。

（2）問題分析：下行速率相關因素包括下行排程（DL Grant）、可用 RB/RE 數、MCS、Rank、BLER 等。灌入封包命令設定不合理問題分析見表 14-13。

表 14-13 灌入封包命令設定不合理問題分析

因素	值	狀態
DL Grant	平均 1169	低
可用 RB/RE 數	平均 203	低
MCS	平均 26	正常
BLER	平均 1%	正常

該問題產生的主要原因在於下行排程低和可用 RB 數低，速率也與灌入封包命令、限制相關，需要進一步查核。

問題根因：第一線灌入封包業務量超過了基地台 PDCP 3G 限制。

- 當前灌入封包命令設定為：iperf –c xx.xx.xx.xx –u –b 800M –i 1 –l 1436 –p 5001 –t 99999 –P 4。
- 確認目前單承載灌入封包限制為 3Gbit/s，命令設定為 3.2Gbit/s，超出了此限制。
- 修改為：iperf –c xx.xx.xx.xx –u –b 500M –i 1 –l 1436 –p 5001 –t 99999 –P 6 後，速率仍然在 1.1Gbit/s 左右，但波動減少，較之前平穩。修改灌入封包命令後測試速率如圖 14-21 所示。

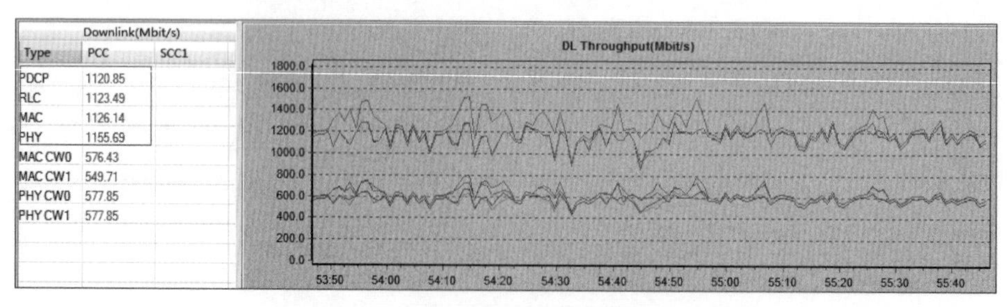

圖 14-21 修改灌入封包命令後測試速率

修改灌入封包大小之後，排程還是只有 1200 次左右。修改灌入封包命令後測試指標如圖 14-22 所示。

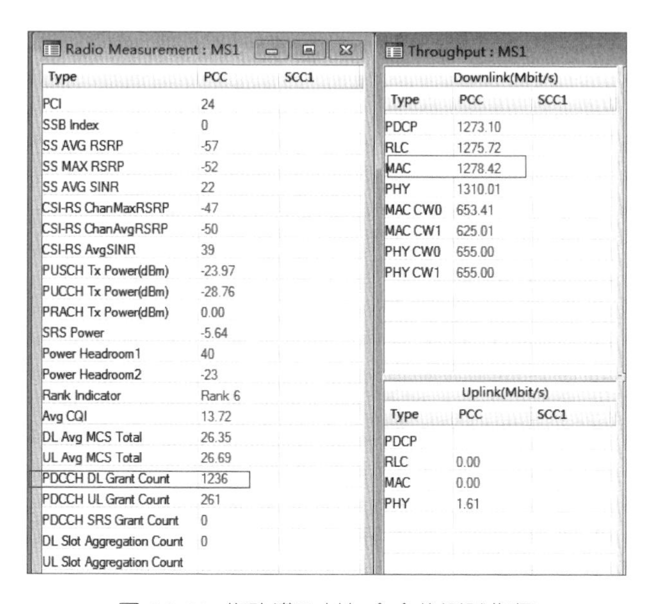

Radio Measurement : MS1

Type	PCC	SCC1
PCI	24	
SSB Index	0	
SS AVG RSRP	-57	
SS MAX RSRP	-52	
SS AVG SINR	22	
CSI-RS ChanMaxRSRP	-47	
CSI-RS ChanAvgRSRP	-50	
CSI-RS AvgSINR	39	
PUSCH Tx Power(dBm)	-23.97	
PUCCH Tx Power(dBm)	-28.76	
PRACH Tx Power(dBm)	0.00	
SRS Power	-5.64	
Power Headroom1	40	
Power Headroom2	-23	
Rank Indicator	Rank 6	
Avg CQI	13.72	
DL Avg MCS Total	26.35	
UL Avg MCS Total	26.69	
PDCCH DL Grant Count	1236	
PDCCH UL Grant Count	261	
PDCCH SRS Grant Count	0	
DL Slot Aggregation Count	0	
UL Slot Aggregation Count		

Throughput : MS1

Downlink(Mbit/s)

Type	PCC	SCC1
PDCP	1273.10	
RLC	1275.72	
MAC	1278.42	
PHY	1310.01	
MAC CW0	653.41	
MAC CW1	625.01	
PHY CW0	655.00	
PHY CW1	655.00	

Uplink(Mbit/s)

Type	PCC	SCC1
PDCP		
RLC	0.00	
MAC	0.00	
PHY	1.61	

圖 14-22 修改灌入封包命令後測試指標

再次分析：核心網路入口流量排除，入口流量為重組。核心網路入口流量為 3Gbit/s 左右，排除了上層來水不足導致排程不足的問題。

（3）問題根源：第一線灌入封包命令為 1436 位元組，超過了傳輸設定的 1400 位元組，導致基地台收到的封包資訊存在分片，當前基地台平台在分片場景網路拓樸能力受限，導致平台給業務 PDCP 封包只有 1.2Gbit/s。

（4）解決方案：修改灌入封包指令封包長，將灌入封包命令改為 1350 位元組，減少分片對群組封包性能的影響，從而使排程和 RB 數正常，即使速率最高，也能符合灌入封包的預期值。

- 最佳化前：iperf –c xx.xx.xx.xx –u –b 500M –i 1 –l 1436 –p 5001 –t 99999 –P 6。
- 最佳化後：iperf –c xx.xx.xx.xx –u –b 500M –i 1 –l 1350 –p 5001 –t 99999 –P 6。

2. 案例 2——在 NSA 場景下，SIB1 影響排程

在 NSA 場景下，SIB1 影響排程問題現象如圖 14-23 所示。

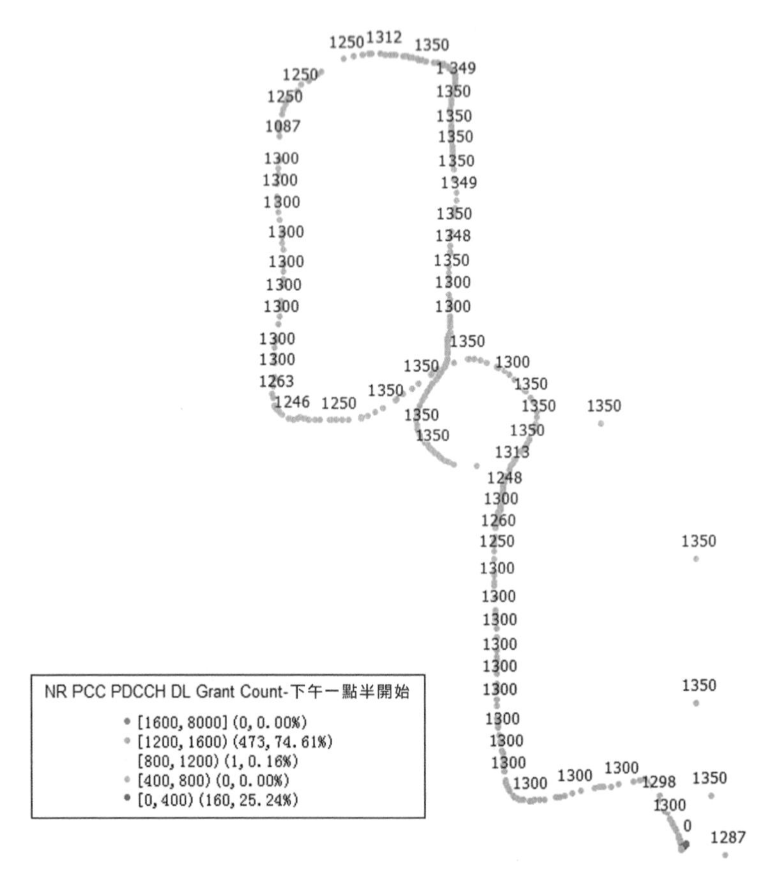

圖 14-23 在 NSA 場景下，SIB1 影響排程問題現象

（1）問題現象：在 19B NSA 網路拓樸測試中，下行排程在 1300 次左右，影響速率提升。

（2）定位過程：查看 537 追蹤。對應偶數幀的固定 slot11、13、14、16、17 的下行排程均不成功。在 NSA 場景下，SIB1 影響排程問題鎖定見表 14-14。

表 14-14 在 NSA 場景下，SIB1 影響排程問題鎖定

小時：分鐘：秒 (HH:MM:SS)	Ticks	L2AgentSn	ucChip	ullTti	usFrm	usSlot Num	ulSch Succ User Num	ulPair Num	ulSch ErrCode
17:13:44	314	1116908	2	666494300	842	0	1	0	0x0
17:13:44	314	1116908	2	666494301	842	1	1	0	0x0
17:13:44	314	1116908	2	666494302	842	2	1	0	0x0
17:13:44	314	1116908	2	666494303	842	3	1	0	0x0
17:13:44	314	1116908	2	666494304	842	4	1	0	0x0
17:13:44	316	1116909	2	666494305	842	5	1	0	0x0
17:13:44	316	1116909	2	666494306	842	6	1	0	0x0
17:13:44	316	1116909	2	666494307	842	7	1	0	0x0
17:13:44	316	1116909	2	666494310	842	10	1	0	0x0
17:13:44	316	1116909	2	666494311	842	11	0	0	0xc0321
17:13:44	320	1116910	2	666494312	842	12	1	0	0x0
17:13:44	320	1116910	2	666494313	842	13	0	0	0xc0321
17:13:44	320	1116910	2	666494314	842	14	0	0	0xc0321
17:13:44	320	1116910	2	666494315	842	15	1	0	0x0
17:13:44	320	1116910	2	666494316	842	16	0	0	0xc0321
17:13:44	324	1116911	2	666494317	842	17	0	0	0xc0321

在 NSA 場景下，SIB1 影響排程錯誤碼查詢如圖 14-24 所示。其失敗原因是 PDCCH 排程異常，錯誤碼為 0xc0321。

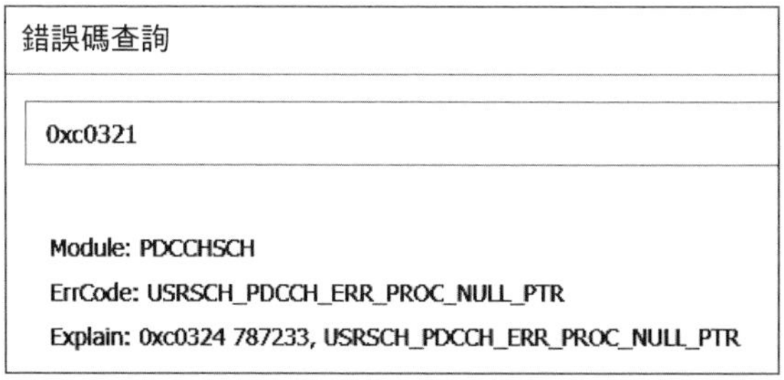

錯誤碼查詢

0xc0321

Module: PDCCHSCH

ErrCode: USRSCH_PDCCH_ERR_PROC_NULL_PTR

Explain: 0xc0324 787233, USRSCH_PDCCH_ERR_PROC_NULL_PTR

圖 14-24 在 NSA 場景下，SIB1 影響排程錯誤碼查詢

表 14-15 在 NSA 場景下，SIB1 影響排程問題鎖定

HH:MM:SS	Ticks	L2A gentSn	uc ChipNo.	uc CellId	ucL2 SlotNo.	usL2 FrmNo.	Bit16 Pdcch Dci LoopLen	Bit16 DciNo.	Bit04DciFormat
17:13:44	314	1116908	2	0	4	842	108	2	PDCCH_DCI_FORMAT_D1_1（9）
17:13:44	314	1116908	2	0	4	842	108	2	PDCCH_DCI_FORMAT_U0_1（1）
17:13:44	314	1116908	2	0	5	842	56	1	PDCCH_DCI_FORMAT_D1_1（9）
17:13:44	316	1116909	2	0	6	842	56	1	PDCCH_DCI_FORMAT_D1_1（9）
17:13:44	316	1116909	2	0	7	842	56	1	PDCCH_DCI_FORMAT_D1_1（9）
17:13:44	316	1116909	2	0	10	842	108	2	PDCCH_DCI_FORMAT_D1_0（8）
17:13:44	316	1116909	2	0	10	842	108	2	PDCCH_DCI_FORMAT_D1_1（9）
17:13:44	316	1116909	2	0	11	842	56	1	PDCCH_DCI_FORMAT_D1_0（8）
17:13:44	316	1116909	2	0	12	842	108	2	PDCCH_DCI_FORMAT_D1_0（8）
17:13:44	316	1116909	2	0	12	842	108	2	PDCCH_DCI_FORMAT_D1_1（9）
17:13:44	320	1116910	2	0	13	842	56	1	PDCCH_DCI_FORMAT_D1_0（8）
17:13:44	320	1116910	2	0	14	842	56	1	PDCCH_DCI_FORMAT_D1_0（8）
17:13:44	320	1116910	2	0	15	842	108	2	PDCCH_DCI_FORMAT_D1_0（8）
17:13:44	320	1116910	2	0	15	842	108	2	PDCCH_DCI_FORMAT_D1_1（9）
17:13:44	320	1116910	2	0	16	842	56	1	PDCCH_DCI_FORMAT_D1_0（8）
17:13:44	320	1116910	2	0	17	842	56	1	PDCCH_DCI_FORMAT_D1_0（8）

查看 602 追蹤，其中的偶數幀對應 PDCCH 排程異常的 slot，排程的內容是 D1_0，對應表中深底色的行。在 NSA 場景下，SIB1 影響排程問題鎖定見表 14-15。

某廠商 19B 版本在 NSA 模式下引入了 SIB1 訊息。NSA 場景下 SIB1 影響排程原理如圖 14-25 所示，SIB1 訊息佔用的 slot 為：4 波束（10/11/12/13），8 波束（10/11/12/13/14/15/16/17）。

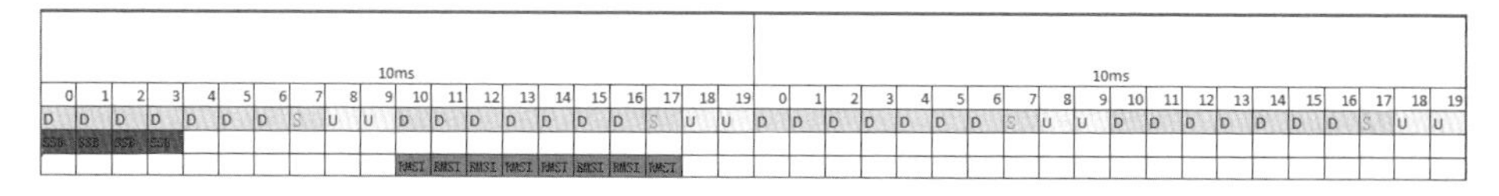

圖 14-25 在 NSA 場景下，SIB1 影響排程原理

\ 當一個 slot 有可能發送上行 DCI 時，當前產品會提前預留部分 CCE 給上行 DCI，預留比例由 NRDUCellPdcch：UlMaxCcePct 設定，預設值為 50%。社區 UlMaxCcePct 參數設定如圖 14-26 所示。查看設定檔，各社區 UlMaxCcePct 均設定為 50。

```
NRDUCELLPDCCH: NrDuCellId=201, UlMaxCcePct=50, OccupiedSymbolNum=1 Symbol, MaxPairLayerNum=2 Layers,
NRDUCELLPDCCH: NrDuCellId=202, UlMaxCcePct=50, OccupiedSymbolNum=1 Symbol, MaxPairLayerNum=2 Layers,
NRDUCELLPDCCH: NrDuCellId=203, UlMaxCcePct=50, OccupiedSymbolNum=1 Symbol, MaxPairLayerNum=2 Layers
```

圖 14-26 社區 UlMaxCcePct 參數設定

某廠商 19B F30 協定，8：2 配比，留給 CPE/TUE 的上行排程 slot 為 3/4/13/14，留給商用終端的上行排程 slot 為 1/6/11/16，即在發送上行 DCI 的 slot 會預留 50% 的 CCE 給上行。60Mbit/s 頻寬下留給下行的 CCE 只剩 14 個，SIB1 的 Common DCI 固定佔據 8 個下行 CCE。

查看對應的 AM 列，使用的 RegNum 都是 48 個，即 8 個 CCE，對應聚合等級 3，查看相關 MML 參數（RsvdU8Param7），發現被打樁成 3。社區 RsvdU8Param7 參數設定如圖 14-27 所示。

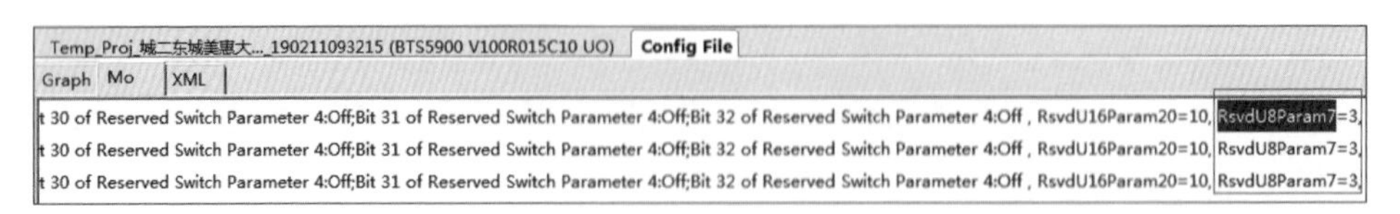

註：RsvdU8Param7參數表示社區使用者設定的聚集等級方式：當設定值為0時，按照聚集等級自我調整處理；當設定值為1時，固定聚集等級為2；當設定值為2時，固定聚集等級為4；當設定值為3時，固定聚集等級為8；當設定值為4時，固定聚集等級為16；其他設定值按照自我調整處理

圖 14-27 社區 RsvdU8Param7 參數設定

在 SIB1 的 common DCI 固定佔據 8 個下行 CCE 的情況下，不能再分出 8 個 CCE 用來排程 DCI1_1，導致下行排程失敗。

問題根源：在 UlMaxCcePct=50 的情況下，CCE 聚合等級被打樁為 3，導致無法分配第二份 8 個 CCE 的 DCI，使排程異常。

解決方案：CCE 聚合等級調整到自我調整後，排程恢復正常。對於 19B 網路拓樸可以透過關閉 SIB 排程（僅針對 NSA）、增加下行 CCE 資源（UlMaxCcePct = 33）、調整 PDCCH 符號數（目前支援 1 ～ 2 個符號）、抬高 SIB 週期（設定 80ms 以上）避開。

3. 案例 3──高溫降額排程

高溫降額排程問題現象如圖 14-28 所示。

Serving and Neighboring Cells : MS1

CC In...	Cell ...	Cell G...	PCI	DL NR-A...	UL NR-A...	DL Duple...	UL Duple...	SSB I...	SS Avg RSR...
PCC	Serving	SCG	17	629988	626724	TDD	TDD	3	-58

Radio Measurement : MS1

Type	PCC	SCC1
PDCCH DL Grant Count	1600	
PDCCH UL Grant Count	400	
DL Slot Aggregation Count	0	
UL Slot Aggregation Count		
PDSCH RB Number/s	203627	
PDSCH RB Number/Slot	127	
PUSCH RB Number/s	1600	
PUSCH RB Number/Slot	4	
DL Initial BLER Total(%)	8.27	

圖 14-28 高溫降額排程問題現象

（1）問題現象：在測試中發現 PDSCH RB Number/slot 過低。

（2）定位過程：查看溫度和警報，發現有射頻單元溫度異常警報。單板溫度過高時會出現功率配額，降低排程 RB 數，高溫降額排程問題鎖定如圖 14-29 所示。

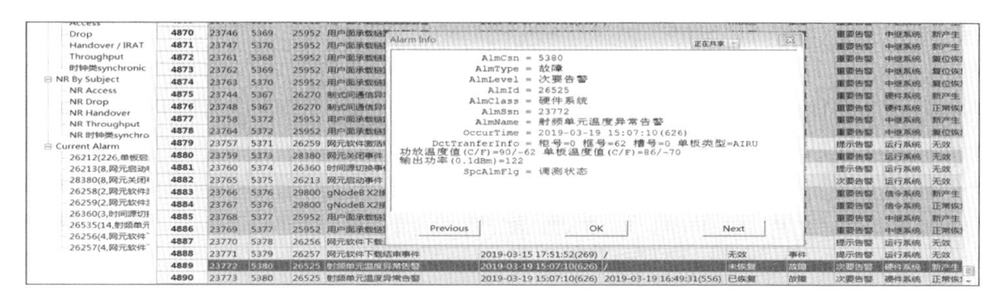

圖 14-29 高溫降額排程問題鎖定（編按：本圖為簡體中文介面）

（3）問題根源：單板溫度過高導致功率配額。

（4）解決方案：改善 AAU 散熱，降低溫度。

4. 案例 4——最佳化 VAM 權提升 Rank 比例

在 5G 正常最佳化參數的基礎上，使用以下 VAM 組合參數進行 Rank 最佳化。

MOD NRDUCELLTRPBEAM：NRDUCELLTRPID=1，COVERAGESCENARIO=EXPAND_ SCENARIO_1。

MOD NRDUCELLPDSCH：NRDUCELLID=1，MAXMIMOLAYERNUM=LAYER_16，DLDMRSCONFIGTYPE=TYPE1，DLDMRSMAXLENGTH=2SYMBOL，FIXEDWEIGHTTYPE= PMI_WEIGHT。

MOD NRDUCELLALGOSWITCH: NRDUCELLID=1, ADAPTIVEEDGEEXPENHSWITCH= DL_PMI_SRS_ADAPT_SW-0。

MOD NRDUCELLPUSCH：NRDUCELLID=1，MAXMIMOLAYERCNT=LAYER_4。

MOD NRDUCELLRSVDPARAM：NRDUCELLID=1，RSVDU8PARAM47=3。

MOD NRDUCELLRSVD：NRDUCELLID=1，RSVDPARAM19=1600，RSVDPARAM28=1，RSVDPARAM139=255。

MOD NRDUCELLQCIBEARER：NRDUCELLID=1，QCI=9，UEINACTIVITYTIMER=0。

MOD GNBPDCPPARAMGROUP：PDCPPARAMGROUPID=5，GNBPDCPREORDERINGTIMER= MS300，UEPDCPREORDERINGTIMER=MS300。

最佳化 VAM 權對測試結果影響見表 14-16，Rank 提升了 0.1，下載速率提升了 5.82%。

表 14-16 最佳化 VAM 權對測試結果影響

修改內容	NR PCC Indicator	下行吞吐量（Mbit/s）	下行吞吐量≥ 100Mbit/s 比例（%）
最佳化前	2.69	491.14	88.58
最佳化後	2.79	519.7	93.36
比較	↑ 0.1	↑ 5.82%	↑ 4.78

5. 案例 5——天線選擇終端提升 Rank 比例

天線選擇終端對測試結果影響見表 14-17。

表 14-17 天線選擇終端對測試結果影響

終端	NR PCC SS-RSRP（dBm）	NR PCC SS-SINR（dB）	NR PCC DL Avg MCS	NR PCC Indicator	NR PCC DL PDCP Throughput（Mbit/s）
非天線選擇終端	−82.64	14.12	20.4	2.86	636.28
天線選擇終端	−82.91	14.01	20.3	3.51	834.88

6. 案例 6——切換後 MCS 最佳化

PCI 變化前後，MCS 有突降現象。在進一步篩選切換前後 2 秒的資料時，我們會發現社區切換後 1 秒內的 IBLER 遠低於 10%，MCS 未達到最高階，第 2 秒才逐步收斂。切換後 MCS 突降問題鎖定見表 14-18。

表 14-18 切換後 MCS 突降問題鎖定

CRNTI=51612						
行標籤	樣本點	*cwSuMcs*	*rateMtcMc*	*reduceMcs*	*tbSchMcs*	*IBLER*(%)
13:42:48	200	21.42	20.92	20.92	20.88	0.00
13:42:49	1595	26.38	25.79	25.78	25.78	1.00
13:42:50	1466	26.54	25.98	25.98	25.98	7.50
13:42:51	1496	23.66	23.22	23.22	23.19	7.34

將 CQI 外環由預設值修改為 0 後，下行吞吐量提升 3% 左右。切換後 MCS 突降解決驗證見表 14-19。

表 14-19 切換後 MCS 突降解決驗證

狀態	移動速率（km/h）	*DL MAC THP*（Mbit/s）	*Avg CQI*	*CSI-SINR*（dB）	*SSB-SINR*（dB）	*SSB-RSRP*（dBm）	*PDCCH DL Grant*	*DL AvgMcs*	*DL RB*	預計 *Rank (Scheduled Rank)*	平均 *(Avg IBLER)*（%）
外環初值為 0	76.4	407.7	12.9	29.8	1.8	−78.6	1577.3	23.2	159.4	2.0	5.3
外環預設值	83.7	392.2	12.3	27.4	2.0	−78.4	1567.5	22.9	158.8	2.0	6.6

7. 案例 7——極致短週期

設定 1 個 Add DMRS 時，性能提升 11%，極致短週期對測試性能的影響見表 14-20。

表 14-20 極致短週期對測試性能的影響

Additional	CSI-RS RSRP	PDCP 吞吐量	基地台排程 Rank	UE 上報 Rank	MCS	IBLER	DL Grant	每 slot 排程 RB 數
0	−74.0	717898.0	3.2	2.2	18.6	12.5	1581.2	265.3
1	−74.0	799892.9	3.5	2.2	20.3	10.8	1586.4	264.9

8. 案例 8——CQI 變步進值

CQI 變步進值問題現象如圖 14-30 所示。

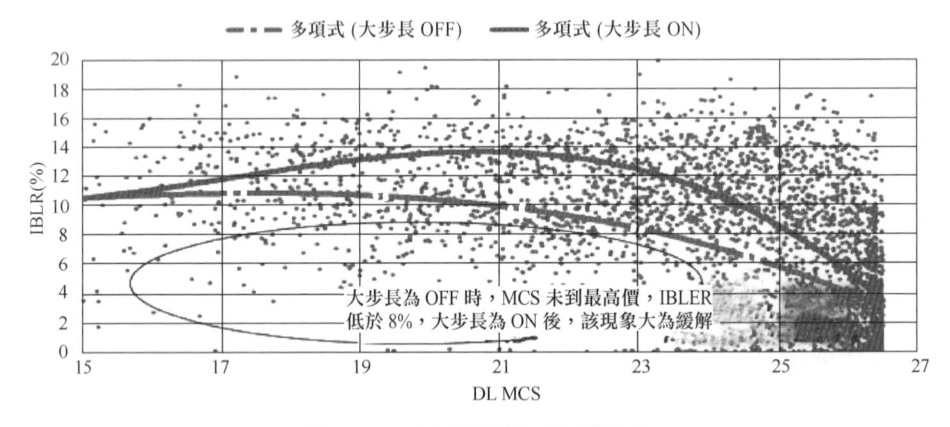

圖 14-30 CQI 變步進值問題現象

MCS 未到最高階時，IBLER 低於 6%，至少還有 4% 的增益空間。

開啟後，CQI 變步進值解決驗證見表 14-21 和圖 14-31，遠點 MCS 提升明顯，近點 MCS 無明顯變化，整體增益在 2% 左右。

表 14-21 CQI 變步進值解決驗證

TUE 驗證	SSB RSRP	SSB SINR	CSI RSRP	CSI SINR	RB	排程次數	IBLER	Rank	CQI	MCS	吞吐量
基準線	−79.1	2.5	−77.4	27.5	159	1564	6.3	1.95	12.2	23.5	388
大步進值	−79.9	1.7	−77.8	27.4	159	1573	8.5	1.95	12.3	23.7	397

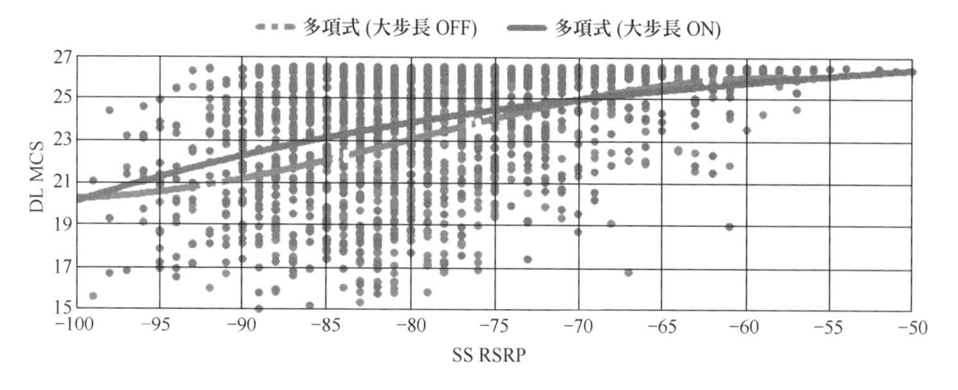

圖 14-31 CQI 變步進值解決驗證

9. 案例 9──多套子幀 MCS 最佳化

根據不同子幀的誤碼情況，可以發現 0/10 號子幀、7/17 號子幀的誤碼與其他子幀的差異較大，故單獨針對這兩類子幀設定外環，進行差異化設定。開啟後，0/10 號子幀的 MCS 有所降低（0.3 階），但 7/17 號子幀的 MCS 提升了 2.8 階，整體性能提升了 2.8%。多套子幀 MCS 最佳化對測試性能的影響見表 14-22，多套子幀 MCS 最佳化對位元錯誤率的影響見表 14-23。

表 14-22 多套子幀 MCS 最佳化對測試性能的影響

	SSB RSRP	SSB SINR	CSI RSRP	CSI SINR	RB	排程次數	IBLER	Rank	CQI	MCS	吞吐量	Gain
基準線	−79.1	2.5	−77.4	27.5	159	1564	6.3	1.95	12.2	23.5	388	
多套子幀 MCS 最佳化	−79.7	1.5	−77.2	27.2	160	1579	5.23	1.95	11.9	23.2	399	2.8%

表 14-23 多套子幀 MCS 最佳化對位元錯誤率的影響

單套子幀 MCS 最佳化			多套子幀 MCS 最佳化		
Slot	位元錯誤率	*MCS*	*Slot*	位元錯誤率	*MCS*
0	15.56%	20.6	0	12.21%	19.7
1	14.60%	20.6	1	14.14%	20
2	11.81%	20.6	2	10.72%	20
3	9.32%	20.6	3	8.16%	20
4	5.87%	20.7	4	5.31%	20
5	11.14%	20.6	5	12.40%	20.4
6	11.22%	20.6	6	10.17%	20.4
7	1.23%	20.6	7	10.14%	22.8
10	14.34%	20.6	10	12.09%	19.5
11	13.46%	20.6	11	14.17%	20
12	10.68%	20.6	12	10.59%	20
13	7.83%	20.5	13	7.05%	20
14	5.65%	20.6	14	6.38%	20
15	11.05%	20.6	15	10.86%	20
16	10.56%	20.6	16	8.43%	20
17	1.80%	20.6	17	10.49%	22.8

14.1.8 5G 參數最佳化提升下載速率

1. 問題描述

在 5G RF 最佳化已無提升空間的情況下，怎麼透過參數最佳化提升下載速率？

2. 問題分析

根據其他局點經驗，可透過擴充波束（節省資源）、CCE 聚合最佳化（提升弱覆蓋區域排程次數）和 DC 最佳化（疊加 4G 速率）提升下載速率。

3. 解決方案

MOD NRDUCELLTRPBEAM: NRDUCELLTRPID=x, COVERAGESCENARIO=EXPAND_SCENARIO_1（擴充波束）。

MOD NRDUCELLRSVDPARAM: NrDuCellId=x, RsvdU8Param7=3（提高 CCE 聚合等級）。

MOD GNBPDCPPARAMGROUP: PdcpParamGroupId=5, DlDataPdcpSplitMode=SCG_AND_MCG（打開 DC）。

4. 實施效果

在依次實施最佳化方案後，下載速率均有不同幅度的提升。5G 參數最佳化對測試性能的影響見表 14-24。

表 14-24 5G 參數最佳化對測試性能的影響

最佳化內容	*SSB RSRP* 平均值（dBm）	*SS SINR* 平均值（dB）	*NR_DL Avg MCS*	*NR_PDCCH DL Grant Count*	*NR_DL Initial BLER*（%）	*NR_DL PDCP Throughput*（Mbit/s）
未最佳化	−79.82	16.80	21.36	1310.59	9.08	583.79
擴充波束最佳化	−83.04	17.24	20.09	1352.39	9.26	623.03
CCE 最佳化	−80.60	16.83	21.81	1369.06	9.21	636.28
DC 最佳化	−81.61	16.43	21.24	1343.83	9.00	673.10

14.2 某智慧叉車在 5G 網路與 Wi-Fi 網路下的應用比較

14.2.1 5G 網路建設

當前，自動導引運輸車輛（Automated Guided Vehicle，AGV）通訊系統建構主要有連續式和分散式兩種方式。

1. 連續式通訊佈局

允許 AGV 在任何時候和相對地面控制器的任何位置使用射頻方法，或使用在導引路徑內埋設的導線進行感應通訊，舉例來說，採用無線電、紅外雷射的通訊方法。無線點主要採用 Wi-Fi 模式來導引 AGV，主要受制於通訊干擾以及傳輸距離問題，裝置控制能力下降；紅外雷射線上即時雙向資料通訊距離可達 120m，但是雷射功率一般每隔 15m ～ 20m 接力一次，易造成光損、通訊中斷且裝置成本高昂。

2. 分散式通訊佈局

在預定的地點（舉例來說，AGV 機器人停泊站）為特定的 AGV 與地面控制器之間提供通訊，這種通訊一般透過感應或光學的方法來實現。分散式通訊的缺點是 AGV 在兩通訊點之間發生故障時，將無法與地面控制站取得聯繫。目前，大多數 AGV 採用分散式通訊方式，主要原因在於價格較便宜且發生兩通訊點間的故障問題較少。

隨著產業需求升級，以往無人 AGV 固定線路越發難以滿足實際生產需求，更加複雜的生產環境對智慧化 AGV 的需求越發明顯。在此背景下，AGV 需要自動完成執行線路的選擇、運行速率的選擇、自動移除貨物、運行方向上小車的避讓、安全警告等，當前主要採用的方案有奈米波、紅外線雷射雷達以及全景相機雲端化視覺方案，均對網路延遲、上下行頻寬提出了較高需求。

某智慧叉車園區為適應工業化、智慧化製造發展，在其園區基本建立無線 Wi-Fi 覆蓋為主的內聯網，同時建設 3 個 5G 大型基地台完成園區全網路覆蓋，同時部署 MEC 打造 5G+ 智慧叉車 AGV 測試和試驗環境。某智慧叉車網路測試指標比較見表 14-25。

表 14-25 某智慧叉車網路測試指標比較

測試項	5G（CPE1.0）	Wi-Fi 網路
下行速率（定點）	355Mbit/s	17.6Mbit/s
上行速率（定點）	118Mbit/s	10.11Mbit/s
延遲（定點）	11ms	12ms
下行速率（DT）	289Mbit/s	16.4Mbit/s
上行速率（DT）	118Mbit/s	10.6Mbit/s
延遲（DT）	15ms	26ms

14.2.2 測試環節架設

採用兩種網路拓樸方式進行比較試驗：一種基於 5G 的網路；另一種基於 Wi-Fi 網路。某智慧叉車園區新建 5G 通訊網路分佈如圖 14-32 所示，兩種不同 AGV 通訊系統架構示意如圖 14-33 所示。

透過同一測試環境，AGV 連接兩種不同通訊方式進行遠端裝置控制，在和一比較環境下，單使用者、多使用者可測試其定點上下行即時峰值頻寬、定點延遲、行動性上下行平均值速率、行動性控制延遲。

圖 14-32 某智慧叉車園區新建 5G 通訊網路分佈

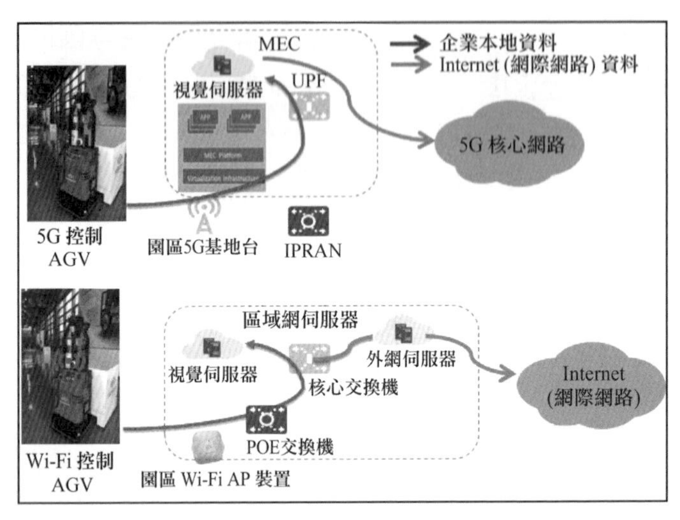

圖 14-33 兩種不同 AGV 通訊系統架構示意

14.2.3 實際場景測試比較

通訊基礎網路技術理論比較分析見表 14-26。

表 14-26 通訊基礎網路技術理論比較分析

比較事項	5G 網路	Wi-Fi 網路
頻譜	授權專有頻譜	非授權頻譜，干擾複雜
行動性	完整的行動性管理措施：切換、重選、漫遊	無切換機制；只有 AP 間重選，延遲大。非標準的同頻 Mesh 無縫軟切換技術，對 AP 資源消耗大
多使用者容量 / 干擾	基於集中多使用者排程的 QoS 保障機制，支援大容量使用者的同時連線，降低相互間的干擾	無排程機制：CSMA-CA 通道連線技術（先佔機制，先到先得），通道使用率較低，連線使用者較多時發生碰撞的機率更大，性能下降更嚴重
安全性	支援雙向認證，空中介面演算法的安全性更高，控制、資料傳送雙向加密	僅單向認證連線終端，沒有對 AP 身份進行認證，非法使用者容易裝扮成 AP 進入網路
QoS	支持 QoS 分級	—

在不同的通訊環境下，裝置連線網路各項指標比較情況見表 14-27。在不同的通訊環境下，延遲比較如圖 14-34 所示。在不同的通訊環境下，速率比較如圖 14-35 所示。

表 14-27 在不同的通訊環境下，裝置連線網路各項指標比較情況

不同場景	不同通訊環境	單裝置連接			3 台裝置同時連接		
		延遲（ms）	上行速率（Mbit/s）	下行速率（Mbit/s）	平均延遲（ms）	平均上行速率（Mbit/s）	平均下行速率（Mbit/s）
靜止場景	5G	11	118	335	14	116	312
	Wi-Fi	12	10.11	17.6	25.3	16.3	11.1
移動場景	5G	15	118	289	17.3	118	249
	Wi-Fi	26	10.6	16.4	27.3	11.1	12.1

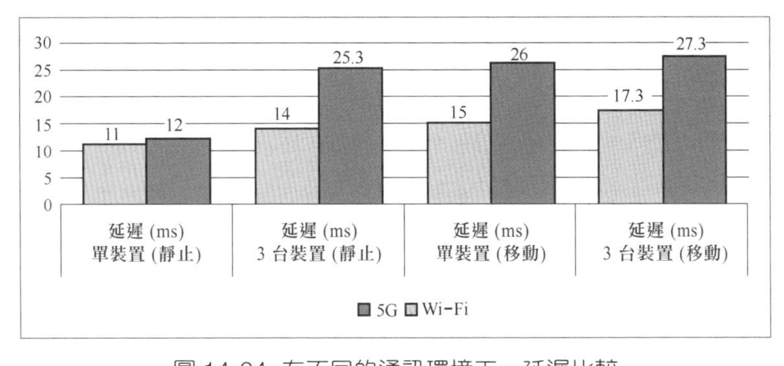

圖 14-34 在不同的通訊環境下，延遲比較

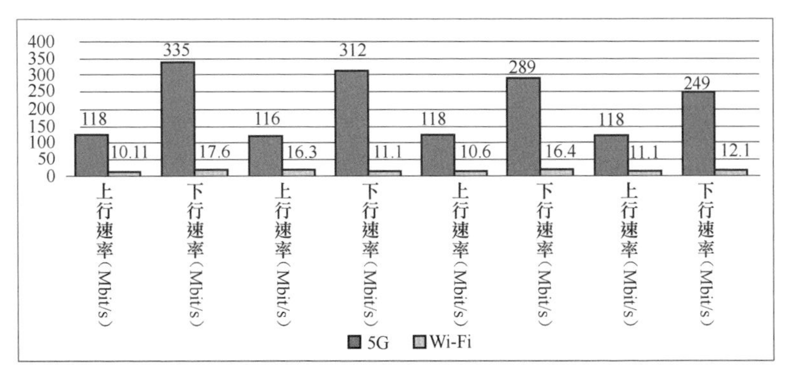

圖 14-35 在不同的通訊環境下，速率比較

各項測試結果分析如下所述。

（1）延遲

AGV 的執行需要和控制平台保持通訊，如果網路訊號不佳，延遲大於 50 ms，AGV 就會停止行駛，待網路恢復後才會繼續行駛。

現場測試的結果表明：如果是單裝置靜止連接的情況，連接 Wi-Fi 和 5G 的延遲差別不大，均在 20ms 以內；但在多裝置同時連接的移動場景，Wi-Fi 的延遲比 5G 要長 70% 左右，而 5G 的延遲能穩定在 20ms 內。

（2）頻寬

目前，AGV 的執行只是傳遞小的檔案資料，對網路頻寬的要求不高，但後續如使用視覺導航技術，則對上行頻寬的要求較高，至少要保證每路 30Mbit/s 的上行頻寬。實測發現，目前 Wi-Fi 的上行頻寬均沒有超過 20Mbit/s，而 5G 的上行頻寬移動在 100Mbit/s 以上，足以保證視覺導航的網路要求。

（3）容量

當前測試環境侷限於小範圍連接測試，對網路容量的需求不高，後期所有 AGV 終端連線通訊網路對整個裝置容量體驗提出新要求，而目前 AP 裝置可連線的使用者數量有限且無法避免多使用者之間通訊的干擾，而 5G 網路利用其獨有波束賦型能夠變干擾為有效訊號，可以解決反射、繞射多徑問題。

（4）安全

5G 通訊憑藉其專有頻段以及更高的資料安全通訊協定保障，在使用者生產資訊保障、阻止外部非法連線、資料分流等方面比 Wi-Fi 更加穩定可靠，而 5G+MEC 方案能保障各類生產資料處理在園區本地閉環。

5G 應用介紹

15.1 概述

4G 改變生活，5G 改變社會。隨著 5G 網站建設和產業應用的推進，5G 對社會的推動作用越發明顯。

從 5G 的整體應用來看，可分為四大基礎業務、五大通用業務、N 個垂直產業應用。5G 業務及應用發展趨勢如圖 15-1 所示。

	四大基礎業務	五大通用業務		N 個垂直產業應用						
		高畫質視訊		媒體娛樂	電力	醫療	交通	警務	工業製造	智慧環保／智慧教育／智慧旅遊／智慧新零售……
通用終端及部分模組可用 第一階段 2020 年	行動寬頻 FWA	VR/AR 全角度 VR/AR	網路切片 靜態切片	視訊直播 密集場景 VR、AR 遊戲	低壓用電資訊擷取	遠端B 超 無線查房	車載娛樂 即時資訊互動	視訊執法 身份識別查驗	機械手臂	
模組量產產業發展 第二階段 2023 年	RCS	鏡頭視角 VR/AR	自動切片	沉浸式觀賽 全息影像	分散式電源管理 配電自動化	5G 救護車 可穿戴式裝置	輔助駕駛 遠端駕駛	移動指揮車 無人機保全	PLC 無線承載 AR 輔助設計	
點對點產業成熟 第三階段 20XX 年	語音（VoNR）	機器人	無人機		精準負荷控制	遠端手術	自動駕駛		工業自動化	

圖 15-1 5G 業務及應用發展趨勢

（1）四大基礎業務包括行動寬頻、固定無線連線（Fixed Wireless Access，FWA）、融合通訊 / 富通訊（Rich Communication Suite，RCS）和語音（VoNR）。

（2）五大通用業務包括高畫質視訊、VR/AR、網路切片、機器人和無人機的應用。

（3）垂直產業應用：伴隨著智慧社會、萬物互聯的時代進步，基於 5G 的大頻寬、低延遲特性的智慧製造、車聯網、智慧物流、智慧保全、智慧環保、智慧能源、智慧教育、智慧醫療、智慧旅遊、融媒體、新零售等全方位垂直產業將得到進一步發展，全社會將掀起一股 5G 通用型應用的全面探索，推動 5G 應用孵化和商用。

15.2 5G+ 智慧製造

智慧製造日益成為未來製造業發展的重大趨勢和核心內容。在傳統製造業中，以前採用有線技術進行連接，近年來開始嘗試使用 Wi-Fi、藍牙等無線技術，但這些無線技術在頻寬、延遲、安全性、可靠性等方面都存在一定的局限性。未來製造業要向柔性化、智慧化和高度整合化方向發展，必須要有新的無線技術來支撐。

無線技術在工業領域的應用主要包括行動性剛需、資料獲取、遠端控制、巡檢、維護、柔性生產等場景，當前工業領域使用的無線通訊協定許多，這些協定各有不足且相對封閉，導致裝置互聯互通比較困難，亟須建構一種新的無線技術系統，滿足以下特性。

（1）連續覆蓋、安全性和可靠性高。
（2）上下行均支援高速率的資料傳輸。
（3）毫秒級延遲的即時控制。
（4）支援局部區域內巨量、高併發、中高資料速率的物聯網連接。

5G 具備更高的速率、更低的延遲、更大的連接，有感知無處不在、連接無處不在、智慧無處不在的特點，有望成為未來工業網際網路的網路基礎。按工業場景的具體指標要求，5G 能滿足 70% 以上工控場景和部分運動控制的場景。5G+ 智慧製造應用見表 15-1。

表 15-1 5G+ 智慧製造應用

工業領域	典型場景	具體應用	基礎能力
控制	AGV 應用	1. 物流 2. 分揀	安全性和可靠性研究；電磁評測能力，促進建網規範
品質	固定式或行動式機器視覺應用	1. 定位 2. 測量 3. 檢測 4. 讀碼	
管理	工廠裝置巨量資料預測維護（終端感測器靈活部署）	1. 數控機床的即時監控：震動、電壓、溫度等 2. 機器人健康狀態檢測：溫度、電壓、電流等 3. 引擎條件狀態監控：震動、溫度、功耗等 4. 注塑機生產狀態監控：震動、壓力、溫度等	
可視	工業 AR 應用	1. 產品設計 2. 生產製造 3. 裝置維護 4. 企業教育訓練	
安全	高畫質視訊監控	1. 4K 視訊監控 2. 人臉辨識	
	感測器環境參數檢測	1. 感測器環境參數檢測 2. 生命症狀監控	

場景一：5G+ 柔性製造

在離散型製造企業中，借助 5G 大頻寬、低延遲和高可靠的特性，可實現高密度工業資料獲取、AGV 雲邊協作、AGV 雲端化、5G 機械臂、5G+AR 等應用，打造基於 5G 的無線化柔性廠房，助力實現柔性生產。

場景二：5G+ 機器視覺 & 資料獲取

電信業者借助 5G 超大頻寬、超低延遲的特性，結合 MEC 邊緣運算能力，利用各類監控裝置，即時監控各個生產環節及裝置，部署在 MEC 側的機器視覺分析平台即時分析視訊資料，判斷生產環節及裝置的狀態，根據辨識情況進行對應的故障警報、處理和控制，大幅提升整個工廠的生產效率。5G+ 機器視覺 & 資料獲取如圖 15-2 所示。

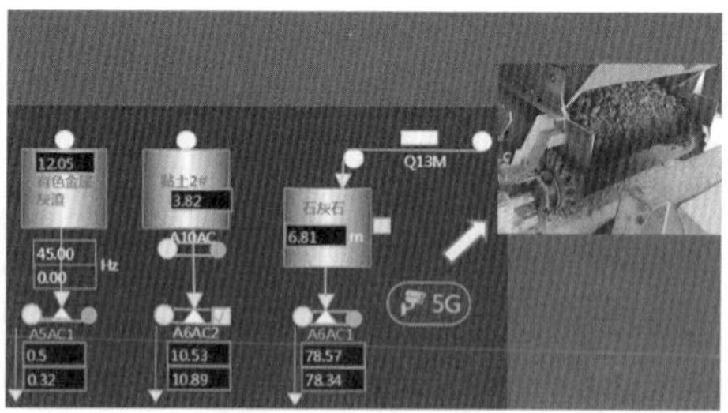

圖 15-2 5G+ 機器視覺 & 資料獲取

場景三：5G+ 遠端維護

工業園區的現場操作人員佩戴裝有高畫質攝影機的單兵系統，基於 5G 的大頻寬和低延遲特性，及時將現場高畫質圖形回傳至專家室。專家在總部的專家室進行遠端技術支持，從而可快速、遠端解決室外、行動性場景的突發問題，實現從專家指揮中心向地方運行維護現場的技術指導，賦能第一線業務人員，大幅降低工程運行維護的人力成本和時間成本。

場景四：5G+ 行動巡檢

基於 5G 大頻寬、低延遲的特性，實現智慧巡檢機器人和無人機定時、定點、定路徑巡檢，透過各類感測器、紅外傳感技術、音視訊辨識技術等融合應用，即時回傳高畫質巡檢畫面、裝置資訊、環境資訊等，智慧分析收集到的資料，判斷廠區裝置或環境是否存在異常，確保安全、高效率地完成巡檢任務；巡檢人員佩戴單兵系統、AR 眼鏡等裝置，透過圖片、視訊、語音等方式記錄現場，即時上傳資料和回饋資訊，及時發現各類突發情況。5G+ 行動巡檢如圖 15-3 所示。

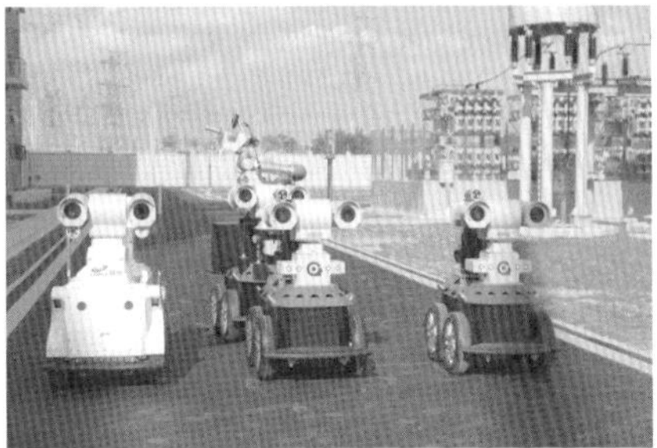

圖 15-3 5G+ 行動巡檢

場景五：5G+AGV

工業企業內 AGV 的應用場景越來越多，工業場景對 AGV 的控制精度和可靠性的要求極高。5G 超低延遲和超大頻寬的特性實現了 AGV 的攝影機、感測器資料的即時回傳，同時滿足大量 AGV 的併發連接，透過部署在 MEC 側的雲端控制平台實現 AGV 的精準控制，大幅提升企業生產的智慧化和自動化水準。

場景六：5G+ 遠端控制

遠端生產現場的工程機械，安裝高畫質視訊監控、各類感測器及控制器，現場高畫質圖形透過 5G 的大頻寬回傳至控制中心，操作人員在控制中心的控制艙中進行遠端操控，控制指令利用 5G 的低延遲特性發送至現場，解決工程機械在偏遠、有毒有害等特殊場景作業時人員成本高、危險性高等問題。5G+ 遠端控制如圖 15-4 所示。

圖 15-4 5G+ 遠端控制

場景七：5G+ 質檢

針對生產製作過程中的焊接點檢測、零組件尺寸檢測、產品品質檢測、包裝檢測等場景需求，基於 5G 大頻寬、低延遲的特性，利用設定在質檢環節的工業相機、工業三維成像技術，把擷取的圖形、視訊資料透過 5G 網路回傳到部署在 MEC 側的巨量資料分析平台，然後透過技術指標比較判斷產品是否合格，根據辨識情況進行對應的警報、處理和控制，降低成本，提高產品的生產效率。

場景八：5G+ 安全管理

基於 5G 大頻寬、低延遲的特性，利用高畫質視訊監控、圖形比較技術等，對廠區、廠房人員安全裝備佩戴等操作規範的執行情況進行監控管理；透過單兵終端對危險區域內人員的安全狀態及生命症狀進行監測，同時實現廠區內的安全生產管理排程。5G+ 安全管理如圖 15-5 所示。

圖 15-5 5G+ 安全管理

15.3 5G+ 車聯網

傳統的汽車市場將迎來變革，5G+ 車聯網將超越傳統的娛樂和協助工具，成為道路安全和汽車革新的關鍵推動力。5G-V2X 包含車載娛樂（Telematics）、車與網（V2 Network）、車與人（V2 Pedestrian）、車與車

（V2V）、車與基礎設施（V2 Infrastructure）等全場景連接，實現車輛與一切可能影響車輛的實體實現資訊互動。車聯網相關描述和網路需求見表 15-2。

表 15-2 車聯網相關描述和網路需求

典型場景	場景描述	網路需求
遠端 / 遙控駕駛	適用於惡劣環境和危險區域，舉例來說，礦區、垃圾運送區域、地基壓實區等區域	RTT 延遲需小於 10ms，使系統接收和執行指令的速度達到人可以感知的速度，需要 5G 網路
自動駕駛	透過車與車、車與網、車與人、車與基礎設施等全場景協作實現車輛自動駕駛，緩解城市交通擁堵，降低交通事故的發生率	延遲需小於 10ms，可靠性大於 99.999%，要求低延遲、高可靠性網路通訊，需 5G 網路
編隊行駛	車輛在駛入高速公路時自動編隊，離開高速公路時自動解散，從而節省燃油，提高貨物運輸的效率	煞車和同步要求低延遲的網路通訊，需 5G 網路

電信業者依靠 5G 網路技術優勢，助力車聯網產業發展，以更低延遲、更高可靠性、更大頻寬、更精準定位和更全面的融合覆蓋實現人——車——路無縫協作的最佳連接，從而減少事故發生、減緩交通擁堵、降低環境污染並提供其他資訊服務。

場景一：遠端 / 遙控駕駛

在 5G 網路環境下，車輛上安裝的多個高畫質攝影機將 240° 駕駛角度的多路高畫質視訊訊號即時回傳至遠端駕駛台，現場實測上行傳輸速率達 50Mbit/s；在遠端駕駛台上，駕駛員直接根據傳回的多路高畫質視訊進行駕駛操作，其對方向盤、 車和油門的每一個動作在 10ms 之內傳輸至指定的車輛；在惡劣環境和危險區域，舉例來說，礦區、垃圾運送區域、地基壓實區等人員無法到達的區域可進行遠端駕駛操控，提升效率並節省人力。5G 遠端 / 遙控駕駛如圖 15-6 所示。

圖 15-6 5G 遠端 / 遙控駕駛

場景二：協作自動駕駛

依靠 5G 網路的大頻寬（10Gbit/s 峰值速率）、低延遲（1ms）、高可靠性、高精度定位等能力，透過車與車、車與網、車與人、車與基礎設施等全場景協作，瞬間進行大量的資料處理並及時做出決策，實現車輛自動駕駛，可緩解城市交通擁堵，降低城市交通事故的發生率。5G 協作自動駕駛如圖 15-7 所示。

圖 15-7 5G 協作自動駕駛

15.4 5G+ 智慧物流

物流是連接生產者、銷售者和消費者之間的網路系統，而智慧物流本質上是對物流資源、要素與服務的資訊化、線上化、數位化、智慧化，並透過資料的連接、流動、應用與最佳化組合，實現物流資源與要素的高效設定，促進物流服務提質增效、物流與網際網路、相關產業的良性互動。智慧物流應用的場景描述和網路需求見表 15-3。

電信業者依靠 5G 網路的高頻寬、低延遲、巨量連線等特點，為智慧物流提供重要的技術支撐，並進一步推動人工智慧、巨量資料、雲端運算、物聯網及區塊鏈的產品快速落地，為智慧物流服務。

表 15-3 智慧物流應用的場景描述和網路需求

典型場景	場景描述	網路需求
「兩客一危」監控	車輛內部以 4 路攝影機保障行車安全，包括疲勞預警、駕駛員行為分析，外接攝影機和車載顯示器輔助駕駛，透過即時視訊傳輸實現全方位監控管理	每輛車需要 8Mbit/s ～ 16Mbit/s 的上行頻寬
貨運物流	車輛在駛入高速公路時自動編隊，離開高速公路時自動解散，從而節省燃油，提高貨物運輸的效率	煞車和同步要求低延遲的網路通訊，需 5G 網路
智慧倉儲	5G 攝影機自動辨識商品和匹配車輛，提升滿載率，同時倉儲大腦透過 5G 實現機器裝置互聯互通、排程統籌與定位追蹤	5G 技術的抗干擾性更強、連線性更穩定，可聯網裝置的數量增加 100 倍
智慧港口	岸橋吊車與遠端控制中心之間透過 5G 連接，透過承載多路高畫質攝影監控和多種感測器的控制資料降低故障的發生率	5G 網路能夠滿足港口作業毫秒級的點對點延遲、高穩定性、可靠性等嚴苛要求

場景一：5G+「兩客一危」監控

基於 5G 大頻寬優勢，車輛透過外接 5G 模組，滿足旅遊包車、長途客車以及危險化學品運輸車「兩客一危」車輛的安全監控。車輛內部以 4

路攝影機保障行車安全，包括疲勞預警、駕駛員行為分析，外接攝影機和車載顯示器輔助駕駛，透過即時視訊傳輸實現全方位監控管理。5G+「兩客一危」監控如圖 15-8 所示。

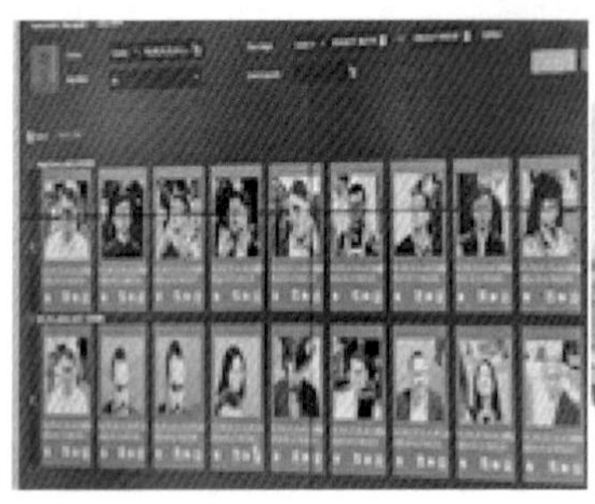

圖 15-8 5G+「兩客一危」監控

場景二：5G+ 智慧倉儲

數位化倉庫透過部署 5G 網路，園區內 5G 攝影機將透過自動辨識倉庫內商品實物的體積，匹配最合理的車輛，提升倉庫的滿載率；借助倉儲大腦透過 5G 實現所有搬運、揀選、堆放機器人的互聯互通和排程統籌，以及倉庫內叉車、工作列、周轉筐等資產裝置的定位追蹤；透過 5G AR 眼鏡幫助操作員自動辨識商品，並結合視覺化指令輔助作業。5G+ 智慧倉儲如圖 15-9 所示。

圖 15-9 5G+ 智慧倉儲

場景三：5G+ 智慧港口

貨運港口的岸橋吊車透過 5G 網路將巨量傳感資料傳輸至遠端控制中心，使控制中心能夠即時監控岸橋吊車的運行狀態和維護情況，降低裝置故障的發生率；同時利用 5G 的低延遲，控制平台可實現遠端操作裝卸貨櫃，提升營運操作的效率；另外，港口內的監控視訊利用 5G 網路回傳，可助力港口內的安全管理、智慧營運和事後分析。

15.5 5G+ 智慧保全

保全產業向高科技、智慧化、專業化快速發展，不知不覺中泛智慧保全時代已悄然來臨。透過 5G+AI 加持的智慧保全不僅憑藉感測器、邊緣端攝影機等裝置實現了智慧判斷，有效解決了傳統保全領域過度依賴人力、裝置成本極高等問題，也透過智慧化手段獲取保全領域最即時、最鮮活、最真實的資料資訊並進行精準計算，實現讓各項保全勤務部署、保全人力投放以及治安掌控更加科學、精準、有效。這對於保證保全工作在正確的時間做正確的事情，為安全防範由被動向主動、由粗放向精細的方向轉變提供了有力的保障。智慧保全相關場景和網路需求見表 15-4。

表 15-4 智慧保全相關場景和網路需求

典型場景		具體應用	網路需求
消防救援	無人機執行消防任務	無人機傾斜攝影即時建模，VR 眼鏡即時指導	傾斜攝影即時建模需大頻寬、低延遲的網路通訊，需 5G 網路
	消防機器人遠端控制	精準控制消防機器人遠端滅火	精準控制消防機器人需低延遲的網路通訊，需 5G 網路
	專家遠端指導救災	異地的專家團隊透過 VR 眼鏡即時共用單兵裝置回傳的全景 4K 高畫質畫面	單兵裝置即時回傳現場畫面需大頻寬、低延遲的網路通訊，需 5G 網路

典型場景		具體應用	網路需求
警務執法	肇事追蹤	無人機視覺追蹤系統鎖定逃犯，並進行資訊辨識	無人機視覺追蹤需大頻寬、低延遲的網路通訊，需 5G 網路
	熱點監控	無人機即時監控，提供空中情報保障、輔助決策並取證	無人機即時監控需大頻寬、低延遲的網路通訊，需 5G 網路
	治安巡邏	無人機定時定線巡查、低空立體巡邏	無人機巡邏需低延遲的網路通訊，需 5G 網路
智慧交管	高速巡查	高畫質視訊系統監控、無人機即時監控提供決策資訊	高畫質視訊監控、無人機即時監控需大頻寬的網路通訊，需 5G 網路
	交通疏導	無人機取證、疏導，分析交通、抄查車牌	無人機交通疏導需低延遲的網路通訊，需 5G 網路
抗洪救災	施救	無人機投放救援裝置	無人機施救需低延遲的網路通訊，需 5G 網路
	現場偵查	無人機深入現場觀測和偵查	無人機現場偵查需低延遲的網路通訊，需 5G 網路
	應急通訊	無人機攜帶行動通訊基地台恢復通訊鏈路	無人機應急救援需大頻寬、低延遲、大連接的網路通訊，需 5G 網路
海島應急	視訊巡查	高畫質視訊監控系統即時監控，提供決策資訊	高畫質視訊監控系統即時監控需大頻寬、低延遲的網路通訊，需 5G 網路

電信業者依靠 5G 網路高頻寬、低延遲、巨量連接的三大特性，以超高畫質視訊監控為切入點，全方位使能智慧保全，實現 5G+ 消防救援、5G+ 警務執法、5G+ 智慧交管、5G+ 抗洪救災、5G+ 海島應急，提升保全各細分場景的效率。

場景一：智慧消防

在消防過程中，使用無人機、消防機器人、VR/AR 眼鏡等裝置極大地提升了消防救援的效率，降低了消防救援的風險。依靠 5G 低延遲、大頻寬及垂直維度空間覆蓋更好的特性，實現無人機高畫質畫面即時回傳、消防機器人遠端輔助滅火、VR/AR 眼鏡輔助救援排程，借助火焰辨識技術及時監測險情：一旦辨識疑似火災，就可以即時觸發警報資訊，並將其同步到智慧消防站管理平台，智慧消防站管理平台收到警報後，在 3 分鐘內，派消防員趕往警告地點，實現「小火率先撲滅，大火助力決策」。5G+ 智慧消防如圖 15-10 所示。

圖 15-10 5G+ 智慧消防

場景二：智慧警務

在警務執法過程中，透過各種警務終端，舉例來說，無人機、直升機、警車、警用摩托車、警用 AR、執法記錄儀等擷取警務現場的即時高畫質視訊資料，透過 5G 網路高速回傳技術回傳至智慧警務系統進行 AI 視訊分析，實現對違法分子、車輛、危險物品等的身份辨識、行為辨識並進行動態追蹤，以實現各種警務場景的預警布控、遠端指揮處置等。5G+ 智慧警務如圖 15-11 所示。

圖 15-11 5G+ 智慧警務

場景三：智慧交管

在高速公路上隨機部署 5G 監控裝置，無人機在空中偵查交通，現場高畫質視訊等資訊透過 5G 網路回傳到交管局指揮中心，指揮人員根據現場情況及時做出處理決策，提高交通管理指揮排程的扁平化、立體化水準。5G+ 智慧交管如圖 15-12 所示。

圖 15-12 5G+ 智慧交管

場景四：海島應急

在地理位置比較分散、有線網路無法到達、監控環境有線鋪設成本過高或鋪設困難（舉例來說，海島、山區、園區電梯井等）的地方，透過部署 5G 微波基地台，依靠 5G 大頻寬、低延遲、巨量連接的特性，可方便部署監控點，解決分散區域的應急通訊保障。5G+ 海島應急如圖 15-13 所示。

圖 15-13 5G+ 海島應急

15.6 5G+ 智慧醫療

智慧醫療借助 AI 技術、雲端平台、便攜和可穿戴裝置以及部署在資源匱乏地區的遠端醫療裝置，推進醫療健康領域的行動化、遠端化、智慧化，打破醫療資源不平衡的地域限制，實現醫療資源下沉，推進醫聯體建設。智慧醫療典型場景、具體應用和基礎能力見表 15-5。

表 15-5 智慧醫療典型場景、具體應用和基礎能力

醫療領域	典型場景	具體應用	基礎能力
診斷指導	視訊與圖形互動的醫療診斷與指導類	1. 遠端診斷 2. 遠端會診 3. 遠端示教 4. 遠端急救 5. 遠端查房 6. MR 手術指導	將 5G 網路的優勢發揮到涉及大量資料傳輸、需要高畫質視訊、對資訊傳輸延遲要求高的醫療場景中
遠端操控	基於視訊與力回饋的遠端操控類應用	1. 遠端 B 超 2. 遠端手術 3. 遠端內窺鏡	
擷取監測	醫療監測與護理資料無線擷取類	1. 無線監測 2. 無線輸液 3. 行動醫護 4. 醫患定位 5. 智慧裝置擷取 6. 遠端心電圖	
醫院管理	基礎網路覆蓋實現物資的自動化管理	1. 物資配送機器人 2. 消毒機器人 3. 啟動機器人 4. 醫療廢器管理 5. 醫院內網建設	

5G 網路的大頻寬結合 VR/AR，可實現醫療遠端手術示教、遠端會診、遠端查房等場景的高畫質視訊和患者資料的高速傳輸；利用 5G 網路的

低延遲，可保證醫生即時動態掌控現場情況，實現遠端 B 超檢查，為急救醫生或前端機器人提供準確的指導和操控，對未來的遠端手術提供助力；基於 5G+ 雲端儲存，建設病患巨量資料庫，可保證電子病歷、影像診斷等資料的儲存安全，保護個人隱私。

場景一：遠端手術示教

利用 5G 網路大頻寬的優勢，結合雲端儲存，遠端醫院教室內的醫務人員隨時可以看到超高畫質畫質的手術直播、錄播場景。外出的醫務人員可透過 iPad、手機等行動終端，觀看即時直播或調取雲端儲存中的錄播視訊，幫助基層醫務人員異地學習手術環節，提升醫療教學品質。5G+ 遠端手術示教實景如圖 15-14 所示。

圖 15-14 5G+ 遠端手術示教實景

場景二：遠端會診

借助 5G 網路大頻寬、高速率特性，基層醫生、上級醫院專家之間借助電腦、手機、iPad 等各類終端，透過遠端視訊系統共用醫學資料，即時會診、診治患者；同時，透過遠端醫療平台即時上傳患者的影像報告、血液分析報告、電子病歷等資料，專家即時下載和查看相關資料，為基層醫生提供診斷指導，提高他們的疾病診斷水準。5G+ 遠端會診如圖 15-15 所示。

圖 15-15 5G+ 遠端會診

場景三：遠端 B 超

利用 5G 網路大頻寬、低延遲、高可靠性的特性，由上級醫院端的專家遠端操控下級醫院端的機器人開展超音檢查。該類超音檢查無須指派專業醫生到現場，只需要護士提供裝置儀器的安置工作，專家根據患者端的視訊和回饋資訊遠端操控即可完成檢查。遠端機器人可部署到偏遠的醫療資源匱乏的地區，實現專家資源分享、優質醫療資源下沉。5G+ 遠端 B 超如圖 15-16 所示。

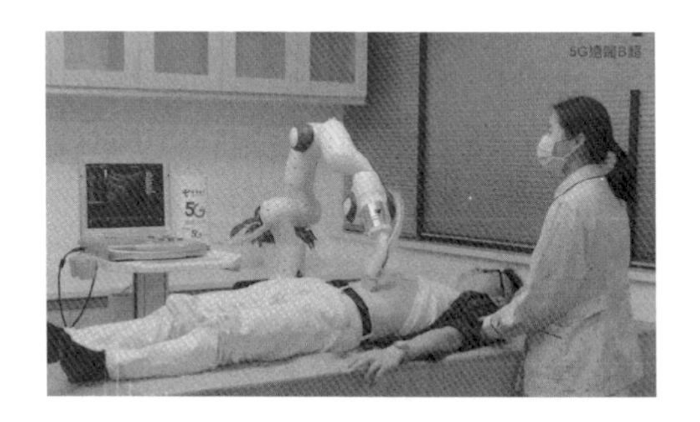

圖 15-16 5G+ 遠端 B 超

場景四：遠端查房

下屬醫院部署查房機器人、360° 全景影像裝置和症狀監測裝置，將病患的影像、症狀資料透過 5G 網路上傳至遠端醫生側，醫生可以在辦公室佩戴 VR 眼鏡，透過 5G 網路與患者進行高畫質影音互動並即時下載患者的症狀檢測資料，同時在雲端快速調取患者的病歷資料，及時了解患者的治療情況；查房機器人還可部署到隔離病區或放射性病區，為隔離病患提供及時的病情檢查，從而實現優質醫療資源下沉。5G+ 遠端查房如圖 15-17 所示。

圖 15-17 5G+ 遠端查房

場景五：遠端急救

5G 網路可規劃救護車的最佳急救線路，現場路況即時回傳至醫院的指揮中心，與交管指揮中心聯動。透過車載監護儀持續監護患者的生命症狀資料，利用車載裝置（舉例來說，心電監護儀、車載 CT 等）檢查患者的情況，並將救護車上的現場 4K/8K 高畫質視訊以及患者的各項檢查資料直接傳輸到醫院進行輔助診斷。5G+ 遠端急救如圖 15-18 所示。

圖 15-18 5G+ 遠端急救

場景六：遠端手術

透過 5G 網路的高頻寬、低延遲特性，將遠端現場 360° 全景視訊、多路高畫質視訊、音訊、觸感等訊號回饋到專家側，專家遠端操作手術現場機械臂實施手術，實現優質醫療資源下沉，提高優質醫療資源的可用性和醫療服務的整體效率。5G+ 遠端手術如圖 15-19 所示。

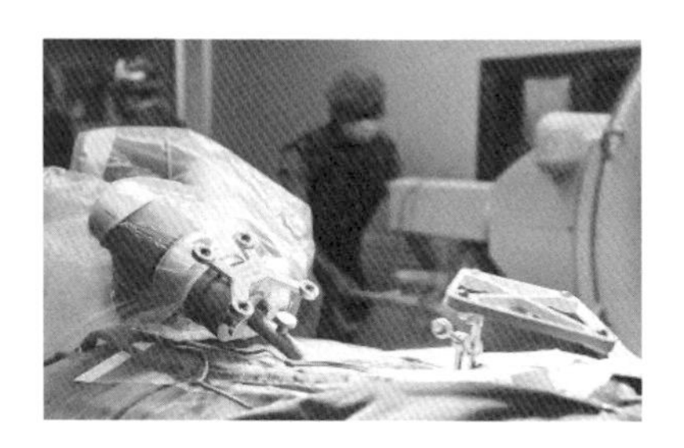

圖 15-19 5G+ 遠端手術

場景七：無線監測

憑藉 5G 的大連接特性，醫院內的監護裝置、個人可穿戴裝置都可以即時獨立聯網，真正做到可持續監控，為醫生的診療提供服務，為患者提供不間斷的醫療保障。無線監測透過無線輸液終端的感測器即時監控輸液進度、滴速等情況，可記錄輸液的全過程。在輸液即將結束或遇到異常情況時，無線監測可透過 5G 網路自動呼叫護士，有效降低人工監測的工作量，提升輸液監測的安全管理水準，減少醫患糾紛。5G+ 無線監測如圖 15-20 所示。

圖 15-20 5G+ 無線監測

15.7 5G+ 文化旅遊

近年來，跨界融合已成為文化旅遊產業發展最突出的特點。數位內容、動漫遊戲、視訊直播等基於網際網路、行動網際網路的新型文化業態成為文化旅遊產業發展的新動能。

5G 與文化旅遊產業的融合是電信業者關注的熱點和焦點之一。以 "5G+VR/AR" 為主要方式，實施 5G+ 文化旅遊產業「抓住人、吸引人、留住人」的發展想法，推動景點旅遊向全國旅遊、過境旅遊、觀光旅遊、體驗旅遊跨越式發展。5G 網路以其高速率、大頻寬、低延遲的特性，能讓遊客沉浸式地感受旅遊景點的秀麗風景，同時有足夠的時間與空間感悟特色景點的文化內涵。5G+ 文化旅遊應用見表 15-6。

表 15-6 5G+ 文化旅遊應用

文化旅遊領域	具體應用
智慧行銷	1. 集散中心觀看景點即時回傳（360。攝影機 /VR） 2. AR 博物館 3. 5G 巴士
智慧管理	1. 監控視訊回傳（人臉辨識、門禁） 2. 消防聯動 3. 人員位置管理 4. 無人機保全
智慧服務	1. 景區人員分流 2. 景區自動停車 3. 集體廣播 4. 園區巴士 5. VR 導遊

場景一：「醉杭州醉公共汽車」

中國電信聯合合作夥伴共同打造「醉杭州醉 5G」51 路環湖特色巴士，讓乘客體驗「醉景致」、「醉商圈」、「醉 5G」，向乘客展示 5G 網路大頻寬、高速率，能滿足新形勢下公共汽車服務個性化的需求，在行駛的公車上打造文化傳播和城市宣傳新視窗。

「醉景致」：透過 4K 即時回傳杭州著名景點畫面，了解景點的具體分佈情況，規劃行程。

「醉商圈」：透過雲邊計算，即時回傳商圈熱點，提升乘客的消費體驗。

「醉 5G」：在公車上安裝高性能 5G CPE，為公共汽車乘客提供穩定、高速的 5G 行動網路體驗。全國首輛 5G 觀光巴士如圖 15-21 所示。

圖 15-21 全國首輛 5G 觀光巴士

場景二：VR 文旅直播

在景區，透過無人機航拍、VR 即時拍攝，將旅遊景點的即時高畫質美景視訊透過 5G 網路傳送到天翼雲，遊客足不出戶就可沉浸式地欣賞各地的美景，為旅遊出行做好行程規劃，同時在黃金節假日期間可加強對景點人流量的監控，以及對山林火災預警的巡檢能力。5G+VR 文旅直播如圖 15-22 所示。

圖 15-22 5G+ VR 文旅直播

場景三：VR 虛擬旅遊

VR 虛擬旅遊指的是對整個景區進行全景 VR 拍攝，用計算機制作一個虛擬空間並且高品質還原景區風景，使遊客可以在空間裡隨意走動探索、360° 觀看。借助電腦的運算繪製能力，旅遊題材不只有像故宮這樣的知名景點和世界各國的名勝古跡，還有宇宙、古代、動漫世界等人們在現實中去不到的地方，大大滿足了遊客的好奇心，拓寬了傳統旅遊的邊界。5G+VR 虛擬旅遊如圖 15-23 所示。

圖 15-23 5G+ VR 虛擬旅遊

15.8 5G+ 雲 VR/AR

VR 從內容來源可分為兩大類：一是利用電腦模擬產生一個三維空間的虛擬世界，提供使用者關於視覺等感官的模擬，讓使用者可即時、沒有限制地觀察三維空間內的事物；二是透過全景攝影機擷取真實場景，透過視訊拼接、繪製等處理生成沉浸式視訊流，讓使用者有一個身臨其境的感覺。

AR 是指透過攝影機影像的位置及角度精算並加上圖形分析技術，讓螢幕上的虛擬世界能夠與現實世界場景結合與互動的技術。

VR 和 AR 的產業鏈較長，參與的主體較多，主要分為內容應用、終端器件、網路平台和內容生產。2018 年全球虛擬實境終端的出貨量約為 900 萬台，其中，VR 和 AR 終端出貨量佔比分別是 92% 和 8%。中國、美國、韓國、日本等均出台對應政策，支持和鼓勵 VR 和 AR 產業發展，VR 和 AR 產業鏈日趨成熟，預計到 2025 年，VR 和 AR 市場總額將達到 2920 億美金（VR 為 1410 億美金，AR 為 1510 億美金）。5G+ 雲 VR/AR 場景見表 15-7。

表 15-7 5G+ 雲 VR/AR 場景

2C 應用場景	2B 應用場景
Cloud（雲）VR 巨幕影院	Cloud VR 教育
Cloud VR 直播	Cloud VR 電競館
360° 全景視訊	Cloud VR 行銷
Cloud VR 遊戲	Cloud VR 醫療
Cloud VR 音樂	Cloud VR 旅遊
Cloud VR 健身	Cloud VR 房地產
Cloud VR K 歌	Cloud VR 工程
Cloud VR 社交	Cloud AR 教育
Cloud VR 購物	Cloud AR 機修

場景一：弱互動 VR 業務

弱互動 VR 業務當前主要是 VR 視訊業務，包含巨幕影院、360° 全景視訊、VR 直播等，使用者可以在一定程度上選擇視點和位置，但使用者與虛擬環境中的實體不發生實際的互動（舉例來說，觸控）。

1. VR 賽事直播

VR 賽事直播不同於常見的新聞現場直播、春晚直播，其具備 3 個特點：全景、3D（三維）、互動。採用 360° 全景的拍攝裝置捕捉超高畫質、多角度的畫面，每一幀畫面都是一個 360° 的全景，觀看者可選擇上下左右任意角度，體驗逼真的沉浸感。VR 賽事直播跳出了傳統平面視訊的角度，給使用者呈現前所未有的視覺盛宴。在 VR 全景直播中，是由使用者來決定看到的內容，而非由內容決定使用者所看的內容。5G+VR 賽事直播如圖 15-24 所示。

圖 15-24 5G+VR 賽事直播

2. 巨幕影院

傳統電視機受限於房間的大小和螢幕成本，螢幕尺寸最大為 2540cm，與電影院的巨幕電影（Image Maximum，IMax）等相比，觀影效果大打折扣。透過 VR 眼鏡可虛擬出和電影院一樣的 2540cm 以上的巨幕屏，360° 全方位場景設計，讓使用者感覺置身於真實的 3D 巨幕影院中，並且可以透過調節座位的位置、亮度、角度以及場景佈置獲得更好的觀影效果。5G+ 巨幕影院如圖 15-25 所示。

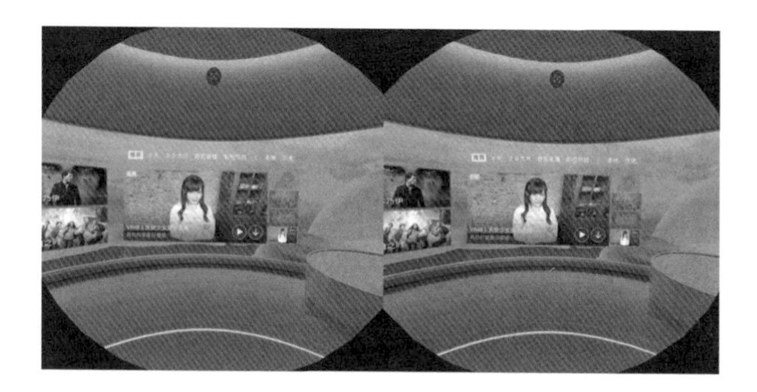

圖 15-25 5G+ 巨幕影院

場景二：強互動 VR/AR 業務

強互動 VR/AR 業務包含 VR 遊戲、VR 健身、VR 社交、AR 教育、AR 巡防、AR 機修等，使用者可以透過互動裝置與虛擬環境互動，虛擬空間圖型需要對互動行為做出即時回應後生成。

1. VR 社交

在 VR 社交應用中，使用者可以像在真實生活中一樣與好友互動，包括語言互動和肢體互動，而且借助虛擬技術可以任意選擇見面的場景，舉例來說，國家森林公園、遊樂場等。5G+VR 社交如圖 15-26 所示。

圖 15-26 5G+VR 社交

2. VR 遊戲

與傳統的螢幕遊戲相比，VR 遊戲提供給使用者一個沉浸式的全方位遊戲場景，使用者可以直接透過自己的眼睛觀察遊戲世界；在傳統的螢幕遊戲中，使用者使用按鍵和搖桿操作遊戲世界中的角色，而在 VR 遊戲中，沒有輸入裝置，使用者感覺自己就是在真實的世界中操作所有物品。5G+VR 遊戲如圖 15-27 所示。

圖 15-27 5G+VR 遊戲

3. AR 教育

透過 AR 眼鏡、手機、iPad 等終端裝置拍攝 AR 圖書，將拍攝的圖形上傳到雲端後從雲端拉取 AR 資料，可立即呈現平面圖書無法呈現的 3D 動畫元素、視訊、聲音等，增加了學生對圖書知識的瞭解和興趣，尤其是對那些在空間認知方面將 2D 概念轉換成 3D 有困難的學生，舉例來說，學生在學習立體幾何時，透過 AR 裝置可以很直觀地看到一個 3D 立體圖形。5G+AR 教育如圖 15-28 所示。

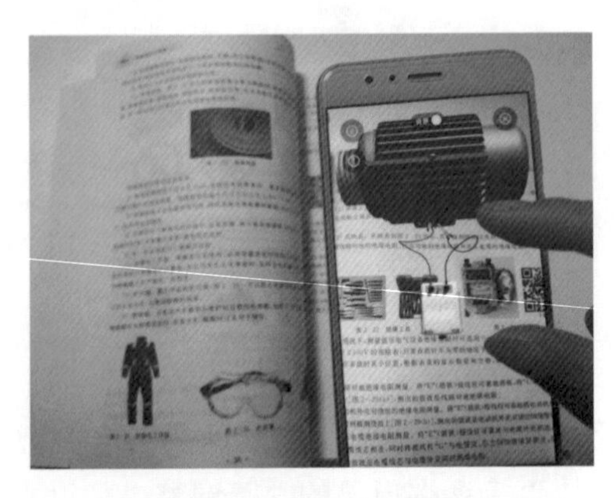

圖 15-28 5G+AR 教育

4. AR 機修

機修人員佩戴 AR 眼鏡，AR 眼鏡上的高畫質攝影機拍攝的圖形即時上傳到雲端，雲端圖形分析之後透過 AR 眼鏡在零件位置即時顯示零件資訊，包括零件的基本資訊和功能，甚至可以分析出零件是否損壞，指導機修人員進行下一步操作。5G+AR 機修如圖 15-29 所示。

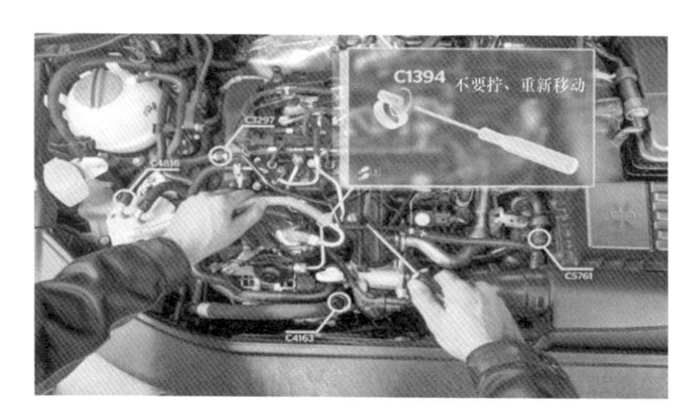

圖 15-29 5G+AR 機修

5. AR 巡防

巡防人員佩戴 AR 眼鏡，AR 眼鏡上的高畫質攝影機將拍攝視野內的圖形，並將其即時上傳到雲端，在雲端結合人工智慧，進行人臉辨識，透過 AR 眼鏡立即呈現每個人的相關資訊，包括是否非法闖入等。5G+AR 巡防如圖 15-30 所示。

圖 15-30 5G+AR 巡防

15.9 5G+ 智慧城市

全國環境資訊化工作會議強調，各級環保部門需要採用先進的環境自動監控儀器，依照國家有關技術規範和環境資訊產業技術標準，建設高水準的、覆蓋全面的、系統整合統一的線上監測監控系統，實現環境線上監測監控的網路化、統一化、互動化。智慧環保是借助物聯網技術把感應器和裝備嵌入各種環境監控物件，透過超級電腦和雲端運算將環保領域的物聯網整合，實現人類社會與環境系統的整合，以更加精細和動態的方式實現環境管理和決策。

5G 的大頻寬、低延遲、大連接特性，將成為環境監測的技術利器，為實現巨量裝置連線和資料傳輸提供技術支撐。在環境監測方面，5G 和物聯網、區塊鏈、巨量資料等技術聯合，可實現環境與平台、平台與人之間的即時資訊互動；可為多個城市之間提供共用資料，協助聯防聯控。

場景一：智慧治水

利用 5G 網路、物聯網、雲端運算等先進技術，打造 5G 智慧治水應用，透過部署多感測器，出動水質監測無人機，利用 5G 網路大頻寬、低延遲的特性，結合物聯網應用使能平台，可實現對水質的即時監測、及時預警和遠端高畫質視訊監控。5G+ 智慧治水如圖 15-31 所示。

圖 15-31 5G+ 智慧治水

場景二：大氣環境監測

空氣品質網格化監測以「全面布點、全面聯網」為宗旨，採用低成本、高精度的小型化監測裝置結合大型專業的監測站，按照一定的布點規則大範圍、高密度地進行「網格組合、科學布點」，形成覆蓋整個區域的線上監控網格。利用 5G 網路，運用物聯網、巨量資料、衛星遙測等新技術，透過無人機、微型空氣品質監測站、行動監測車即時監測大氣資料，從而保證了資料的品質，促進大氣污染治理由憑經驗、憑感覺、粗放式管理向即時化、精準化轉變，大幅提高監管和防治工作的效能。5G+ 大氣環境監測如圖 15-32 所示。

圖 15-32 5G+ 大氣環境監測

場景三：智慧城市綜合管理平台

基於 5G 網路的大連接，匯聚巨量的物聯市政基礎設施，透過雲端平台統一匯聚，形成巨量資料分析，持續完善城市生態圈應用，建構三大服務中心，提供民生 / 企業的「整合式」政務服務、城市運行的跨部門協作管理服務，實現城市基礎設施的全面感知與有效管理，使城市各領域的服務更加科學、理性與高效。5G+ 智慧城市綜合管理平台如圖 15-33 所示。

圖 15-33 5G+ 智慧城市綜合管理平台

15.10 5G+ 智慧能源

電力系統由發電、輸電、變電、配電和用電環節組成。隨著用電資訊擷取、配電自動化、分散式能源連線、電動汽車服務、使用者雙向互動等業務的快速發展，各類電網裝置、電力終端、用電客戶的通訊需求呈爆發式增長，迫切需要適用於電力產業應用特點的即時、穩定、可靠、高效的新興通訊技術及系統支撐，實現智慧裝置狀態監測和資訊收集，觸發電力執行新型的作業方式和用電服務模式。

5G 擁有高頻寬、低延遲、巨量連接的三大特性，結合網路切片和邊緣計算的能力，能夠更進一步地使能電力產業。5G 可以在電力產業的不同環節發揮優勢作用，大幅提高電力裝置的使用效率，降低電能損耗，使電網執行更加經濟和高效。

按照電力系統發電、輸電、變電、配電和用電環節的具體指標要求，5G 網路可以在不同的環節探索不同的應用場景，舉例來説，配電網自動化、分散式電源、精準負控、無人機 / 機器人巡檢、VR/AR 維修、園區無人車、功耗監測、裝置狀態參數擷取監測等。5G+ 智慧能源應用如圖 15-34 所示。

可靠性要求		99.999%	99.9%	99%
延遲要求		10ms 100ms 500ms	1s 10s 30s 1min	10min 1h 24h
電力資訊通訊安全分區	生產控制區 I	分散式 DA 穩控 遙控 差動 / 廣域保護 排程 微網 分散式能源 電動汽車 V2G	配電網自動化 (DA) 三遙 DMS、SCADA	
	生產非制區 I	高精度授時 精準負控 自動需求回應 WAMS/PMU 故障錄波 uRLLC	裝置狀態參數擷取監測 輔助裝置監測、管理	電錶
	生產管理區 III	無人機 / 機器人巡檢 高畫質視訊監控 VR/AR維修、教育訓練 山林火災、颱風、暴雨洪澇雷電防護	mMTC 資產管理	基礎設施沉降、位移、裂縫等監測
	資訊管理區 IV	MIS 95598		
外部	網際網路+業務電力使用者	園區無人車 互動、支付、查詢 智慧家居控制 功耗監測、節能系統	電氣火災 照明、路燈控制 裝置監測、管理	

圖 15-34 5G+ 智慧能源應用

場景一：變電站巡檢機器人

借助 5G 網路大頻寬和低延遲的特性，變電站巡檢機器人主要搭載多路高畫質視訊攝影機或環境監控感測器，回傳相關檢測資料，資料需要具備即時回傳至遠端監控中心的能力。在部分情況下，巡檢機器人甚至可以進行簡單的帶電操作，舉例來說，道閘開關控制等。5G+ 變電站巡檢機器人如圖 15-35 所示。

圖 15-35 5G+ 變電站巡檢機器人

場景二：輸電線路無人機巡檢

借助 5G 網路的三大特性，結合網路切片和邊緣運算能力，檢查網架之間的輸電線路物理特性。無人機透過 5G 網路將圖形即時直接回傳至主控台，由主控台做飛行控制（保障通訊延遲在毫秒級），從而擴大巡線範圍到數公里之外，極大地提升了巡線的效率。5G+ 輸電線路無人機巡檢如圖 15-36 所示。

圖 15-36 5G+ 輸電線路無人機巡檢

場景三：智慧分散式配電自動化

借助 5G 網路低延遲和高可靠性的特性，結合網路切片和邊緣運算能力，將原主站的處理邏輯分散式下沉到智慧配電自動化終端。透過各終端間的對等通訊實現智慧判斷和分析、故障定位、故障隔離、非故障區域供電恢復等操作，實現故障處理過程的全自動執行，最大限度地減少故障的停電時間和範圍，使配電網故障處理時間從「分鐘級」提高到「毫秒級」。5G+ 智慧分散式配電自動化如圖 15-37 所示。

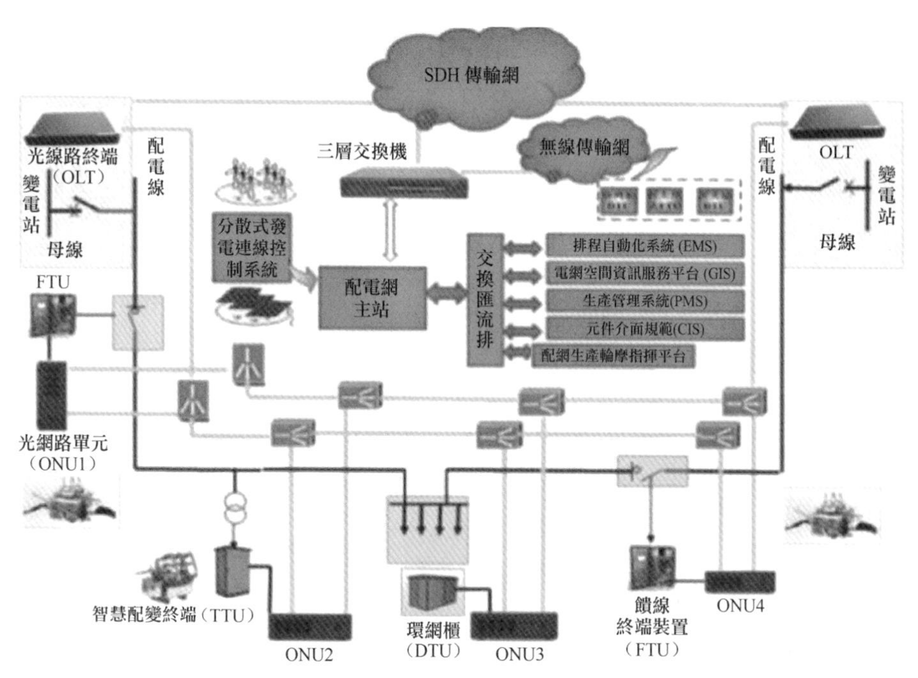

圖 15-37 5G+ 智慧分散式配電自動化

場景四：遠端抄表

以前，電錶都是透過人工查抄結算的，成本投入較多，效率較低。採用 5G+ 物聯網，透過遠端抄表或其他終端快速讀表，可以極大地減少人力成本，提升工作效率。預計在未來將有 5.7 億個智慧電錶、2000 萬台電力終端可以透過 5G 網路大容量的特性輕鬆實現遠端抄表。5G+ 遠端抄表如圖 15-38 所示。

圖 15-38 5G+ 遠端抄表

15.11 5G+ 智慧電子商務

電子商務的新零售轉型表示促進商品成交已從單純的圖文展示向更直觀的「買家秀」與「賣家秀」轉變。如今，電子商務直播已成為淘寶的帶貨流量風口；後續結合 VR/AR 直播、巨量資料、互動直播等技術，提供沉浸式購物體驗、遠端互動購物、虛擬操作體驗等多種線上購物方式，以全新的購物體驗虛實結合，促進實體店、產業鏈探索新零售轉型。

中國電信 5G 網路可以提供高速度、大頻寬、低延遲、快速快取等服務，為超清直播、VR/AR 直播、巨量資料、互動直播等資訊技術與線上線下新零售的深度融合提供強大的網路支援，透過雲端服務器把超清 4K 畫質畫面局部細節放大，提供沉浸式體驗、遠端互動、虛擬操作，把這些服務融入購物 App 中，以數位化技術為新零售賦能，推動線上線下新零售購物環境的共建和共同發展。

場景：5G+ 超清 4K 直播

基於 5G 網路傳輸實現的 4K 直播、畫中畫直播、局部細節即時放大等多項功能，使線上線下在商品細節資訊獲取上的差別大幅縮小。5G+ 超清 4K 直播如圖 15-39 所示。

圖 15-39 5G+ 超清 4K 直播

15.12 5G+ 融媒體

在 5G 時代，融媒體逐漸呈現以下 4 個發展態勢。

一是媒體邊界逐漸模糊。5G 網路讓媒體內容的製作更簡單，傳播更快捷，報社、電台、電視台等媒體資訊流通的通路限制將不復存在，媒體界線不斷模糊。

二是媒體體驗多維拓寬。受眾可借助 VR 技術瞬間「抵達」新聞現場，減少報導過程中的資訊衰減。

三是萬物皆媒，人機共生。物聯網讓每一個物體都可以成為資訊的收集端和輸出端，每一個智慧型機器都可以被媒體化，成為媒體資訊傳播的途徑，這就表示未來「萬物皆媒體，一切皆平台」成為可能。

四是計算通訊合二為一。依靠強大的雲端運算技術和日漸成熟的物聯網環境，傳統的煙囪式網路架構可能被全面取代，出現以雲端化、虛擬化為核心特徵的媒體融合平台。

電信業者依靠 5G 網路和 AI 技術，在新聞採編、內容製作、內容審核、發佈流程中發揮作用，令融媒體的生產過程更高效、更智慧。

場景一：5G+ 突發事件 + 背包直播

與傳統的電視直播方案相比，使用 5G 背包更加方便、快捷。小巧的 5G 背包可以代替龐大的視訊直播車靈活操作，同時還可以支援 5G+4K、5G+VR 傳輸，將採訪畫面即時傳輸至電視台，實現多機位、跨地點、低延遲的高畫質直播與遠端回傳、互動連線等功能。5G+ 突發事件 + 背包直播實景如圖 15-40 所示。

圖 15-40 5G+ 突發事件 + 背包直播實景

場景二：5G+ 戶外賽事直播 + 視訊分發

5G 網路下的戶外賽事直播不僅操作靈活，還可以滿足觀眾高畫質畫質和流暢體驗的要求，同時支持高畫質畫質的多角度觀看。後續拓展直播資料透過雲端平台承載，可以進行花絮編輯和下發。5G+ 戶外賽事直播 + 視訊分發如圖 15-41 所示。

圖 15-41 5G+ 戶外賽事直播 + 視訊分發

場景三：晚會直播 + 雲端平台採編

5G+4K 機位直播，透過 5G 網路回傳至本地轉播車，4K 編碼後透過 CPE 同時回傳，實現高串流速率、低延遲的視訊直播。同時，視訊採編平台上雲，可隨時隨地繪製視訊，進行視訊轉碼和短視訊分發。5G+ 晚會直播如圖 15-42 所示。

圖 15-42 5G+ 晚會直播

當前，電信業者作為 5G 網路的領軍力量將加大開放合作，營造創新協調的產業生態：一是做大做強產業生態，與各類合作夥伴深度對接，積極推進 5G 網路技術驗證和應用探索；二是做新做活體制機制，透過混合所有制改革、開展資本合作、引入戰略投資者等方式，與產業夥伴建立緊密的合作關係；三是做優做精合作載體，以 5G 創新園、5G 創新中心、聯合實驗室為載體，努力打造先的 5G 產業創新平台和營運基地。

縮寫字

16QAM	16 Quadrature Amplitude Modulation	16 正交幅相調解
256QAM	256 Quadrature Amplitude Modulation	256 正交幅相調解
2B	To Business	針對產業的
2C	To Consumer	針對消費者的
3GPP	3rd Generation Partnership Project	第三代合作夥伴計畫
5GF	5G Function	5G 網路功能
5GI	5G Infrastructure	5G 基礎設施
5GMOE	5G Management & Orchestration Entity	5G 管理和編排實體
5GN	5G Network	5G 網路
5GRF	5G Radio Frequency	5G 射頻
64QAM	64 Quadrature Amplitude Modulation	64 正交幅相調解
AAU	Active Antenna Unit	主動天線單元
ACP	Automatic Cell Planning	自動社區規劃
AGV	Automatic Guided Vehicles	自動導引運輸車
AMBR	Aggregate Maximum Bit Rate	聚合最大位元速率
AMF	Access and Mobility Management Function	連線和行動性管理功能

API	Application Programming Interface	應用程式設計發展介面
AR	Augmented Reality	擴增實境
ARFCN	Absolute Radio Frequency Channel Number	絕對無線載頻通道號
ASP	Accurate Site Planning	精確站址規劃
ATCA	Advanced Telecom Computing Architecture	傳統先進的電信計算架構
BBU	Building Baseband Unit	室內基頻處理單元
BF	Beam Forming	波束成形
BLER	Block Error Rate	錯誤區塊率
CA	Carrier Aggregation	載體聚合
CBD	Central Business District	中央商務區
CC	Component Carrier	載體單元
CCE	Control Channel Element	控制通道元素
CDMA	Code Division Multiple Access	分碼多址連線
CHBW	Channel Bandwidth	通道頻寬
CIO	Cell Individual Offset	社區特定偏置
CoMP	Coordinated Multipoint Transmission/ Reception	協作多點發送 / 接收
CP-OFDM	Cyclic Prefixed Orthogonal Frequency Division Multiplexing	循環前綴 - 正交分頻重複使用
CPU	Central Processing Unit	中央處理單元
CQI	Channel Quality Indicator	通道品質指示
C-RAN	Cloud Radio Access Network	雲端天線連線網
CRC	Cyclic Redundancy Check	循環容錯碼驗證
CRS	Cell-specific Reference Signal	社區參考訊號
CRSST	Cognitive Radio Spectrum Sensing Techniques	認知無線電技術
CSI	Channel State Information	通道狀態資訊

CSI-RS	Channel State Information Reference Signal	通道狀態資訊參考訊號
CU	Centralized Unit	集中式處理單元
CUPS	Control and User Plane Separation of EPC nodes	全分離架構
CW	Continuous Wave	連續波測試
CWR	Collaboration, Workspace, Realization	協作，平台，實現
D2D	Device-to-Device	裝置到裝置
dBm	decibel-milliwatt	分貝毫瓦
DC	Dual Connectivity	雙連接
DCI	Downlink Control Information	下行控制資訊
DFT	Discrete Fourier Transform	離散傅立葉轉換
DFT-S-OFDM	Discrete Fourier Transform Spread Orthogonal Frequency Division Multiplexing	單載體變換擴充的波長區分重複使用波形
DMRS	Demodulation Reference Signal	解調參考訊號
DT	Drive Test	路測
DU	Distributed Unit	分散式處理單元
E2E	End to End	點對點
eHRPD	Enhanced High Rate Packet Data	增強型高速分組資料業務
eICIC	Enhanced Inter-Cell Interference Cancellation	增強的社區干擾協調
eMBB	Enhanced Mobile Broadband	增強型行動寬頻
EPC	Evolved Packet Core	演進分組核心網路
EPS FB	EPS Fallback	4G 語音回落
E-RAB	Evolved Radio Access Bearer	演進的無線承載
ET	Electronic Tilt	電子下傾
ETSI	European Telecommunications Standards Institute	歐洲電信標準協會

EVM	Error Vector Magnitude	誤差向量幅度
FBMC	Filter-Bank Multi-Carrier	濾波組多載體
FDD	Frequency Division Duplex	分頻雙工
FWA	Fixed Wireless Access	固定無線連線
GE	Gigabit Ethernet	GB 乙太網
GPS	Global Positioning System	全球衛星定位系統
GSCN	Global Synchronization Channel Number	全球同步通道號
HARQ	Hybrid Automatic Repeat Request	非同步混合自動重傳請求
HSS	Home Subscriber Server	歸屬使用者伺服器
IBLER	Initial Block Error Rate	初始錯誤區塊率
IMT-2000	International Mobile Telecommunications 2000	國際行動通訊 -2000
IPRAN	IP Radio Access Network	IP 無線連線網
ITU-R	International Telecommunication Union - Radio Communication Sector	國際電信聯盟無線電通訊組
KPI	Key Performance Indicator	關鍵性能指標
KQI	Key Quality Indicator	關鍵品質指標
LDPC	Low Density Parity Check	低密度同位
LOS	Line of Sight	視距
MAI	Multiple Access Interference	多址干擾
Massive MIMO	Massive Multiple-Input Multiple-Output	大規模多入多出技術
MCC	Mobile Country Code	行動國家程式
MCG	Master Cell Group	主社區組
MCS	Modulation and Coding Scheme	調解和編碼方案
MEC	Mobile Edge Computing	行動邊緣計算
MeNB	Master eNodeB	主基地台

MIMO	Multiple-Input Multiple-Output	多入多出技術
mIoT	Massive Internet of Things	巨量物聯網
MLB	Mobility Load Balancing	負載平衡
mm Waves	Millimeter Waves	毫米波
MME	Mobility Management Entity	行動性管理實體
mMTC	Massive Machine Type of Communication	大規模機器類通訊
MN	Master Node	主節點
MNC	Mobile Network Code	行動網路程式
MR	Measurement Report	測量報告
MT	Mechanical tilt	機械下傾
MU-MIMO	Multi-User MIMO	多使用者 MIMO
MVNO	Mobile Virtual Network Operator	行動虛擬網路電信業者
N/A	Not Applicable	不適用
NFV	Network Functions Virtualization	網路功能虛擬化
NGMN	Next Generation Mobile Network	下一代行動網路
NLOS	Non-Line-of-Sight	非視距
NOMA	Non-Orthogonal Multiple Access	非正交多址連線技術
NR	New Radio	新空中介面
NSA	Non-Standalone	非獨立網路拓樸
OFDM	Orthogonal Frequency Division Multiplexing	正交分頻多工
PBCH	Physical Broadcast Channel	廣播通道
PCC	Primary Component Carrier	主基地台的主載體
PCF	Policy Control Function	策略控制功能網路裝置
PCFICH	Physical Control Format Indicator Channel	物理控制格式指示通道
PCI	Physical Cell Identifier	物理社區標識

PCRF	Policy and Charging Rules Function	費率規則功能網路裝置
PDCCH	Physical Downlink Control Channel	物理下行控制通道
PDCP	Packet Data Convergence Protocol	分組資料匯聚層協定
PDN	Packet Data Network	公共資料網
PDSCH	Physical Downlink Shared Channel	下行共用資料通道
PGW	Packet Data Network Gateway	分組資料閘道
PGW-C	Packet Data Network Gateway for Control Plane	控制平面 PDN 閘道
PGW-U	Packet Data Network Gateway for User Plane	使用者平面 PDN 閘道
PHICH	Physical HARQ Indicator Channel	物理 HARQ 指示通道
PLMN	Public Land Mobile Network	公用陸地行動網路
PMI	Precoding Matrix Indication	預編碼矩陣指示
PRACH	Physical Random Access Channel	物理隨機連線通道
PRB	Physical Resource Block	物理資源區塊
PSHO	Packet Switched Domain Handover	分組域切換
PT-RS	Phase Tracking Reference Signal	相噪追蹤參考訊號
PUCCH	Physical Uplink Control Channel	上行公共控制通道
PUSCH	Physical Uplink Shared Channel	上行共用資料通道
QAM	Quadrature Amplitude Modulation	正交幅度調解
QoS	Quality of Service	服務品質
QPSK	Quadrature Phase Shift Keying	正交相移鍵控
QUIC	Quick UDP Internet Connections	基於 UDP 改進的低延遲的網際網路傳輸層
RAT	Radio Access Technology	無線連線技術
RB	Resource Block	資源區塊
RCS	Rich Communication Suite	融合通訊

RCU	Remote Control Unit	遠端控制單元
RE	Resource Element	資源粒子
RI	Rank Indicator	秩指示
RLC	Radio Link Control	無線鏈路控制
Rma	Rural macrocell	郊區 / 農村巨蜂巢
RMSE	Root-Mean-Square Error	均方根誤差
RNA	RAN-based Notification Area	RAN 通知區
RRC	Radio Resource Control	無線資源控制
RRU	Remote Radio Unit	遠端射頻單元
RSRP	Reference Signal Received Power	參考訊號接收功率
SA	Standalone	獨立網路拓樸
SC	Successive Cancellation	連續刪除
SCG	Secondary Cell Group	輔社區組
SCS	Subcarrier Spacing	子載體間隔
SD	Slice Differentiator	切片區分器
SDAP	Service Data Adaptation Protocol	業務資料轉換協定
SDL	Supplemental Downlink	下行鏈路
SDN	Software-Defined Networking	軟體定義網路
SFN	Single Frequency Network	單頻網路
SgNB	Secondary gNodeB	輔基地台
SGSN	Serving GPRS Support Node	GPRS 業務支撐節點
SGSN-C	Serving GPRS Support Node for Control Plane	控制平面 GPRS 業務支撐節點
SGSN-U	Serving GPRS Support Node for User Plane	使用者平面 GPRS 業務支撐節點
SGW	Serving Gateway	服務網管

SGW-C	Serving Gateway for Control Plane	控制平面服務閘道
SGW-U	Serving Gateway for User Plane	使用者平面服務閘道
SIC	Successive Interference Cancellation	串列干擾刪除
SINR	Signal to Interference Plus Noise Ratio	訊號干擾雜訊比
SIR	Signal-to-Interference Ratio	訊號干擾比
SMF	Session Manager Function	階段管理網路裝置
S-NSSAI	Single Network Slice Selection Assistance Information	單網路切片選擇支撐資訊
SPM	Self Phase Modulation	自相位調解
SRS	Sounding Reference Signal	通道探測參考訊號
SS	Synchronization Signal	同步訊號
SSB	Synchronization Signal Block	同步訊號區塊
SSB	Static Shared Beam	靜態共用波束
SST	Slice/Service Type	切片 / 業務類型
SUL	Supplementary Uplink	輔助上行
TA	Tracking Area	追蹤區
TAC	Tracking Area Code	追蹤區域碼
TAI	Tracking Area Identity	追蹤區標識
TB	Transport Block	傳輸區塊
TBS	Transport Block Size	傳輸區塊大小
TCO	Total Cost of Operation	總營運成本
TCP	Transmission Control Protocol	傳輸控制協定
TDD	Time Division Duplex	分時雙工
TRX	Transmission Receiver X	通訊發射載體
TTI	Transmission Time Interval	時間間隔

TUE	Test User Equipment	測試使用者裝置
UDG	Unified Distributed Gateway	統一分散式閘道
UDM	Unified Data Management	統一資料管理
UDP	User Datagram Protocol	使用者資料封包通訊協定
UE	User Equipment	使用者裝置
UHN	Ultra-dense Hetnets Network	超密度異質網路
UMa	Urban Macrocell	城區大型基地台
UMi	Urban Microcell	城區微型基地台
UPF	User Plane Function	使用者平面功能網路裝置
uRLLC	Ultra Reliable&Low Latency Communication	超高可靠低延遲通訊
UTD	Uniform Theory of Diffraction	衍射統一理論
V2X	Vehicle-to-Everything	車輛對外界的資訊交換
VAM	Virtual Antenna Mapping	虛擬天線映射
VoLTE	Voice over Long Term Evolution	長期演進語音承載
VoNR	Voice over NR	NR 網路語音業務
VR	Virtual Reality	虛擬實境
WLAN	Wireless Local Area Network	無線區域網
XAAS	X as a Service	一切皆服務
λ	Lambda	波長

參考文獻

[1] 李福昌，李一喆，唐雄燕，等 . MEC 關鍵解決方案與應用思考 [J]. 郵電設計技術，2016(11).

[2] 劉芸 .5G 國際標準：我們離成功只差一點點嗎 [J]. 大眾標準化，2018，No.287（06）：6-7.

[3] 高秋彬，孫韶輝 . 5G 新空中介面大規模波束成形技術研究 [J]. 資訊通訊技術與政策，2018，293(11): 14-21.

[4] 毛玉欣，陳林，游世林，等 . 5G 網路切片安全隔離機制與應用 [J]. 行動通訊，2019(10).

[5] 龐立華，張陽，任光亮，等 . 5G 無線通訊系統通道建模的現狀和挑戰 [J]. 電波科學學報，2017，32(5): 487-497.

[6] Wang H，Li L，Song L，et al. A Linear Precoding Scheme for Downlink Multiuser MIMO Precoding Systems[J]. IEEE Communications Letters，2011，15(6): 0-655.

[7] Wang F，Bialkowski M E . Performance of multiuser MIMO system employing block diagonalization with antenna selection at mobile stations[C]// Signal Processing Systems(ICSPS), 2010 2nd International Conference on. IEEE，2010.

[8] 王鍵 . 5G 通道編碼技術相關分析 [J]. 數位通訊世界，2019，000(003): 39，73.

[9] 李斌，王學東，王繼偉 . 極化碼原理及應用 [J]. 通訊技術，2012(10): 21-23.

[10] Katayama H，Kishiyama Y，Higuchi K . Inter-cell interference coordination using frequency block dependent transmission power control and PF scheduling in non-orthogonal access with SIC for cellular uplink[C]// International Conference on Signal Processing & Communication Systems. IEEE，2013.

[11] 徐進，張封，李慧林，等 . 非正交多址技術中功率重複使用演算法研究 [J]. 電腦與數位工程，2016（12）.

[12] 莊陵，葛屨，李季碧，等 . 寬頻無線通訊中的濾波器組多載體技術 [J]. 重慶郵電大學學報（自然科學版），024(6): 765-769.

[13] 鄭先俠，王海泉，李飛，等 . 大規模天線系統中低複雜度的解碼方法研究 [J]. 電腦工程，043(10): 31-37.

[14] 畢志明，匡鏡明，王華 . 認知無線電技術的研究及發展 [J]. 電信科學（7）: 62-65.

[15] 張海波，許雲飛，欒秋季 . 超密集異質網路中的一種混合資源設定方法 [J]. 重慶郵電大學學報（自然科學版），2019（5）.

[16] 王全 . 點對點 5G 網路切片關鍵技術研究 [J]. 數位通訊世界，No.159(3): 60-61.

[17] 尤肖虎，潘志文，高西奇，等 . 5G 行動通訊發展趨勢與許多關鍵技術 [J]. 中國科學：資訊科學，2014，44(5): 551-563.

[18] 鄧守來 . 無線傳播模型及其校正原理 [J]. 電子世界，2013, 000(016): 108-109.

[19] Rastorgueva-Foi E，Costa，Mário，Koivisto M，et al. User Positioning in mmW 5G Networks using Beam-RSRP Measurements and Kalman Filtering[J]. 2018.

[20] 張興民 . 5G 行動通訊技術中毫米波降雨衰落特性研究 [D]. 西安電子科技大學 .

[21] 戚文敏，張鑫，楊宗林，等 . 虛擬 4T4R 提升 LTE 網路容量原理分析與應用 [J]. 山東通訊技術，038(001): 29-30.

[22] Marsch P，Da Silva I，Bulakci O，et al. 5G Radio Access Network Architecture: Design Guidelines and Key Considerations[J]. IEEE Communications Magazine，2016，54(11): 24-32.

[23] 陳淼清 . 5G 網路技術特點分析及無線網路規劃思考 [J]. 數位化使用者，023(021): 5.

[24] 王志勤，余泉，潘振崗，等 . 5G 架構、技術與發展方式探析 [J]. 電子產品世界，000(1): 14-17.

[25] 黃海峰 . 電信裝置商重視 5G 切片，對電力切片研究進展不一 [J]. 通訊世界，No.779(21): 39.

[26] 楊峰義，等 . 5G 蜂巢網路架構分析 [J]. 電信科學，2015，31(5): 46-56.

[27] 吳彥鴻，王聰，徐燦 . 無線通訊系統中電波傳播路徑損耗模型研究 [J]. 國外電子測量技術 (8): 41-43+47.

[28] Cavdar I . A Statistical Approach to Bertoni-Walfisch Propagation Model for Mobile Radio Design in Urban Areas[C]// Vehicular Technology Conference. IEEE，2001.

[29] 丁浩洋 . 行動通訊系統中射線追蹤技術及定位技術的研究 [D]. 北京郵電大學，2014.

[30] 高鵬，周勝，塗國防 . 一種基於路測資料的傳播模型校正方法 [J]. 華中科技大學學報（自然科學版）(3): 77-80.

[31] 高峰，和凱，朱文濤，等 . 5G 大規模行動通訊陣列天線高效模擬 [J]. 電信科學，2016(S1): 13-18.

[32] 陳其銘，毛劍慧 . TD-LTE 負載平衡技術初探 [J]. 行動通訊 (8): 50-52+57.

[33] 董茜 . 乘重慶電信 5G 直通車體驗全新 5G 應用 [J]. 今日重慶，2019(5): 32-33.

[34] 閻貴成 . 5G 應用前瞻深度報告──無人機、智慧製造 [J]. 杭州金融研修學院學報，2019(6).

[35] 池潔 . 5G 行動通訊技術發展與應用趨勢 [J]. 魅力中國，000(0z1): 335.

Note

Note